全国高等农林院校"十一五"规划教材

测 量 学

张远智 主编

非测绘类专业用

中国农业出版社

内 容 简 介

本教材内容共12章，涵盖了测量学的基本概念与操作、地形图的测绘与应用及农林工程中常用的测量应用。第1章绪论；第2章水准测量；第3章角度测量；第4章距离测量与直线定向；第5章测量误差基本知识；第6章控制测量；第7章地形图测绘；第8章地形图应用；第9章测设的基本工作；第10章农林建筑工程测量；第11章线路测量；第12章种植与土方工程测量。

综观本教材，有如下的特点：①注重基本概念与理论，强调基本操作，力图使学生能够打下扎实的基本功；②讲求实用性，在中小比例尺地形图的识读与应用、野外罗盘仪的使用、面积与土方的计算等方面及其详尽与全面，使学生面对野外工作时能够"照书实施"，与以往的同类教材相比，有所突破；③概括性地介绍了全站仪、数字水准仪、GPS、数字化测图等新仪器、新技术，希望通过这些内容的学习与了解，不仅能开阔学生的视野，而且能够培养学生解决测量问题的灵活性；④全书文字简洁扼要、叙述清晰、图文并茂、风格一致，有助于学生的自学。

本教材为全国高等农林院校"十一五"规划教材，适合高等农林院校农学、林学、园林、环境规划、水土保持、资源信息管理、草业工程等专业《测量学》系列课程的教学，也可供其他院校相关专业及农林业专业人员参考使用。

主　编　张远智　北京林业大学
副主编　周春发　中国农业大学
　　　　　吕亮卿　山西农业大学
　　　　　樊志军　湖南农业大学
编　者（以姓氏笔画为序）
　　　　　王红亮　北京林业大学
　　　　　王秀兰　北京林业大学
　　　　　何瑞珍　河南农业大学
　　　　　郭朝霞　华中农业大学

前　言

在农林院校的专业中，测量学是作为一门专业基础课开设的。这其中，不同的专业对测量学的应用需求是各自有所偏重的，如对于工程类的专业（如农建、土木工程、园林工程等）来说，大比例尺地形图的应用及工程施工测量是其关注的重点，而对于与资源调查管理、环境规划相关的专业（如林学、水土保持、自然保护区、城乡环境规划等），中小比例尺地形图的应用及罗盘、GPS接收机的野外使用等则成为其应用的主要方面。因此，面对不同的应用需求，如何满足农林类各相关专业对测量学应用的需求，是本教材编写的方向和目标。

在本教材的编写中，我们始终注重以下的几个方面，并使之成为本教材的主要特色：

1. 基础性　注重基本概念与理论，强调基本操作，力图使同学能够打下扎实的基本功。

2. 通用性　内容涵盖了测量学的基本概念与操作、地形图的测绘与应用及农林工程中常用的测量应用。满足农林各专业对测量学课程学习的要求。

3. 实用性　在中小比例尺地形图的识读与应用、野外罗盘仪的使用、面积与土方的计算等方面极其详尽与全面，使同学面对野外工作时能够"照书实施"，与以往的同类教材相比，有所突破。

4. 先进性　概括性地介绍了全站仪、数字水准仪、GPS、数字化测图等新仪器、新技术，希望通过这些内容的学习与了解，不仅能开阔同学的视野，而且能够培养同学解决测量问题的灵活性。

5. 简明扼要　叙述深入浅出、结构层次清晰、语言流畅、图文并茂、风格一致，有助于学生的自学。

参加本教材编写的人员有：张远智［第1、12章］、周春发［第6、10章］、吕亮卿［第5、11章］、樊志军［第3、9章］、何瑞珍［第2、7章］、郭朝霞［第4章1～6节］、王红亮［第8章］、王秀兰［第4章7节］，最后由张远智对全书进行了统稿。此外，张培对书中第2、3、4章的部分插图、王红亮对第7章中的部分插图进行了修改和绘制。

本书承蒙北京林业大学林学院陈学平教授对部分章节进行了审阅，陈学平教授提出了不少意见和改进建议，特此致谢！

中国林业科学研究院赵宪文研究员提供了相关地形图及罗盘资料，谨致敬意与热忱的感谢！

徕卡测量系统（北京）贸易有限公司徐忠阳、胡广洋先生提供了有关徕卡仪器的资料，在此表示衷心的感谢！

北京威远图数据开发有限公司谷斌先生为本书提供了电子平板教学软件，特此致谢！

由于我们水平有限，书中错漏之处，谨请读者批评指正。

编 者

2007年5月于北京

目 录

前言

第1章 绪论 ·· 1
  1.1 测量学及其在农林业中的应用 ··· 1
    1.1.1 测量学的定义和任务 ·· 1
    1.1.2 测量学的作用及其在农林业中的应用 ································· 2
  1.2 测绘学的发展概况 ·· 2
  1.3 地球与地球椭球 ··· 3
  1.4 坐标系统 ·· 6
    1.4.1 地理坐标系 ··· 6
    1.4.2 空间直角坐标系 ··· 8
    1.4.3 高斯平面直角坐标系 ·· 8
    1.4.4 独立平面直角坐标系 ··· 11
    1.4.5 高程系 ·· 12
  1.5 用水平面代替水准面的限度 ··· 12
    1.5.1 距离误差 ··· 13
    1.5.2 角度误差 ··· 14
    1.5.3 高程误差 ··· 15
  1.6 测量工作的基本概念与内容 ··· 15
    1.6.1 测量工作的原则 ··· 15
    1.6.2 控制测量 ··· 16
    1.6.3 细部测绘 ··· 16
    1.6.4 施工测量 ··· 17
    1.6.5 基本观测量 ·· 18
  1.7 测量的度量单位 ··· 18
  复习思考题 ·· 19

第2章 水准测量 ·· 21
  2.1 高程测量概述 ·· 21
  2.2 水准测量的基本原理 ··· 21
  2.3 水准仪与水准测量的工具 ·· 24

  2.3.1 微倾水准仪的构造 ·· 24
  2.3.2 其他类型水准仪的构造 ·· 27
  2.3.3 水准尺和尺垫 ·· 31
 2.4 水准仪的使用 ·· 32
  2.4.1 微倾水准仪的使用 ·· 32
  2.4.2 自动安平水准仪的使用 ·· 33
  2.4.3 数字水准仪的使用 ·· 33
 2.5 水准测量施测 ·· 34
  2.5.1 水准点 ·· 34
  2.5.2 水准测量施测方法 ·· 35
 2.6 水准测量的校核方法与精度要求 ··· 36
  2.6.1 测站校核方法与精度要求 ··· 36
  2.6.2 路线校核及高程计算 ··· 36
 2.7 光学水准仪的检验和校正 ·· 39
  2.7.1 圆水准器轴与垂直轴平行的检验校正 ··· 39
  2.7.2 十字丝横丝垂直于垂直轴的检验校正 ··· 40
  2.7.3 水准管轴平行于视准轴的检验校正 ·· 40
 2.8 水准测量误差的分析 ·· 42
  2.8.1 仪器误差 ·· 42
  2.8.2 观测误差 ·· 42
  2.8.3 外界因素的影响 ·· 43
复习思考题 ·· 44

第3章 角度测量 ·· 46

 3.1 角度测量原理 ·· 46
  3.1.1 水平角测量原理 ·· 46
  3.1.2 竖直角测量原理 ·· 47
 3.2 经纬仪的种类 ·· 47
 3.3 DJ_6光学经纬仪的构造与读数 ··· 48
  3.3.1 DJ_6光学经纬仪的构造 ··· 48
  3.3.2 DJ_6光学经纬仪的读数装置和读数方法 ···································· 50
 3.4 DJ_2光学经纬仪的构造与读数 ··· 53
  3.4.1 DJ_2光学经纬仪的基本构造 ·· 53
  3.4.2 DJ_2光学经纬仪的读数装置 ·· 53
  3.4.3 DJ_2光学经纬仪的读数方法 ·· 54
 3.5 电子经纬仪 ··· 55
  3.5.1 电子经纬仪简介 ·· 55

  3.5.2 编码度盘测角原理 ··· 56
  3.5.3 光栅度盘测角原理 ··· 57
  3.5.4 动态度盘测角原理 ··· 57
 3.6 经纬仪的基本操作 ··· 58
  3.6.1 经纬仪的安置 ·· 58
  3.6.2 瞄准目标 ··· 60
  3.6.3 读数和计算 ·· 60
  3.6.4 配置度盘 ··· 61
 3.7 水平角测量 ·· 61
  3.7.1 测回法 ·· 61
  3.7.2 方向观测法（全圆测回法）·· 63
 3.8 竖直角测量 ·· 64
  3.8.1 DJ_6 光学经纬仪竖直度盘的位置构造 ······································· 64
  3.8.2 竖直角的计算公式 ··· 65
  3.8.3 竖直角的观测方法 ··· 66
  3.8.4 竖盘指标差 ·· 67
 3.9 经纬仪的检验校正 ·· 68
  3.9.1 照准部水准管轴垂直于竖轴 ·· 69
  3.9.2 十字丝的纵丝垂直于横轴 ··· 70
  3.9.3 视准轴垂直于横轴 ··· 70
  3.9.4 横轴垂直于竖轴 ·· 71
  3.9.5 竖盘指标差的检验和校正 ··· 71
  3.9.6 照准部光学对中器的检验校正 ··· 72
 3.10 水平角观测的误差来源及其消减方法 ··· 72
  3.10.1 仪器误差 ··· 72
  3.10.2 观测误差 ··· 72
  3.10.3 外界条件的影响 ·· 74
复习思考题 ··· 75

第4章 距离测量和直线定向 ··· 77

 4.1 距离测量和直线定向概述 ··· 77
 4.2 卷尺量距 ·· 77
  4.2.1 量距工具 ··· 78
  4.2.2 直线定线 ··· 79
  4.2.3 卷尺量距一般方法 ··· 81
  4.2.4 钢尺量距精密方法 ··· 82
 4.3 电磁波测距 ·· 84

  4.3.1 光电测距仪基本原理 ··· 84
  4.3.2 光电测距仪的使用 ··· 86
 4.4 视距测量 ··· 89
  4.4.1 视距测量的原理 ··· 89
  4.4.2 视距测量的观测与计算 ··· 91
 4.5 直线定向 ··· 91
  4.5.1 标准方向的种类 ··· 91
  4.5.2 直线方向的表示方法 ·· 92
  4.5.3 正、反坐标方位角的关系 ··· 93
  4.5.4 几种方位角之间的关系 ··· 93
 4.6 罗盘仪测量 ··· 94
  4.6.1 罗盘仪的构造 ·· 95
  4.6.2 罗盘仪测定磁方位角 ·· 95
  4.6.3 罗盘仪使用注意事项 ·· 96
 4.7 全站仪及其使用 ·· 96
  4.7.1 全站仪的分类 ·· 97
  4.7.2 全站仪的基本部件和功能 ··· 97
  4.7.3 全站仪的使用 ·· 98
复习思考题 ··· 105

第5章 测量误差基本知识 ·· 107

 5.1 测量误差基本概念 ·· 107
  5.1.1 误差的定义 ··· 107
  5.1.2 测量误差来源 ··· 107
  5.1.3 测量误差的分类 ··· 108
  5.1.4 误差处理原则 ··· 110
 5.2 衡量精度的指标 ·· 110
  5.2.1 中误差 ·· 110
  5.2.2 相对误差 ·· 110
  5.2.3 容许误差（极限误差） ··· 111
 5.3 误差传播定律 ·· 111
  5.3.1 误差传播定律 ··· 111
  5.3.2 误差传播定律的应用举例 ··· 113
 5.4 等精度观测 ··· 115
  5.4.1 求算术平均值 ··· 115
  5.4.2 观测值中误差 ··· 115
  5.4.3 算术平均值中误差 ··· 116

5.5 不等精度观测 ... 117
5.5.1 权 ... 118
5.5.2 最或是值——加权平均值 ... 119
5.5.3 精度评定——单位权中误差和加权平均值中误差 ... 119
5.5.4 不等精度观测数据处理举例 ... 120
复习思考题 ... 121

第6章 控制测量 ... 122
6.1 控制测量概述 ... 122
6.1.1 国家基本控制网 ... 123
6.1.2 城市控制网 ... 124
6.1.3 工程控制网 ... 125
6.1.4 图根控制网 ... 126
6.2 导线测量 ... 126
6.2.1 平面控制网的定位定向以及坐标正反算 ... 127
6.2.2 导线的布设形式 ... 128
6.2.3 导线测量的外业工作 ... 129
6.2.4 导线测量的内业计算 ... 131
6.2.5 导线测量错误的检查 ... 136
6.3 控制点加密 ... 138
6.3.1 角度前方交会 ... 138
6.3.2 角度侧方交会 ... 141
6.3.3 角度后方交会 ... 141
6.3.4 测边交会 ... 144
6.4 三、四等水准测量 ... 146
6.4.1 观测与记录 ... 147
6.4.2 计算与校核 ... 147
6.4.3 三、四等水准测量的成果整理 ... 150
6.5 电磁波测距三角高程测量 ... 150
6.5.1 三角高程测量的原理 ... 150
6.5.2 地球曲率和大气折光对高差的影响 ... 151
6.5.3 电磁波测距三角高程测量代替四等水准的适应范围 ... 151
6.6 GPS在控制测量中的应用 ... 152
6.6.1 GPS系统的组成 ... 152
6.6.2 GPS定位原理 ... 154
6.6.3 伪距测量与载波相位测量 ... 154
6.6.4 GPS定位方法 ... 155

  6.6.5　GPS小区域控制测量 …………………………………………………… 156
 复习思考题 ……………………………………………………………………………… 159

第7章　地形图测绘 …………………………………………………………………… 162

 7.1　地形图基本知识 ……………………………………………………………………… 162
  7.1.1　地形图概述 ……………………………………………………………… 162
  7.1.2　地形图比例尺 …………………………………………………………… 163
  7.1.3　地形图图式 ……………………………………………………………… 165
  7.1.4　等高线 ……………………………………………………………………… 169
  7.1.5　地形图的分幅与编号 …………………………………………………… 173
 7.2　大比例尺地形图的传统测绘方法 …………………………………………………… 180
  7.2.1　测图的准备工作 ………………………………………………………… 180
  7.2.2　碎部点点位的测定 ……………………………………………………… 182
  7.2.3　测图仪器介绍 …………………………………………………………… 183
  7.2.4　碎部测量的方法 ………………………………………………………… 187
 7.3　地形图的拼接与检查 ………………………………………………………………… 194
  7.3.1　地形图拼接 ……………………………………………………………… 194
  7.3.2　地形图检查验收 ………………………………………………………… 195
 7.4　地形图的清绘、整饰与复制 ………………………………………………………… 196
  7.4.1　地形图的清绘整饰 ……………………………………………………… 196
  7.4.2　地形图的复制 …………………………………………………………… 196
 7.5　大比例尺数字化测图的方法 ………………………………………………………… 197
  7.5.1　数字化测图概述 ………………………………………………………… 197
  7.5.2　野外数字化数据采集方法 ……………………………………………… 198
  7.5.3　数字地面模型的建立 …………………………………………………… 202
  7.5.4　地形图的处理与输出 …………………………………………………… 204
 7.6　地形图的矢量化 ……………………………………………………………………… 206
  7.6.1　手扶跟踪数字化仪数字化 ……………………………………………… 206
  7.6.2　地形图的扫描屏幕矢量化 ……………………………………………… 207
 复习思考题 ……………………………………………………………………………… 209

第8章　地形图应用 …………………………………………………………………… 210

 8.1　地形图应用概述 ……………………………………………………………………… 210
 8.2　地形图的获取 ………………………………………………………………………… 210
 8.3　地形图的识读 ………………………………………………………………………… 211
  8.3.1　地形图图廓外的标注 …………………………………………………… 211
  8.3.2　分度线和坐标格网 ……………………………………………………… 214

目 录

- 8.3.3 地物地貌的判读 ·················· 214
- 8.4 地形图的室内应用 ·················· 215
  - 8.4.1 量测点的坐标 ·················· 215
  - 8.4.2 求算两点间的距离 ·················· 216
  - 8.4.3 求算点的高程 ·················· 217
  - 8.4.4 确定地面坡度 ·················· 218
  - 8.4.5 确定直线的方向 ·················· 219
  - 8.4.6 选定最短路线 ·················· 220
  - 8.4.7 确定汇水周界 ·················· 220
  - 8.4.8 绘制纵断面图 ·················· 220
- 8.5 地形图的野外应用 ·················· 221
  - 8.5.1 准备工作 ·················· 221
  - 8.5.2 罗盘仪的野外应用 ·················· 222
  - 8.5.3 地形图的定向 ·················· 227
  - 8.5.4 确定站立点在图上的位置 ·················· 228
  - 8.5.5 地形图与实地对照 ·················· 228
  - 8.5.6 调绘填图 ·················· 228
- 8.6 面积量算 ·················· 229
  - 8.6.1 解析法 ·················· 229
  - 8.6.2 图解法 ·················· 230
  - 8.6.3 求积仪法 ·················· 231
  - 8.6.4 控制法 ·················· 233
  - 8.6.5 比较总结 ·················· 234
- 8.7 地形图在平整场地中的应用 ·················· 234
  - 8.7.1 方格法 ·················· 235
  - 8.7.2 断面法 ·················· 239
- 8.8 电子地图及应用 ·················· 242
  - 8.8.1 电子地图概念 ·················· 242
  - 8.8.2 电子地图的优点 ·················· 242
  - 8.8.3 电子地图的应用举例 ·················· 243
- 复习思考题 ·················· 245

第 9 章 测设的基本工作 ·················· 246

- 9.1 测设工作概述 ·················· 246
- 9.2 水平距离、水平角度和高程的测设 ·················· 246
  - 9.2.1 测设已知的水平距离 ·················· 246
  - 9.2.2 测设已知的水平角度 ·················· 248

9.2.3	测设已知设计高程	249
9.3	直线的测设	250
9.4	点的平面位置测设	251
9.4.1	用一般仪器测设	251
9.4.2	用全站仪测设	252
9.5	已知坡度的测设	253
9.6	圆曲线的测设	254
9.6.1	圆曲线主点的测设	255
9.6.2	圆曲线细部测设	256
复习思考题		261

第10章 农林建筑工程测量 …… 262

10.1	农林工程施工测量概述	262
10.2	控制测量	263
10.2.1	建筑基线	263
10.2.2	建筑方格网	265
10.2.3	施工坐标系及其与测量坐标系的换算	266
10.2.4	建筑场地的高程控制测量	267
10.3	农林建筑物定位	267
10.3.1	根据控制点进行定位	268
10.3.2	根据已有建筑物或道路中心线进行定位	271
10.4	农林建筑物的测设	272
10.4.1	测设建筑物轴线交点桩	272
10.4.2	轴线控制桩和龙门板的测设	273
10.4.3	基础施工测量	274
10.4.4	墙体施工测量	276
10.4.5	农林建筑测设的特点	279
10.4.6	任意形状农林建筑物测设	279
10.4.7	农林建筑附属构筑物的测设	284
10.5	农业水利测量	285
10.5.1	土坝施工测量	285
10.5.2	混凝土重力坝施工测量	287
复习思考题		290

第11章 线路测量 …… 291

11.1	概述	291
11.2	道路测量	291

  11.2.1　踏勘选线 ……………………………………………………………………… 291
  11.2.2　中线测量 ……………………………………………………………………… 291
  11.2.3　路线纵断面测量 ………………………………………………………………… 295
  11.2.4　路线横断面测量 ………………………………………………………………… 299
  11.2.5　道路施工测量 …………………………………………………………………… 301
 11.3　渠道测量 ……………………………………………………………………………… 305
  11.3.1　渠道选线的原则 ………………………………………………………………… 305
  11.3.2　渠道施工放样 …………………………………………………………………… 305
 11.4　管道测量 ……………………………………………………………………………… 306
  11.4.1　地下管道施工测量 ……………………………………………………………… 306
 复习思考题 ………………………………………………………………………………… 309

第12章　种植与土方工程测量 …………………………………………………………… 310

 12.1　树木种植定点放线 …………………………………………………………………… 310
  12.1.1　自然式配置乔、灌木放线 ……………………………………………………… 310
  12.1.2　规则的经济林、防护林、风景林、纪念林苗圃等的种植放线 ……………… 312
  12.1.3　行道树定植放线 ………………………………………………………………… 313
 12.2　造园与高尔夫球场微地形土方工程测量 …………………………………………… 313
  12.2.1　挖湖测设 ………………………………………………………………………… 314
  12.2.2　堆山测设 ………………………………………………………………………… 316
  12.2.3　平整场地施工放样 ……………………………………………………………… 317
 12.3　山地梯田测量 ………………………………………………………………………… 317
  12.3.1　水平梯田的规划设计 …………………………………………………………… 317
  12.3.2　梯田定线测量 …………………………………………………………………… 319
 复习思考题 ………………………………………………………………………………… 322

主要参考文献 ……………………………………………………………………………… 323

第1章 绪 论

【重点提示】本章首先介绍了测量学的概念、任务、作用及其发展概况；概要地叙述了点位表达的基础——坐标系统；然后对用水平面代替水准面的限度进行了讨论；最后则对测量工作的原则和具体内容进行了介绍。这其中，地理坐标系、高斯平面直角坐标系、高程系的建立及相关概念，测量工作的原则及内容是本章的重点。

1.1 测量学及其在农林业中的应用

1.1.1 测量学的定义和任务

测量学是一门研究空间点（包括地表、地下和空中点）位置信息的测定、处理、存储、管理和应用的学科。测量学的核心内容是研究如何测定空间点的位置。

测量学与制图学合称为测绘学。测绘学根据其研究对象、采用技术手段和应用范围的不同，可分为以下的几个分科：

1. **大地测量学** 研究地球形状、大小、地球重力场以及建立国家大地控制网的理论、技术和方法的科学。大地测量学可分为几何大地测量学、物理大地测量学和卫星大地测量学（或空间大地测量学）。

2. **普通测量学** 研究地球表面较小区域内测量与制图的理论、技术和方法的科学，是测量学的基础学科。

3. **工程测量学** 研究各类专业工程在规划、设计、施工和运营过程中所涉及的测量理论、技术和方法的科学。根据专业工程的不同，工程测量学可分为土木工程测量、铁道工程测量、矿山工程测量等。

4. **摄影测量学与遥感** 研究利用摄影和遥感技术，获取被摄物体的信息，进行分析、处理，以确定物体的形状、大小和空间位置，并判定其属性的科学。根据摄影方式的不同，摄影测量可分为航空摄影测量、地面摄影测量、航天摄影测量及水下摄影测量。

5. **海洋测量学** 研究地球表面水体（江、湖及海洋）、港口、航道及水下地貌等测量的理论、技术和方法的科学。

6. **地图制图学** 研究地图的编制和应用的学科。借助于它对地球空间信息的表达，可以反映自然界和人类社会各种现象的空间分布、相互联系及其动态变化。

通常意义上的测量学是指普通测量学。普通测量学的任务主要有两个方面：①测绘地形图——使用测量仪器和工具，采用一定的制图方法，将地面上物体的位置及地表面高低起伏的形态（地貌）表现在图纸上；②测设——将在地形图上规划设计的人工建筑物、构筑物及人造地貌标定到地面上，以便进行施工。

本教材不仅包括普通测量学的内容，还涵盖了地形图在农林业中的应用以及测设技术在农林工程项目中具体的实施方法及过程。

1.1.2 测量学的作用及其在农林业中的应用

在国民经济建设中，测量技术的应用比较广泛。例如，铁路、公路在建造前，为了确定一条经济合理的路线，事先必须在中、小比例尺地形图上进行路线的规划，确定路线的走向，然后，针对规划路线的走向进行该地带的测量工作，由测量的成果绘制大比例尺带状地形图，在地形图上进行路线的详细设计，然后将设计路线的位置标定在地面上，以便进行施工；在路线跨越河流时，必须建造桥梁，在造桥前，要绘制河流两岸的地形图，以及测定河流的水位、流速、流量和桥梁轴线长度等，为桥梁设计提供必要的资料，最后将设计的桥台、桥墩的位置用测量的方法在实地标定；路线穿过山地需要开挖隧道，开挖前，也必须在地形图上确定隧道的位置，并由测量数据来计算隧道的长度和方向，在隧道施工期间，通常从隧道两端开挖，这就需要根据测量的成果指示开挖方向，使之能够贯通。又例如，在高尔夫球场的建设中，首先需要在地形图上进行球场的设计，然后根据设计图，在实地布设施工控制网，然后，进行各场地及地块的平面定位和高程的放线测量，以便进行土方的填挖，塑造球场的地貌，最后，对球洞、树木等进行放线定位。

在农林业中，测量学的应用非常广泛，如在农林建（构）筑物（如农田水利灌溉设施、园林景观等）的规划设计与施工、林区道路的设计与施工、土地资源清查、森林资源勘察监测与保护、农林病虫害防治、动植物保护、农林生态环境监测规划与治理、造林与退耕还林、土壤沙化监测、水土流失治理、城市绿化、农业科技示范园、新农村建设、农林旅游资源开发等工程中，测量工作都担负着基础且持久的作用。

目前，随着科学技术的发展，农林业信息化管理水平的日益提高，基于空间信息管理的地理信息系统（GIS）将发挥着越来越重要的作用。这其中，测量——作为空间信息数据的提供者，将日益发挥出其巨大的作用。

1.2 测绘学的发展概况

测绘学科历史悠久，但测量技术起源于何时，目前尚无定论。可能是自从有了财产所有权，就有了量度财产或区分个人土地的方法。早在公元前 2500 年巴比伦人就在使用某些测量方法，因为考古学家发现在上述估计年代中的泥版上画有巴比伦的地图。在古埃及，原始的测量技术也应用于尼罗河泛滥后的农田整治和地块恢复中。在我国，《史记》记载，在公元前 21 世纪夏禹治水时，亦已采用"规、矩、准、绳"四种测量工具进行测量。由此可见，在人类社会的生产和生活历史中，测量技术作为社会发展的一种需要，在早期即得以应用。

在地图测绘方面，目前我国见于记载最早的古地图是西周初年的洛邑城址附近的地形图。在湖南长沙马王堆三号墓出土的公元前 168 年陪葬的关于古长沙国地图和驻军图《帛地图》，图上已有山脉、河流、居民地、道路和军事要素的表示。公元 2 世纪，古希腊的托勒密在《地理学指南》一书中，首先提出了用数学的方法将地球表象描绘成平面图的问题，并论述了原始的地图投影。公元 224—271 年，我国西晋的裴秀总结了前人的制图经验，拟订了小比例尺地图的编制法规，称《制图六体》，是世界上最早的制图规范之一。此后，我国历代都编制过多种地图，这说明在当时，地图的测绘已有了较大的发展。

在研究地球形状和大小方面，公元前 3 世纪亚历山大学者埃拉托色尼首创子午圈弧度测量法，实际测量纬度差来估计地球半径。我国唐代（公元 724 年）在僧一行主持下，实地丈量了河南滑州白马经过浚仪、扶沟到上蔡的距离和北极高度，得出子午线 1 度的弧长为 132.31km，为人类正确认识地球做出了贡献。17 世纪末，牛顿和惠更斯从力学的观点出发，提出地球是两极略扁的地扁说，为证实这一论断，法国科学院于 1735 年派遣两个测量队分赴秘鲁和北欧，试图由纬度相差很大的两个弧长测量来求定两个椭球参数，澄清地球究竟是两极扁平或两极伸长还是像古希腊毕达哥拉斯提出的地球为圆球的说法，至 1739 年，经过弧长测量终于证实了地扁说的正确性，纠正了长期以来的地圆说，为正确地认识地球奠定了理论基础。1743 年，法国克莱罗论证了地球几何扁率与重力扁率之间的关系，为物理大地测量打下了基础。1849 年，斯托克斯提出利用重力观测资料确定地球形状的理论，之后又提出了用大地水准面代表地球形状，从此确认了大地水准面比椭球面更接近地球的真实形状的观念。

在测量仪器方面，我国古代制造出丈杆、测绳、步车、记里鼓车等丈量长度；矩和水平等测量高度的工具；望筒和指南针等测量方向的工具。1611 年开普勒望远镜的出现，1631 年用于读取不足一个分划小数的游标尺和 1640 年用于精确照准目标的设置于望远镜两片透镜间的十字丝的出现，则标志着光学测量仪器的开端。此后，1839 年，第一台可携式木箱照相机的问世，1903 年飞机的发明，则为航空摄影测量的产生创造了契机，至 1909 年第一张航空像片得以问世。及至 19 世纪末 20 世纪初，现代意义上的各种测量仪器和工具及现代意义上的测量工作便得以陆续地出现并展开。

20 世纪中期，新的科学技术得到了快速发展，特别是电子学、信息学、电子计算机科学和空间科学等，在其自身发展的同时，也给测绘科学的发展开拓了广阔的空间，推动着测绘仪器和技术的进步。1947 年，电磁波测距仪的面世，1968 年全站仪及此后数字化仪、扫描仪、绘图仪等仪器设备的相继出现，AutoCAD 等计算机辅助制图软件的不断开发为自动化数字测图奠定了坚实的基础。20 世纪 80 年代，美国建立的新一代卫星导航系统全球定位系统（GPS）的建成，实现了全球、全天候、实时、高精度的定位、导航和授时，对测量工作产生了革命性的影响，被广泛地用于大地测量、工程测量、地形测量及军事的导航、定位上。此外，数字水准仪的问世，数字摄影测量系统的问世，也为测绘事业的发展拓展了空间。

1.3 地球与地球椭球

由于测量工作常常是在地球表面上进行，所以，有关地球的形状和大小一直都是测量人员研究的重点之一。地球的自然表面极其复杂：有高山、丘陵、平原、盆地、江、河、湖泊和海洋；有高于海平面 8 844.43m 的珠穆朗玛峰，也有低于海平面 11 022m 的马里亚纳海沟，地形起伏很大，但与地球的半径（约 6 371km）相比，地表的起伏微不足道，因此从宏观上来看，仍然可以将地球看作是一个类似于椭球的球体。就整个地球表面而言，海洋的面积约占 71%，陆地面积约占 29%，可以认为是一个由水面包围的球体。

地球上任一质点在静止状态下都同时受到两个作用力：①因地球质量而产生的引力；②因地球自转而产生的离心力。如图 1-1 所示，这两个力的合力形成了重力。重力方向线称为"铅垂线"（简称"垂线"）。在地球上任一点，如用细线悬挂一重锤（又称"垂球"），则当它静止时所指的方向就是重力方向。由于地球自转产生的离心力在赤道处最大，且随纬度的增加而减小，至两极处为零，因此，地球形体为赤道处较为突出而两极略扁的椭球体。

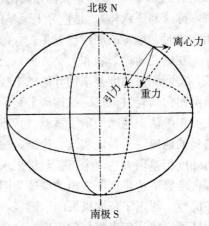

图 1-1 地球重力

处于静止状态的水面称为"水准面"。由于地球表面上的每个水分子都会受到重力的作用，当水面静止时，每个水分子的重力位相等，所以水准面是重力等位面，这表明水准面处处与重力方向相垂直。水面有高有低，高低面上的重力位能不同，所以水准面有无穷多个，而且互不相交。这其中，所设想的静止海水面向大陆、岛屿内延伸而形成的闭合水准面，称为大地水准面，如图 1-2（a）所示。但由于海水面不可能静止，所以在实际使用中，常用"平均海水面"来代替"大地水准面"。从宏观上来看，大地水准面可以代表整个地球的形状，对地球形状和大小的研究也往往是指对大地水准面的形状的研究。重力方向线和大地水准面一起构成测量的一对基准。重力线也常常是测量仪器进行野外测量时所参照的基准线。

由于地球自然表面的起伏和地球内部质量分布不均匀，重力受其影响，使垂线方向产生不规则的变化，如图 1-2（b）所示，重力方向偏向高密度物质，偏离低密度物质，致使大地水准面产生微小的起伏变化，成为一个复杂的曲面。

测绘地形图需要由地球曲面变换为平面的地图投影，若这个曲面很不规则，则投影计算将非

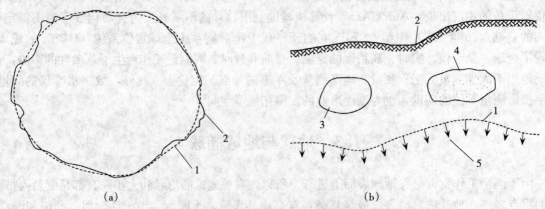

图 1-2 大地水准面与地球表面
(a) 整体略图　(b) 局部示意图
1. 大地水准面　2. 地球表面　3. 低密度矿体　4. 高密度矿体　5. 铅垂线

常困难。为解决这一问题,选用一个非常接近于大地水准面、并可用数学公式表示的几何形体来代替大地水准面,以作为进行测量数据处理和制图的基准面,这个规则曲面就是旋转椭球面。该旋转椭球面是以地球自转轴 NS 为短轴,以赤道直径 EQ 为长轴的椭圆绕 NS 旋转而成,称为"地球椭球",如图 1-3 所示。

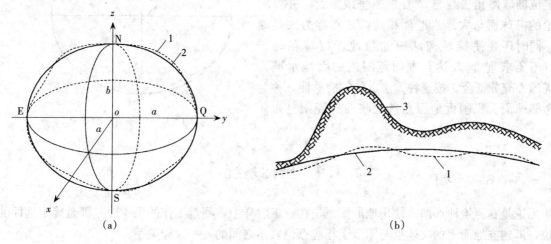

图 1-3 旋转椭球
(a) 整体略图 (b) 局部示意图
1. 大地水准面 2. 旋转椭球面 3. 地球表面

决定地球椭球体形状和大小的参数为椭圆的长半轴 a、短半轴 b、扁率 α,其关系式为:

$$\alpha = \frac{a-b}{a} \tag{1-1}$$

若 $\alpha=0$,则椭球成为圆球。旋转椭球面是一个数学面,在直角坐标系 $oxyz$ 中旋转椭球的标准方程为:

$$\frac{x^2}{a^2} + \frac{y^2}{a^2} + \frac{z^2}{b^2} = 1 \tag{1-2}$$

由于地球表面中海洋面积约占 71%,因此利用地面测量资料所推求的椭球参数有一定的局限性,只能作为地球形状和大小的参考。我国在解放后采用克拉索夫斯基椭球(简称"克氏椭球")。20 世纪 80 年代后,我国采用了 IUGG(国际大地测量与地球物理联合会)推荐的总地球椭球,其参数为:$a=6\,378\,140$m,扁率 $\alpha=1:298.257$。

由于地球椭球体的扁率很小,当精度要求不高时,可以将椭球当作圆球来看待,其半径按下式计算:

$$R = \frac{1}{3}(2a+b) \tag{1-3}$$

其近似值为 $6\,371$km。

椭球参数确定后,还需要按一定的规则将旋转椭球与大地水准面套合在一起,以便达到最好的密合,这项工作称为椭球定位。定位时采用椭球中心与地球质心重合,椭球短轴与地球旋转轴重合，椭球与全球大地水准面差距的平方和最小，这样的椭球称为总地球椭球。但是各国为测绘本国领土而采用另一种定位法，如图1-4所示。地面上选一点P，由P点投影到大地水准面得P'点，在P点定位椭球使其法线与P'点的铅垂线重合，并要求P'上的椭球面与大地水准面相切，该点称为大地原点。同时还要使旋转椭球短轴与地球旋转轴相平行（不要求重合），达到本国范围内的大地水准面与椭球面充分密合。按这种方法定位的椭球面，称为参考椭球面。我国大地原点选在陕西省泾阳县永乐镇。

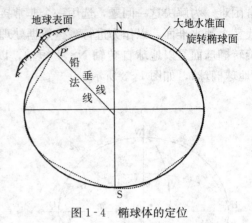

图1-4 椭球体的定位

1.4 坐标系统

无论是在测绘地形图、使用地形图还是在施工放样中，测量工作的根本任务都是确定地面的点位，即建立地面上的实体点与图纸上相应点位表达之间的一一对应关系。

地面点位的确定是通过测定该点的三维坐标实现的。三维坐标的表达可以是空间直角坐标也可以是平面坐标+高程的形式。在实际使用中，常采用后一种形式，即点沿着投影线（铅垂线或法线）在投影面（水平面或椭球面）上的平面坐标及点沿着投影线到投影点的距离（高程）。测量中，常用的坐标系有天文坐标系、大地坐标系、高斯平面直角坐标系、独立平面直角坐标系等，常用的高程系有1956年黄海高程系、1985年国家高程基准、相对高程系等。

1.4.1 地理坐标系

用经纬度表示地面点位置的球面坐标称为地理坐标。地理坐标可分为两种：以大地水准面和重力线为依据建立的坐标系统称为天文坐标，用天文经度λ和天文纬度φ表示，其可通过天文测量的方法测出。以参考椭球面及法线为依据建立的坐标系统称为大地坐标，参考椭球面上点的大地坐标用大地经度L和大地纬度B表示，它是用大地测量方法测出地面点的有关数据经推算求得。

1.4.1.1 天文地理坐标系

如图1-5所示，NS为地球的自转轴（简称地轴）。N为北极，S南极。过地面上任一点的铅垂线与地轴NS所组成的平面称为该点的子午面，子午面与球面的交线称为子午线（或称经线）。在无数的子午面中，经过英国格林尼治天文台的子午面称为首子午面，是国际公认的计算经度的

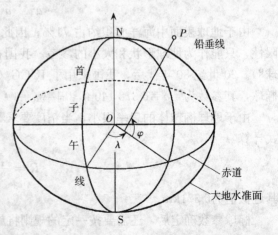

图1-5 天文坐标系

起始面。自首子午线向东或向西计算，数值为 0°~180°，在首子午线以东为东经，以西为西经。地面点 P 的经度 λ 是指过该点的子午面与首子午面间所夹的两面角，而纬度 φ 则是指过 P 点的铅垂线与赤道面的交角。由于地球离心力及地球内部不同密度物质的影响，过 P 点的铅垂线不一定经过地球中心。

天文测量受环境条件限制，定位精度不高（测角精度 0.5″，相当于 10m 的精度）。所测结果是以大地水准面为基准面，天文坐标之间推算困难，所以在工程测量中应用很少。天文坐标系常用于导弹的发射、天文大地网或独立工程控制网起始点的定向。

1.4.1.2 大地地理坐标系

大地地理坐标又称为大地坐标，是表示地面点在旋转椭球面上的位置。如图 1-6 所示，地面点 P 沿法线投影到椭球面上为 P′。P′ 与椭球的旋转轴构成子午面。地面点 P 的大地经度 L 是指过该点的子午面与首子午面间所夹的两面角，而大地纬度 B 则是指过 P 点的法线与赤道面的交角。而 P 点沿法线到椭球面的距离称为大地高，常用 $H_大$ 表示。由于天文地理坐标和大地坐标系建立的基准线和基准面不同，所以同一点的天文坐标和大地坐标不一样，同一点的铅垂线和法线的方向也不一致，其间所产生的偏差称为垂线偏差。

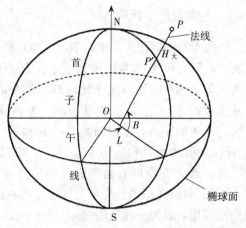

图 1-6 大地坐标系

当采用不同的椭球时，所建立的大地坐标系也不同。利用参考椭球建立的坐标系称为参心坐标系，利用总地球椭球并且坐标原点在地球质心的坐标系称为地心坐标系。

目前，我国常用的大地坐标系有以下三种。

1. 1954 年北京坐标系　我国在解放后，由于建设的急需，地面点的大地坐标是从前苏联经过联测传算过来的，参考椭球采用克拉索夫斯基椭球（长半轴 $a=6\,378\,245$m，扁率 $α=1:298.3$）。由于大地原点在前苏联，便利用我国东北边境呼玛、洁拉林和东宁三个点与前苏联大地网联测后的坐标作为我国天文大地网起算数据，然后通过天文大地网坐标计算，推算出北京某点的坐标，故命名为 1954 年北京坐标系。该坐标系是参心坐标系。建国以来，用这个坐标系进行了大量的测绘工作，在我国经济建设和国防建设中发挥了极重要的作用。但由于大地原点距我国甚远，在我国范围内该参考椭球与大地水准面存在着明显的差距，在东部地区两面的差距最大达到近 69m，因此，1978 年全国天文大地网平差会议决定建立我国独立的大地坐标系，这就是后来的 1980 年国家坐标系。

2. 1980 年国家坐标系　为了克服 1954 年北京坐标系存在的问题，充分发挥我国原有天文大地网的潜在精度，对原大地网重新进行了平差。该坐标系大地原点选定在陕西省泾阳县永乐镇某点，选用 IUGG-75 地球椭球，椭球面与我国境内的大地水准面密合最佳。平差后，其大地水准面与椭球面差距在 ±20m 之内，边长精度为 1/500 000。1980 年国家坐标系也是参心坐标系。

由于大量的测绘资料和成果是在 1954 年北京坐标系下，因此，要改算到 1980 国家大地坐标系下其工作量将非常的巨大，所以在一定的时期内，1954 年北京坐标系下的成果将得以继续使用。两个系统的坐标可以互换，但不同的地区坐标转换参数不一样。使用控制点成果时，一定要注意坐标系的统一。

3. WGS-84 坐标系　WGS-84 坐标系是世界大地坐标系统，其坐标原点在地心，采用 WGS-84 椭球（长半轴 $a = 6\,378\,137$m，扁率 $\alpha = 1 : 298.257\,223\,563$）。

利用 GPS 卫星定位系统得到的地面点位置，是 WGS-84 坐标。

1.4.2　空间直角坐标系

地面点既可以用大地坐标表示，也可以用空间直角坐标表示。目前，由于卫星大地测量日益发展，空间直角坐标常被用来表示空间点的位置。空间直角坐标系的原点设在地球椭球的中心 O，用相互垂直的 X、Y、Z 三个轴表示，X 轴通过首子午面与赤道的交点，Z 轴与地球旋转轴重合，Y 轴垂直于 XOZ 平面，构成右手坐标系，如图 1-7 所示，地面点 P 在空间直角坐标系中的坐标为（x_P，y_P，z_P）。目前在军事、导航及国民经济各部门已得到广泛应用，成为一种实用坐标。

地面点既可以用大地坐标表示，也可以用空间直角坐标表示，大地坐标和空间直角坐标之间可以进行坐标转换（详细转换公式可参见"大地测量学"方面的书籍）。

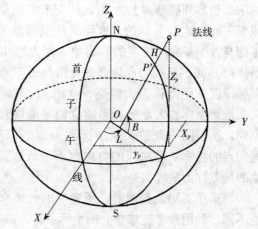

图 1-7　空间直角坐标系

1.4.3　高斯平面直角坐标系

大地坐标是椭球面上的坐标，大地坐标系是大地测量的基本坐标系，它对于大地问题的解算、研究地球形状和大小、中小比例的地图编制都非常方便，但对局部范围内的大比例地形图测绘及工程建设来说，使用椭球面坐标很不方便，而使用平面坐标则非常方便。因此有必要建立椭球面坐标与平面坐标之间的转换关系，这种将椭球面坐标转化为平面坐标的过程就是地图投影。地图投影的目的就是要建立以下两个方程：

$$\begin{cases} x = F_1(L, B) \\ y = F_2(L, B) \end{cases} \tag{1-4}$$

式中，(x, y) 是某点投影到平面上的直角坐标，(L, B) 是该点的经纬度，F_1、F_2 是转换函数。

由于旋转椭球面是一个不可直接展开的曲面，因此当把曲面上的图形变换到平面上时，图形的变形是不可避免的。变形的种类有多种，如角度、距离、面积等。为了控制各类变形的大小，制图学家们研究出多种不同函数表达形式的投影公式，这些公式服务于不同的地区及应用目的，如在航海应用中，为保持地球表面上实际航行路线与平面图上的设定路线方向一致，则选用保持投影后角度不变的墨卡托投影。在工程建设应用方面，各国根据其所处的位置、国土分布形状及应用目的等因素选用相应的投影公式，我国采用高斯投影（全称为"高斯-克吕格正形投影"）。高斯投影是等角投影，即保持球面图形上的角度与投影后平面图形上的角度保持不变。

高斯投影的方法首先是将地球按经度线划分成带，称为投影带。投影带是从首子午线起，每隔经度6°划为一带（称为6°带），如图1-8所示，自西向东将整个地球划分为60个带。带号从首子午线开始，用阿拉伯数字表示，位于各带中央的子午线称为该带的中央子午线（或称"主子午线"），如图1-9所示，第一个6°带的中央子午线的经度为3°，任意一个带中央子午线经度L_0，可按式（1-5）计算：

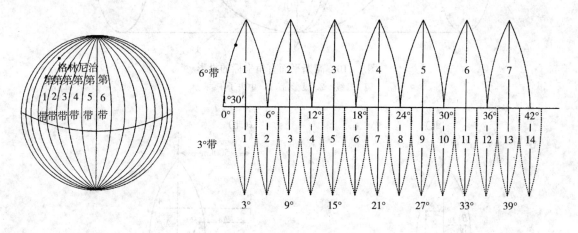

图1-8 6°带分带方法　　　　图1-9 六度带及三度带中央子午线定义

$$L_0 = 6N - 3 \quad (1-5)$$

式中：N——投影带号。

若已知地面点的经度L，要求计算该点所在的6°带带号，则可用式（1-6）计算：

$$N = \text{Int}\left(\frac{L+3}{6} + 0.5\right) \quad (1-6)$$

式中：Int——取整函数。

同样，对3°带投影而言，带号为N的投影带的中央子午线经度L_0为：

$$L_0 = 3N \quad (1-7)$$

而若已知地面点的经度L，则计算该点所在3°带带号为：

$$N = \text{Int}\left(\frac{L}{3} + 0.5\right) \quad (1-8)$$

投影时，设想取一个空心椭圆柱体与地球椭球体的某一中央子午线相切，如图1-10所示。在球面图形与柱面图形保持等角的条件下，将球面上图形投影在椭圆柱面上，然后将椭圆柱体沿着通过南极或北极的母线剪开，并展开成为平面。投影后，中央子午线与赤道为相互垂直的直线，以中央子午线为坐标纵轴x，以赤道的投影为坐标横轴y，两轴的交点作为坐标原点，组成高斯平面直角坐标系统，如图1-11所示。

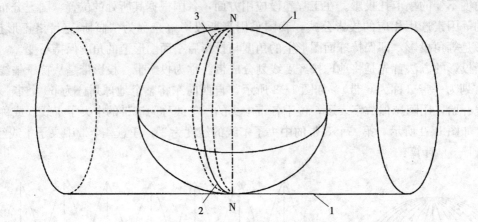

图 1-10 高斯平面直角坐标的投影
1. 母线　2. 投影带　3. 中央子午线

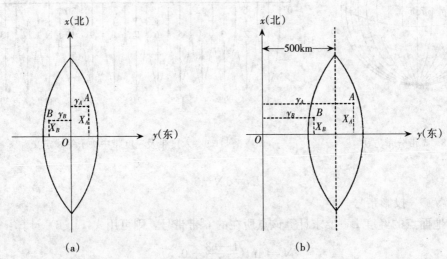

(a)　　　　　　　　　　(b)

图 1-11 高斯平面直角坐标
(a) 实际坐标　(b) 通用坐标

在坐标系内，规定 x 轴向北为正，y 轴向东为正。我国位于北半球，x 坐标值为正，y 坐标则有正有负，例如图 1-11 (a) 中 $y_A=+37\,680$m，$y_B=-34\,240$m，为避免出现负值，将每带的坐标原点向西移 500km，则每点的横坐标值均为正值，在图 1-11 (b) 中，$y_A=500\,000+37\,680=537\,680$m，$y_B=500\,000-34\,240=465\,760$m。实际横坐标值加 500km 后通常称为通用横坐标。它们之间关系如下：

$$y_{通用} = y_{实际} + 500\,000\text{m} \tag{1-9}$$

为了能够根据横坐标值确定某点位于哪一个 6°带内，则在横坐标值前冠以带的编号。例如，A 点位于第 20 带内，则其横坐标值 $y_A=20\,537\,680$m。判别通用横坐标值中哪个数字为带号，其方法是从小数点向左数第 7、8 位是带号。例如，$y_{通用}=2\,123\,456.35$m，不要看成为 21 带，而是第 2 带。

高斯投影是等角投影,但任意两点间的长度却产生变形,即球面上两点间的距离与投影后两投影点之间的距离不相等。除中央子午线上两点间的距离不会产生变形外,其他距离都会产生变形,且离中央子午线愈远则变形愈大,变形过大对于测图和用图都很不方便。6°带投影后,其边缘部分的变形能满足1:25 000或更小比例尺测图的精度,当进行1:10 000或更大比例尺测图时,要求投影变形更小,可采用3°分带投影或1.5°分带投影,必要时可自定义中央子午线。3°分带的方法如图1-9所示。

值得注意的是,高斯平面直角坐标系是一种笛卡儿左旋平面直角坐标系。实际上,测量上所用的平面直角坐标系都是左旋平面直角坐标系,选用这种坐标系的原因是:地球有南北极,南、北方向是绝对方向,而东、西方向是相对方向,为了定向的方便,故选用左旋坐标系,以 x 轴方向为基准方向。它与常用的右旋坐标系相比,有一定的区别,如图1-12所示:

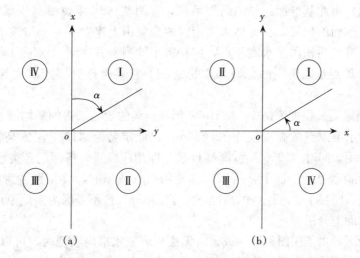

图1-12 两个坐标系的比较
(a) 高斯平面直角坐标　(b) 笛卡儿右旋平面直角坐标

①坐标轴的定义不同。左旋坐标系中,纵坐标为 x 轴,正向指北,横轴为 y 轴,正向指东;这与右旋坐标系正好相反。

②表示直线方向的方位角定义不同。左旋坐标系从纵轴 x 轴正向起算,顺时针方向到直线的角度;而右旋坐标系则从横轴 x 轴正向起算,逆时针方向到直线的角度。

③坐标的象限不同。左旋坐标系中,以北东为第一象限Ⅰ,顺时针划分象限Ⅱ、Ⅲ、Ⅳ;而右旋坐标系中,则以北东为第一象限Ⅰ,逆时针划分象限Ⅱ、Ⅲ、Ⅳ。

虽然左旋坐标系与我们习惯使用的右旋坐标系略有不同,但幸运的是,所有与解析几何有关的数学公式都不需要改变,而可以直接在两个坐标系中使用。

1.4.4 独立平面直角坐标系

当测区范围较小时(如半径小于10km),可以用测区中心点的切平面代替椭球面作为基准面,在切平面上建立独立平面直角坐标系。在平面坐标系中,以该地区某点的真子午线或磁子午

线为 x 轴,向北为正;同时,为避免坐标出现负值,将坐标原点选定在测区西南角,地面点沿铅垂线投影到这个平面上。这种方法适用于附近没有国家控制点的地区。

1.4.5 高程系

要确定地面点的空间位置,除了平面坐标外,还需要建立高程系统(即高程系)。前面已经介绍了大地水准面和参考椭球面作为高程计算的基准面,可分别得到点的海拔高和大地高。

如前所述,在实际推求大地水准面时,是采用平均海水面来代替静止海水面的。为了求得平均海水面,需要在沿海港湾设立验潮站,经过长期的连续观测海水面的高度,最后取其平均值作为该站平均海水面的位置。

解放后,我国是以青岛验潮站1950—1956年连续验潮的结果求得的平均海水面作为全国统一的高程基准面。由此基准面起算的高程系统,称为"1956年黄海高程系统"。为了明显而稳固的表示高程基准面的位置,在青岛市市南区的观象山上建立了一个与该平均海水面相联系的水准点,这个水准点叫作国家水准原点。用精密水准测量方法测出该原点高出黄海平均海水面72.289m。水准原点是以坚固的标石加以标志的。它就是推算国家高程控制网的高程起算点。

1985年国家测绘局又根据该站1953—1979年间连续的观测求得的平均海水面作为国家的高程基准面,并测出水准原点的高程值为72.260m,以此定名为"1985国家高程基准",于1987年5月正式通告启用,同时"1956年黄海高程系"即相应废止。各部门各类水准点成果将逐步归算到"1985国家高程基准"面上。所以,在使用高程成果时,要特别注意使用的高程基准。在这两个基准面上,同一个大地原点的高程下降了29mm,这不是因为大地原点的空间位置改变了,而是平均海水面上升了。

独立的小块地区,由于用图紧急,或暂时无法与国家水准网联测时,可以采用假定高程系,即假设任意一个水准面作为高程起算面,但必须在成果表中加以说明。该系统中地面点的高程为点的假定高程,即相对高程。

高程基准面和水准原点确定后,再采用适当的方法就可以确定任意地面点的高程。从地面点到国家高程基准面的铅垂距离称为地面点的绝对高程(简称"高程",又称"海拔")。如图 1-13 所示,地面上 A、B 两点的高程分别为 H_A、H_B,两点高程之差称为高差或比高。高差是相对的,其值有正、负,如果测量方向由 A 到 B,A 点高,B 点低,则高差 $h_{AB}=H_B-H_A$ 为负值;若测量方向由 B 到 A,即由低点测到高点,则高差 $h_{BA}=H_A-H_B$ 为正值。

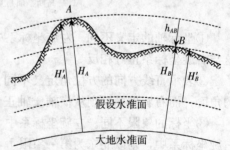

图 1-13 高程和高差

1.5 用水平面代替水准面的限度

水平面是指过水准面上某点且与水准面相切的平面,在该点上,水平面与过该点的铅垂线是正交的。在外业测量中,仪器所依据的往往是铅垂线和水准面。因此要把测量数据成果表现在图纸上时,严格地来讲,应该经过将大地水准面上的表达转化到平面表达的过程。但在实际测量工作中,当测区面积不大时,往往以水平面直接代替水准面,就是把地球表面上的点直接投影到水平面上来决定其位置,这样做将简化计算工作,但却会给测量结果带来误差。因此,用水平面代替水准面有其限度:投影后产生的误差应不超过测量和制图要求的限差。为此,有必要对这种代替所产生的误差进行讨论。在讨论前,需要说明的是,在局部范围内,可以将大地水准面近似地当作圆球面看待。

下面对具体引起距离、角度和高程误差的大小作进一步分析。

1.5.1 距离误差

如图 1-14 所示,设以 O 点为球心,R 为半径的球面为近似水准面 P。在测区中部选一点 A,沿铅垂线投影到水准面 P 上的点为 a,过 a 点作一切平面 P'。地面上另有一点 B,沿铅垂线投影到水准面 P 上的点为 b,投影到切平面 P' 上的点为 b',若记 a、b 间的弧长为 D,a、b' 间的距离为 D',则:

$$\begin{cases} D = R \cdot \theta \\ D' = R \cdot \tan\theta \end{cases} \quad (1-10)$$

以水平距离 D' 代替球面上弧长 D 产生的误差为:

$$\Delta D = D' - D = R(\tan\theta - \theta) \quad (1-11)$$

将 $\tan\theta$ 按泰勒级数展开,并略去高次项,得:

$$\tan\theta = \theta + \frac{1}{3}\theta^3 + \cdots \quad (1-12)$$

将上式带入式 (1-11),并考虑 $\theta = D/R$,得:

$$\Delta D = R\left(\theta + \frac{1}{3}\theta^3 + \cdots - \theta\right) = R \cdot \frac{1}{3}\theta^3 = \frac{D^3}{3R^2} \quad (1-13)$$

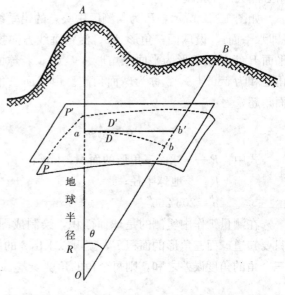

图 1-14 用平面代替水准面所产生的误差

将上式两端同除以 D,得相对误差:

$$\frac{\Delta D}{D} = \frac{1}{3}\left(\frac{D}{R}\right)^2 \quad (1-14)$$

因地球半径 $R=6\,371\text{km}$,故 ΔD 仅随 D 而变化,根据 D 值的不同,可计算出水平面代替水准面的距离误差和相对误差,列入表 1-1 中。

表 1-1 水平面代替水准面对距离的影响

距离 D (km)	5	10	50	100
距离误差 ΔD (cm)	0.10	0.82	102	821
相对误差	1:5 000 000	1:1 220 000	1:50 000	1:12 000

从表 1-1 可以看出，当地面距离为 10km 时，用水平面代替水准面所产生的距离误差仅为 0.82cm，其相对误差为 1∶1 220 000。而实际测量距离时，大地测量中使用的精密电磁波测距仪的测距精度为 1∶1 000 000（相对误差），地形测量中普通钢尺的量距精度约为 1∶3 000～1∶6 000。因此，这么小的误差，在地面上进行精密测距时是容许的。所以在半径为 10km 的范围也就是面积为 320km² 的范围内，以水平面代替水准面所产生的距离误差可忽略不计。

1.5.2 角度误差

如果把水准面近似地看作圆球面面，则野外实测的水平角应为球面角，三点构成的三角形应为球面三角形。用水平面代替水准面，角度就变成用平面角代替球面角，三角形就变成用平面三角形代替球面三角形。由于球面三角形三内角之和大于 180°，故用平面角代替球面角必然会产生角度误差。

如图 1-15 所示，P' 为与测区中央点的铅垂线正交的平面（即水平面）。设球面三角形 ABC 沿铅垂线方向投影在测区水平面 P' 上的三角形为平面三角形 $A'B'C'$。若球面三角形三内角之和为 $180°+\delta$，δ 称为球面角超。由球面三角学可知，球面角超 δ 为：

$$\delta = \frac{P}{R^2}\rho'' \qquad (1-15)$$

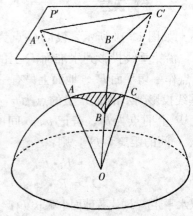

图 1-15 球面角超

式中：P——球面三角形的面积，km²；
R——地球半径；
$\rho''=206\,265''$。

在测量工作中实测的是球面面积，绘制成图时绘成平面图形的面积。由式（1-15）可知，只要知道球面三角形的面积 P，就可以求出 δ 的值。由此可以看出 δ 就是用水平面代替水准面时三个角的角度误差之和，则每个角的角度误差 $\Delta\alpha$

$$\Delta\alpha = \frac{\delta}{3} = \frac{P}{3R^2}\rho'' \qquad (1-16)$$

故 $\Delta\alpha$ 仅随 P 而变化，根据 P 值的不同，可计算出水平面代替水准面的角度误差，列入表 1-2 中。

表 1-2 水平面代替水准面对角度的影响

面积 P（km²）	10	100	1 000	10 000
角度误差 $\Delta\alpha$（″）	0.02	0.17	1.69	16.91

从表中所列数值可以看出，用水平面代替水准面产生的角度误差是很小的。在一般地形测量中测角仪器本身的精度为 $\pm 6''$，远大于 1 000km² 面积上产生的角度误差。因此，在半径为 10km 的范围也就是面积为 320km² 的范围内，以水平面代替水准面所产生的角度误差可忽略不计。

1.5.3 高程误差

高程的起算面是大地水准面。如果以水平面代替水准面进行高程测量，则所测得的高程必然含有因大地水准面弯曲而产生的高程误差的影响。由图 1-14 可知，距离 bb' 为水平面代替水准面所产生的高程误差，也称为地球曲率对高程的影响，记为 Δh。在三角形 Oab' 中：

$$(R+\Delta h)^2 = R^2 + D'^2$$
$$2R\Delta h + \Delta h^2 = D'^2$$

则
$$\Delta h = \frac{D'^2}{2R + \Delta h} \approx \frac{D^2}{2R} \tag{1-17}$$

上式即为高程误差 Δh 的计算公式。因 $R = 6\,371 \text{km}$，故 Δh 与 D^2 成正比，其具体影响见表 1-3。

表 1-3　水平面代替水准面的高程误差

距离 D (m)	10	50	100	200	500	1 000
高程误差 Δh (mm)	0.0	0.2	0.8	3.1	19.6	78.5

目前精密水准测量的精度可达亚毫米级，而由表中可见，200m 的距离对高程的影响就达 3.1mm。所以地球曲率对高程的影响很大。所以，在高程测量中，即使距离很短也应考虑地球曲率对高程的影响。

1.6　测量工作的基本概念与内容

在测量工作中，为了使测量工作有序地开展，确保工程的质量和进度，在实施测量时，必须遵循相应的规范和规程。

1.6.1 测量工作的原则

测量工作必须遵循以下的两个原则：一是"由整体到局部，由高级到低级，先控制后细部"；二是"步步检核"。

第一项原则是针对工程的整体工序而言，在布局上"由整体到局部"，在精度上"由高级到低级"，在次序上"先控制后细部"。任何测绘工程都应该首先进行整体规划，然后再分步实施。在实施过程中，首先应进行整个测区的控制测量，建立符合工程要求的整个测区统一的坐标系统（包含高程系统），然后在此基础上进行细部的地形图测绘或施工测量。这样的工作顺序，不仅可以控制测量误差的积累，而且可以防止在同一地区因不同施工单位实施施工测量可能产生的系统误差。

第二项原则是针对工程的具体工作而言。对测绘工程的每一步实施都需要进行检核，正确的实施是工程进入下一步工序的基础。因为，在测量工程中，各道工序往往都是相互关联的，前期工作的错误将会对后期的工作产生很大的影响，甚至造成全面的返工，因此，步步检核的重要性不言而喻。

1.6.2 控制测量

遵照"先控制后细部"的测量程序,为了测绘地形图或施工放样,需要先进行控制测量。控制测量分为平面控制与高程控制。

由一系列平面控制点构成的图形称为平面控制网。以连续折线形式构成的平面控制网,如图 1-16(a)中的 D74-4~A~B~C~D~E~F~D74-5,称为导线,这些点称为导线点,测量导线边的水平距离 D_1、D_2、…、D_7 和导线边之间的转折角 β_0、β_A、…、β_1 称为导线测量。控制点构成连续三角形,如图 1-16(b)所示,称为三角网,这些点称为三角点。在三角网中测量基线 D_{AB}、D_{GH} 及三角形各个内角 α_1、β_1、γ_1、α_2、β_2、γ_2…、α_5、β_5、γ_5 等。通过导线测量或三角测量等,可以计算出各个平面控制点的坐标(x,y)。

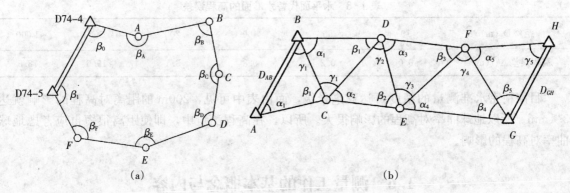

图 1-16 平面控制网
(a) 导线 (b) 三角网

高程控制网一般为由一系列水准点构成的水准网或将三角网、导线网同时作为高程控制网。一般用水准测量或三角高程测量的方法测定高程控制点的高程(H)。

1.6.3 细部测绘

在控制测量的基础上即可开展细部测量工作。以小平板测图为例,如图 1-17 所示,首先按控制点 A、B、…F 的坐标值 x、y 在图纸上展绘各点位置,然后依相应的控制点测绘周围的地物和地貌。如在地面控制点 A,先使图纸上的 A 点对准地面上相应的 A 点(对点),把图板放水平(整平),并使图纸上的 AB 方向和地面 AB 方向一致(定向),最后固定图板。测定 A 点附近的房屋位置时,可从图纸上的 A 点向房屋的三个墙角 1、2、3 画三条方向线,同时量出地面上 $A1$、$A2$、$A3$ 的水平距离,然后,在图纸相应的方向线上分别量出 $A1/M$、$A2/M$、$A3/M$(M 为比例尺分母),这样就得到了图上的 1、2、3 点。通常,房屋是矩形的,可以用推平行线的方法绘出另一个墙角,这样就在图上测定了这幢房屋的平面位置。依此类推,在逐个控制点上测绘其他地物。在地面高低起伏的地方,根据控制点的高程测定一系列地形特征点的高程,最后绘制出用等高线表示的地形,如图 1-17(b)所示。

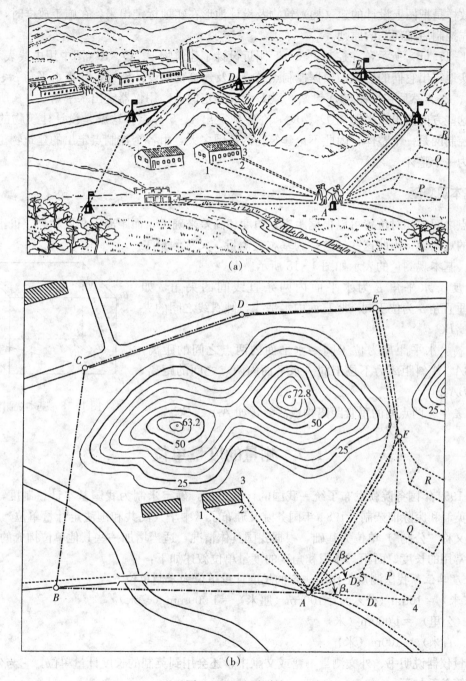

图 1-17 地形测量
(a) 某测区地物、地貌透视图　(b) 某测区主要地物地貌图

1.6.4 施工测量

施工测量包括对建（构）筑物施工放样、建（构）筑物变形监测、工程竣工测量等。

施工放样是把图上设计的建（构）筑物及设计地形在实地标定出来。在施工放样时，同样需要按照"先控制后细部"的原则。

如图1-17（b）所示，在控制点A、F附近设计了建筑物P、Q、R（图中用虚线表示），施工前需在实地定出它们的位置。根据控制点A、F及建筑物的设计坐标，计算水平角β_4、β_5和水平距离D_4、D_5，然后在控制点A设站，以F为后视定向点，用仪器定出水平角β_4、β_5所指的方向，并沿这些方向量出水平距离D_4、D_5，在实地定出4、5等点，这就是设计建筑物的实地位置。由于控制网是一个整体，因此不论建筑物的范围多大，由各个控制点定出的建筑物位置，必能联系成为一个整体。

1.6.5 基本观测量

点与点之间的相对位置可以根据距离、角度和高差来确定，而距离、角度和高差也正是常规测量仪器的观测量，因此这些量被称为基本观测量，又称测量工作三要素。基本观测量的表示如图1-18所示。

1. **角度** 水平角β为水平面内两条直线间的夹角，如$\angle ABC$，垂直角α为位于同一竖直面内水平线与倾斜线之间的夹角，如$\angle C_1BC$。

2. **距离** 水平距离为位于同一水平面内两点之间的距离，如BC、BA。倾斜距离为不位于同一水平面内两点之间的距离，如BC_1、BA_1。

3. **高差** 两点间的垂直距离构成高差，如AA_1、CC_1。

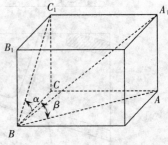

图1-18 基本观测量

1.7 测量的度量单位

早在1959年国务院就发布了统一我国的计量单位，确定米制为我国基本计量制度，改革市制、限制英制和废除旧杂制。1984年国务院又颁布了《中华人民共和国法定计量单位》，以国际单位制（又称"公制"）单位为基础，根据我国具体情况，适当增加一些其他单位构成的。下面，将测量上常用的长度、面积、体积和角度的度量单位叙述如下：

1. **长度单位** 我国测量工作中法定的长度计量单位为米制单位。

1m（米）＝10dm（分米）＝100cm（厘米）＝1 000mm（毫米）

1km（公里）＝1 000m（米）

1hm（百米）＝100m（米）

在测量仪器说明书、外文测量书籍或文献中，还会用到英制的长度计量单位，它与公制长度单位的换算关系如下：

1in*（英寸）＝2.54cm

1ft*（英尺）＝12in＝0.304 8m

---

* 为非法定计量单位，下同。

1yd（码）=3ft=0.914 4m

1mile（英里）=1 760yd=1.609 3km

2. **面积单位** 我国测量工作中法定的面积单位为平方米（m^2）。大面积通常用平方公里（km^2）或公顷（hm^2），在农业上也常用亩*（mu）为面积计量单位。

面积单位是

$1m^2$（平方米）=$100dm^2$=$10\ 000cm^2$=$1\ 000\ 000mm^2$

1mu*（亩）=10 分=100 厘=666.666 7m^2

1are*（公亩）=$100m^2$=0.15mu

1ha（公顷）=$1hm^2$=$10\ 000m^2$=15mu=100are

$1km^2$（平方公里）=$100hm^2$（公顷）

公制与英制的面积单位换算关系如下：

$1in^2$（平方英寸）=6.451 6cm^2

$1ft^2$（平方英尺）=$144in^2$=0.092 9m^2

$1yd^2$（平方码）=$9ft^2$=0.836 1m^2

1acre（英亩）=4 840yd^2=40.468 6are=6.072 0mu

$1mile^2$（平方英里）=640acre=2.590 0km^2

3. **体积单位** 我国测量工作中法定的体积计量单位为立方米（m^3），简称"立方"或"方"。

4. **角度单位** 测量工作中常用的角度单位有 60 进制的度分秒制（DMS—Degree, Minute, Second）和弧度制（RAD—Radian），此外还有每象限 100 进制的新度制（Grade）。

①度分秒制：1 圆周=360°（度）；1°=60′（分）；1′=60″（秒）

②新度制：1 圆周=400^g（新度）；1^g=100^c（新分）；1^c=100^{cc}（新秒）

在一些进口仪器及其手册中，常将新度写为 gon，并译为格恩或哥恩，其进制为：

1 圆周=400gon（格恩）；1gon=1 000mgon（毫格恩）

③弧度制：所谓弧度就是与半径相等的弧长所对应的圆心角，称为 1 个弧度，以 ρ 表示。

1 圆周=2π ；1 弧度=360°/2π=57.295 779 5°≈57.295 8°

则有下述写法：

$\rho°$（弧度度）57.295 8°≈57.3°

ρ'（弧度分）57.295 8×60′≈3 438′

ρ''（弧度秒）57.295 8×60×60″≈206 265″

复 习 思 考 题

1. 测量学的定义及普通测量的任务是什么？
2. 什么是大地水准面？它与水平面和水准面有何区别？
3. 测量中常用坐标系有哪几种？测量中所用的平面直角坐标系与数学上常用的笛卡儿右旋坐标系有何区别？
4. 我国曾使用什么大地坐标系？现在使用什么坐标系？我国曾使用何种高程系统？现在使

用何种高程系统？这两种高程系统有何转换关系？

5. 北京某点的大地经度为 $116°20'$，试计算它所在六度带和三度带的带号及中央子午线的经度。

6. 什么是绝对高程？什么是相对高程？高差与高程有何区别？

7. 测量工作的基本原则是什么？测量中的基本观测量有哪些？

8. 设有一长 600m、宽 300m 的矩形地块，其面积有多少公顷？合多少亩？

第2章 水准测量

【重点提示】 本章介绍了高程测量的常用方法，重点讲述了水准测量的原理、方法，介绍了水准仪的构造，讲述了水准仪的使用、水准测量的实施过程、水准测量的测站校核、路线校核及数据处理、介绍了水准仪的检验和校正方法、简要分析了水准测量误差的来源。

2.1 高程测量概述

地球表面高低起伏很不规则，要确定地面点的空间位置，除了确定其平面位置外，还要确定其高程。为了测定地面点高程而进行的测量工作叫做高程测量。

根据测量原理和使用仪器与施测方法的不同，高程测量的方法主要有水准测量、三角高程测量和物理高程测量三种。水准测量是利用水准仪提供的水平视线，分别在地面两点垂直竖立的水准标尺上读取读数，推算出两点间的高差，进而求得待定点的高程的方法。水准测量的精度较高，是精确测定地面点高程的主要方法，但工作量较大且受地形条件限制。三角高程测量是利用仪器在测站点上测定仪器中心至照准点的垂直角，量取测站点仪器高和照准点觇标高，若已知两点间的水平距离，根据三角学原理推算出两点间的高差，进而求得待定点的高程的方法。三角高程测量的精度低于水准测量，仅作为高程测量的辅助方法，但其作业简单，布设灵活，是一种测定地面点高程的常用方法。物理高程测量是根据地球的物理性质，利用仪器来确定地面点高程的方法。物理高程测量主要有两种方法：一种是根据大气气压随地面点高程的不同而变化的规律（即高程愈大，大气压力愈小的原理），用气压计测定出待定点高程的方法，称为气压测高法；另一种方法是根据重力加速度随地面点高程的不同而变化的规律（即高程愈大，重力加速度愈小的原理），利用重力仪测定两点间重力变化量来确定高差，进而推算出待定点高程的方法，称为重力测高法。物理高程测量的精度最低，但仪器简单，施测方便，一般仅用于勘查工作，本教材不予介绍。

高程控制主要通过水准测量的方法建立，而在地形起伏大、直接利用水准测量方法较困难的地区建立低精度的高程控制网以及图根高程控制网时，可采用三角高程测量的方法建立。

本章主要介绍水准测量的基本原理、水准测量所使用的仪器和等外水准测量的观测、记录、计算方法等。

2.2 水准测量的基本原理

水准测量是利用水平视线来测定两点间的高差。如图 2-1 所示，若要测定 A，B 两点间的高差，则须在 A，B 两点中间安置水准仪。在 A，B 两点上分别垂直竖立水准标尺，用水准仪的水平视线分别在 A，B 两点的标尺上读得标尺分划数 a 和 b，则 A，B 两点间的高差为：

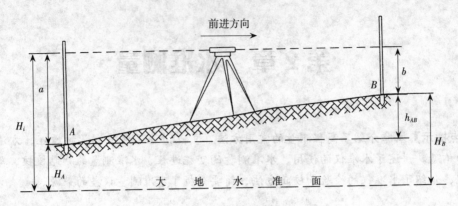

图 2-1 水准测量原理图

$$h_{AB}=a-b \qquad (2-1)$$

若水准测量是沿 A 到 B 的方向前进，则 A 点称为后视点，其上竖立的标尺称为后视标尺，读数值 a 称为后视读数；B 点称为前视点，竖立的标尺称为前视标尺，读数值 b 称为前视读数。因此，水准测量的原理用文字表述，即为：两点间的高差等于后视读数减去前视读数。高差有正（＋）负（－）之分。当 B 点比 A 点高时，前视读数 b 比后视读数 a 要小，高差为正；当 B 点比 A 点低时，前视读数 b 比后视读数 a 要大，高差为负。因此，水准测量的高差 h 的值必须冠以"＋"号或"－"号。另外，高差具有方向性，h_{AB} 表示 B 点相对于 A 点的高差（即 A 点到 B 点的高差）；而 A 点相对于 B 点的高差（即 B 点到 A 点的高差）则为 h_{BA}，它与 h_{AB} 的绝对值大小相等，符号相反，即

$$h_{BA}=-h_{AB} \qquad (2-2)$$

知道了 A、B 两点的高差 h_{AB}，如果 A 点的高程为已知，则 B 点的高程为：

$$H_B=H_A+h_{AB}=H_A-h_{BA} \qquad (2-3)$$

有时，需要测定较小范围内多个点的高程（如平整场地时），而这些点的高程精度要求不高，此时可以将仪器安置于该范围中央，在需要测高程的地方，竖立水准尺，当视线水平时，分别读取各立尺点标尺的读数，就可以得到各立尺点的高程。原理如下：从图 2-1 可知，A 点的高程 H_A 加后视读数 a，得视线的高程，称为视线高 H_i；视线高减去前视 b，也可得出 H_B。这是另一种计算高程的方法，即视线高法

$$H_B=(H_A+a)-b=H_i-b \qquad (2-4)$$

这种方法安置一次仪器，可测得周围一系列立尺点的高程。但是，由于这种方法不能消除视准轴与水准管轴不平行的误差以及由于地球弯曲带来的球差，得到的各立尺点高程的精度较低，通常不能用于控制测量中。

当 A、B 两点相距较远或者高差较大，安置一次仪器不可能测得两点间的高差时，必须在两点间加设若干个临时的立尺点（TP_1、TP_2⋯），并安置若干次仪器，分别测定高差，最后求其总和。如图 2-2 所示，通过各测站连续测定相邻两标尺点间的高差 h_1, h_2, ⋯, h_n，最后取其代数和即可求得 A、B 两点间的高差。

应用（2-1）式，可得出各测站的高差计算公式

$$\begin{cases} h_1 = a_1 - b_1 \\ h_2 = a_2 - b_2 \\ \vdots \\ h_n = a_n - b_n \end{cases} \tag{2-5}$$

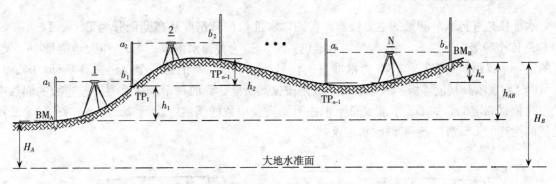

图 2-2 连续水准测量

将以上各段高差相加，则得 A、B 两点间的高差 h_{AB} 为

$$h_{AB} = h_1 + h_2 + \cdots + h_n = \sum_{i=1}^{n} h_i \tag{2-6}$$

或

$$\begin{aligned} h_{AB} &= (a_1 - b_1) + (a_2 - b_2) + \cdots + (a_n - b_n) \\ &= (a_1 + a_2 + \cdots + a_n) - (b_1 + b_2 + \cdots + b_n) \\ &= \sum_{i=1}^{n} a_i - \sum_{i=1}^{n} b_i \end{aligned} \tag{2-7}$$

这些临时的立尺点，作为传递高程的过渡点，称为转点；安置仪器的地方称为测站。在实际作业中，常用 (2-6) 式计算 A、B 两点间的高差 h_{AB}，而用 (2-7) 式检核有无计算错误，即：起点至终点的高差等于各测站高差之总和，也等于各测站所有后视读数之总和减去所有前视读数之和。

在图 2-2 所示的水准测量中，若已知 A 点的高程和 H_A，则 B 点的高程 H_B 为

$$H_B = H_A + h_{AB} = H_A + \sum_{i=1}^{n} h_i \tag{2-8}$$

待定点 B 点的高程是由已知高程的 A 点，经过 TP_1、TP_2、$\cdots TP_{n-1}$ 等转点传递过来的。转点只起传递高程的作用，不需要测出其高程，因此不需要有固定的点位，只需在地面上合适的位置放上尺垫，踩实并垂直竖立标尺即可。观测完毕拿走尺垫继续往前观测。需要注意的是，转点在没有完成高程传递任务前是不能移动的，否则高程就无法正确传递，就不能正确求出终点的高程。

特别需要强调的是，在一个测站上，前、后视读数都测合格后，后视尺的标尺和尺垫才能随仪器一同迁站。决不允许测完后视标尺，立尺员就移动尺垫，测前视标尺时发现出了问题，需要重测时，立尺员再去找原来的位置放上尺垫进行观测，这是绝对不允许的。

2.3 水准仪与水准测量的工具

2.3.1 微倾水准仪的构造

水准仪是进行水准测量的主要仪器，我国对水准仪按其精度从高到低分为 DS_{05}、DS_1、DS_3 和 DS_{10} 四个等级，其中 S_{05}、S_1 为精密水准仪；S_3、S_{10} 为普通水准仪。"D"即大地测量中"大"字的第一个汉语拼音字母。"S"为水准仪的代号，即"水"字的第一个汉语拼音字母，05、1、3、10 分别表示其精度等级。水准仪的等级是按仪器所能达到的每千米往返测高差中数的偶然中误差为依据判定的。如 DS_3 水准仪每千米往返测高差中数的偶然中误差 $\leqslant \pm 3mm$；图 2-3 所示是我国生产的 DS_3 级的 S_3 型微倾水准仪。

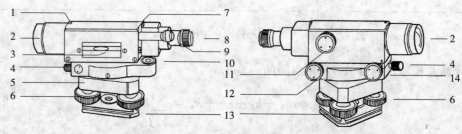

图 2-3 S_3 型水准仪

1. 瞄准用准星 2. 望远镜物镜 3. 水准管 4. 水平制动螺旋 5. 基座 6. 脚螺旋 7. 瞄准用缺口
8. 望远镜目镜 9. 水准管气泡观察镜 10. 圆水准器 11. 物镜调焦螺旋 12. 微倾螺旋
13. 基座底板 14. 水平微动螺旋

从水准测量的原理得知，水准仪应能提供一条水平视线，因而水准仪的主要构件包括望远镜和符合水准管，二者固连为一体，望远镜的视线是否水平，是由水准管的气泡是否居中来确定的，因此，望远镜的视准轴必须平行于水准管轴。为了在观测时便于将视线调到水平位置，仪器上装有微倾螺旋。在微倾螺旋作用下，望远镜和符合水准管可同时作微小倾斜，当符合水准管气泡居中时，表示望远镜视线水平（前提是望远镜的视准轴必须平行于水准管轴）。除望远镜和水准管外，水准仪还应具有支承望远镜和水准管的基座，以及架设整个仪器的三角架。望远镜的转动是由水平制动螺旋和微动螺旋控制的。仪器的粗略整平通过圆水准器来指示。下面对望远镜和水准器作较为详细的介绍。

2.3.1.1 望远镜

望远镜是水准仪的照准设备。它的作用有两个：一是将不同距离的目标，通过望远镜成像，以便观测者能看清目标；二是为了精确照准目标。

望远镜分内对光式和外对光式两种。外对光望远镜是通过改变镜筒长度来实现调焦的，而内对光望远镜是通过调焦凹透镜的移动来调节焦距的。现代水准仪的望远镜都采用内对光式，原因是外对光式望远镜密封性较差，灰尘湿气易进入镜筒内，而内对光式望远镜则克服了这些缺点。

内对光望远镜，如图 2-4 所示，主要由物镜、目镜、十字丝分划板、调焦（对光）装置及固定和连接这些光学零件的望远镜筒所组成。

根据几何光学原理可知，当物体至透镜的距离大于物镜焦距的2倍时，经物镜折射后，成一缩小的倒立实像，该实像又成为目镜的物体，它到目镜的距离小于目镜的焦距，经过目镜成像后，就可以得到一个放大的虚像，如图2-5所示。

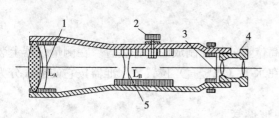

图2-4　内对光望远镜剖面图
1. 物镜　2. 物镜调焦螺旋　3. 十字丝分划线
4. 目镜筒　5. 调焦透镜

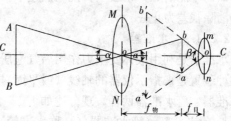

图2-5　望远镜成像原理

为了照准目标和读数，观测目标时，要求物体在望远镜中的成像恰好与十字丝分划板所在的平面共面。十字丝分划板安置在物镜和目镜之间，如图2-6所示。十字丝是刻在玻璃薄片上相互垂直的细线。竖直的一根称为纵丝（又称竖丝），中间横的一根称为横丝（又称中丝、水平丝）。横丝上、下两根对称的用来测定距离的短线，称为视距丝，视距丝分上丝和下丝。望远镜的物镜光心与十字丝中心的连线就是望远镜的视准轴，又称照准轴，所谓照准目标，就是使视准轴指向观测目标。

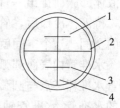

图2-6　十字丝分划线
1. 上丝　2. 中丝
3. 下丝　4. 竖丝

望远镜的正确使用，包括三个步骤：首先是目镜调焦。方法是：将望远镜对向白色墙壁或背景明亮处，旋转目镜对光螺旋，使十字丝看得最清晰。其次是物镜调焦。方法是：照准目标，旋转物镜对光螺旋，使成像落在十字丝平面上。从而可同时看清物像和十字丝。为了寻找目标比较方便，一般在望远镜筒的外面装有瞄准器，可以先用瞄准器对准目标，然后再进行物镜对光，精确照准目标。第三是消除视差。望远镜照准目标后，如果目标成像不在十字丝平面上，当观测者眼睛在目镜后上下左右移动时，会发现物像与十字丝有相对移动，这种现象称为视差。图2-7（a）、（b）为有视差存在的情况，图2-7（c）为没有视差的情况，其中O_1、O_2、O_3表示眼睛的位置，P_1、P_2、P_3分别表示物像上不同的点。

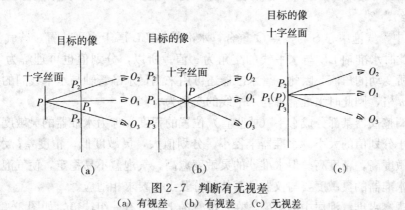

图2-7　判断有无视差
(a) 有视差　(b) 有视差　(c) 无视差

消除视差的方法是：首先按操作程序依次调焦，即将望远镜对向明亮处，重新进行目镜调焦，使十字丝的分划线看得最清楚。然后再瞄准目标，用物镜对光螺旋使目标的像也看得最清楚。如仍不能消除，则表示目镜调焦还不十分正确，应重新进行目镜调焦。如此反复进行，直到完全消除视差为止。

2.3.1.2 水准器

水准器是利用液体受重力作用后气泡居于最高位置的特性制成的一种装置。在测量仪器上装设这种装置是来指示仪器的轴线（或平面）是否在水平（或竖直）位置。水准器按它的形式分为圆水准器、管水准器两种，现分述如下。

1. 管水准器 管水准器（又称水准管）是由玻璃管构成，其纵剖面的内表面为一定半径的圆弧，如图 2-8 所示，其半径为 8～100m，最精确的可达 200m，在管内注入轻而易流动的液体，如酒精或乙醚，注满后再加热。使液体膨胀而排出一部分，然后将玻璃管开口的一端封闭，待液体冷却后，管内即形成一个由液体的蒸汽所充塞的空间。这个空间就是水准气泡。

水准管内表面圆弧的中心点 S 称为管水准器的零点，过管水准器零点与圆弧相切的切线，称为水准管轴。校正好的水准管，水准管轴与仪器视准轴保持平行。根据气泡在管内占有最高位置的特性，过气泡中心所作的切线必为水平线。因此，当气泡中心位于水准器的零点（气泡居中）时，水准管轴成水平位置，与其平行的视准轴也就处于水平位置了。

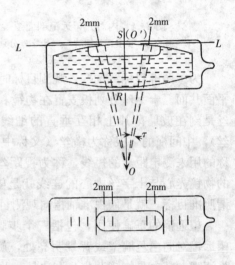

图 2-8 管水准器及其分划值

气泡中点的精确位置可由水准管上所刻的分划线来确定，一般水准管上每隔 2mm 刻一分划线。水准管上相邻两分划线间的弧长（通常为 2mm）所对的圆心角，称为水准管的分划值，如图 2-8 所示。分划值 τ 与水准管的圆弧半径 R 有下列关系：

$$\tau = \frac{2}{R}\rho'' \tag{2-9}$$

式中，R 的单位为 mm，由于 τ 与 R 成反比，当 R 自 8m 到 100m 时，其 τ 值自 $1'$ 至 $4''$；当 R 为 200m 时，τ 值约为 $2''$。

在图 2-8 中，气泡中心 S 与零点 O' 重合，水准管轴 LL 居于水平位置。若气泡中心偏离零点一个分划，此时水准轴 LL 与水平线的交角为 τ 值。所以，分划值也可理解为气泡移动一格时，水准管轴所变动的角值。因此，管水准器还可用来测量水准管轴与水平线间的夹角，如气泡中心偏离零点 n 格，则此时水准管轴与水平线的交角为 $n \cdot \tau$。

用水准器调整仪器某部分成水平（或竖直）位置的程度，称为水准器的灵敏度，水准器的灵敏度主要取决于分划值的大小。水准器半径小，分划值大，灵敏度低，精度差；水准器半径大，分划值小，灵敏度高，精度高。但水准器的灵敏度愈高，气泡愈不易稳定，使气泡居中所费的时间愈多。所以水准器的灵敏度要与仪器的其他部分及工作要求相适应。

为了提高观察水准气泡居中的精度，在水准管的上方装有一组棱镜，如图 2-9，通过这组棱镜的折光作用，可以将水准气泡两端的影像传递到望远镜旁的观测窗内。从观察窗内就可以看到水准管气泡两端的各半个影像，当两半个影像吻合时，则表示气泡居中，如图 2-10（a），而图 2-10（b）则表示气泡尚未居中时的现象。这种带有棱镜装置的水准管，称为符合水准管。

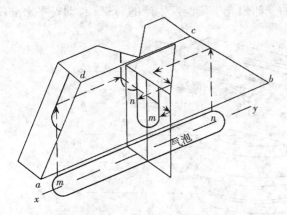

图 2-9 符合水准器

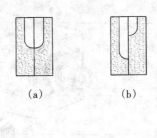

图 2-10 符合气泡示意图
(a) 气泡居中 (b) 气泡未居中

2. 圆水准器 圆水准器如图 2-11 所示。圆水准器主要用来粗略整平仪器，它是金属的圆柱形盒子与玻璃圆盖构成的。玻璃圆盖的内表面是圆球面，其半径为 0.5～2m，盘内装酒精或乙醚，玻璃盖的中央有一小圆圈，其圆心即为圆水准器的零点，连接圆水准器的零点与球面球心的直线称为圆水准器轴。当气泡的中心与水准器的零点重合（气泡居中）时。圆水准器轴即成竖直，切于圆水准器零点的平面就居于水平位置。

圆水准器也有格值。在过圆水准器零点的任意一个纵剖面上，气泡中心偏离 2mm 时所对的圆心角，就是圆水准器的格值。可见，圆水准器的格值大小与其顶部圆球面的半径的大小有关。由于圆水准器的半径比管水准器的小，所以其分划值比管水准器大，故其灵敏度较低，只能做粗平（概略整平），而管水准器可在精确整平时用。

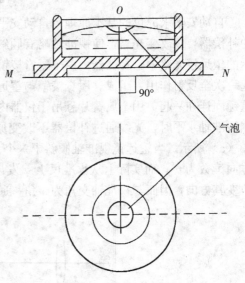

图 2-11 圆水准器

2.3.2 其他类型水准仪的构造

2.3.2.1 自动安平水准仪

微倾水准仪是根据水准管的气泡居中而获得水平视线来进行水准测量的。因此，在水准尺上读数时，每次都要用微倾螺旋将水准管气泡调至居中位置，这对于提高水准测量的速度和精度有很大障碍。为了提高工效，人们研制了自动安平水准仪。这种仪器，没有水准管和微倾螺旋，不用转动微倾螺旋调整符合水准器气泡居中而只需将圆水准器的气泡居中,就可观测,观测时在十字丝交点上读得的便是视线水平时应该得到的读数。因此,使用起来,大大缩短了水准测量的观测时间,同时由于水准仪整置不当、地面有微小的震动或脚架的不规则下沉等造成的视线不水平,可以由补偿器迅速调整而得到正确的读数。图 2-12 所示的是苏州光学仪器厂生产的 DSZ2 自动安平水准仪。

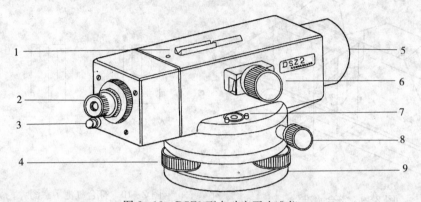

图 2-12 DSZ2 型自动安平水准仪
1. 瞄准器 2. 目镜及调焦螺旋 3. 补偿器检查按钮 4. 脚螺旋 5. 物镜
6. 物镜调焦螺旋 7. 圆水准器 8. 水平微动螺旋 9. 基座底板

自动安平水准仪的基本原理 自动安平水准仪的望远镜光路系统中,设置利用地球重力作用的补偿器,以改变光路,使视准轴略有倾斜时在十字丝中心仍能接受到水平光线。如图 2-13 所示的望远镜光路中,补偿器由一个屋脊棱镜 b(它起三次全反射的作用)和两个直角棱镜 c(各起一次全反射作用)组成。屋脊棱镜与望远镜筒固连在一起,它随望远镜一起转动;直角棱镜与重锤固连在一起,用金属簧片悬吊于仪器内,它受重力作用可改变与屋脊棱镜的相互位置关系。当视准轴水平时,光线通过补偿器不改变原来的方向,十字丝在水准尺上的读数为 a,如图 2-13(a)所示。当望远镜视准轴倾斜了一个小角度 α 时,如图 2-13(b)所示,假定仍按视准轴方向读数为 a';而实际上从水准尺上 a 发出的光线(图中用实线表示)通过望远镜物镜光心不改变其方向,因而与视准轴交角为 α 角;通过补偿器后,水平光线转折一个 β 角,而仍然到达十

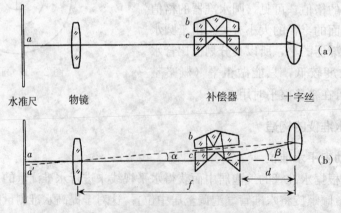

图 2-13 自动安平水准仪的工作原理

字丝中心,即视准轴虽有微小的倾斜,但仍能读得相当于它水平时的读数。

自动安平的基本原理是:设计补偿器时,应使其满足下列条件:
$$f\alpha = d\beta \tag{2-10}$$
式中,f 为物镜焦距,d 为补偿器中心至十字丝的距离。

因此,自动安平水准仪的工作原理是:通过圆水准器气泡居中,使水准仪纵轴大致铅垂,视准轴大致水平;通过补偿器,使瞄准水准尺的视线严格水平。

2.3.2.2 电子水准仪

电子水准仪也称数字水准仪,与光学水准仪相比,它具有速度快、精度高、自动读数、使用方便、能减轻劳动作业强度、可自动存储测量数据、易于实现水准测量内外业一体化的优点。目前我国常见的电子水准仪有 Leica 公司 DNA、Sprinter 电子水准仪,蔡司厂的 DiNi 系列电子水准仪,拓普康公司的 DL 电子水准仪。这些水准仪的精度不同,读数方法也不同,下面以 DNA03 数字水准仪为例,简要介绍其结构及相关法读数原理。

电子水准仪区别于微倾水准仪和自动安平水准仪的主要不同点是在望远镜中安置了一个由光敏二极管构成的线阵探测器,仪器采用数字图像识别处理系统,并配用条码水准标尺,标尺的条纹码作为参照信号存在仪器内,测量时,线阵探测器捕获仪器视场内的标尺影像作为测量信号,然后与仪器的参考信号进行比较,即可获得水平视线的水准尺读数和视距值。因此,电子水准仪能够将原有的用人眼观测读数彻底改变为由光电设备自动探测水平视准轴的水准尺读数。当然,使用电子水准仪也可以像使用光学水准仪(如自动安平水准仪)一样,用人眼观测读数。

1. 电子水准仪的一般结构 图 2-14 为徕卡 DNA03 中文数字水准仪外观,而图 2-15 为 DNA03 数字水准仪的望远镜结构剖面。电子水准仪的望远镜光学部件及机械结构与光学自动安平水准仪基本相同,但较自动安平水准仪多了调焦发送器、补偿器监视、分光镜和线阵探测器四个部件。

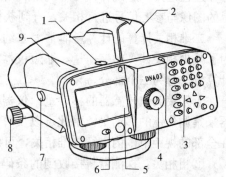

图 2-14 徕卡 DNA03 中文电子水准仪
1. 圆水准器 2. 提手 3. 字母数字式混排键盘
4. 目镜 5. LCD 液晶显示屏 6. 电源开关
7. 补偿器检测按钮 8. 无限位微动螺旋
9. PCMCIA 插槽盖板

调焦发送器的作用是测定调焦透镜的位置,由此计算仪器至水准尺的概略视距值。补偿器监视的作用是监视补偿器在测量时的功能是否正常。分光镜则是将经由物镜进入望远镜的光分离成红外光和可见光两个部分。红外光传送给线阵探测器作标尺图像推测的光源,可见光源穿过十字丝分划板经目镜供观测员观测水准尺。基于 CCD 摄像原理的线阵探测器是仪器的核心部件之一,长约 6.5mm,由 256 个光敏二极管组成。每个光敏二极管的口径为 25μm,构成图像的一个像素。这样水准尺上进入望远镜的条码图像将分成 256 个像素,并以模拟的视频信息信号输出。

2. 相关法基本原理 线阵探测器将接收到的条码图像转换成模拟视频信号并进而处理得到数字信号,然后与仪器内预先存储的参考(标准)水准尺的数字信号进行相关处理。当相关值最大时,即可获得标尺高读数和视距读数。

由于标尺到仪器的距离不同,条码在探测器上成像的"宽窄"也将不同,随之电信号的"宽

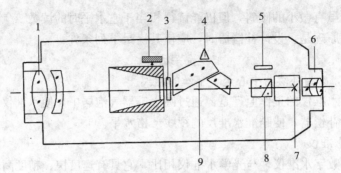

图 2-15 徕卡 DNA03 望远镜内部装置
1. 物镜 2. 调焦发送器 3. 调焦透镜 4. 补偿器监视 5. 探测器
6. 目镜 7. 分划板 8. 分光镜 9. 补偿器

窄"也将改变，于是引起相关的困难。徕卡数字水准仪采用二维相关法来解决此问题。

在进行水准测量时，数字水准仪计算两个参数完成相关过程，这两个参数分别为"视线高"和参考信号的"宽窄"。仪器的"视线高"表现为标尺条码像中心在参考信号中的位置；标尺上条码与其成像的"宽窄"取决于仪器到标尺的距离，或者说"宽窄"是视距的函数。为了获得相关峰值的最大值，需要计算探测器获得的图像与不同"宽窄"的参考信号的相关极大值。"宽窄"实际上就是相关计算时对参考信号进行调整的一个系数。由此可见，所谓"二维"相关计算，一维是视距，一维是视线高。计算过程是按一定规律改变参考信号的"宽窄"，对探测器获得的图像与参考信号进行相关，直到获得相关最大值。

二维相关计算的计算量非常大（约几千万次的加法运算），为了减少相关计算的工作量，缩短仪器的读数时间，设计时将计算方法分为三个部分。

①采集调焦传感器的移动量：仪器内部的调焦移动量传感器采集调焦镜的移动量，由此可以反算出概略视距，从而不用在全部的视距范围内进行二维相关，可以减少 80% 的计算量。

②粗相关：探测器将接收到的条码图像转换为一位数字信号，其灰度值与参考信号相关，确定一个大致的视距范围。

③精相关：探测器将接收到的条码图像转换为八位数字信号，在粗相关确定的范围内进行高精度计算，以求解精确的高程（水平视线在水准尺上的读数）和视距读数。

3. 条码水准尺 与电子水准仪相配套的条形编码尺（简称：条码尺），其条码设计随电子读数方法不同而不同。目前，采用的条纹编码方式有二进制码条码、几何位置测量条码、相位差法条码。

DNA03 水准仪配用的标准条码标尺是用膨胀系数小于 10×10^{-6} m/(m·℃)的玻璃纤维合成材料制成，重量轻，坚固耐用。如图 2-16 所示，该尺一面采用伪随机条形码（属于二进制码），

图 2-16 条形编码尺

供电子测量用；另一面为区格式分划，供光学测量使用。使用时仪器至标尺的最短可测量距离为1.8m，最远为100m。要注意标尺不能被障碍物（如树枝等）遮挡，因为标尺影像的亮度对仪器探测会有较大影响，可能会不显示读数。望远镜照准标尺并调焦后，可以将条码清晰地成像在分划板上供目视观测，同时条码也被分光镜成像在探测器上，供电子读数。

用于精密水准测量的电子水准仪，其配用的条码标尺有两种：一种为铟钢尺；另一种为玻璃钢尺。

2.3.3 水准尺和尺垫

水准尺是水准测量的重要工具，水准测量作业时与水准仪配合使用，缺一不可。水准尺是用干燥木料或玻璃纤维合成材料制成，一般长3～4m，按其构造不同可分为折尺、塔尺、直尺等数种，如图2-17。折尺可以对折，塔尺可以缩短，这两种标尺运输比较方便，但用旧后的接头处

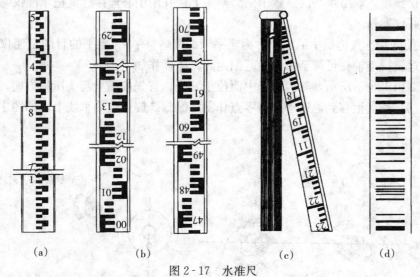

图 2-17 水准尺
(a) 塔尺　(b) 双面直尺　(c) 折尺　(d) 条码尺

容易损坏，影响尺长的精度，所以高精度的水准测量规定只能用直尺。尺面每隔1cm涂有黑白或红白相间的分格，每分米有数字注记。为倒像望远镜观测方便起见，注字常倒写。尺子底面钉以铁片，以防磨损。3m长的直尺，通常都是双面尺。有黑白相间的厘米刻划的一面，称为黑面，其底端从零碎开始；有红白相间的厘米刻划的一面，称为红面，其底端从某一常数（一般为4.687或4.787）开始。此常数称为尺常数，通常用 K 表示。红黑面尺必须成对使用，即红面起始读数分别为4.687和4.787的两根标尺为一对，切莫搞错。

为了使水准标尺能竖直，有些水准标尺上装有圆水准器，当圆水准器的气泡居中时，表示水准标尺立于铅垂位置。在进行水准测量时，为了减小水准标尺下沉，保证测量精度，可使用尺垫（或尺桩、尺台），使用时先将尺垫牢固地踏入地下，再将标尺直立在尺垫的半球形的顶部上，其形状如图2-18所示。

图 2-18 尺　垫

2.4 水准仪的使用

2.4.1 微倾水准仪的使用

在某一测站上，使用微倾水准仪对标尺进行观测的步骤如下。

1. 安置仪器

（1）打开三脚架，松开脚架螺旋，使三脚架高度适中（根据身高），旋紧脚架螺旋，将脚架放在测站位置上（距前、后立尺点大概等距离位置）；

（2）三个架腿之间角度最好为25°~30°，目估使架头水平，将三个架腿踩实，如水泥地面可放在水泥地面的缝隙中使其固定；

（3）打开仪器箱，取出水准仪，置于三脚架头上，并用中心连接螺旋把水准仪与三脚架头固连在一起。关好仪器箱。

2. 粗平　使圆水准气泡居中的操作称为粗平（即概略整平）。粗平的目的是使仪器竖轴大致铅直，以便望远镜视准轴在可调至水平的范围内。具体操作如下。

（1）如图2-19（a）所示，气泡未居中而位于a处；首先按图上箭头所指方向，两手相对转动脚螺旋①、②，使气泡移到通过水准器零点作①、②脚螺旋连线的垂线上，如图中垂直的虚线位置；

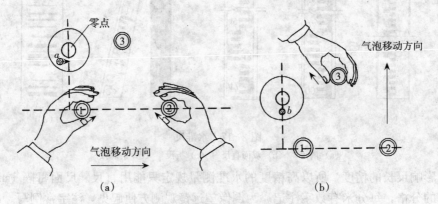

图2-19　圆水准气泡整平过程
(a) 整平第一步示意　(b) 整平第二步示意

（2）如图2-19（b）所示用左手转动脚螺旋③，使气泡居中；

（3）反复交替调整脚螺旋①、②和脚螺旋③，确认气泡是否居中；

（4）若气泡没有居中，可重复以上操作，直至居中为止。

值得注意的是：在测站上，粗平只在照准后视标尺时进行一次，照准前视标尺时，圆水准气泡不居中也不能再调。此外，调节气泡时应掌握规律：左手大拇指移动方向与气泡移动方向一致。

3. 瞄准　用望远镜瞄准水准尺时，先松开制动螺旋，利用望远镜上方的缺口和准星照准水准尺，然后旋紧水平制动螺旋，转动微动螺旋，使十字丝竖丝瞄准水准尺（图2-20），并转动调焦螺旋，消除视差。有关望远镜的基本使用，可参见本章 2.3.1.1 节。

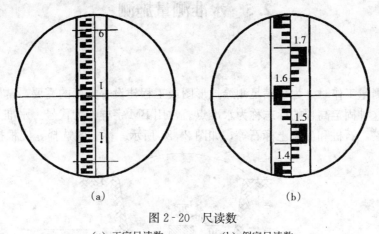

图 2-20　尺读数
(a) 正字尺读数　　　　(b) 倒字尺读数
　　正确读数：1.012　　　正确读数：1.574
　　错误读数：1.120　　　错误读数：1.626

4. **精平和读数**　瞄准水准尺后，应先调节微倾螺旋使符合水准气泡严格居中，然后读数。读数时以十字丝中丝为读数基准线，如图 2-20 所示。读数时应注意，按尺上的注记由小往大读数。为了防止误会，习惯上报读四位数字，不读小数点，以毫米为单位，则图 2-20（a）中读数读为 1 012。读数中的最后一位数字是估读的，读完数后，还应再检查一下气泡是否仍旧符合，如不居中，再转动微倾螺旋，使气泡符合后，重新读数。应注意，用中丝读数时，必须先使符合水准器气泡符合，以保证视准轴的水平。

2.4.2　自动安平水准仪的使用

自动安平水准仪的使用，与微倾水准仪相比，只是不用做精平，其他的操作与微倾水准仪的使用完全相同，即安置仪器、粗平、瞄准、读数。

2.4.3　数字水准仪的使用

使用数字水准仪进行测量包括下列步骤：①安置仪器、粗平；②照准与调焦；③启动数字测量；④读数。与使用光学仪器相比，读数时不需要观察中丝在尺面上的读数，而只需要查看数字水准仪显示屏上显示的读数即可。

在数字水准仪内部，当启动测量后，仪器确定调焦棱镜的定位并监控补偿器。它用信号强度确定每个像素达到足够的饱和度所需要的综合时间。然后对条形码储存并分析。随后是粗略相关。在这一步，由调焦棱镜的定位而得到的距离，用作概略测定标尺高度和影像尺度的起始值。该项处理大约需要 1s。第五步是精密相关。这时利用 8bit 相关来确定定位和尺度。根据探测器上的条码精确位置和尺度，并用校准常数来确定标尺的读数和到标尺的距离。精密相关所用时间取决于所测距离和测量信号的质量。但绝不会超过 1s。此后，测量数据进一步被处理、显示，并按程序和所选择的操作方式记录。

2.5 水准测量施测

2.5.1 水准点

在进行水准测量工作时，为了满足测绘地形图或工程建设等方面的需要，常用标志将高程在实地固定下来，这种固定高程的标志称为水准点。常用 BM 字样作为代号。水准点的标志种类很多，常用的有木桩、石桩和混凝土标石等，如图 2-21 所示。标志的选择，应根据对水准点稳定

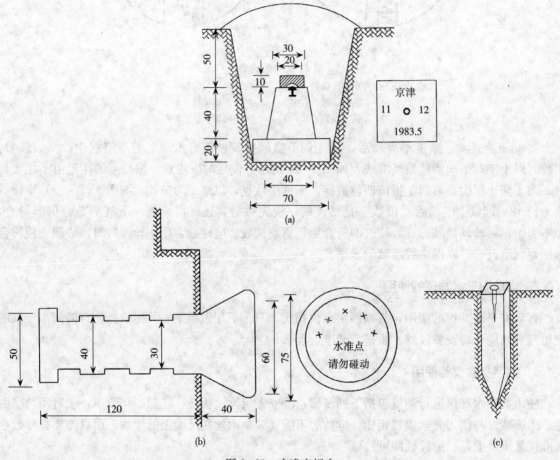

图 2-21 水准点标志
（a）混凝土普通水准标石（永久水准点）（单位：cm）　（b）墙脚水准标石（永久水准点）（单位：mm）
（c）木桩铁钉（临时水准点）

程度的要求、使用年限、土壤性质等因素，并考虑节约的原则，尽可能做到就地取材。当使用期限较短时，可用长约 30cm、顶面为 4～6cm×4～6cm 的小木桩打入地面，并在桩顶钉一小钉或刻一十字作为标志中心，以示点的精确位置。在桩的顶面或侧面的适当位置上，用红漆注明点的编号，以便管理和使用。如果标志需要长期保存，则可选用石桩或混凝土标石，在桩顶刻一十字

第2章 水准测量

或在标石顶面中央嵌入刻有十字的金属标志以表示点位,其尺寸在有关规范中均有说明,如图2-21。为了保护和便于寻找这些标志,可在点的周围挖一小沟;对于某些重要的水准点,还需要把它和附近的地物联系起来,并画草图,以示它们之间的关系。

2.5.2 水准测量施测方法

以图2-2为例说明水准测量的作业方法,今欲测定AB两点间的高差,且已知A、B两点间高差较大,距离又远,一次观测无法完成,必须选择若干个转点,然后依次在起点和转点间、转点和转点间、转点和终点间安置仪器,分段测定其高差。

假设按从A到B的方向进行水准测量,测量时,先将一根水准尺立于起始的水准点A上,作为后视尺,再沿路线前进方向选择合适位置作为测站,如1,并在前方选一适当的转点TP_1,放置尺垫,踩实使其稳固,然后在尺垫上竖立另一根水准尺,作为前视尺。仪器至尺的距离,一般在100m以内为宜。选择测站和转点时,不一定要求仪器安置在前视点和后视点连起来的直线上,但应尽可能使仪器到前后两尺的距离相等。

在一个测站上,安好仪器并经过粗平后,即可进行观测。观测时,对每一水准尺都要按照瞄准、精平、读数这三个步骤进行,尤其必须注意下列两点:一是要消除视差,二是读数时符合气泡必须严格居中,一般按先后视,再前视的顺序观测水准尺。

为了避免错误和提高观测精度,每个测站通常作两次独立的观测,求两次高差,两次测得的高差之差不超过规定时,取平均值作为这一站的高差。根据使用的水准尺的种类不同,测站上两次高差的观测方法也不相同。这些方法将在下节中详细介绍。

当一个测站观测完毕后,仪器迁至下一测站进行观测,迁站时,前一测站的前视尺不动,作为下一站的后视尺,前一测站的后视尺迁至下一站的前视点上,作为前视尺。测站上的观测方法与前一测站的相同。如此继续进行,直至另一个水准点或终点B为止。

在野外,每一测站的观测成果,直接记录在规定格式的手簿中(表2-1),其中检核中算出的$\sum h$与$\sum a - \sum b$相等,说明计算无误,如不等则计算有错。检核无误后,方可收工。

表2-1 水准测量外业观测手簿

测站	测点	后视读数(m)	前视读数(m)	高差(m)	平均高差(m)	高程(m)	备注
1	A	1.515 1.364			0.552	25.352	
	TP_1		0.964 0.811	0.551 0.553			
2	TP_1	1.563 1.678			0.174		
	TP_2		1.387 1.506	0.176 0.172			
3	TP_2	1.350 1.200			−0.753		
	TP_3		2.100 1.956	−0.750 −0.756			

(续)

测站	测点	后视读数（m）	前视读数（m）	高差（m）	平均高差（m）	高程（m）	备注
4	TP$_3$	0.932			−0.093	25.232	
		1.103					
	B		1.024	−0.092			
			1.197	−0.094			
计算校核	$\sum$	10.705	10.945	−0.24	−0.12		
	$\frac{1}{2}(\sum a - \sum b) = -0.12$　　　$\frac{1}{2}\sum h = -0.12$							

2.6　水准测量的校核方法与精度要求

2.6.1　测站校核方法与精度要求

1. **双面尺法**　该方法适用于红黑面尺，在《规范》中规定，等外水准测量中，同一根水准尺的黑红面读数差不得超过 4mm，黑红面所测高差之差不得超过 6mm。

2. **改变仪器高法**　该方法适用于单面尺或尺的两面注记底部都从 0 开始的水准尺，改变仪器高法，就是在测站上测得一次高差后，重新安置仪器（升高或降低仪器 10cm 左右），再测一次。两次测得高差之差不得超过 6mm。

上述两种方法中，若两次所测高差之差符合规定，可取两次高差的平均值，作为这一测站的高差值，否则应重测。测站检核只能发现读数的错误，不能发现立尺点变动的错误，因此还应进行路线检核。

2.6.2　路线校核及高程计算

2.6.2.1　附合水准路线

从一已知高程的水准点开始，经过若干高程待定的水准点，最后连接到另一已知高程的水准点上，这种水准路线称为附合水准路线。如图 2-22 所示。根据水准测量原理知，各测段高差总和应等于两已知水准点的高程之差，但由于测量误差的存在，两者不相等，产生一个差值，这个差值就叫高程闭合差，用 f_h 表示。

$$f_h = \sum h_{测} - (H_{终} - H_{始}) \tag{2-11}$$

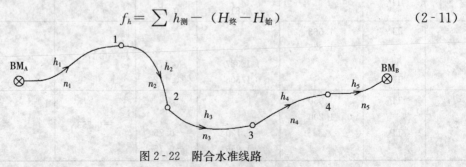

图 2-22　附合水准线路

式中：$H_终$、$H_始$——终止水准点和起始水准点的高程。

高差闭合差 f_h 的大小反映了测量成果的质量（误差大小），《规范》中对不同等级的高程闭合差的容许值 $f_{h容}$ 的要求是不同的，等外水准测量的容许值为：

一般地区：$$f_{h容}=\pm 40\sqrt{D} \qquad (2-12)$$

山区：$$f_{h容}=\pm 12\sqrt{n} \qquad (2-13)$$

式中：D——测段、附合路线或环线的长度，以千米为单位，km。

n——测段或路线的测站数。

如果 f_h 在容许范围内（即 $|f_h| \leqslant |f_{h容}|$），则说明观测成果是合格的；若 f_h 超限，则应检查原因，如非计算错误所致，就要返工重测。

2.6.2.2 闭合水准路线

从一已知高程的水准点开始，经过一些高程待定的水准点，最后又回到起点，这种水准路线称为闭合水准路线，如图 2-23 所示。可以把闭合水准线路理解为一个特殊的、起始点和终止点高程相同的附合水准线路。由于闭合水准路线的起点和终点相同，故整个路线高差总和的理论值应为零，即

$$\sum h_理 = 0 \qquad (2-14)$$

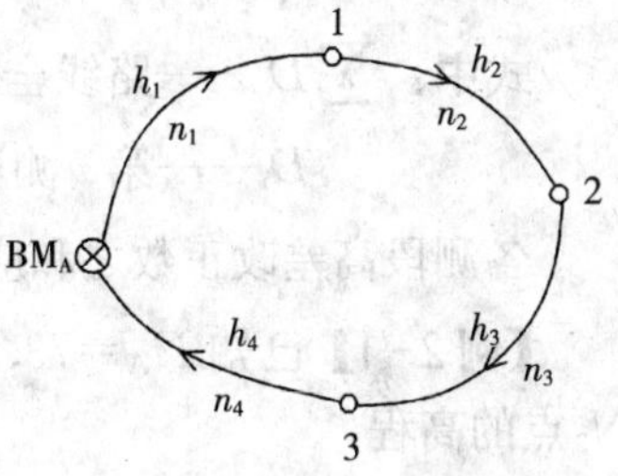

但在实际测量中，其值也常不为零，从而产生了高差闭合差 f_h，即

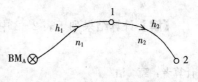

图 2-23 闭合水准线路

$$f_h = \sum h_测 \qquad (2-15)$$

在闭合水准路线中，对高差闭合差的容许值的要求和附合水准线路的要求是相同的，也要满足《规范》中的规定。

2.6.2.3 支水准路线

从一个已知高程的水准点出发，沿一条水准路线测定一个或几个未知水准点的高程，而没有回到已知点上，这种水准路线称为支水准路线，如图 2-24 所示。为了校核观测成果并提高精度，支水准路线一般要往返观测。往返观测的高差代数和应等于零，如不为零，则产生高差闭合差。即：

图 2-24 支水准线路

$$f_h = \sum h_往 + \sum h_返 \qquad (2-16)$$

高差闭合差的容许值仍按《规范》规定计算，而测站数和路线长度以单程计算。

当 f_h 在容许范围内时，便可以进行沿线各待定点的高程计算。

2.6.2.4 水准测量的高程计算

由于测量误差的存在，不能再由已知点直接加高差计算待定点的高程，需对高差闭合差进行合理的分配。考虑到水准路线的误差大小与测站数有关，测站数愈多，所产生的误差也就愈大，因此分配闭合差可按与测站数成正比的原则进行。不过在比较平坦的地区，同一等级的水准路线每千米的测站数基本相等，因此，闭合差的分配又可按与路线的距离成正比的原则进行。分配高差闭合差就是在各测段的观测高差中加进改正数，使改正后的路线总高差等于高差的理论值。这

样，改正数之和必须与 f_h 大小相等而符号相反。由此可知，当按测站数分配闭合差时，则第 i 测段的高差改正数为

$$v_i = -\frac{f_h}{\sum n} n_i \quad (i=1、2、\cdots、n) \quad (2-17)$$

式中：$\sum n$ ——路线测站数之和；

n_i ——第 i 测段的测站数。

改正数凑整至毫米，余数可分配于长测段中。

当按距离分配闭合差时，则第 i 测段的高差改正数为

$$v_i = -\frac{f_h}{\sum D} D_i \quad (i=1、2、\cdots、n) \quad (2-18)$$

式中：$\sum D$ ——路线全长；

D_i ——第 i 测段的长度。

各测段高差改正数之和应等于负的闭合差。即 $\sum v = -f_h$，作为检核。

【例 2-1】已知 $H_A=73.702$m，$H_B=76.470$m，观测成果注于图 2-25 中，试计算 N_1，N_2，N_3 点的高程。

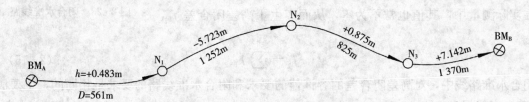

图 2-25 附合水准线路记录略图

【解】计算结果列于表 2-2 中，计算步骤说明如下：

表 2-2 高程误差配赋表

计算者：甄 洁 　　　　　　　　　　　　　　　　　　　　　检查者：付 泽

点号	距离（km）	高差 h（m）	高差改正数 v（mm）	改正后高差（m）	高程 H（m）	备 注
(1)	(2)	(3)	(4)	(5)=(3)+(4)	(6)	(7)
A	0.561	+0.483	−1	+0.482	**73.702**	附合水准路线：
N_1	1.252	−5.723	−3	−5.726	74.184	$=\sum h - (H_终 - H_始)$
N_2	0.825	+0.875	−2	+0.873	68.458	$=+9$mm
N_3	1.370	+7.142	−3	+7.139	69.331	$f_{h容}=\pm 40\sqrt{D}$
B					**76.470**	$=\pm 80$（mm）
						$\|f_h\| \leqslant \|f_{h容}\|$
$\sum$	4.008	+2.777	−9	+2.768	+2.768	

（注：表中黑体字为已知高程值，带下划线的数据为观测数据，其他为计算数据）

(1) 将水准路线中的起始点、各待定点和终点的点名依次填入表 2-2 中的第（1）栏内，将各测段相应的距离（每一测段所有前后视距之和）和高差中数（每一测段所有高差中数之和）填入第（2），第（3）栏内。

(2) 计算路线全长和高差总和，如表 2-2 中为 4.008km 和 +2.777m。

(3) 计算水准路线高程闭合差及其允许值。

表 2-2 中 (7) 栏内，$\sum h - (H_终 - H_始) = +9\text{mm}$，即为 $f_h = +2.777\text{m} - (76.470\text{m} - 73.702\text{m}) = +9\text{mm}$。高程闭合差容许值为：$f_{h容} = \pm 40\sqrt{D} = \pm 40\sqrt{4.008} = \pm 80\text{mm}$，故 $|f_h| \leqslant |f_{h容}|$，可进行高差闭合差的分配。

(4) 计算高差改正数和改正后高差。根据式（2-18）计算各测段的高差改正数如表 2-2 第 (4) 栏中所示，改正数总和为 -9mm，与其闭合差 $+9\text{mm}$ 绝对值相等，符号相反。各测段高差观测值加上相应改正数即得改正后高差：

$$\hat{h}_i = h_i + v_i \quad (2-19)$$

如表 2-2 中第 (5) 栏为各测段相应改正后的高差。改正后高差之和与 $(H_终 - H_始)$ 应相等，即等于 $+2.768\text{m}$。

(5) 计算各待定点高程，由起始点的已知高程 H_A 开始，逐个加上与相邻点间的改正后高差 $\hat{h}_i$，即得下一点的高程 H_i：

$$H_i = H_{i-1} + \hat{h}_i \quad (2-20)$$

最后推求的终点高程应与已知值一致。如表 2-2 第 (6) 栏中，$H_{N1} = 73.702 + 0.482 = 74.184\text{m}$，依此类推。最后 $H_B = 69.331 + 7.139 = 76.470\text{m}$。

2.7 光学水准仪的检验和校正

水准仪是水准测量的主要仪器，仪器是否合乎要求，直接关系到水准测量成果的好坏。因此，在使用前必须对仪器进行细致的检查，必要时进行校正，以保证测量工作的顺利进行。

水准仪有 4 条主要轴线如：视准轴 CC_1、水准管轴 LL_1、圆水准器轴 $L'L'_1$ 和垂直轴 VV_1，如图 2-26 所示。水准仪的检验校正，实际上就是对这些轴线的检验校正。这些轴线应满足下列条件。①水准管轴应平行于视准轴。②圆水准器轴应平行于仪器的垂直轴。③十字丝横丝应垂直于垂直轴。

水准仪的一般性检验校正，可按以下顺序进行。

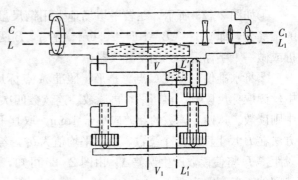

图 2-26 微倾水准仪的主要轴线

2.7.1 圆水准器轴与垂直轴平行的检验校正

1. **检验方法** 先将水准仪安置在三角架上，转动照准部使望远镜平行于任意两个脚螺旋的连线，先调整此两脚螺旋使圆水准气泡移至中垂线上，再调第三个脚螺旋使圆水准气泡居中。然后将照准部旋转180°后，如果气泡仍然居中，表示此项条件满足。如果气泡偏离中心如图2-27（b）所示，则需要校正。

2. 校正方法 校正时先用脚螺旋校正圆水准气泡偏离量的一半，如图2-27（c）所示。再用圆水准器底部的三个校正螺丝改正另一半的偏离量，使圆水准器气泡居中图2-27（a）。然后将照准部旋转180°再复查，直到圆水准气泡始终都在分划圈内为止。一般需反复进行才能达到要求。

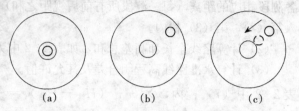

图2-27 圆水准器的检验与校正
(a) 气泡居中　(b) 气泡偏离中心
(c) 校正气泡偏离量的一半

2.7.2 十字丝横丝垂直于垂直轴的检验校正

1. 检验方法 整平水准仪，用望远镜中丝左端照准墙上一点状目标，然后制动照准部，转动水平微动螺旋，使目标点由左端移到右端。若目标点不离开横丝，表示横丝水平；若目标点离开横丝，表示横丝不水平，需要校正。

2. 校正方法 用小螺丝刀松开十字丝环的固定螺丝（有的仪器要先旋开十字丝护盖才能看见固定螺丝）。转动十字丝环，使十字丝一端升高、一端降低，各改正一半。重复上述步骤，直到目标点始终不离开横丝为止。最后，紧固十字丝环的固定螺丝，若有护盖应将其旋上。

2.7.3 水准管轴平行于视准轴的检验校正

由于机械制造以及使用、搬运等原因，水准仪的视准轴与水准管轴一般不会严格平行，这两条轴线之间在垂直方向的投影存在一个夹角i，该角对水准测量读数有较大影响，必须校正到一定限度之内。

1. 检验方法

①如图2-28所示，在较平坦场地上用钢尺量取$CE=61.8m$的线段，将其分为$S=20.6m$的三等分，即$CA=AB=BE=20.6m$。在A、B两点处各放一尺垫并立标尺，在C、E点打一木桩或做一十字标记，分别安置仪器。

②将水准仪安置在C点，整平，照准A点标尺黑面，调微倾螺旋使符合水准气泡精平，用中丝读取标尺读数，再精平，再读数，连读数四次，每读完一次看一次符合水准器，水准器泡居中则读数。这四个读数的互差应小于4mm，取其平均值为a_1。照准B点标尺黑面，用上述同样方法在B尺上读取四个读数，取其平均值为b_1。若水准管轴不平行于视准轴而有i角存在，则每段距离D将使读数产生误差Δ。由图2-28可知，A、B尺的正确读数为a'_1和b'_1，则A、B两点间的正确高差为

$$h=a'_1-b'_1=(a_1-\Delta)-(b_1-2\Delta)=a_1-b_1+\Delta$$

③将仪器搬到E处，同样分别测得A、B尺上的各四次读数的中数a_2、b_2，设不受i角影响的正确读数分别为a'_2和b'_2，而受i角影响的读数误差分别为2Δ、Δ，则高差：

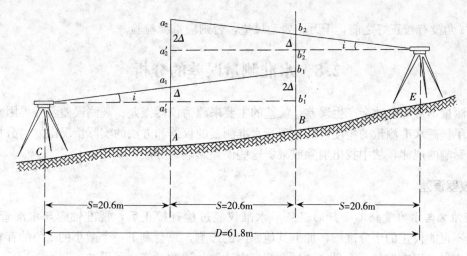

图 2-28 水准管轴与视准轴平行性的检验原理

$$h = a'_2 - b'_2 = (a_2 - 2\Delta) - (b_2 - \Delta) = a_2 - b_2 - \Delta$$

上面两式相减得

$$\Delta = \frac{1}{2}[(a_2 - b_2) - (a_1 - b_1)]$$

式中，$\Delta = \frac{i'' D_{BE}}{\rho}$ 表示由 i 角引起的水准尺读数误差。

所以

$$i = \frac{\Delta \cdot \rho''}{D_{BE}} = \frac{\Delta \cdot 206\,265''}{20.6 \times 1\,000} \approx 10\Delta \quad (\Delta \text{ 以 mm 计}) \tag{2-21}$$

若计算出的 i 角在 $\pm 30''$（等外水准测量）以内，可不必校正。否则，应按下述步骤进行校正。

2. 校正方法

①校正在 E 处进行。照准 A 标尺，用微倾螺旋使中丝切准 A 点标尺的正确读 $a'_2 = a_2 - 2\Delta$。这时视准轴已处于水平位置。由于转动了微倾螺旋，管水准气泡必然偏离中心。调整管水准器校正螺丝，使气泡符合（居中）。

②照准 B 点标尺，检查其读数是否为正确读数 $b'_2 = b_2 - \Delta$。

③校正完后再按上述检验步骤进行一次检验，若 i 角在 $\pm 30''$ 范围内即可。否则，应反复检验校正，直到符合要求为止。

3. 注意事项

①校正时应注意校正螺丝的旋转方向，看管水准器一端是要提高还是要降低，怎样转才能达到校正目的，应转多大角度，要做到心中有数，不得盲目乱动。特别是转不动时不要硬转，以免拧断螺丝或损坏丝扣及校正孔。一般应先松一个螺丝后紧另一个螺丝，微松微紧。对螺丝帽夹着的水准管端，校正螺丝应先旋进、后旋出，注意不要搞错。每项校正完后，一定要固紧校正螺丝。

② i 角有正负之分，i 为负值表示视准轴低于水平视线。Δ 也有正负，注意不要算错，以免

影响校正。

③在 i 角没有校正好之前，千万不要动尺垫，否则应重新检验。

2.8 水准测量误差的分析

水准测量不可避免地会产生误差，误差的主要来源为仪器误差、观测误差及外界因素引起的误差。为了提高水准测量的精度，应从现行水准测量的仪器和方法的实际情况出发，分析其误差来源及其影响的规律，从中找出消除或减弱这些误差影响的方法。

2.8.1 仪器误差

1. 视准轴与水准管轴不平行的误差 水准仪经过检查校正后，视准轴应与水准管轴平行。但实际上不可能校正的十分准确，加上其他原因的影响，总会剩下一个微小的 i 角的存在，当水准气泡居中时，视准轴并不水平，这样在标尺上读取的读数就产生了误差。

与前面的推断相类似，可得到如下的结论：若要消除 i 角误差的影响，必须使水准仪到前、后尺的距离相等且观测前、后尺时 i 角的大小相等。仪器的 i 角不是定值，随温度的变化而变化的，并与调焦有关。欲使 $i_1=i_2$，仪器的温度应保持稳定，这就要求观测过程中要打好伞，并要避免望远镜在前后尺读数期间调焦。在实际作业中，做到前后视距完全相等是比较困难的，但只要使 D_1 与 D_2 接近，i 角影响就可忽略不计。对每一个测段来说，若使其前后视距累积差 $\sum(D_1-D_2)$ 很小，就可以使 $\sum h$ 的误差接近于零，从而减弱了前后视距对测段高差的影响。因此，水准测量中对前后视距差及视距累积差作出了限制规定。例如，对于等外水准测量规定 $d\leqslant 20m$、$\sum d\leqslant 100m$。取 $i\leqslant \pm 30''$，则对于每测站高差和测段高差的最大影响分别为 3mm 和 14mm，而允许值是 6mm 和 $\pm 30\sqrt{D}$ mm。

2. 水准标尺零点差 标尺底面与其分划零点的差值称为水准标尺的零点差。当观测时标尺交替用作前、后尺时，各站测得的高差中，其引起的误差将会以"＋"、"－"的方式交替出现。因此，每测段只要是偶数站，就能消除标尺零点差的影响，所以在水准测量中规定每测段的测站数必须是偶数。等外水准测量无此规定。

2.8.2 观测误差

1. 管水准器气泡居中的误差 水准测量的主要条件是视线必须水平。假设当水准仪不存在 i 角误差的情况下，我们用微倾螺旋使管水准器气泡居中，此时一般认为水准管轴就水平了，因而望远镜视准轴也就水平了。其实不然，在观察到气泡居中的一瞬间，还不能认为水准轴是水平的。因为我们在衡量气泡是否居中时，是用眼睛观察的，由于生理条件的限制，一般不可能准确辨别气泡居中位置；其次，在停止转动微倾螺旋后仍然运动着的气泡在居中的一瞬间它还受到惯性力的推动及管内液体与管内壁摩擦阻力的作用，这样就会产生管水准气泡居中的误差。因此，我们在中丝读数前要经常注意气泡的居中情况，随时给以调整，以减小这种误差的影响。通常认为管水准器气泡居中的误差为其分划值的 1/10。采用符合水准器时，其误差可减小一半，即

$$m_{居中} = \frac{0.1\tau}{2\times\rho''}\times D \qquad (2-22)$$

对于 S_3 水准仪，其水准管的分划值 $\tau=30''$，令视距 $D=100\text{m}$，则 $m_{居中}=0.73\text{mm}$。

因此，作业前必须认真地进行仪器的检验校正，特别是 i 角误差的检校。另外，每次读取中丝读数时，必须转动微倾螺旋，使符合水准气泡严格居中，等气泡居中并稳定后，再读取读数。只要细心，由此引起的误差是可以不予考虑的。

2. **在水准尺上的估读误差** 观测读数时是用十字丝横丝在厘米间隔内估读毫米数，而厘米分划又是经过望远镜将视角放大后的像，所以毫米读数准确程度与厘米间隔的像的宽度及十字丝粗细有关。目前十字丝的宽度经目镜放大后在人眼明视距离上约为 0.1mm。只要厘米间隔的像大于 1mm，则估读其间隔的十分之一，即估读的数值可以得到保证，否则估读精度将受到影响。如用放大率为 20 倍的望远镜在距离 50m 以内时，厘米间隔的像可大于 1mm。

由此可见，此项误差与望远镜的放大率和距离有关，所以对各级水准测量规定仪器望远镜的放大率和限制视线的最大长度是必要的。

3. **标尺倾斜的误差** 水准标尺竖立不直，将使尺上的读数增大，从而影响水准测量的读数精度。设后视标尺的倾斜角为 ε，倾斜标尺上的读数为 a，正确读数为 a'，该数误差为 Δa，则有：

$$\Delta a = a - a' = a - a\cos\varepsilon = a(1-\cos\varepsilon) \qquad (2-23)$$

可见 Δa 的大小与标尺倾斜角 ε 和在尺上的读数 a 的大小有关。设 a 为 2m，ε 约为 2°时，就会造成约 1mm 的读数误差。因此作业时使水准标尺保持垂直竖立是重要的。由于前后尺的读数高度一般不等，两标尺的倾斜程度也不相同，所以此误差不易在观测程序中消除。但是它的影响是系统性的（无论前视或是后视都使读数增大），所以此误差在高差中会抵消一部分。只要扶尺认真，这项影响在最后成果中将不占主要地位。

2.8.3 外界因素的影响

水准测量一般要求在大气比较稳定的情况下进行，尽量避免在大风天（可使标尺和仪器抖动）和中午（温度变化大、呈像抖动）观测。即使如此，还会受下面几种误差的影响。

1. **仪器和标尺升沉的误差** 对一条水准路线来说，在观测过程中由于仪器、标尺的自身重量会出现下沉，而由于土壤的弹性又会使仪器、标尺上升。两者的影响是综合性的。

在等级水准测量中，规定采用"后—前—前—后"（即依次观测后尺、前尺、前尺、后尺）的观测顺序可以有效地减弱该误差的影响。等外水准测量中采用的"后—后—前—前"的观测程序，虽然观测方便，但不能减弱此项误差的影响，只有缩短前后视之间的观测时间，才能削弱此误差的影响。

关于标尺下沉（或上升）的影响，在一个测站的观测中，由前、后视中丝读数差可基本抵消。但当仪器迁至于下一站时，原来的前视标尺变为后视标尺的时间里，标尺下沉了 Δ，于是本站的后视读数和前一站的前视读数的标尺的零点不在同一个位置。对于同类土壤的水准路线，它们造成的影响是系统性的，如果属于标尺下沉，则使高差增大，反之则使高差减小。由此可以知道，如果作业时对同一条水准路线采用往、返测，那么在往返测的平均值中这种误差的影响会大大减弱。

2. **地球弯曲误差** 在本章第二节叙述水准测量基本原理时，我们是把过各点的水准面当作水平面，由于地球曲率的影响，实际上水准面并不是平面，于是就产生了地球弯曲误差。从第一章地球曲率对高程的影响 $\Delta h = \dfrac{D^2}{2R}$ 中知道，在100m以内用水平面代替水准面引起高程误差为0.8mm，在500m以内引起高程的最大误差竟达19.6mm，可见水准测量必须采取一定的措施和限制，来消除地球曲率的影响。

如果将水准仪安置在 A、B 两点中间，则地球弯曲误差在前、后尺上引起的读数误差就相等，从而当它们相减得到高差时，该误差完全抵消，使计算出的高差不受地球弯曲误差的影响。

3. **大气折光误差** 大气折光误差是因大气密度不均匀，使视线发生折射成为曲线而产生的读数误差。近地面的空气，由于地面吸热能力强，使空气受热膨胀，密度变小，视线会产生向上弯曲。若视线离地面比较高，在水平面的空气密度变化不大，折光影响很小。故等级水准测量中，规定中丝读数应大于0.3m，以此来消除大气折光的影响。

以上所述各项误差来源，都是采用单独影响来进行分析的，而实际情况则是综合性的影响。从误差的综合影响来说，这些误差将会互相抵消一部分。所以，作业中只要注意按规定施测，特别是操作熟练、观测速度提高的情况下，各项外界影响的误差都将大为减小，完全能够达到施测精度要求。

复 习 思 考 题

1. 测定地面点高程的方法有哪几种？
2. 水准仪有哪几部分组成？
3. 什么是视差？如何消除视差？
4. 水准器的分划值和灵敏度指什么？两者有何关系？
5. 什么是视准轴、圆水准器轴、水准管轴、垂直轴？
6. 掌握水准仪的安置、粗平、瞄准、精平和读数方法。
7. 水准仪应满足哪些几何条件？
8. 掌握水准仪的检验和校正的步骤及方法。
9. 水准管轴和圆水准器轴应该是什么关系？
10. 什么是"转点"？其作用是什么？
11. 在进行水准测量时，已知水准点、未知水准点、转点中，哪些点需要放尺垫？
12. 在进行水准测量时，中间有一站视距超限或该测段最后一站视距超限，该怎么办？
13. 等外水准测量路线的布设形式有哪几种？哪一种需要进行往返观测？
14. 水准路线的高程闭合差如何计算的？
15. 水准路线闭合差为什么要按测段的距离或测站数反号成正比例进行分配，分配的余数为什么要强制分配在较长测段上？
16. 在 A 点安置水准仪，量取仪器高 $i=1.473$m，在 B 点竖立标尺，当符合水准器气泡居中时，读得标尺中丝读数为 $b=0.574$。如果已知 $H_A=83.274\text{m}$，求 B 点的高程。

17. 已知水准器的半径为 100m，水准管为每一格 2mm 的圆弧，求该水准器的分划值。

18. 如图 2-29 所示之附合水准线路，已知 A 点高程 $H_A=43.765\text{m}$；B 点高程 $H_B=44.762\text{m}$，观测高差注于图上，其单位为 m。若高差闭合差容许值为 $\pm12\sqrt{n}\text{mm}$（n 为测站数），试计算未知点 1、2、3、4 的高程（各相邻点间的测站数皆为 1）。

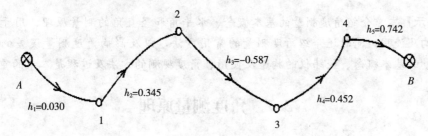

图 2-29

第 3 章　角度测量

【重点提示】 本章介绍角度测量的基本概念、水平角和竖直角的测量原理、用于测量角度的经纬仪的结构及使用，同时还介绍角度测量的常用方法，以及影响角度测量误差的因素。这其中，角度测量的基本概念、经纬仪的构造及使用、角度观测的方法及过程是本章的重点。

3.1　角度测量原理

测量学所指的角度测量包括水平角测量和竖直角测量。角度测量是测量的基本工作之一，水平角可用于测定平面点位，竖直角可用于测定高差或将倾斜距离化为水平距离。角度测量常用的仪器是经纬仪和全站仪。

3.1.1　水平角测量原理

空间两相交直线在水平面上的投影所构成的角度称为水平角（又称为平面角）。如图 3-1 所示，地面上有任意三点 A、B、C，这三点沿铅垂线方向投影到水平面 H 上，得到相应的投影点分别为 A_1、B_1、C_1，方向线 BA 和 BC 间的水平角，即为 B_1A_1 和 B_1C_1 在水平面 H 上的夹角 β（$\angle A_1B_1C_1$）。水平角的角值范围为 $0°\sim360°$（当 B_1A_1 方向与 B_1C_1 方向一致时，一般角值取为 $0°$）。

为了测量图 3-1 中的 BA 直线和 BC 直线间的水平角，设想将一顺时针刻度的量角圆盘（$0°\sim360°$）水平放置，使刻度盘圆心 O 点与角度顶点 B 点在同一铅垂线上，通过 BAA_1 和 BCC_1 的两铅垂面在水平刻度盘上读取方向值读数 a 和 c，则水平角

$$\beta = c - a \tag{3-1}$$

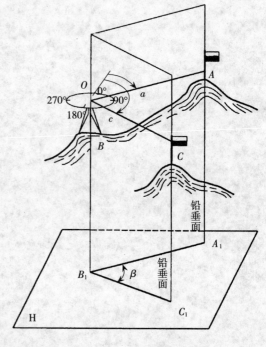

图 3-1　水平角测量原理

在经纬仪内，有一个可水平放置的刻度圆盘——水平度盘，通过对经纬仪进行安置（对中、整平），可将水平度盘放置到上述所设想的位置，同时用望远镜视准轴（视线）瞄准目标，则可获得视线沿铅垂线方向在水平度盘上投影的读数。

3.1.2 竖直角测量原理

在同一铅垂面内,过某一点的倾斜视线与水平线的夹角称为竖直角(又称为垂直角或高度角),以 α 表示,其角值范围为 $-90°\sim+90°$,$0°$ 即表示视线水平。如图 3-2(a)所示,视线 OA 在水平线之上,则相应的竖直角 α_A 为仰角,角值取"+";视线 OC 在水平线之下[如图 3-2(b)],则相应的竖直角 α_C 为俯角,角值取"-"。视线与向上的铅垂线方向(天顶方向)之间的夹角 z 称为天顶距,角值范围为 $0°\sim180°$。$z=90°$ 表示视线水平,$z<90°$ 为仰角,$z>90°$ 为俯角。竖直角与天顶距的换算式为:

$$\alpha = 90° - z \tag{3-2}$$

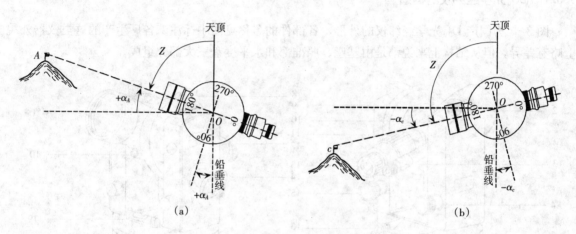

图 3-2 竖直角测量原理
(a) 仰角 (b) 俯角

为了测定竖直角或天顶距,经纬仪需要在铅垂面内装有垂直度盘(简称竖盘),望远镜视准轴瞄准目标后,可以在竖盘上读数。竖直角(或天顶距)的角值也应是两个方向在度盘上的读数之差,但其中一个是水平(或铅垂)方向,其应有读数是 $0°$ 或 $90°$ 的倍数。因此,观测竖直角或天顶距时,只要瞄准目标,读出竖盘读数,即可算出竖直角值。

3.2 经纬仪的种类

从角度测量的原理分析可知,用来测量角度的仪器,必须配有水平度盘、竖直度盘,配有能绕一竖轴在水平面内旋转、又可绕一水平轴在竖直面内旋转的瞄准装置,同时还要有读数装置以及配有整平仪器的水准器等。根据这种思想设计制造成的测量仪器,称为经纬仪。

目前各测量仪器制造商设计制造有多种型号的经纬仪,这些仪器的功能和操作都不尽相同。常规使用的经纬仪,按其结构和读数设备来划分,大体上可分为光学经纬仪和电子经纬仪两类;按测角精度从高到低可分为 DJ_{07}、DJ_1、DJ_2、DJ_6 等级别,其中"D"、"J"分别为"大地测量"、"经纬仪"的汉语拼音的首字符,07、1、2、6 等分别为该经纬仪一测回测角方向中误差的秒数,其代表测角精度。在农林业及工程测量中，当前一般多使用 DJ_6 和 DJ_2 级光学经纬仪及电子经纬仪。

光学经纬仪精度高，密封性良好，轻巧且操作方便，电子经纬仪采用了先进的光电测角技术，能自动显示读数，因此它们已越来越获得广泛应用。本章着重介绍一般工程测量中常用的 DJ_6、DJ_2 光学经纬仪，同时简要介绍电子经纬仪。

3.3　DJ_6 光学经纬仪的构造与读数

3.3.1　DJ_6 光学经纬仪的构造

图 3-3 为国产 DJ_6 光学经纬仪的外形，各部件的名称见图中标注。各厂生产的这类仪器外貌上略有差异，但从结构上来说都是由基座、照准部和水平度盘三大部分组成。

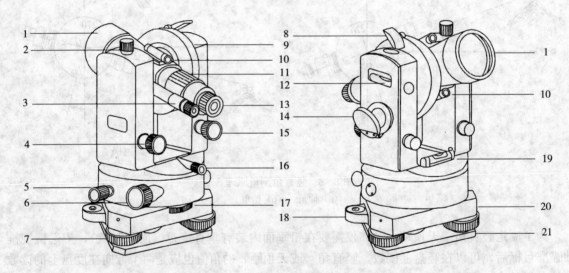

图 3-3　DJ_6 光学经纬仪外观图
1. 望远镜物镜　2. 望远镜制动螺旋　3. 度盘读数镜　4. 望远镜微动螺旋　5. 水平制动螺旋
6. 水平微动螺旋　7. 脚螺旋　8. 竖盘水准管观察镜　9. 竖盘　10. 瞄准器　11. 物镜调焦环
12. 竖盘水准管　13. 望远镜目镜　14. 度盘照明镜　15. 竖盘水准管微动螺旋　16. 光学对中器
17. 水平度盘位置变换轮　18. 圆水准器　19. 平盘水准管　20. 基座　21. 基座底板

1. 基座　测量时，用中心螺旋可将基座底板连接在三脚架头上。基座中央为轴套，水平度盘的外轴插入轴套后，旋紧轴座固定螺旋，则经纬仪上部与基座固连（图 3-3）。使用仪器时，切勿旋松轴座固定螺旋，否则，水平度盘的方向读数会出现错误，甚至造成基座脱落的事故。

国产 DJ_6 级光学经纬仪的脚架，一般为伸缩式。架头略大于水准仪脚架，架腿亦稍长，架头中央圆孔的直径一般约为 6cm，可供对中时经纬仪在架头顶面作少量的移动。

2. 照准部　经纬仪基座以上部分能绕竖轴旋转的整体，称为照准部。如图 3-4，照准部由望远镜、横轴、竖直度盘、读数显微镜装置、照准部水准管、竖轴和光学对中器等部分组成。

望远镜用来照准目标和读取读数。望远镜结构为内对光式，与水准仪望远镜的结构基本相同，它的放大倍数一般为 26 倍，物镜有效孔径为 35mm。望远镜旋转轴的几何中心线，称为横轴。望远镜固定在它的旋转轴上，旋转轴则安装在照准部的支架上。望远镜可绕其旋转轴旋转，当各部分关系正确时，它的视准轴在空间旋成一个竖直面。望远镜装配有制动和微动螺旋。

竖直度盘，亦为光学玻璃制成，在度盘上按顺时针方向刻有 0°～360° 的分划线，用于测量竖直角。

读数显微镜装置用来读取水平度盘和竖直度盘读数。

照准部水准管用于整平仪器，使水平度盘处于水平状态。水准管分划值一般为 30″/2mm。

照准器的内轴插入水平度盘的外轴内，整个照准部借助滚珠可在水平度盘上方旋转，并用其制动螺旋和微动螺旋来控制。内轴的几何中心线，称为仪器的竖直轴，简称为竖轴。竖轴与外轴的几何中心线重合。

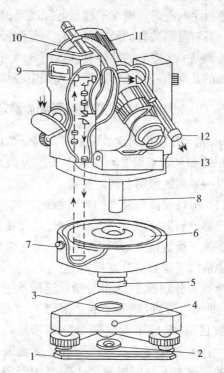

图 3-4　DJ_6 光学经纬仪结构部件及光路图
1. 底板　2. 连接圆孔　3. 轴套　4. 轴座固定螺旋
5. 外轴　6. 水平度盘　7. 水平度盘变换手轮
8. 内轴　9. 竖盘指标水准管　10. 竖盘
11. 望远镜　12. 读数显微镜　13. 照准部水准管

光学对中器供仪器对准测站点之用。

3. 水平度盘部分　包括水平度盘、水平度盘转动的控制装置（如变换手轮）和外轴等。

水平度盘是用光学玻璃制成的圆盘，在度盘上按顺时针方向刻注有 0°～360° 的分划线，相邻两分划线所夹的角值，称为度盘的分划值。测水平角时，水平度盘是不动的，这样照准部转至不同的位置，可以在水平度盘上读取不同的方向值。

水平度盘转动的控制装置，是用来人为控制水平度盘转动的。测量时，有时需要人为设定水平度盘在某一读数位置，就要利用水平度盘转动的控制装置来实现。水平度盘转动的控制主要有度盘变动控制装置和复测装置两类。

度盘变动控制装置的使用，依型号不同，它又有两种情况。一种情况是，如图 3-3 中 17 水平度盘变换手轮，通常安装在水平度盘外壳下方，并有一护盖，使用时，照准部瞄准一方向并制动，打开护盖，直接转动手轮，观测读数至需要的值后，停止转动，再关上护盖。另一种情况如图 3-7 中的 8，先通过水平制动和水平微动螺旋的操作，转动望远镜至需要读数的位置（如水平度盘读数 0°），扳下复测扳手（又称水平盘度离合器），转动望远镜精确瞄准目标，再将复测扳手拨上即可。

复测装置的使用,当复测扳手拨下时,度盘与照准部扣在一起同时转动,度盘读数不变;若将复测扳手向上时,则水平度盘与照准部的转动相分离,照准部转动时水平度盘不动,读数随之变化。具有复测装置的经纬仪,称为复测经纬仪。

外轴是一个空心的旋转轴(如图3-4中的5),它与水平度盘固连。制造上要求水平度盘面与外轴的几何中心线正交,而且外轴中心线应通过度盘的中心。

3.3.2 DJ_6光学经纬仪的读数装置和读数方法

DJ_6光学经纬仪的读数装置主要有分微尺和单平板玻璃测微器两种形式,其中以前者居多。

1. **分微尺读数装置和读数方法** 分微尺读数装置的读数设备主要有读数显微镜和分微尺,并辅以一系列的照明和转向棱镜。

(1) 分微尺读数装置的光路系统。如图3-5所示,外来光线由反光镜1反射,通过照明窗进入仪器,转向90°后由透镜5聚光,经棱镜3照明水平度盘4的分划,再由物镜组6将度盘分划线成像于读数窗分划面板14上。另一束光线经棱镜8照明竖盘分划,由显微物镜11将竖盘分划线也成像于读数窗分划板14上。

读数窗分划板14上的分微尺连同水平度盘和竖盘分划线影像,共同由棱镜20转向,再经透镜19到达读数目镜18的焦平面上。观测者从读数目镜18即可看到两个分划影像,如图3-6。上面窗格有"—"者为水平度盘及其分微尺的影像;下面窗格有"⊥"者为竖盘及其分微尺的影像(亦有用Hz表示水平度盘,用V表示竖盘的)。

(2) 分微尺的测微功能。分微尺用来读取度盘不足1°的余数,如同一把尺子,全长等于度盘影像1°的间隔长,并等分为60个小格,每小格的读数值为1′,可估读至0.1′。分微尺自0起,每十小格注记1,2,…,6等字,即为0′,10′,20′,…、60′。

(3) 分微尺读数方法。读数前应调整好反光镜,使读数窗照明均匀、明亮。然后调整读数目镜,看清读数窗内的分划,注意消除视差。读数时,以分微尺的0分划线作为指标线,在度盘分划影像上按由小至大的顺序读出整度数,再以所读度数的分划线为准,在分微尺上读出不足1°的读数,两者之和即为全读数。如图3-6中,水平度盘分划自右至左(由小至大)为114°和115°,分微尺的0分划线在115°的左侧,即已超过115,故水平度盘的读数大于115°。不

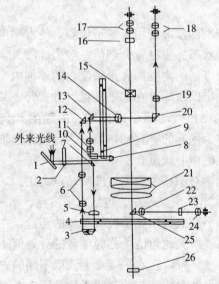

图3-5 DJ_6光学经纬仪读数系统光路示意图
1.反光镜 2.照明窗 3.照明棱镜 4.水平度盘
5.透镜 6.水平度盘显微物镜组 7.直角棱镜
8.照明棱镜 9.竖盘 10.直角棱镜
11.竖盘显微物镜组 12、13.直角棱镜
14.读数窗分划板 15.望远镜内对光透镜
16.十字丝板 17.望远镜目镜 18.读数显微镜目镜
19.转像透镜 20.直角棱镜 21.望远镜物镜
22.光学对中器物镜 23.对中器分划板
24.对中器目镜 25.直角棱镜 26.对中器保护片

足 1°的余数,自分微尺 0 分划线量至度盘 115°分划线的一段长度,可用 115°分划线为指标在分微尺上读得为 3.7′,故水平度盘的全读数为:115°+03.7′=115°03.7′或 115°03′42″。同法读得竖盘的全读数为:72°+51.6′=72°51.6′或72°51′36″。

2. 单平行玻璃板测微器读数装置和读数方法 图 3-7 所示为有这种读数装置的经纬仪,各部分名称注明图上。

(1) 单平行玻璃板测微器读数装置的光路系统。这类仪器的光学系统如图 3-8 所示,为单一光路。照明后的竖盘分划线由物镜组 6 成像于水平度盘分划面 7,两种分划线同时转向后到达物镜组 10,再经平行玻璃板 11 和棱镜 13 而成像于读数窗 14(读数窗有指标线如图 3-9)。测微尺 12 位于读数窗下方单指标线的前面。竖盘和水平度盘分划线的影像连同指标线、测微尺等,经转像透镜 16 而到达读数目镜 17 的焦平面。

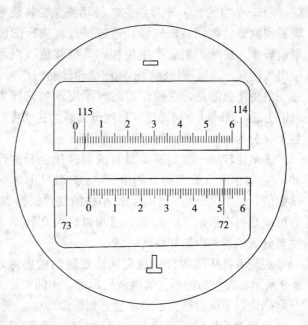

图 3-6 分微尺读数窗口

(2) 单平板玻璃测微器的测微功能。测微器由单平行玻璃板 11 和测微尺 12 组成,可由测微

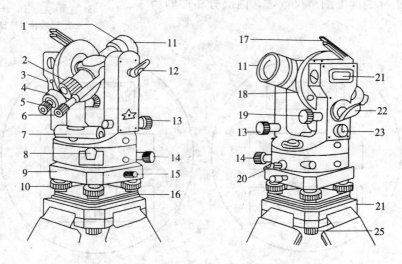

图 3-7 DJ₆单平行玻璃板测微器经纬仪外观

1. 准星 2. 对光环 3. 照门 4. 十字丝分划板护盖 5. 望远镜目镜 6. 读数显微镜目镜
7. 照准部水准管 8. 复测扳手 9. 基座 10. 脚螺旋 11. 物镜 12. 望远镜制动扳手
13. 望远镜微动螺旋 14. 照准部微动螺旋 15. 轴座固定螺旋 16. 底板 17. 反光镜
18. 竖盘 19. 竖盘指标水准管微动螺旋 20. 照准部制动扳手 21. 竖盘指标水准管
22. 反光镜 23. 测微轮 24. 三脚架架头 25. 中心螺旋

轮（图3-7中的23）来操纵它。转动测微轮将使平行玻璃板和测微尺绕同一轴转动，通过平行玻璃板的度盘分划线影像，被其折射后产生位移，其位移值可由测微尺读出（注意，读数窗指标线不随测微轮转动）。

值得注意的是，这种仪器的水平度盘的刻度为全圆360°注记，顺时针方向递增，每度分划线均注明度数，并且1°又分为两格，每格的分划值为30′。

测微轮转动一周的移动量对应测微尺全长的读数值30′，也等于度盘最小的分划值30′。测微尺上每5′注记读数值，每1′又分为三小格，每小格的读数值为20″。读数可读到每小格的1/4即5″。当测微尺由0′转至30′时，度盘分划线影像应恰好移动一格。

观测者可从读数目镜观察到读数窗内的影像，如图3-9所示。最上面的小窗为测微尺影像，中间窗格为竖盘分划影像，下面窗格为水平度盘分划影像。

（3）单平板玻璃测微器的读数方法。先调好照明和读数目镜，然后转动测微轮，使度盘的一条分划线影像精确位于双指标线的中央，即读出此分划线的读数值（例如图3-9，竖盘读数为92°，水平度盘读数为5°30′）。再由小窗的单指标线读出测微尺读数，两部分相加即为全读数，如图3-9。

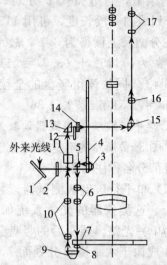

图3-8 DJ₆单平行玻璃板测微器
经纬仪读数系统光路图
1. 反光镜 2. 照明窗 3. 照明棱镜
4. 竖盘 5. 直角棱镜
6. 竖盘显微物镜组 7. 水平读盘
8. 场镜 9. 照明棱镜
10. 水平度盘显微物镜组 11. 平行玻璃板
12. 测微尺 13. 直角棱镜 14. 读数窗
15. 直角棱镜 16. 转像棱镜
17. 读数显微镜目镜

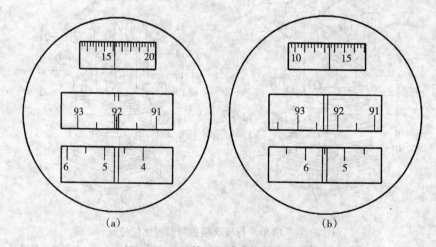

图3-9 DJ₆单平行玻璃板测微器读数
（a）竖盘读数　　　　（b）水平度盘读数
竖盘92°　　　　　　水平度盘5°30′
测微尺16′10″　　　测微尺13′30″
全读数92°16′10″　　全读数5°43′30″

3.4 DJ₂光学经纬仪的构造与读数

DJ₂级光学经纬仪与DJ₆级光学经纬仪相比较，除仪器的精度较高外，其构造基本相同。它们的主要区别是在读数装置和读数方法上。现以我国苏州第一光学仪器厂生产的J₂光学经纬仪为例，扼要介绍。

3.4.1 DJ₂光学经纬仪的基本构造

图3-10为该仪器的外形，各部分名称注明于图内。其望远镜的放大倍数为30倍，物镜有效孔径为42mm。望远镜筒内装有反光板，供夜间观测照明十字丝之用；转动反光板手轮，可以调节望远镜内的亮度，并可同时看到目标和十字丝。照准部水准管的分划值为20″/2mm。竖盘指标水准管则为符合水准器，从观察镜18可看到气泡符合情况，其水准管分划值亦为20″/2mm。

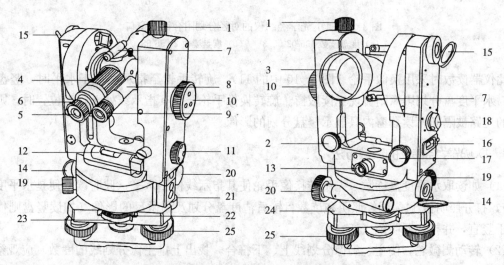

图3-10 DJ₂级光学经纬仪

1. 望远镜制动螺旋 2. 望远镜微动螺旋 3. 物镜 4. 物镜调焦螺旋 5. 目镜 6. 目镜调焦螺旋
7. 光学瞄准器 8. 度盘读数显微镜 9. 度盘读数显微镜调焦螺旋 10. 测微轮
11. 水平度盘与竖直度盘换像手轮 12. 照准部管水准器 13. 光学对中器 14. 水平度盘照明镜
15. 垂直度盘照明镜 16. 竖盘指标管水准器进光窗口 17. 竖盘指标管水准器微动螺旋
18. 竖盘指标管水准气泡观察窗 19. 水平制动螺旋 20. 水平微动螺旋 21. 基座圆水准器
22. 水平度盘位置变换手轮 23. 水平度盘位置变换手轮护盖 24. 基座 25. 脚螺旋

3.4.2 DJ₂光学经纬仪的读数装置

DJ₂光学经纬仪采用度盘对径分划附合读数的装置，如图3-11，它的度盘由光学玻璃圆盘制成，刻度为0°~360°式，每1°均注记，1°又分为三格，每格分划值为20′。度盘直径（对径）两端分划（其读数相差180°）被外来光线照明后，经一系列棱镜后成像于读数窗口。从读数目镜可以看到：上、下两排为对径分划线影像，它们被一条横线分隔；上排正字注记为主像，下排倒字注记为副像。左侧为测微尺，全长读数为 $10'$，分为 600 小格，每小格 $1''$；左边的数字为分数，右边数字为 $10''$ 数。

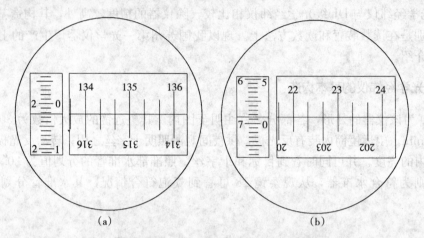

图 3-11 DJ$_2$ 光学经纬仪的对径分划附合读数窗口
(a) 度盘读数 $135°02'02.3''$ (b) 度盘读数 $22°56'58.6''$

此仪器读数时采用换像手轮（图 3-10 中的 11），旋转手轮至指示线位于水平时，竖盘光路隔断，水平度盘分划影像则显现于读数窗。旋转换像手轮，使其指示线处于竖直位置时，则水平度盘的光路被隔断，读数窗内只显示竖盘分划的影像。

3.4.3 DJ$_2$ 光学经纬仪的读数方法

（1）如读取水平度盘读数，先旋转换像手轮使其指示线位于水平（此时读取便是水平度盘的读数），打开照明镜 14，调好照明和读数目镜看清度盘分划及测微尺的影像（如读竖盘则使指示线处于竖直，并打开照明镜（15）。

（2）转动测微轮，使主、副像分划线上、下符合，找出上排主像分划线的度数（应观察其对径分划读数出现在视场内，如图中 135°和 315°，22°和 202°），如图 3-11 为 135°和 22°。

（3）数出主像读数分划与对径分划线间的格数，每格为 $10'$。如图 3-11 中，135°分划线与对径分划线 315°间的格数为 0 格，22°分划线与对径 202°分划线间共有五格，即为 $50'$。

（4）在测微尺上用单指标线读出不足 $10'$ 的分、秒数，与上面两项相加即得全读数。

值得注意的是：采用度盘对径分划符合读数的方式，可以提高读数精度和消除照准偏心差，但读数时不大方便，有时也易出错。为了读数方便而又准确，目前国内外生产的 DJ$_2$ 光学经纬仪，都已使读数数字化。

如图 3-12 为 DJ$_2$ 级光学经纬仪的几种读数方式。读数窗中的大数字，为度盘度数注记，较小的数字为整十分数的标记。窗格为"田"字式的为度盘对径分划影像，下边或左边窗格数字很小的为测微尺。

读数时，首先转动测微轮使度盘对径分划（即"田"字格中的影像）上下严格符合，然后在度盘读数显示中读出整度数，在整十分数显示中读出整十分数，在测微器读数显示中读出不足整十分数和秒数，即可知全读数（如图 3-12 所示）。

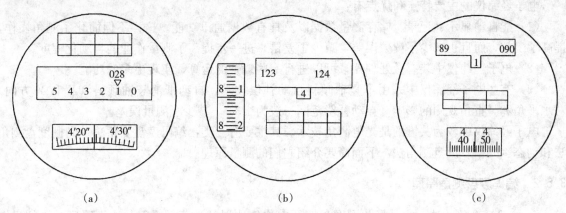

图 3-12　DJ$_2$ 光学经纬仪读数的数字显示形式
(a) 度盘读数 28°14′24.5″　(b) 度盘读数 123°48′12.4″　(c) 度盘读数 89°14′45.5″

3.5　电子经纬仪

3.5.1　电子经纬仪简介

电子经纬仪是 20 世纪 70 年代开始生产的，一种集光学、机械、电子技术为一体的新型测角仪器。经过 20 多年的不断发展和改进，目前电子经纬仪的技术已日臻完善，应用比较普遍。各种电子经纬仪的基本构造及性能大致相同，但因各仪器制造商的不同而各有特点，主要表现在计数系统、电子电路系统、显示及软件系统、数据接口等方面的差异以及性能上的差别。

目前电子经纬仪的形式有两种，一种是只具测角功能的电子经纬仪，另一种是将电子经纬仪与测距仪设计为一体，兼有测角、测距功能的整体式全站型电子速测仪（electronic theometer total station），简称为全站仪。根据测角精度可分为 0.5″、1″、2″、3″、5″、6″ 及 7″级等一些精度类型。

与光学经纬仪相比，电子经纬仪具有其类似的结构特征（图 3-13），测角的方法步骤与之基本相同，主要的不同之处在于：电子经纬仪用光电扫描

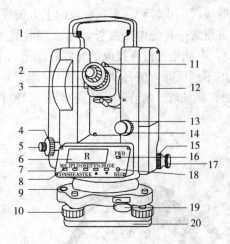

图 3-13　电子经纬仪
1. 提把固定螺丝　2. 望远镜目镜
3. 望远镜物镜调焦螺旋　4. 对中调焦螺旋
5. 对中器目镜　6. 显示屏　7. 通讯接口
8. 操作按键　9. 圆水准器　10. 基座脚螺旋
11. 粗瞄准器　12. 电池盒　13. 垂直制动螺旋
14. 垂直微动螺旋　15. 水平制动螺旋
16. 电源开关　17. 水平微动螺旋　18. 记录键
19. 基座锁定钮固定螺旋　20. 基座

度盘代替了光学度盘,将人工光学测微读数代之以自动记录和显示读数装置,有的还采用了竖轴倾斜自动补偿等装置,这些技术方便了操作者的使用,为拓宽电子经纬仪的功能奠定了基础。

电子经纬仪的主要特点和优点有:

(1) 能自动显示、记录、储存测量数据以及具有数据通讯功能。这样不但简化了测角操作,提高了工效,而且也减少了读数误差,减少了差错,进一步提高了测量作业的自动化程度。

(2) 电子经纬仪中装有微处理器,可以进行一些复杂的运算,实现更多的功能。

(3) 有些电子经纬仪中采用了竖轴倾斜自动补偿技术,自动抵消竖轴倾斜(X 和 Y 方向)对水平角和竖直角观测的影响(自动补偿范围一般为±3′),减少了测量误差。

电子经纬仪中较为关键的是光电测角技术。其主要有三类:编码度盘测角法、光栅度盘测角法和动态(光栅)度盘测角法。下面简要介绍它们的测量原理。

3.5.2 编码度盘测角原理

1. 编码度盘的构造 它是将圆型度盘按径向均匀地划分为若干区间,称为码区;再从里向外均匀划分为若干码道,用于度盘的编码。同时将度盘设置成透光(导电区)和不透光区(非导电区)。

例如图 3-14 为一个有 4 个码道(每个圆环称一个码道),整个圆周被分为 16 个码区的编码度盘。每个码区的角值相应为 $360°/16=22.5°$。

2. 测角装置及原理 测角时,为了准确识别观测方向所在度盘码区,有一套光电读数系统与照准部同步转动。即在度盘的上方按径向设置一排发光二极管元件,构成光源阵列;对应地在下方设置一排光电二极管,用来接收光源信号并转换成电流输出,构成信号探测阵列(图 3-15)。令光电二极管接收的光源并输出成电流的信号为 0,反之为 1,那么望远镜照准方向落在度盘的不同区间,信号探测阵列(探测器)将输出不同的一组二进制数字,每组二进制数即表示度盘的一个位置(经译码器转换后,可理解为度盘的方向读数)。

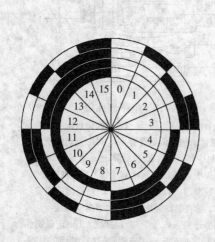

图 3-14 编码度盘示意图

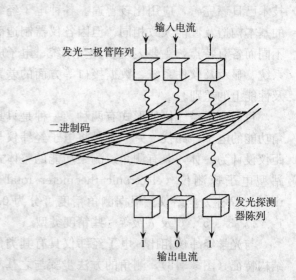

图 3-15 编码度盘测角原理

根据以上测角原理，如果度盘的码区和码道划分密一些，测角时的分辨率就高一些。因码道数受度盘直径（一般为70mm）的制约和光电元件不能过小的限制，不能无限制地增加码区和码道数，所以用编码度盘不易提高测角精度。

3.5.3 光栅度盘测角原理

1. 光栅度盘的结构　在玻璃度盘的径向，均匀地按一定的密度刻有交替的透明与不透明的辐射状条纹，条纹与间隔同宽，这就是光栅度盘。（图3-16）。

2. 莫尔条纹及其特性　光栅度盘测角方法利用了莫尔干涉条纹的特性。将两块密度相同的光栅重叠，并使它们的刻线相互倾斜一个很小的角度，就会出现明暗相间的干涉条纹，这就是莫尔条纹。

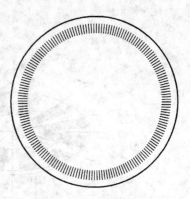

图3-16　光栅度盘

莫尔条纹的特性是：两光栅的倾角越小，相邻明暗条纹间的间隔越大；两光栅在与其刻线方向垂直的方向相对移动（对于测角即为度盘旋转）时，莫尔条纹作上下移动。当相对移动一条刻线距离时，莫尔条纹则上下移动一周期，即明条纹正好移到原来邻近的一条明条纹的位置上。

3. 测角装置和原理　光栅度盘的测角装置，首先要在转动度盘时形成莫尔条纹。为此，在度盘的上方或下方安装一个宽度与度盘光栅间隔相同指示光栅，它与光电接收管相连，而在另一方用发光管照明，那么，当度盘按一定方向相对于光电接收管转动时，即会形成莫尔条纹。

随着莫尔条纹的移动，光电接收器管上将产生呈周期性变化的光电流，将其转化为脉冲信号并由计数器计数，可测出度盘转动的角值。这种利用累计脉冲数来测角的方法称为增量法。增量法只能测定度盘转动的角度，而不能测定度盘的绝对位置，故又称相对测角法。

3.5.4 动态度盘测角原理

1. 动态度盘测角的基本思想　无论是采用编码度盘还是光栅度盘，度盘的分划误差都是影响测角精度的主要因素。为了消除度盘刻划误差的影响，人们将度盘全部分划误差的总和等于零的原理，运用到了动态度盘测角法中。即采用度盘旋转，利用电子元件对度盘分划全部扫描并取平均值，从而精确测量角度。这就是动态度盘测角的基本思想。

2. 测角装置和原理　如图3-17，采用动态法测角的电子经纬仪具有由微型马达带动而旋转的度盘。度盘上设置固定光栏L_S和随望远镜转动的活动光栅L_R，度盘每个分划由反光和透光两部分组成。观测角度时度盘旋转，两个光栏对度盘分划进行扫描，把光栏输出的电信号处理后就得到角度的观测值。

角度φ包括n个整分划间隔$n\varphi_0$和不足整分划间隔$\varphi=n\varphi_0+\Delta\varphi_0$。它们是由仪器粗测和精测两个电路分别测得的。

粗测：在度盘上设置若干参考标志用以测定两个光栏间的整分划数n。度盘旋转时，当某一光栏识别出一个参考标志后，计算器就开始对整分划计算，到另一光栏也识别出参考标志时停止计数，从而求得整分划数n。

精测：由图3-17，ΔT是某一分划通过L_S与其后的另一分划通过L_R的时间差，因度盘转速

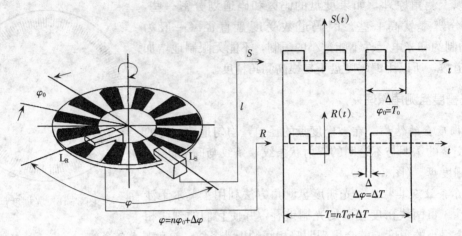

图 3-17 动态度盘测角原理

均匀，$\Delta\varphi=\dfrac{\Delta T}{T_0}\varphi_0$，所以，只要测定 ΔT 就能求得角度的精测值 $\Delta\varphi$。粗测、精测数据由微处理器进行处理后即得角度值。

3.6 经纬仪的基本操作

3.6.1 经纬仪的安置

测量水平角时，要将经纬仪安置在对应角的顶点（即测站点）上，才能进行角度测量工作。仪器的安置主要是做好仪器的对中和整平工作。

对中的目的，是使仪器的水平度盘中心与测站点在同一铅垂线上。整平的目的是使仪器竖轴处于铅垂状态、水平度盘处于水平位置。使用垂球对中时，对中和整平工作可以分开进行；如使用光学对中时，对中和整平工作通常要交错进行才能做好；并且两种情况方法上有明显的区别。

3.6.1.1 经纬仪垂球对中与整平

1. 对中

（1）放置三脚架。打开三角架，松开（逆时针旋转）三个架腿固定螺旋，拉出伸缩腿，使高度适中，旋紧（顺时旋转）其固定螺旋，放在测站点的位置上，使架头大致水平，三脚架面中心大致对准测站点。将三脚架的三个腿尖端踩下，使其稳定。如果是水泥地面，放到适当的缝隙中，避免滑倒。

（2）将经纬仪安放到三脚架头上，并拧紧中心螺旋。打开仪器箱，检查仪器放置情况，然后两手持照准部支架（或一手持支架一手托基座）从箱内取出仪器，小心安放在三脚架架头上。一手仍持支架，一手将中心螺旋旋入基座底板的连接孔内，顺时针方向适度旋紧。

（3）对中。在中心螺旋下方挂垂球，并调整使其对准测站标志。调整好垂球线长度，使垂球尖静止时对准测站标志中心。如垂球尖端偏离测站标志较大，则移动脚架使垂球尖尽可能对准测站标志，架头仍要保持大致水平；当垂球尖偏离较小时，可稍放松中心螺旋，将仪器在三脚架头上做微小的移动，令垂球尖对准测站标志，其偏差不大于 3mm（图 3 - 18），然后旋紧中心螺旋。

2. 整平

（1）粗平。粗略整平是在垂球对中前完成的。通过使仪器架头的大致水平，来保证仪器的粗平。只有在仪器粗平的情况下，方可以通过调节基座的脚螺旋，使仪器达到精确整平，因为，基座脚螺旋的调节范围是有一定限度的，当仪器架头的倾斜超过脚螺旋的调节范围时，仪器是无法仅仅通过脚螺旋的调节使其达到精平的。此时若想通过伸缩脚架腿来辅助仪器的整平工作，势必会使前面完成的对中工作被破坏。常常在对中前，为使基座脚螺旋的调节范围达到平衡，应使三个脚螺旋大致等高，并处于中间位置。（顺时针旋转脚螺旋，升高；逆时针旋转脚螺旋，降低。简称：顺升逆降）。

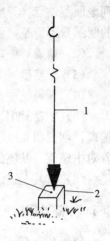

图 3 - 18 垂球对中
1. 垂球线
2. 对中偏差≤3mm
3. 测站标志中心

（2）精平。

①松开照准部制动螺旋并转动照准部，使其长水准管轴方向平行于某一对脚螺旋的连线方向。两手同时向内或向外旋转这一对脚螺旋，使长水准气泡居中（气泡移动方向与左手大拇指转动方向一致），如图 3 - 19（a）。

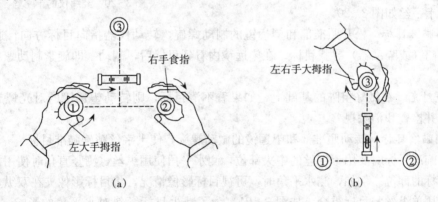

图 3 - 19 经纬仪整平方法示意
(a) 整平第一步 (b) 整平第二步

②将照准部旋转 90°，使长水准管轴方向垂直于原来一对脚螺旋的连线方向，如图 3 - 19（b），转动第三个脚螺旋使长水准气泡在此方向居中。

③按上述方法多次操作，直至长水准气泡在任何位置都能居中为止。气泡若有偏差，一般不应大于一格。但若经过反复调整，仪器不能在任何位置都居中（气泡偏移大于规定的要求），应考虑水准管轴本身存在误差，需要进行校正。

3.6.1.2 采用光学对中器或激光对中器安置仪器时的对中与整平

（1）粗略对中。调整脚架，尽可能对中。此时，通过移动三脚架，应能够在光学对中器中看到地面测站点（若地面点看不清楚，可调节对中器的物镜调焦螺旋使其清晰；若对中器分划板上的圆圈看不清楚，可调节对中器的目镜调焦螺旋使其清晰）。

(2) 精确对中。通过对基座脚螺旋的调节，使地面测站点的影像位于圆圈中心。

(3) 粗略整平。伸缩三脚架的架腿，使圆水准器气泡居中。

(4) 精确整平。通过调节基座脚螺旋，使仪器精确整平。

(5) 精确对中。此时，通过对中器观察地面测站点的影像是否偏离了圆圈的中心位置，若未偏离，则说明此时已将仪器对中整平好了；若偏离了，则应稍稍松开连接螺旋（注意：仍然保持着对中螺旋与基座的连接），在三角架头移动基座，使重新精确对中。

(6) 重复上述的 (4)、(5) 两步，直至达到了所需的对中和整平精度。

3.6.2 瞄准目标

使用望远镜瞄准目标，包括目镜调焦（对光）、粗略瞄准目标、物镜调焦（对光）和精确瞄准目标等操作步骤。

1. **目镜对光** 松开望远镜的制动螺旋，将望远镜对向明亮的背景（如天空）并制动，旋转目镜环使十字丝分划板上的十字丝清晰。光学经纬仪的十字丝如图 3-20。

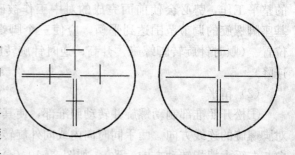

图 3-20 经纬仪的十字丝

2. **粗略瞄准目标** 松开照准部和望远镜的制动螺旋，转动仪器指向目标方向，通过望远镜的准星和照门（或瞄准器）寻找目标。在望远镜内看到目标后，制动（即旋紧制动螺旋）照准部及望远镜。

3. **物镜对光** 在做好粗瞄的基础上，如果看不清目标，则转动望远镜的对光螺旋，使目标影像清晰，并检查和消除视差。

4. **精确瞄准目标** 转动照准部和望远镜的微动螺旋，使十字丝精确瞄准目标。

注意：瞄准目标时要用十字丝的中央部位，测水平角使用纵丝，测竖直角时使用横中丝，并记下所瞄目标的部位。例如，测水平角时，可视目标影像情况，将目标影像夹在双纵丝内且与双丝对称，或用单纵丝与目标重合，如图 3-21。为了减少目标倾斜对水平角的影响，如图 3-21 (b)、(c) 的情况，应尽可能瞄准目标底部。如用垂球线作为瞄准的目标，应注意使垂球尖准确对正测点，并瞄准垂球线的上部，如图 3-21 (a)。

3.6.3 读数和计算

精确瞄准目标后，即可读取水平方向或竖直方向读数。读数时，先将采光镜张开成合适的角度，调节镜面朝向光源并照亮读数窗。调节读数显微镜的对光螺旋，使度盘和测微尺的影像清晰，然后按相应的方法读取相应的读数，并记录到观测手簿相对应的位置，最后完成必要的外业观测检核计算。

电子经纬仪直接在显示屏上显示读数，V 表示竖直度盘读数，HR 表示水平度盘读数（顺时针方向读数增加），HL 表示水平度盘读数（逆时针方向读数增加）。

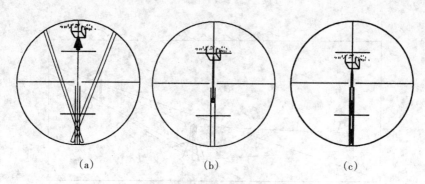

图 3-21 瞄准位置示意
(a) 瞄准垂球线　(b) 瞄准测钎　(c) 瞄准测杆

3.6.4 配置度盘

有时在测水平角时，需将某个目标的方向读数配置成某一指定值，这项工作叫做配置度盘。例如将第一个目标的水平方向配置成 0°00′00″，由于仪器的构造有不同（参阅 3.3.1），DJ_6 经纬仪配置度盘的方法介绍如下两种：

(1) 采用度盘变换手轮。先瞄准好第一个目标，打开度盘变换手轮的护盖，转动手轮使读数变为 0°00′00″，再盖上护盖。

(2) 采用复测扳手。将扳手向上扣上，旋转照准部，观测水平方向读数，当读数为 0°00′00″ 时将扳手扳下（扳下时转动仪器，读数不变），然后去瞄准第一个目标，再将扳手扳上。

3.7　水平角测量

水平角观测方法根据所使用的仪器、目标的多少及观测要求的精度而定，最常用的是测回法和方向观测法。

在一个测站上，只观测一个水平角时，可采用"测回法"。如在一个测站上要同时观测相邻两个或两个以上的水平角时（即三个以上方向），可采用"方向观测法"或称为"全圆测回法"。

当使用经纬仪在实地进行水平角观测时，为了防止差错和消除、减少误差，保证观测的结果能达到所要求的精度，必须按一定的操作程序和步骤来进行观测。

3.7.1 测回法

在测站点（如图 3-22 中的 A 点）安置经纬仪，分别用上半测回（盘左）和下半测回（盘右）观测水平角 $\angle BAC$，如两次观测角值相差不超过容许误差，取上、下半测回的平均值作为一测回的角度观测结果。这一观测方法，称为测回法。

盘左与盘右，是指经纬仪竖盘位置与望远镜的位置关系。当望远镜瞄向目标时，如竖盘在望远镜的左侧，称此时竖盘位置为"盘左"。如竖盘在望远镜的右侧，则称为"盘右"。

测回法进行水平角观测的具体操作步骤：

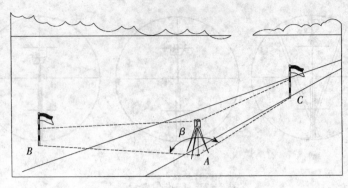

图 3-22 测回法测角示意

（1）在测站点（如图 3-22 中的 A）上安置好经纬仪（对中、整平）。观测之前，应检查要观测目标点上瞄准用的标志（如测杆、垂球线等）是否准备好。

（2）上半测回观测（盘左观测）

①瞄准拟定的起始方向目标（如图 3-22 中的 B），按要求配置好度盘（例如 DJ_6 配置在 $0°$ 附近），记下水平度盘读数。例如，$B_左=0°12'24''$，记入观测手簿内，如表 3-1。

表 3-1 测回法观测手簿

日期：2007 年 3 月 12 日　　　　　　　　　　　　　　　　　观测者：李四
天气：晴　　　　　　　　　记录者：王五　　　　　　　　　　仪器号：J6—20

测站	测点	竖盘位置	水平方向读数 ° ′ ″	半测回角值 ° ′ ″	一测回角值 ° ′ ″	备 注
A	B	盘左	0　12　24	66　26　30	66　26　27	$\triangle\beta=6''$ $\triangle\beta_容=\pm40''$ 符合要求
	C		66　38　54			
	B	盘右	180　12　12	66　26　24		
	C		246　38　36			

②顺时针方向转动照准部，瞄准第二个方向（如 C）的目标，读数得 $C_左=66°38'54''$，记录并计算上半测回角值：

$$\beta_左=C_左-B_左$$

（3）下半测回观测（盘右观测）

①倒转望远镜，在盘右位置首先瞄准第二个方向点 C，读数 $C_右=246°38'36''$，记录。

②逆时针方向转动照准部，再瞄准起始方向（第一个方向）B，读数 $B_右=180°12'12''$记录并计算下半测回角值：

$$\beta_右=C_右-B_右$$

（4）计算、检核并完成记录。计算两半测回间的角值差 $\triangle\beta$ 和多测回间角值互差等指标，检查有无超限。若无超限取两个半测回的平均值或多个测回角值的平均值，作为观测结果。

上、下半测回间角值之差（称为较差）$\triangle\beta=\beta_左-\beta_右$，使用 DJ_6 级光学经纬仪观测时，容许误差 $\triangle\beta_容=\pm40''$，在上例中：$\triangle\beta=6''$，符合要求，只测了一个测回，不要比较测回值互差，观测手簿见表 3-1。如指标超限，要查明原因，甚至重测。

当水平角观测精度要求较高时，可增加测回数。为了减少度盘的分划误差，各测回要改变起始方向水平读数的配置，各测回起始读数按 $180°/n$ 变换（其中 n 为总的测回数）。例如，要测两个测回，盘左起始读数应配置在 $0°$ 或稍大一些的读数位置，第二测回应配置在 $90°$ 或稍大于 $90°$ 的读数位置。

测回法观测的限差有两项规定：①上下两半测回角值之差；②各测回角值之差。由于使用仪器的标称精度不同，其限差要求也相应不同，DJ_6 经纬仪的上下半测回角值之差应小于 $\pm40''$，各测回角值互差应小于 $\pm24''$。

3.7.2 方向观测法（全圆测回法）

方向观测法适合三个以上方向的观测，它通过观测测站至各目标的方向值，然后由方向值计算所需的水平角度值，也称全圆测回法。

观测时，仍按测回作为基本的观测单元。在一测回内同样分上半测回和下半测回观测。如表 3-2 中的略图，在测站点 O 安置仪器，对中整平后，上半测回（盘左）观测时，自起始点 A 开始，配置好度盘（配置要求同测回法），顺时针方向依次观测 B、C、D 点，为了检查水平度盘有无变动，须再次观测 A 点，称为"归零"。下半测回（盘右）观测时，按逆时针方向，依次观测 A、D、C、B、A（归零观测）。在方向观测法中，要注意选择成像清晰而稳定的目标，作为起始方向。

表 3-2 方向观测法手簿

时间：2006 年 10 月 23 日上午　　　观测者：张三　　　记录者：李四
成像：清晰　　　　　　　　　　　　检查者：王五　　　仪器号：DJ6—18

测站	测回	目标	水平度盘读数		$2C=$左－(右$\pm180°$)	平均读数 [左+(右$\pm180°$)]/2	一测回方向值	各测回平均方向值	略图及角值
			盘左	盘右					
			° ′ ″	° ′ ″	″	° ′ ″	° ′ ″	° ′ ″	
(1)	(2)	(3)	(4)	(5)	(6)	(7)	(8)	(9)	
O	I		$\Delta=6$	$\Delta=-6$		(0 02 09)			
		A	0 02 12	180 02 00	+12	0 02 06	0 00 00	0 00 00	
		B	82 47 36	262 47 30	+6	82 47 33	82 45 24	82 45 34	
		C	151 24 24	331 24 12	+12	151 24 18	151 22 09	151 22 17	
		D	230 50 18	50 50 00	+18	230 50 09	230 48 00	230 48 08	
		A	0 02 18	180 02 06	+12	0 02 12			
	II		$\Delta=-12$	$\Delta=6$		(90 29 50)			
		A	90 30 00	270 29 48	+12	90 29 54	0 00 00		
		B	173 15 30	353 15 36	−6	173 15 33	82 45 43		
		C	241 52 18	61 52 12	+6	241 52 15	151 22 25		
		D	321 18 12	141 18 00	+12	321 18 06	230 48 16		
		A	90 29 48	270 29 42	+6	90 29 45			

略图角值：A 至 B：$82°45'34''$；B 至 C：$68°36'43''$；C 至 D：$79°25'51''$

方向观测法的记录，如表 3-2。观测时要随记随算，发现超限及时重测。现将记录、计算的方法和限差说明如下：

(1) 在"水平度盘读数"栏内，盘左时的记录，依 A，B，C，D，A 的顺序自上而下记入相应读数；盘右时则依 A，D，C，B，A 的顺序自下向上记入读数。

(2) 在完成半测回观测后，应立即将起始点观测的第二次读数减去第一次读数，所得的差数称为"半测回归零差"，表中以 Δ 表示，如超限，须重测这个测回，如符合要求，继续进行观测。

(3) 二倍照准误差（$2C$）。一测回内同一方向的二倍照准误差按下式计算：

$$2C = 盘左读数 - （盘右读数 \pm 180°）$$

其中，当盘右读数 $\geq 180°$ 时，则 $180°$ 前取"$-$"；盘右读数 $< 180°$ 时，则 $180°$ 前取"$+$"。

同一测回内，$2C$ 的变动范围（即由最小的 $2C$ 值至最大 $2C$ 值的范围），不能超过表 3-3 的限差要求。例如，第二测回内最小的 $2C$ 值为 B 方向的 $-6''$，最大的 $2C$ 值为 $+12''$，故变动范围为 $-6'' \sim +12''$，变动值为 $18''$。

(4) 一测回内各方向的平均读数按下式计算：

$$平均读数 = 1/2 [盘左读数 + （盘右读数 \pm 180°）]$$

其中，当盘右读数 $\geq 180°$ 时，则 $180°$ 前取"$-$"；盘右读数 $< 180°$ 时，则 $180°$ 前取"$+$"。

特别需要说明的是：起始方向有两组平均读数，再取其中数，记于圆括号内，作为起始方向的平均方向读数。

(5) 在一测回内，将各方向的平均方向读数减去起始方向的平均方向读数（即圆括号内的数值，如第一测回为 $0°02'09''$），得一测回内各归零方向值。

(6) 相同目标各测回方向值的互差，如不超过表 3-3 的规定，即取其平均值作为最后的方向值。例如 B 点两测回的互差 $19''$，未超过限差 $24''$，其余各方向亦符合要求。

表 3-3 水平角观测（方向观测法）的限差

仪器类型	半测回归零差 Δ	一测回内 $2C$ 互差（变动范围）	同一方向各测回互差
DJ_6	$18''$	/	$24''$
DJ_2	$12''$	$18''$	$12''$

3.8 竖直角测量

3.8.1 DJ$_6$ 光学经纬仪竖直度盘的位置构造

如图 3-23，竖直度盘固定在横轴一端，并随望远镜绕横轴旋转，竖盘面垂直于横轴；竖盘读数用的光具组与竖盘指标管水准器均与竖盘水准管微动架相连，转动竖盘管水准器微动螺旋，可使竖盘水准管微动架做微小的移动，因而可使竖盘长水准管气泡居中、长水准管轴水平，这时竖盘读数指标即处于铅垂位置。

读数时，用光具组的光轴（竖盘读数指标）作为读数用的指标线，用以指示竖盘读数。构造上要求竖盘长水准管轴应垂直于光具组的光轴，这样，当水准管气泡居中时，光具组的光轴要位于铅垂位置。所以竖盘读数前要调平竖盘水准管气泡。

第3章 角度测量

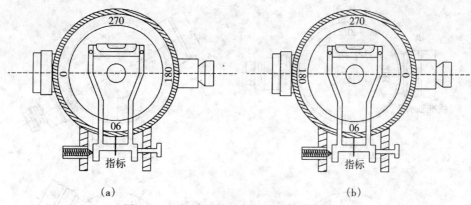

图 3-23 DJ₆光学经纬仪的竖盘位置构造示意
(a) 0°刻划在物镜端　(b) 0°刻划在目镜端

当望远镜的视线水平、竖盘水准管气泡居中时,指标线所指的读数一般为 90°或 90°的整倍数,此读数称为始读数,在测量竖直角时,只要读取目标方向读数(终读数),根据竖直角的定义就可求得竖直角。

目前国内外已生产了一种竖盘指标自动补偿装置的经纬仪,它没有竖盘指标水准管,而是安置了一个自动补偿装置。当仪器稍有微量倾斜时,它能自动调整光路,使读数时能读到相当于水准管气泡居中时的读数。使用这种仪器观测竖直角,只要将照准部水准管整平、瞄准目标即可读取竖盘读数,从而提高了观测速度。

3.8.2 竖直角的计算公式

国产 DJ₆级光学经纬仪的竖盘刻度为全圆 360°式,有顺时针方向递增注记及逆时针方向递增注记两种方式,下面重点讨论顺时针方向递增注记的情况。

根据国产 DJ₆级光学经纬仪的竖盘的位置与其指标线的关系,可以知道,当望远镜视线水平、竖盘指标水准管气泡居中时,竖盘指标所指的读数,应为竖直度盘的"始读数"。一般情况下,国产经纬仪竖盘是这样安放的:即盘左时的始读数一般为 90°,盘右时的始读数一般为270°,如图 3-24 所示。

设盘左瞄准目标时的竖盘读数为 L,由此算得的竖直角为 $\alpha_左$;盘右瞄准同一目标时的竖盘读数为 R,由此算得的竖直角为 $\alpha_右$。结合竖直角的定义,推出如图示的顺时针方向递增注记的竖直角计算公式如下:

盘左时

$$\alpha_左 = 90° - L$$

盘右时

$$\alpha_右 = R - 270°$$

平均竖直角

$$\alpha = \frac{\alpha_左 + \alpha_右}{2}$$

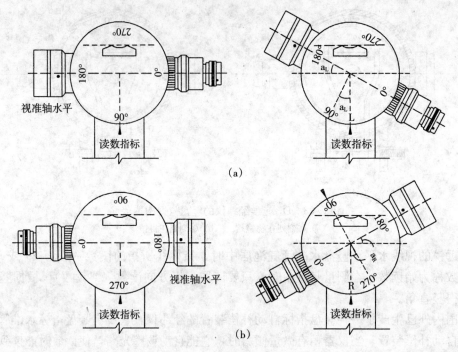

图 3-24 竖直角计算公式示意
(a) 盘左　(b) 盘右

由于竖盘注记的方式及安放的情况多种多样，在使用经纬仪时，首先要仔细观察其构造和注记方式，应用下述规则，分别导出盘左和盘右时竖直角的计算公式：

(1) 望远镜视线大致放平，观察并确定始读数。如读数在 90°（270°，0°，180°）附近，可推断视线水平时，其始读数为 90°（270°，0°，180°）。

(2) 将望远镜物镜端抬高瞄准高处时，观察其读数变化：

① 如竖盘读数递增，则竖直角＝读数－始读数

② 如竖盘读数递减，则竖直角＝始读数－读数

按上式算得竖直角为"＋"时，竖直角为仰角；为"－"时则为俯角。

3.8.3 竖直角的观测方法

1. **安置仪器**　在测站上安置经纬仪，然后进行对中、整平，通常情况下要量取仪器高。根据上述方法确定仪器竖直角的计算公式。

2. **盘左观测**

(1) 转动仪器瞄准所测方向点目标，用十字丝横丝的中部切准目标点。一般情况下要记录所瞄目标的位置。

(2) 调节竖盘指标水准管的微动螺旋，使水准管气泡居中。

(3) 读取竖盘读数 L，记录于手簿中。

3. **盘右观测**　用上述方法，瞄准同一目标点，得竖盘读数 R，记录于手簿中。

4. 竖直角计算 由盘左、盘右读数分别计算出半测回竖直角 $\alpha_左$ 和 $\alpha_右$，取其平均值作为最后结果。即

$$\alpha = \frac{1}{2}(\alpha_左 + \alpha_右)$$

如果存在指标差，按下式计算竖盘指标差 x

$$x = \frac{1}{2}(\alpha_右 - \alpha_左)$$

表 3-4 为在测站点 O 观测 A、B 点的竖直角时的记录和计算。

表 3-4 竖直角观测手簿

日期：2006 年 11 月 20 日　　　　　　　记录者：刘军　　　　　　　　　　　　观测者：黄平
天气：晴　　　　　　　　　　　　　　　　　　　　　　　　　　　　　　　　　　仪器号：DJ6-3

测站	目标	竖盘位置	竖盘读数 ° ′ ″	半测回竖直角 ° ′ ″	平均竖直角 ° ′ ″	指标差 ″	备 注
O	A	左	72 23 30	+17 36 30	+17 36 15	-15	竖盘注记
		右	287 36 00	+17 36 00			
	B	左	95 21 48	-5 21 48	-5 22 03	-15	
		右	264 37 42	-5 22 18			

3.8.4 竖盘指标差

当望远镜视线水平，竖盘指标水准管气泡居中时，竖盘读数指标线所指的读数不是严格意义上的始读数（如 90°或 270°），其偏差值称为竖盘指标差，记为 x，如图 3-25。

产生指标差的原因，对于 DJ$_6$ 光学经纬仪来说，是由于竖盘指标水准管轴与读数光具组的光轴不垂直所引起的。

1. 检验方法 安置经纬仪对中、整平后，选一目标点 M，按观测竖直角的方法，分别在盘左和盘右位置观测 M 点，读得盘左读数 L 和盘右读数 R，记录于表 3-5，计算半测回竖直角 $\alpha_左$ 及 $\alpha_右$。如果 $\alpha_左 \neq \alpha_右$，则可知存在指标差。

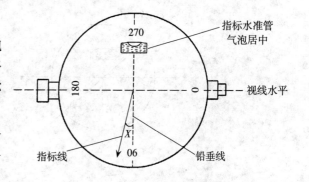

图 3-25 竖盘指标差示意

表 3-5 竖盘指标差的检查和计算

测站	测点	竖盘位置	竖盘读数	半测回竖直角	平均竖直角	指标差	备注
O	M	左	87° 41′ 36″	+2° 18′ 24″	2° 21′ 00″	+2′ 36″	
		右	272° 23′ 36″	+2° 23′ 36″			

2. 存在指标差时，竖直角和指标差的计算方法 如图 3-25，假若指标差为 x，并且偏向增大方向，则：

盘左时，考虑指标差影响的情况，正确的竖直角

$$\alpha_{正} = 90° - L_{正} = 90° - (L-x) = (90°-L) + x = \alpha_{左} + x$$

盘右时，考虑指标差影响的情况，正确的竖直角

$$\alpha_{正} = R_{正} - 270° = (R-x) - 270° = (R-270°) - x = \alpha_{右} - x$$

上两式相加，并整理得

$$\alpha = \frac{1}{2}(\alpha_{左} + \alpha_{右})$$

上两式相减，并整理得

$$x = \frac{1}{2}(\alpha_{右} - \alpha_{左})$$

3. 注意事项

（1）由上面公式算得的 x，如为"+"，说明指标线偏于度盘注记递增的一侧，与假定的偏向一致，如图 3-26 所示；如为"-"，则说明指标线偏于相反一侧。对于 DJ_6 经纬仪，同一测站指标差的变动范围应小于 $\pm 25''$，指标差不大于 $\pm 1'$。

（2）从公式中可以看出，经过盘左与盘右观测取平均后，观测结果中不包含有指标差，指标差 x 完全消除掉了。所以，在观测竖直角时，采用盘左盘右观测取平均值的方法，一方面检核了观测的质量，另一方面也消除了竖盘指标差的影响。

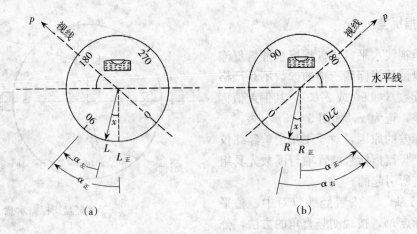

图 3-26 竖盘指标差的计算
(a) 盘左：始读数=90°　　(b) 盘右：始读数=270°
$\alpha_{左} = 90° - L$　　　　　$\alpha_{右} = R - 270°$
正确竖直角：$\alpha = \alpha_{左} + x$　　正确竖直角：$\alpha = \alpha_{右} - x$

3.9　经纬仪的检验校正

为了能达到水平角、竖直角测量原理的要求，并能测出精确的成果，经纬仪各主要轴线之间必须满足下列几何条件，如图 3-27。

(1) 照准部水准管轴应垂直于仪器的竖轴，即 $LL \perp VV$；
(2) 十字丝的纵丝应垂直于横轴 HH；
(3) 望远镜视准轴应垂直于横轴，即 $CC \perp HH$；
(4) 横轴应垂直于仪器的竖轴，即 $HH \perp VV$；
(5) 竖盘水准管轴应垂直于竖盘读数指标线。

上述条件如满足，则当照准部水准管气泡居中时，视准轴 CC 将绕横轴旋成一铅垂面。

为了使经纬仪在测角时能获得可靠的结果，在测量前对要使用的仪器必须进行检验和校正；对于新购置的仪器，长途运输后的仪器和使用中发现了问题的仪器更要按要求对仪器进行检验和校正。

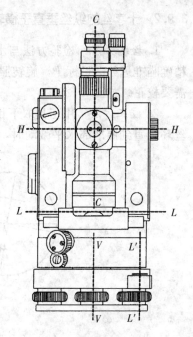

图 3-27 经纬仪的轴系

3.9.1 照准部水准管轴垂直于竖轴

1. 检验方法 先初步整平仪器，然后按下列步骤进行。

(1) 转动照准部使其长水准管轴平行于两个脚螺旋的连线，转动这两个脚螺旋使长水准气泡居中，如图 3-28 (a)。

(2) 照准部绕竖轴转 180°，使长水准管轴仍平行于原来的两脚螺旋，如气泡仍居中，则 $LL \perp VV$。否则，两轴不垂直，需要校正，如图 3-28 (b)。

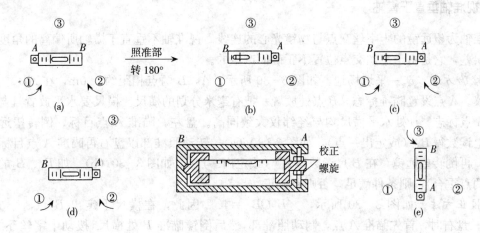

图 3-28 水准管轴垂直于竖轴的检验与校正
(a) 照准部水准管平行于脚螺旋①、②使气泡居中　(b) 气泡偏离水准管中点
(c) 转动脚螺旋①、②使气泡退回偏差的一半　(d) 拨动上、下校正螺旋使气泡重新居中，使 $LL \perp VV$
(e) 照准部再转 90°，转动脚螺旋③使气泡居中，此时竖轴位于铅垂位置

2. 校正方法 校正时，通过调整与管水准器平行的脚螺旋，使气泡向中央移动偏距的一半，另一半用校正针拨动管水准器一端的校正螺丝来完成。如图 3-28 中 (c)、(d) 的说明；此项校正有时须重复进行，直至照准部转到任何位置气泡均居中（偏差不大于一格）即可。

3.9.2 十字丝的纵丝垂直于横轴

1. **检验方法** 检验方法与水准仪十字丝的检验方法基本相同。整平仪器后，用十字丝交点精确瞄准远处一目标 P，旋转照准部微动螺旋，如 P 点左、右移动的轨迹偏离十字丝横丝，则需要校正。如图 3-29。

2. **校正方法** 用工具取下目镜端的十字线分划板护罩，松开四个压环螺旋，缓慢移动十字丝环，直到照准部水平微动时，P 点始终在横丝上移动为止，最后旋紧四个压环螺旋。

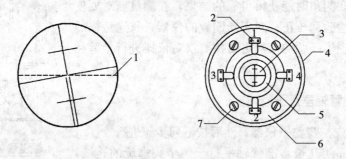

图 3-29 十字丝竖丝的检验与校正
1. P 点移动轨迹 2. 十字丝校正螺旋 3. 十字丝分划板
4. 望远镜筒 5. 分划板座 6. 压环 7. 压环螺丝

3.9.3 视准轴垂直于横轴

视准轴为望远镜的十字丝交点与物镜光心的连线。视准轴不垂直于横轴所偏离的角度 C，称为视准误差，它是由十字丝交点位置不正确而产生的。

1. **检验方法** 选一平坦场地，如图 3-30 所示，A，B 两点相距约 100m，在 AB 中点 O 安置经纬仪。A 点设置瞄准标志，B 点处放置一把有毫米分划的横尺。横尺要水平放置且与 OB 线垂直，A 点标志、B 处水平横尺均与经纬仪大致同高。盘左，瞄准 A 点目标，倒转望远镜在 B 点横尺上读数得 B_1（或定出一点），如图 3-30（a）。转动照准部以盘右再瞄准 A 点目标，制动照准部，再倒转望远镜，在 B 尺读数得 B_2（或定出一点），如图 3-30（b）。如 B_1、B_2 的读数相同（或两点重合），则条件满足。否则要校正。

2. **校正方法** 如图 3-30 所示，$\angle B_1OB_2 = 4C$。因此，在横尺上定出 B_3 点，令 $B_2B_3 = B_1B_2/4$。盘右时，首先瞄准 A 点，制动照准部，然后倒镜瞄准 B 处横尺，拨动十字丝环的左、右

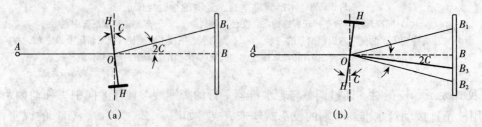

图 3-30 视准轴垂直于横轴的检验和校正

两个校正螺丝,使十字丝交点对正 B_3 点。此项工作须重复进行检校,至 $C<60''$ 时为止。

3.9.4 横轴垂直于竖轴

横轴不垂直于竖轴所产生的偏差角值,称为横轴误差,记为 i。由于有横轴误差,望远镜绕横轴旋转时,视准轴将旋转成一倾斜面,使观测时产生误差。产生横轴误差的原因,是由于横轴两端的支架上不等高引起的。

1. **检验方法** 如图 3-31 在距高墙 20~30m 处安置经纬仪,对中,整平。在墙上高处选一清晰点 P,先以盘左瞄准该点,即制动照准部,然后放平望远镜,在墙上标出十字丝交点所对的一点 P_1;再用盘右瞄准 P 点,放平望远镜,使十字丝交点与 P_1 点同高,同法定出一点 P_2。如 P_2 与 P_1 重合,则条件满足。否则,需要校正。也可以按下式计算出 i,当 $i>20''$ 时,必须校正。

$$i = \frac{\overline{P_1P_2}}{2D}\cot\alpha\rho''$$

其中,D 为测站至 P 点的水平距离,α 为 P 点的竖直角。

图 3-31 横轴垂直于竖轴的检验和校正

2. **校正方法** 取 P_1P_2 的中点 P_M,微动照准部及望远镜的微动螺旋,瞄准 P_M 点。制动照准部,仰高望远镜至 P 点处,十字丝交点必偏离 P 点,此时可升降经纬仪横轴的一端,使十字丝的交点精确对准 P 点来进行校正。

光学经纬仪的横轴,密封于金属壳内,检验后如有横轴误差 i,也可送维修部门调整。

3.9.5 竖盘指标差的检验和校正

1. **检验方法** 在某点 O 安置好经纬仪,选取一清晰的标志 P 点,观测其竖直角一测回,计算其指标差 x,如 $x \geq 1'$ 则需要进行校正。

2. **校正方法**

(1) 盘右时,望远镜视线仍瞄准 P 点,转动指标水准管微动螺旋,使竖盘读数对准消除了指标差的盘右竖盘正确读数 $R_正=R-x$。

(2) 此时水准管气泡不居中,用改正针拨动长水准管上、下两个校正螺丝,使气泡重新居中,并注意使校正螺丝夹紧水准管的一端。

(3) 重复检校至指标差不大于 $1'$ 即可。

3.9.6 照准部光学对中器的检验校正

1. 检验方法　在平坦地面安置经纬仪,于脚架中央的地面上固定一张白纸。精确整平仪器,将对中器调焦后,将分划板圆圈中心标出在纸上,得 P_1 点。旋转照准部 $180°$,同法在纸上标出分划板圆圈中心得 P_2。如 P_1 与 P_2 重合,则光学对中器的视准轴(圆圈中心与对中器物镜光心的连线)与仪器的竖轴重合。否则,需要校正。

2. 校正方法　取 P_1P_2 的中心 P,调整直角棱镜或调整分划板使圆圈中心对准 P 点。其调整方法,须视各厂仪器的具体情况而定。

3.10　水平角观测的误差来源及其消减方法

角度测量误差产生的原因有仪器误差、观测误差、外界条件的影响和各作业环节中产生的各类误差,为了获得符合要求的成果,必须分析和认识这些误差的来源和影响情况,采取相应措施消除或削减它们对观测结果的影响。

3.10.1　仪器误差

仪器误差主要来源于两个方面:即为制造上的不完善及检校时的不完善。

(1) 仪器制造上的不完善产生的误差,主要有度盘偏心差和度盘的分划误差。

对于 DJ_6 级光学经纬仪,可采用盘左读数与盘右读数观测取平均的方法,来消除度盘偏心差。对于 DJ_2 级光学经纬仪,则在制造上已采用度盘对径分划符合读数的方法,来消除这一误差。

对于度盘的分划误差,可采用不同测回变换水平度盘位置的方法进行观测,然后各测回取平均值的方法,以减弱这一误差的影响。

(2) 仪器检校时不完善所引起的误差,主要有视准轴误差、横轴误差和竖轴倾斜引起的误差。视准误差和横轴误差,可用盘左、盘右观测取其平均值的方法,来消除其影响;但竖轴倾斜引起的误差,则不能用此法消除,故必须注意校正好照准部水准管轴,使其垂直于竖轴。

3.10.2　观测误差

1. 对中误差

(1) 对中误差引起水平角测量误差的影响情况。在图 3-32 中,B 为测站点,要求测出水平角 $\angle ABC$。仪器对中时对准了 B' 点,产生了偏心距 $BB'=e$。因而对测角产生影响,由此测得角

值为∠AB'C。从图上分析可知，

$$\beta = \beta' + (\varepsilon_1 + \varepsilon_2) \beta' + \Delta\beta$$

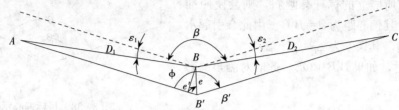

图 3-32 对中误差计算示意

其中：$\Delta\beta = \varepsilon_1 + \varepsilon_2$

即为仪器对中偏差所引起的测角误差。

(2) 对中误差引起水平角测量误差的代数式推导。在图 3-32 中，自 B 作 AB' 的垂线，则垂距

$$e' = e\sin\Phi$$

又 $\sin\varepsilon_1 = \dfrac{e'}{D_1} = \dfrac{e}{D_1}\sin\Phi$

当 ε_1 很小时，有 $\sin\varepsilon_1 \approx \varepsilon_1$（弧度），为了将 ε_1（弧度）化为秒，应乘以 $\rho'' = 206\,265''$

有：$\varepsilon_1 = \dfrac{\rho''}{D_1} e\sin\Phi$

同理：$\varepsilon_2 = \dfrac{\rho''}{D_2} e\sin(\beta' - \Phi)$

于是有：$\Delta\beta = \rho'' \left(\dfrac{e\sin\Phi}{D_1} + \dfrac{e\sin(\beta' - \Phi)}{D_2} \right)$

(3) 对中误差引起水平角测量误差的讨论

①由以上代数式可知，当偏心距 e 和 Φ 角一定时，边长 D 愈短，则对中偏差引起的测角误差愈大。因此，对短边的夹角观测时，更应注意对中，偏心距 e 愈小愈好。

②偏心距 e 对测角的影响亦因 Φ 角值而变化。如图 3-32 所示，当 $\beta' = 180°$时，如果 $\Phi = 0°$，则 B' 点在 AB（或 BC）直线上，则有 $\varepsilon_1 = \varepsilon_2 = 0$，此时影响为最小；如果 $\Phi \approx 90°$，即 BB' 约垂直于 AB 和 BC，则对测角的影响为最大，此时有

$$\varepsilon_1 = \dfrac{e}{D_1} \times \rho'' \qquad \varepsilon_2 = \dfrac{e}{D_2} \times \rho''$$

③赋值分析：

假若 $e = 3\text{mm}$，$D_1 = 50\text{m}$，$D_2 = 100\text{m}$，则有

$$\varepsilon_1 = \dfrac{3}{50 \times 1\,000} \times 206\,265'' = 12.4''$$

$$\varepsilon_2 = \dfrac{3}{100 \times 1\,000} \times 206\,265'' = 6.2''$$

于是引起的测角误差：$\Delta\beta = \varepsilon_1 + \varepsilon_2 = 12.4'' + 62'' = 18.6''$

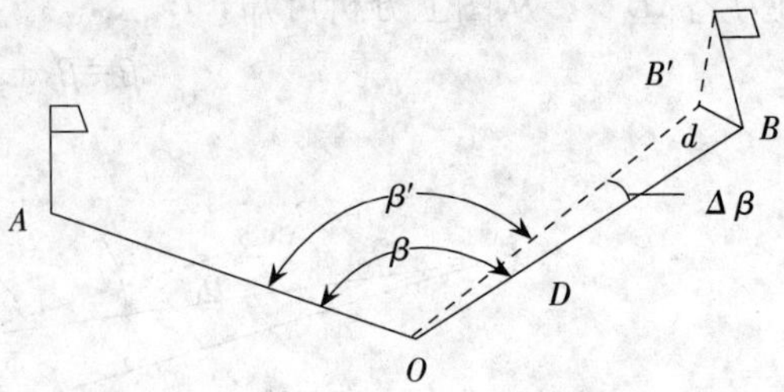

2. **目标偏心误差** 如图3-33，仪器安置在O点，在目标B设立供瞄准用的标杆时，如没有对准B点的标志，或所竖立的标杆有倾斜，则会使照准点偏离目标点，其偏心距为$d=B'B$，由此会引起水平角的测量误差，其误差为$\Delta\beta=\beta'-\beta$。

当D一定时，如果$B'B\perp OB$，此时对测角的影响为最大，即

$$\Delta\beta=\frac{d}{D}\times\rho''$$

图3-33 目标偏心示意

并且，当偏心距d一定时，边长D愈短，其影响亦愈大。

另外，当标杆倾斜时，瞄准标杆上的位置愈高，则对应的偏心距d亦愈大，引起的测误差角亦随之增大。

因此，在观测水平角时，要注意使瞄准的目标对准测点的标志中心，并要尽量使标杆竖直，同时可能的话尽量瞄准标杆的底部，以减小目标偏心对测角的影响。

3. **整平误差** 观测时仪器未严格整平，竖轴将处于倾斜位置，这种误差便是整平误差。这种误差与上面分析的照准部水准管轴不垂直于竖轴的误差性质相同。

整平误差对水平角观测成果的影响，不能用盘左、盘右的观测取平均值的方法来消除；而且，它对测水平角的影响与视线的竖直角的大小有关；当视线的竖直角很小时，整平误差对测角的影响较小，随着竖直角增大，尤其当目标间的高差较大时，其影响亦随之增大。

因此，在测角开始前，应认真整平仪器，在观测过程中，如发现气泡偏离零点超过规定时，可在测回间重新整平仪器。在山区各目标高差较大时，尤需要注意仪器的严格整平。同时当有太阳时要撑伞，尽量避免阳光照射水准管，影响仪器的整平。

4. **瞄准误差** 人眼的分辨力约为$60''$，瞄准误差主要与望远镜的放大倍数V和人眼的分辨力有关，也受对光时的视差和外界条件的影响。一般可用$\frac{60''}{V}$来估算瞄准误差的大小，当$V=30$时，$m_V=\pm2''$。

5. **读数误差** 读数误差与仪器的读数设备、照明和视差有关，但主要取决于读数设备的精度。例如，DJ_6级光学经纬仪使用分微尺读数设备，其读数设备误差可取为$\pm6''$。

3.10.3 外界条件的影响

外界条件对测量角度的影响是多方面、复杂的，也很难做出定量的分析，只能选择采取适当的措施减少外界条件的影响。例如，大气透明度差，空气对流和折光和目标背景不良等，会降低瞄准精度，大风将影响仪器的稳定，地面不坚实也会影响仪器的稳定，这些都会造成测角误差。此外，阳光的照射，也会引起仪器各部位的变化，特别是脚架的松动和水准管的变化，因而影响测角的精度；所以在有太阳的天气，观测时要打伞，不让阳光直照仪器，同时选取有利的观测时机。自然环境的影响是复杂而多变的，当要求的精度较高时，要注意选择有利的观测时间，避免不利因素的影响。

第3章 角度测量

复习思考题

1. 水平角和竖直角是如何定义的？怎样理解水平角及竖直角的测量原理？
2. DJ$_6$光学经纬仪主要由哪几部分构成？它有哪些制动螺旋和微动螺旋？如何正确使用？
3. 试说明DJ$_6$光学经纬仪在构造上是如何达到水平角及竖直角测量原理的要求的？
4. 电子经纬仪与光学经纬仪相比有哪些相同点和不同点？电子经纬仪主要有哪几种光电测角方法？
5. 光学经纬仪的基本操作包括哪些项目？各项目的操作要达到哪些要求或有什么注意事项？
6. 光学经纬仪的安置包括哪两项基本操作，说明它们的目的及垂球对中整平的具体操作方法和步骤。
7. 结合实验操作练习，说明DJ$_6$经纬仪光学对中整平的操作步骤和方法。
8. 说明用测回法观测水平角的方法步骤。方向观测法与测回法有哪些不同？观测水平角时，如果经纬仪的水平度盘随着照准部转动能否测出水平角？为什么？
9. 用DJ$_6$级光学经纬仪按方向观测法在测站点 O 观测 C、D、E、F 各方向二测回。测得的数据记于表（3-6）内。试完成表中各项计算，并检查有无超限。其中 OC 方向为起始方向。

表3-6 水平角观测记录

测站	测回	目标	水平度盘读数 盘左	水平度盘读数 盘右	2C	平均方向读数	一测回方向平均值	各测回平均方向值
			° ′ ″	° ′ ″	″	° ′ ″	° ′ ″	° ′ ″
O	Ⅰ	C	0 02 48	180 03 12				
		D	55 36 12	235 36 54				
		E	120 26 06	300 27 00				
		F	201 46 18	21 47 00				
		C	0 02 42	180 03 30				
	Ⅱ	C	90 34 24	270 34 18				
		D	146 07 48	326 07 36				
		E	210 57 42	30 57 30				
		F	292 17 54	112 17 48				
		C	90 34 36	270 34 12				

10. 当使用DJ$_6$级光学经纬仪观测竖直角时：
（1）用某DJ$_6$级光学经纬仪在测站 O 观测目标点 A，得竖盘读数如表3-7，竖盘注记形式如表3-7中图示。试计算 OA 方向的竖直角及竖盘指标差。

表 3-7 竖直角观测记录

测站	目标	竖盘位置	竖盘读数 ° ′ ″	半测回竖直角 ° ′ ″	平均竖直角 ° ′ ″	指标差 ″	备注
O	A	左	76 43 42				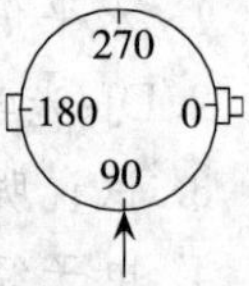 （图示：270上 180左 0右 90下）
		右	283 16 36				

(2) 设用另一种 DJ_6 级光学经纬仪在测站 N 观测目标点 P，竖盘读数如表 3-8，竖盘注记形式如表 3-8 中图示。试计算 NP 方向的竖直角及竖盘指标差。

表 3-8 竖直角观测记录

测站	目标	竖盘位置	竖盘读数 ° ′ ″	半测回竖直角 ° ′ ″	平均竖直角 ° ′ ″	指标差 ″	备注
N	P	左	85 25 36				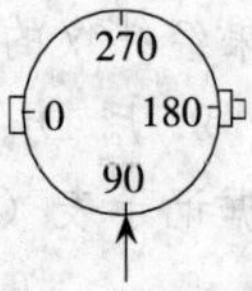 （图示：270上 0左 180右 90下）
		右	274 34 30				

11. DJ_6 级光学经纬仪有哪些几何轴线？各轴线间应保持怎样的正确关系？

12. DJ_6 级光学经纬仪测角时采用盘左、盘右位置观测取平均值方法有什么作用？此法还可消除哪些误差的影响？

13. 在水平角观测中可能出现哪些误差？观测时应采用什么措施消减这些误差对观测成果的影响？

第4章 距离测量和直线定向

【重点提示】本章介绍了卷尺量距、电磁波测距及视距测量等常用距离测量方法的原理和实施过程；介绍了真方位角、磁方位角和坐标方位角的概念及其换算，并对磁方位角的测量方法进行了详细的叙述；最后，以徕卡 TPS1200 全站仪为例，对全站仪的概念、功能及其应用作了简要的介绍。这其中，卷尺量距、电磁波测距及方位角的概念是本章重点。

4.1 距离测量和直线定向概述

距离测量是确定地面点点位的基本测量工作之一。测量中所说的"距离"，一般是指两地面点间的水平距离（即地面两点沿铅垂方向投影到水平面上的线段长度）而非空间距离（即地面两点直接相连的空间线段距离，也称为倾斜距离）。

距离测量的方法有：卷尺量距法、视距测量法、电磁波测距法，以及利用卫星测距法。卷尺量距是用可以卷起来的条状尺带沿地面直接丈量距离；视距测量是利用经纬仪或水准仪望远镜中的视距丝，通过在水准尺上的读数，计算出仪器和立尺点之间的距离；电磁波测距是通过仪器向目标发射并接收反射回来的电磁波，按其传播速度和时间计算出仪器到目标的距离；而利用卫星测距则是在两点上用卫星接收仪接收卫星信号以求得两点间距离，如 GPS 测量。

卷尺量距工具简单、成本低廉、方法简便易行，在农林工程中使用广泛。视距测量是一种粗略的测距方法，其适合于精度要求较低的近距离估算，如在水准测量中测定前、后视距离。电磁波测距测程远、精度高、速度快且不受地形起伏的影响，是目前各类工程中使用最为广泛的测距方法，在农林工程的各个环节皆可使用。利用卫星测距从本质意义上来说也是一种间接的电磁波测距，其多用于超长距离基线的测量，在农林工程中很少使用这一方法；在农林工程中，使用 GPS 测量常常是用来直接定位或大范围的控制测量。

直线定向是用来确定某直线方向（即从一点到另一点的射线方向）相对于标准方向的指向关系（即与该标准方向的水平夹角）的测量工作。在农林工程的野外作业中经常使用，如确定坡向、河流走向等。

本章主要介绍卷尺量距法、视距测量法及电磁波测距法，有关卫星定位的内容将在第 6 章第 7 节介绍。在直线定向中，主要介绍磁方位角测量。

4.2 卷尺量距

卷尺量距是传统的测距方法，卷尺按尺带的材料不同可分为钢尺（又称钢卷尺）、皮尺和玻璃纤维尺。这其中，钢尺量距是一种较精密的测距方法，在农林建筑工程、农林水利工程、地籍测量、园林工程、高尔夫球场工程等工程的控制测量中使用较多；皮尺量距精度不如钢尺量距，但因其轻巧方便、价格低廉，因而广泛用于农林工程中；玻璃纤维尺有普通玻璃纤维尺与高精度玻璃纤维尺之分，普通玻璃纤维尺的使用与皮尺的使用相同，而高精度玻璃纤维尺的使用则与钢尺的使用相当。

卷尺的尺带可卷放于圆形的尺盒（又称尺壳）内或尺架上，如图4-1所示，尺盒或尺架一般由金属或特殊塑料制成。尺带的零分划位置有两种：一种是尺带前端有一条刻划线作为尺长的零刻划线，称为刻线尺；另一种是零点位于尺端，即拉环外沿，这种尺称为端点尺，如图4-2所示。

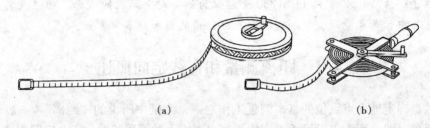

图4-1 卷 尺
(a) 卷尺卷于尺盒中　(b) 卷尺卷于尺架上

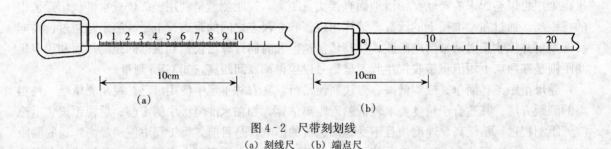

图4-2 尺带刻划线
(a) 刻线尺　(b) 端点尺

4.2.1 量距工具

量距工具除了上述的钢尺、皮尺外，还包括一些辅助工具，如标杆、测钎、垂球等。此外，在进行精密钢尺量距时，还需使用弹簧秤、温度计、夹尺钳等工具。

4.2.1.1 钢尺和皮尺

钢尺是用钢制成的带状尺，一般为刻线尺。尺带的宽度约 10～15mm，分化长度有 20m、30m 及 50m 等多种。也有尺长仅为 2～5m 的小钢卷尺，可用于量取仪器高、目标高及其他短距离丈量。钢尺上长度的最小分化一般为毫米，最小注记为厘米，各整米处也有注记，如图 4-2 (a) 所示。

皮尺是用麻线与金属丝制成的软带尺，一般是端点尺，长度有 20m、30m、50m 等数种，基本分划为厘米，如图 4-2 (b) 所示。皮尺的携带和使用都很方便，但由于伸缩性较大，只能用于低精度的距离丈量。

4.2.1.2 标杆、测钎、垂球、弹簧秤和温度计

标杆（又称花杆、测杆），杆长 2m 或 3m，杆上分段涂有间隔 20cm 的红、白油漆，杆底装有锥形铁脚方便对点，主要用于标定待测的直线。测钎由直径 5mm 左右的粗铁丝制成，长约 30cm，上端弯成圆环，下端磨尖。一般以 6 根或 11 根为一组，穿在铁环中，常用于标志所量尺段的起、止点和计算整尺段数。垂球（又称线锤、重锤）为上端系有细线的金属圆锥体，是对点、标点和投点的工具，可配合垂球架使用。弹簧秤用于拉直钢尺时施加规定的拉力，温度计用于测定钢尺丈量时的温度，以便对钢尺丈量的距离读数进行改正。这些辅助工具如图 4-3 所示。

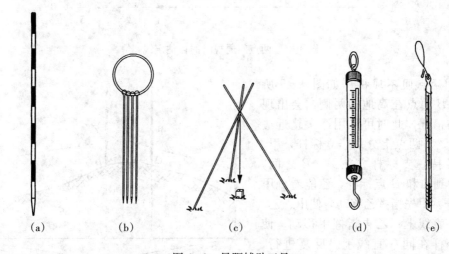

图 4-3 量距辅助工具
(a) 标杆　(b) 测钎　(c) 垂球　(d) 弹簧秤　(e) 温度计

4.2.2 直线定线

量距时如果地面上待测两点间的距离过长或地势起伏较大，用卷尺一次（一尺段）不能完成丈量工作时，为确保丈量工作在两点所决定的直线方向上进行，需在两点间的直线上再标定一些点位，使相邻点间的距离不超过所用尺的长度，这一工作称为直线定线。一般量距通常采用目估定线，精密量距则需要采用经纬仪定线。直线定线也包括延长一条直线。

4.2.2.1 目估定线法

目估法定线是用目测的方法进行直线定线，常见的有如下两种情况：

1. 待测两点间通视　如图 4-4 所示，A、B 为地面上互相通视的两点，为了在 A、B 间标定 1、2 等中间点，首先在 A、B 点上竖立标杆，由甲测量员站在 A 杆的后方 1~2m 处，单眼由 A 瞄向 B，注意使视线与标杆同侧相切。乙测量员则持杆站在距 B 点接近一尺段的地方，在甲的指挥下垂直于测线左右移动标杆，直到甲看到三杆在同一直线上时，将标杆竖直插下，定出 1 点的位置。同理可定出其他点。两点间定线，一般应由远到近，如图 4-4 所示，一般应先定 1 点，再定 2 点。目估定线时，标杆应竖直，乙持标杆的方法为：用食指和拇指捏住标杆的上部，稍稍提起，利用标杆的重力使标杆自然竖直。

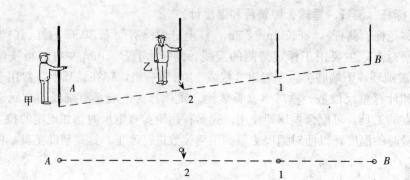

图 4-4 两点间通视时的目估定线

2. **待测两点间不通视** 如图 4-5 所示，若 A、B 两点在高地的两侧，会出现互不通视的情况，此时可采用逐次趋近法定线。在 A、B 两点上分别竖立标杆，甲、乙测量员各持一支标杆立在 A、B 之间，要求甲能看到乙和 B 点标杆，乙能看到甲和 A 点标杆。甲先指挥乙移动，使甲、乙、B 杆在同一直线上；乙再指挥甲移动，使乙、甲、A 杆在同一直线上。反复进行，则甲、乙杆的位置向 AB 直线方向趋近，直到甲在 C 处看到 C、D、B 三支标杆在一条直线上，同时乙在 D 处也看到 D、C、A 三支标杆在一条直线上为止。

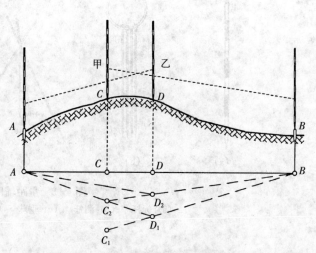

图 4-5 两点间不通视时的目估定线

4.2.2.2 经纬仪定线

经纬仪定线的原理和目估法基本相同，但在作业中以经纬仪的视准轴代替目估视线进行定线。如图 4-6 所示，在 A 点上安置一台经纬仪，观测者用望远镜十字丝瞄准 B 点的标杆（尽量瞄准目标的底部），固定照准部，根据望远镜的视线以手势指挥持杆者左右移动，直至标杆像为竖丝所平分。精密定线时，应选用直径更小的测钎代替标杆，或采用更适合于精确瞄准的觇牌。

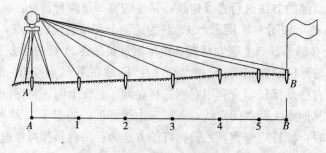

图 4-6 经纬仪定线

4.2.3 卷尺量距一般方法

钢尺和皮尺量距的方法基本上相同,以下主要以钢尺为例介绍距离丈量的一般方法。钢尺量距的一般方法是指采用目估定线法,量距精度只要求到厘米的一种距离测量法。丈量的具体方法随地面情况而定。

用钢尺丈量较长的距离一般需要三人,分别担任前尺手、后尺手和记录的工作。在地势起伏较大的地区或交通繁忙地段,还需要增加辅助人员。

4.2.3.1 平坦地面的钢尺量距

对于平坦地面,可直接沿地面丈量水平距离。先在待测直线上定线,用测钎标出各测段端点的位置,再逐段量距,亦可边定线边量距。量距时由两个司尺员进行,各持钢尺一端,沿着直线丈量的方向,前者称为前尺手,后者称为后尺手。前尺手拿测钎与标杆,后尺手将钢尺零点对准起点,前尺手沿直线方向拉直尺子,当前、后尺手同时将钢尺拉紧、拉平时,后尺手准确地对准起点,同时前尺手将测钎垂直插到尺子终点处,这样就完成了第一尺段的量距工作。两人同时举尺前进,后尺手走到插测钎处停下,量取第二尺段,后尺手拔起测钎套入环内,再继续前进,依次量至终点。最后不足一整尺段的长度称为余尺长,取各尺段之和即为所求距离,如图4-7所示。直线全长D可按下式计算:

$$D = nl + q \tag{4-1}$$

式中:n——尺段数;
l——尺段长;
q——余尺长。

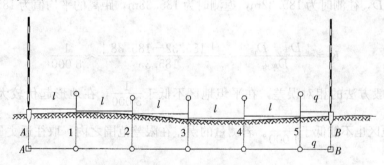

图4-7 平坦地面的距离丈量

4.2.3.2 倾斜地面的钢尺量距

当地面倾斜或高低不平时,可采用平量法或斜量法量距。

1. 平量法 若地形起伏不大,可将钢尺一端或两端抬高,使尺面悬空,目估尺面水平进行丈量,如地面坡度较大,将整个尺面抬平困难时,可将一整尺段分成几段丈量,最后将各段丈量的距离累加。抬高尺子时,尺子的高度一般不超过测量员的胸高,悬空的尺端用垂球对点,如图4-8所示。

2. 斜量法 当倾斜地面的坡度均匀时,可沿地面丈量A、B间的斜距D',同时用经纬仪测量地面的倾斜角α,或用水准仪测量A、B间的高差h,如图4-9所示,然后用下式之一计算A、B间的水平距离D。

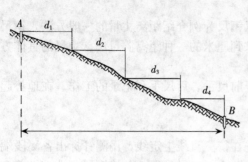
图 4-8 平量法

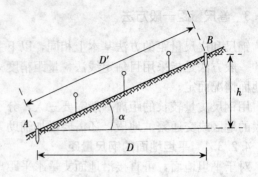
图 4-9 斜量法

$$D = D' \cdot \cos\alpha \tag{4-2}$$
$$D = \sqrt{D'^2 - h^2} \tag{4-3}$$

为了提高量距精度，防止量距错误，一般采用往、返丈量以检验精度。返测时是从 $B \rightarrow A$，要重新定线。取往返距离的平均值作为丈量结果。

量距的精度一般以相对误差 K 来表示，通常化为分子为 1 的分子形式，即：

$$K = \frac{|D_{往} - D_{返}|}{\frac{1}{2}(D_{往} + D_{返})} = \frac{1}{N} \tag{4-4}$$

例如某距离 D，往测时为 185.32m，返测时为 185.38m，距离的平均值为 185.35m，则其相对误差 K 为：

$$K = \frac{|D_{往} - D_{返}|}{D_{平均}} = \frac{|185.32 - 185.38|}{185.35} \approx \frac{1}{3\,000}$$

钢尺量距一般方法的相对误差，在平坦地区不低于 $\frac{1}{3\,000}$，在地形起伏较大的地区不低于 $\frac{1}{2\,000}$，在困难地区也不能低于 $\frac{1}{1\,000}$。若测量的误差在限差范围之内，取往返丈量平均值作为测量结果。

4.2.4 钢尺量距精密方法

当量距精度要求达到毫米级，即相对精度不低于 $\frac{1}{10\,000}$ 时，应采用钢尺精密量距。精密量距所使用的钢尺须经检定，得出以标准温度、拉力为条件的尺长方程式。量距前要先清理场地，然后用经纬仪定线，并在定线点上打上小木桩，木桩顶划十字线标示点位，并用水准仪测量相邻木桩桩顶间的高差作为倾斜改正的依据。

在一定的拉力下，以温度 t 为变量的函数式来表示尺长 l_t。这就是尺长方程式。其一般形式为

$$l_t = l_0 + \Delta l + \alpha(t - t_0)l_0 \tag{4-5}$$

式中：l_t——钢尺在温度 t（℃）时的实际长度；

l_0——钢尺的名义长度（m）；

Δl——钢尺尺长改正数（mm），即钢尺在温度 t_0 时的实际长度与名义长度之差；

α——钢尺的膨胀系数，其值约为 $0.0115\sim0.0125$ mm/（m·℃）；

t_0——标准温度，一般取 20℃；

t——钢尺量距时的温度。

测量方法通常采用"串尺法"，即每段距离须用尺面的不同位置测量 3 次，如 3 次读数互差不超过 2mm，取 3 次结果的平均值作为该尺段的观测长度。此外，丈量时必须用弹簧秤以检定时的标准拉力拉尺，并用温度计测出丈量时的环境温度。

对每一实测的尺段长度都需要独立进行尺长改正、温度改正及倾斜改正，以得到尺段的水平距离。将所有尺段的水平距离相加，即可求得待测地面点间的水平距离。

4.2.4.1 尺长改正

钢尺在标准拉力、标准温度下经过检定得到的实际长度 l' 往往与其尺面注记的名义长度 l_0 不符，相差 $\Delta l'=l'-l_0$，该误差具有累积性，和所测距离的长短成正比，则丈量时长度为 l 时的尺长改正数为：

$$\Delta l_l = \left(\frac{l'-l_0}{l_0}\right)l \tag{4-6}$$

4.2.4.2 温度改正

钢尺的长度会随着温度的变化伸缩，当量距时的温度 t 与标准温度 t_0 不一致时，要进行温度改正。丈量长度为 l 时的温度改正数为：

$$\Delta l_t = \alpha(t-t_0)l \tag{4-7}$$

式中，α 为钢尺膨胀系数。

4.2.4.3 倾斜改正

丈量得到的长度 l 为斜距，测得桩顶高差为 h，要将斜距转换为水平距离，倾斜改正数为：

$$\Delta l_h = \frac{-h^2}{2l} \tag{4-8}$$

综上所述，若丈量所得的距离为 l，则经尺长、温度和倾斜改正，得到的水平距离为：

$$D = l + \Delta l_l + \Delta l_t + \Delta l_h \tag{4-9}$$

【例】 使用某 30m 钢尺，用标准的 10kg 拉力，沿地面往返丈量 AB 边的长度。钢尺的尺长方程式为：

$$l = 30\text{m} - 1.8\text{mm} + 0.36(t-20℃)\text{mm}$$

AB 沿线地面倾斜，用水准仪测得两端点高差 $h=2.54$ m，往测丈量时的平均温度 $t=27.4$℃，返测时 $t=27.9$℃。往返丈量量得长度及各项改正按（4-6）、（4-7）及（4-8）式计算，最后按（4-9）式计算经过各项改正后的往、返丈量的水平距离（表 4-1）。根据改正后的水平距离计算往返丈量的相对精度为：

$$\frac{234.936-234.926}{234.931} = \frac{1}{23493}$$

表4-1 钢尺量距成果整理

尺号：015　　尺长方程式：$l=30\text{m}-1.8\text{mm}+0.36(t-20℃)\text{mm}$

线段（端点号）	丈量距离 l (m)	丈量温度 t (℃)	两端高差 h (m)	尺长改正 Δl_l (m)	温度改正 Δl_t (m)	高差改正 Δl_h (m)	改正平距 D (m)
A—B	234.943	27.4	2.54	−0.0141	+0.0209	−0.0137	234.936
B—A	234.932	27.9	2.54	−0.0141	+0.0223	−0.0137	234.926

4.3 电磁波测距

电磁波测距是利用电磁波作为载波传输测距信号以测定两点间距离的一种方法。与传统的卷尺量距相比，电磁波测距具有精度高，测程长，受地形限制小，作业效率高等优点，已在各种测量工作中得到了广泛的应用。电磁波测距仪按其所采用的载波不同可分为①用微波段的无线电波作为载波的微波测距仪；②用激光作为载波的激光测距仪；③用红外光作为载波的红外测距仪。后两者又合称为光电测距仪。本节主要介绍光电测距仪的基本工作原理和使用方法。

电磁波测距仪按测程可分为：短程测距仪（<3km），中程测距仪（3—15km）和远程测距仪（>15km）。微波测距仪主要用于远程测距，而光电测距仪主要用于中短程测距。

电磁波测距仪按测距精度分为高精度测距仪和一般精度测距仪。《城市测量规范》按1km测距中误差将测距仪精度类型划分为两级：Ⅰ级（$|m_D|\leqslant 5\text{mm}$）和Ⅱ级（$5\text{mm}<|m_D|\leqslant 10\text{mm}$）。

电磁波测距仪按测距方式分为脉冲式测距仪和相位式测距仪。脉冲式测距仪是通过直接测定电磁波脉冲在测线上往返传播的时间来求得距离的。相位式测距仪是通过测定电磁波在测线上传播所产生的相位移间接测定时间来求得距离的。

4.3.1 光电测距仪基本原理

电磁波测距的基本原理是通过测定电磁波束在测线两端点间往返传播的时间 t，并借助电磁波在空气中的传播速度 C，计算两点间距离（倾斜距离）S。如图4-10所示。

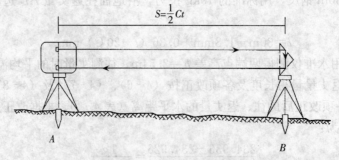

图4-10 光电测距原理

第4章 距离测量和直线定向

$$S = \frac{1}{2}Ct \qquad (4-10)$$

式中：C——电磁波在大气中的传播速度，其值为 C_0/n；C_0 为光波在真空中的传播速度，1975年8月国际大地测量学会第十六界全会建议 $C_0 = 299\,792\,458\text{m/s}$；

n——大气折射率，它是大气压力、温度、湿度的函数；

t——光波在被测距离上往返传播一次所需的时间 s。

由式 4-10 可以看出，测定距离的精度主要取决于测定时间 t 的精度。如要求测距精度达到 ±1cm，则时间测定要准确到 6.67×10^{-11}s，这是目前技术水平难以做到的。因此大多采用间接测定法测定 t。间接测定 t 的方法有脉冲法和相位法两种。

4.3.1.1 脉冲法测距

由测距仪的发射系统发出光脉冲，经被测目标反射后，再由测距仪的接收系统接收，根据所测得的时标脉冲计数及时标振荡器的振荡频率，确定这一光脉冲往返传播的时间 t，从而求得距离 S。

脉冲式测距仪一般用固体激光器作光源，能发射高频的脉冲激光。向目标瞄准后，可以不用反射器（如反光棱镜）而接收目标体产生的激光漫反射进行测距，因此特别适用于地形测量和目标难以到达时的测距。但不用反射器的测距精度会略低于用反射器时的测距精度。

4.3.1.2 相位法测距

相位法测距仪的基本工作原理如下：利用周期为 T 的高频电振荡将测距仪的发射光源（红外测距仪采用砷化镓二极管）进行振幅调制，使光强随电振荡的频率而周期性地明暗变化，见图 4-11。调制光波在待测距离上往返传播，使在同一瞬间的发射光与接收光产生相位差 $\Delta \varphi$。根据相位差间接计算出传播时间 t，从而计算出距离 S。

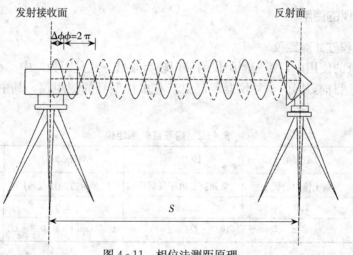

图 4-11 相位法测距原理

4.3.1.3 反射器

用光电测距仪进行距离测量时，在目标点上一般需要安置反射器。反射器分为全反射棱镜和反射片，如图 4-12 所示。

全反射棱镜简称为反射棱镜、棱镜或反光镜,其包括面反射棱镜和360°反射棱镜,其中,面反射棱镜是最为广泛使用的反射器。面反射棱镜是用光学玻璃磨制成的四面体,如同正立方体上切下的一个角锥体,该角锥体所产生的3个相互垂直的反射面,能够将来自切面方向的照射光线平行反射回去。圆棱镜是典型的面反射棱镜,如图4-12(a),可将来自棱镜正面的测距光波平行地反射回去。360°反射棱镜亦由玻璃材料制成,是一个全向反射棱镜,可以将来自任意方向的测距光波平行地反射回去,如图4-12(b)。

反射片又称为反射贴片,可贴于观测目标上,主要在不方便安置棱镜的场合中使用,如图4-12(c)。反射片为塑料制成的薄片,厚度小于1mm,单个反射片的平面尺寸有1cm×1cm,2cm×2cm,5cm×5cm等多种,一般适合于100m以内的各种不同距离的测量。

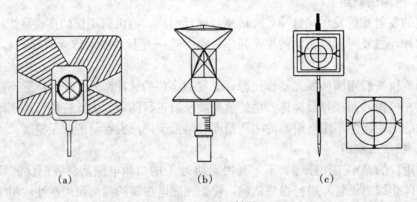

图4-12 反射器
(a) 圆反射棱镜　(b) 360°反射棱镜　(c) 反射片

4.3.2 光电测距仪的使用

4.3.2.1 短程红外测距仪

在光电测距仪的使用中,短程测距仪的使用较为频繁。这是因为,中、小规模的工程占各类工程的绝大多数。目前,国内、外仪器厂商生产有多种型号的测距仪,其中的一部分如表4-2所示。

表4-2 短程红外测距仪

仪器型号	DI1000	DM2000	ND3000	D3030
制造商	瑞士徕卡公司	常州第二电子仪器厂	广州南方测绘仪器厂	常州大地仪器厂
测程(km)	1.6	2.0	3.0	3.0
测距精度		$\pm(5mm+5\times10^{-6}\cdot D)$	$\pm(5mm+3\times10^{-6}\cdot D)$	$\pm(3mm+2\times10^{-6}\cdot D)$

短程红外测距仪按其照准方式的不同可分为带望远镜和不带望远镜两种。不带望远镜的测距仪必需和经纬仪配合使用,而带望远镜的测距仪则可以独立地进行测距。就目前的测量方式来说,由于在测距的同时往往还需要观测水平角或竖直角,所以即便是带望远镜的测距仪,其往往也是和经纬仪配合使用。

4.3.2.2 测距仪的使用

图 4-13 所示为 D3030 短程红外测距仪及其外部构件名称,使用时安置于电子经纬仪的支架上方,形成组合式半站仪。如图 4-14 所示。

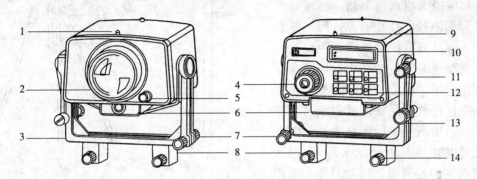

图 4-13 D3030 测距仪
1. 瞄准准星 2. 发射接收物镜 3. 支架 4. 目镜 5. 连接电缆插口
6. 电池 7. 水平微动螺旋 8. 支架座 9. 瞄准缺口 10. 显示屏
11. 垂直制动螺旋 12. 操作面板 13. 垂直微动螺旋 14. 支架固定螺旋

图 4-15 所示为与测距仪和电子经纬仪相配套的觇牌棱镜,当经纬仪瞄准觇牌中心时,测距仪的视准轴也已大致瞄准棱镜,只需转动测距仪上的水平和垂直微动螺旋,即可精确瞄准棱镜中心。觇牌所安放的基座上有光学对中器,可以精确地对准地面点。当然,在精密测距中,也可以使用带有支架的对中杆,将觇牌安置于对中杆上即可,如图 4-16 所示。在地形测量中,为了快速方便地进行测距,也可直接使用对中杆。

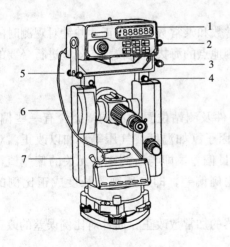

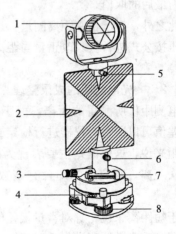

图 4-14 测距仪与电子经纬仪的连接
1. 测距仪 2. 垂直制动螺旋 3. 垂直微动螺旋
4. 支架座制动螺旋 5. 水平微动螺旋 6. 连接电缆
7. 电子经纬仪

图 4-15 觇牌棱镜
1. 反射棱镜 2. 觇牌 3. 光学对中器
4. 圆水准器 5. 棱镜连接螺旋
6. 方向制动螺旋 7. 水准管 8. 脚螺旋

进行光电测距时,将测距仪和反射棱镜分别在测线的两端进行对中和整平,需要测定高差时,还需要量取仪器高和目标高。觇牌和棱镜面应对向测站。连接好电子经纬仪和测距仪,打开电源。用经纬仪瞄准觇牌,通过测距仪目镜用测距仪的水平和垂直微动螺旋瞄准棱镜中心,按测距键开始测距。如果瞄准正确,测程上也无障碍,测距仪接收到足够的反射信号,则显示屏上显示出所测得的倾斜距离。斜距数据通过连接电缆传输至电子经纬仪后,按经纬仪测定的竖直角,通过斜距、平距和高差按键,可使测距仪中心到棱镜中心的斜距 S、平距 D 和高差 h(即竖向距离)交替显示于显示屏上。

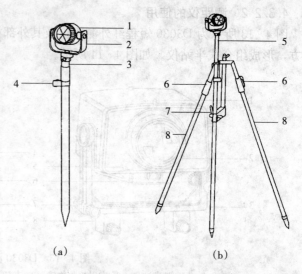

图 4-16 对中杆与支架
(a) 对中杆　(b) 安置于支架中的对中杆
1. 反射棱镜　2. 棱镜支架　3. 可伸缩标杆　4. 圆水准器
5. 对中杆　6. 调节把手　7. 对中杆固定扳手　8. 支架架腿

在测距仪上,按键的标注名称一般使用英文缩写。如:$\boxed{\text{ON/OFF}}$ 表示"电源开/关切换"、$\boxed{\text{DIST}}$ 表示"测距"、$\boxed{\text{TRK}}$ 表示"跟踪测距"、$\boxed{\text{AVE}}$ 表示"平均测距"、$\boxed{\text{T.P.C}}$ 表示"温度、气压、棱镜常数输入"等。

为了防止出现错误和提高观测精度,一般经过一次瞄准,按测距键 2~3 次并读数。求其平均值作为最后的取值。

除此之外,对于精密距离测量,还应对仪器的加常数和乘常数进行改正,并针对观测时的气温和气压按公式进行气象改正,当距离较长时,若观测地点的海拔高度较高,还应进行必要的几何改正。

4.3.2.3 光电测距的成果整理

光电测距仪所测得的距离,由于受仪器、环境条件及测站位置的影响,会含有一些偏差,这些偏差值可以通过对仪器进行检定或实时观测环境因子(如温度、气压等)加以改正。对于短程测距来说,这些偏差主要表现为两种形式:①常量偏差,即与所测距离无关的偏差值,每观测一次距离,距离值中即含有该数量的偏差;②比例偏差,即与所观测长度成正比例的偏差值。

对于短距离来说,针对常量偏差的改正主要是仪器的加常数改正,而针对比例误差的改正主要有仪器的乘常数改正和气象改正。

若仪器的加常数为 C,乘常数为 R,气象改正系数为 A,而所测得的距离为 S',则距离改正值 ΔS 为:

$$\Delta S = C + (R + A) \times S' \tag{4-11}$$

而改正后的距离 S 为:

$$S = S' + \Delta S \tag{4-12}$$

通过将测距仪在标准长度上进行检定，可以得到测距仪的加常数 C 和乘常数 R；而根据距离测量时的气温和气压，通过仪器说明书中给定的气象改正系数公式（或图表）可计算出气象改正系数 A。详细情形可参阅有关仪器说明书。

对于中、远程测距，一般还要进行归算改正，包括将观测值归算到椭球面的归算改正、将椭球面上的长度投影到高斯平面的投影改正等，此处不再赘述。

4.3.2.4 光电测距仪测距精度公式

光电测距仪的精度是仪器的重要技术指标之一。光电测距仪的标称精度公式是：

$$m_D = \pm (a + b \cdot D) \tag{4-13}$$

式中：a——固定误差，mm；
$\qquad b$——比例误差（与距离 D 成正比），mm/km。

例如：某测距仪精度公式为：$m_D = \pm (5\text{mm} + 5\text{mm/km} \cdot D)$，则表示该仪器的固定误差为 5mm，比例误差为 5mm/km。若用此仪器测定 1km 距离，其中误差为 $m_D = \pm (5\text{mm} + 5\text{mm/km} \times 1\text{km}) = \pm 10\text{mm}$。

4.3.2.5 光电测距仪使用注意事项

（1）气象条件对红外测距仪测距影响较大，阴天是观测的良好时机。
（2）测线应离地面障碍物 1.3m 以上，避免通过发热体和较宽水面的上空。
（3）测线应避开强电磁场干扰的地方，例如测线不宜距变压器、高压线太近。
（4）反射棱镜的后面不应有反光镜和强光源等背景的干扰。
（5）严防阳光或其他强光直射接收物镜，以免损坏光电器件，阳光下作业应使用遮阳罩或撑伞保护仪器。
（6）搬站时，关闭电源，把测距头从经纬仪上卸下，以确保安全。

4.4 视距测量

视距测量是根据几何光学原理和三角学原理，利用仪器望远镜内视距装置及视距尺（与普通水准尺通用）测定两点间的水平距离和高差的一种测量方法。此法具有操作方便、不受地面高低起伏限制等优点。但其精度较低，一般只能达到 1/200～1/300。因此，常用于低精度的测量工作，如地形碎部点的测量中。

4.4.1 视距测量的原理

4.4.1.1 视线水平时的测量原理

在经纬仪或水准仪望远镜的十字丝平面内，与横丝平行且上下等间距的两根短丝称为视距丝。由于上、下视距丝的间距固定，因此，从这两根视距丝引出去的视线在竖直面内夹角 φ 也是一个固定的角度，如图 4-17 所示。在测站 A 点安置仪器，使视线水平，在 B 点竖立标尺，则视准轴与标尺垂直。上视距丝（即上丝）在标尺上的读数为 a，下视距丝（即下丝）在标尺上的读数为 b，则上、下丝读数之差称为视距间隔 l（$l = a - b$）。由于 φ 角固定，则知视距间隔 l 与测站至立尺点的水平距离 D 成正比，即：

$$D = k \cdot l \tag{4-14}$$

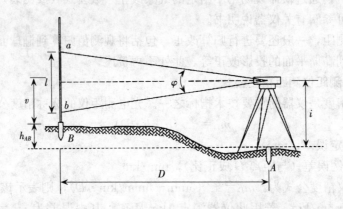

图 4-17 视线水平时的视距测量

式中，比例系数 k 称为视距常数，由上、下丝之间的间距决定，在仪器设计时，使 $k=100$。此外，当视线水平时，读取十字丝中丝在尺上的读数 v，量取仪器高 i，则测站点与立尺点之间的高差 h_{AB} 为：

$$h_{AB} = i - v \tag{4-15}$$

4.4.1.2 视线倾斜时的测量原理

在地形起伏较大地区进行视距测量时，望远镜视准轴往往不能设置成水平，此时只能用经纬仪进行视距测量，如图 4-18 所示。

设竖直角为 α，尺间隔为 l，此时视线不再垂直于视距尺。利用视线倾斜时的尺间隔 l 求水平距离和高差，必须加入两项改正：(1) 视准轴不垂直于视距尺的改正，由 l 求出 $l' = a'b'$，以求得倾斜距离 D'；(2) 由斜距 D' 化为水平距 D，则

$$l' \approx l\cos\alpha$$

倾斜距离　　$D' = kl' = kl\cos\alpha$

而水平距离 D 则为

$$D = D'\cos\alpha = kl\cos^2\alpha \tag{4-16}$$

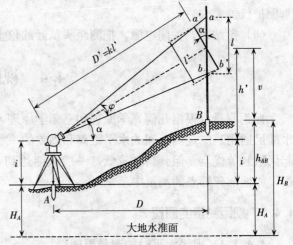

图 4-18 视距倾斜时的视距测量

当视线倾斜时，所测点 B 相对于测站点 A 的高差 h_{AB} 为

$$h_{AB} = h' + i - v = D\tan\alpha + i - v \tag{4-17}$$

需要说明的是：视线水平时的视距测量是视线倾斜时视距测量的特例。此时，竖直角 $\alpha = 0°$。

4.4.2 视距测量的观测与计算

1. 视距测量的观测

(1) 在测站点上安置经纬仪,量取仪器高 i,记入手簿,在另一个点上竖立标尺。

(2) 盘左位置瞄准目标尺,读取上丝读数 a、下丝读数 b 和中丝读数 v。

(3) 转动指标水准管微动螺旋,使竖盘指标水准管气泡居中,读取竖盘读数(对于未带竖盘指标自动归零补偿装置的经纬仪而言)。

(4) 若需进行校核,则可在盘左或盘右再观测一次。此时宜改变一下竖盘读数。

为了简化计算,在观测中可使中丝读数 v 等于仪器高 i,如 $i=1.32$m,可使中丝读数 $v=1.32$m,这样式(4-17)中 $i-v=0$,则高差 $h_{AB}=h'$。

2. 视距测量的计算 视距测量计算可直接用普通函数计算式(4-16)和式(4-17)计算出测站点至待定点的水平距离、高差。也可用编程计算器预先编制成程序进行计算。

表 4-3 视距测量记录计算表

仪器型号:ET-02　　　　　　　　　　　　　　　　　　　　观测者:张　强
仪器编号:BJJ06　　　　　　　　　　　　　　　　　　　　　记录者:邓　刚

测站 仪器高 测站高程	目标	上丝读数 下丝读数 尺间隔 (m)	中丝读数 (m)	竖盘读数 ° ′ ″	竖直角 ° ′ ″	高差 (m)	水平距离 (m)	测点高程 (m)	备注
A 1.52m 42.60m	B_1	1.560 1.000 0.560	1.28	86 10 15	+3 49 45	+3.97	55.75	46.57	$\alpha_L=90°-L$
	B_2	2.225 1.305 0.920	1.76	91 03 40	-1 03 40	-1.94	91.97	40.66	
	B_3	2.106 1.202 0.904	1.65	90 06 30	-0 06 30	-0.30	90.40	42.30	

注:表中有下划线的数据为观测数据。

4.5　直线定向

地面两点间的相对平面位置关系,可有多种表述方式。这其中,两点间的水平距离及两点所确定的直线方向即是其中的一种。直线方向的确定是通过该直线方向与一个定义的标准方向之间的水平角来表示的。确定一条直线相对于标准方向的关系,称为直线定向。

4.5.1 标准方向的种类

测量工作中,通常采用的标准方向有三种:真子午线、磁子午线和坐标纵轴。

1. **真子午线方向（真北方向）** 通过地球表面某点的真子午线的切线方向，称为该点的真子午线方向。可用天文测量（如观测北极星）的方法测定，或用陀螺经纬仪测定。在国家小比例尺成图中采用它作为定向的基准。

2. **磁子午线方向（磁北方向）** 磁针在地球磁场的作用下水平静止时其轴线所指的方向，称为该点的磁子午线方向。磁子午线方向可用罗盘仪测定，在独立地区进行的小面积大比例尺测图中常采用磁子午线方向作为定向的基准。

3. **坐标纵轴方向（坐标北方向）** 坐标纵轴方向就是直角坐标系中坐标纵轴的方向。如采用高斯平面直角坐标时，投影带的中央子午线即作为坐标纵轴。

4.5.2 直线方向的表示方法

直线方向的表示有两种方式：方位角和象限角。

1. **方位角** 由标准方向的北端起，顺时针量至某直线的水平角，称为该直线的方位角，方位角的取值范围为：$0°\sim360°$（可等于 $0°$）。如图 4-19 所示。若标准方向是真子午线，则测量所得的方位角为真方位角，用 $\alpha_{真}$ 表示；若标准方向是磁子午线方向，则测量的方位角叫做磁方位角，用 $\alpha_{磁}$ 表示；若以坐标纵轴方向为标准方向，则所确定的方位角为坐标方位角，用 α 表示。

2. **象限角** 由标准方向的北端或南端起，顺时针或逆时针量至某直线所夹的锐角，称为象限角，象限角的取值范围为：$0°\sim90°$，常用 R 表示。

由于象限角可自标准方向的北端量起，也可自其南端量起，可以向东量，也可以向西量，所以象限角除注明角度的大小外，还必须注明角度所在的象限。如图4-20所示，直线 OA、OB、OC、OD 的象限角依次表示为：$R_{OA}=\mathrm{NE}70°10'$，$R_{OB}=\mathrm{SE}37°12'$，$R_{OC}=\mathrm{SW}55°45'$，$R_{OD}=\mathrm{NW}30°10'$。

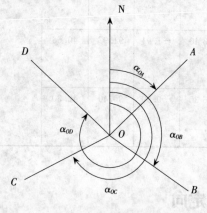

图 4-19 方位角

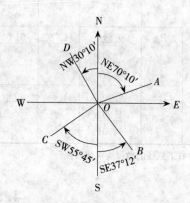

图 4-20 象限角

象限角和方位角可相互换算，如表 4-4 所示。

表 4-4 象限角与方位角的换算

直线方向	根据象限角 R 求方位角 α	根据方位角 α 求象限角 R
北东，即第 Ⅰ 象限	$\alpha=R$	$R=\alpha$
南东，即第 Ⅱ 象限	$\alpha=180°-R$	$R=180°-\alpha$

(续)

直线方向	根据象限角 R 求方位角 α	根据方位角 α 求象限角 R
南西，即第Ⅲ象限	$\alpha = 180° + R$	$R = \alpha - 180°$
北西，即第Ⅳ象限	$\alpha = 360° - R$	$R = 360° - \alpha$

4.5.3 正、反坐标方位角的关系

由于地面上各点的真子午线和磁子午线方向分别"聚集"到地球的地理北极和地磁北极，所以除赤道上各点的子午线是互相平行外，地面上其他各点的子午线都不平行，这给计算工作带来不便。而在一个坐标系中，坐标纵轴方向线均是平行的。在一个高斯投影带中，中央子午线为坐标纵轴，在其各处的坐标纵轴方向都与中央子午线平行，因此，在普通测量工作中，以坐标纵轴方向作为标准方向，就可使地面上各点的标准方向都互相平行，从而方便计算。

任一直线都有正、反两个方向。直线前进方向的方位角叫做正方位角，其相反方向的方位角叫做反方位角。如图 4-21 所示，设直线 P_1 至 P_2 的坐标方位角 α_{12} 为正坐标方位角，则 P_2 至 P_1 的方位角为反方位角，由于过 P_1、P_2 点的坐标纵轴方向相互平行，则显然正、反坐标方位角相差 $180°$，即：

$$\alpha_{12} = \alpha_{21} \pm 180° \tag{4-18}$$

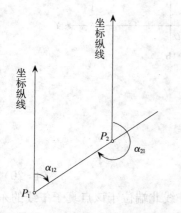

图 4-21 正、反坐标方位角的关系

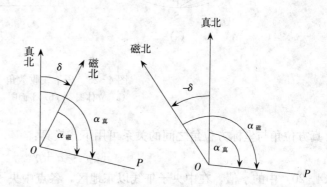

图 4-22 真方位角与磁方位角的关系

4.5.4 几种方位角之间的关系

1. 真方位角与磁方位角的关系 由于地球磁南北极与地理南北极并不重合，因此，过地面上某点的磁子午线与真子午线不重合，其夹角 δ 称为磁偏角，如图 4-22 所示。磁针北端偏于真子午线以东称东偏，偏于西称为西偏。直线的真方位角与磁方位角之间可用下式换算

$$\alpha_{真} = \alpha_{磁} + \delta \tag{4-19}$$

式 (4-19) 中的 δ 值，东偏时取正值，西偏时取负值。地球各点磁偏角不同，我国磁偏角约为 $-10° \sim 6°$ 之间。北京地区磁偏角约为西偏 $5°$。

2. 真方位角与坐标方位角的关系 由高斯分带投影可知（详见第1章），除了中央子午线上的点外，投影带内其他各点的坐标轴方向与真子午线方向也不重合，其夹角γ称为子午线收敛角，如图4-23所示。

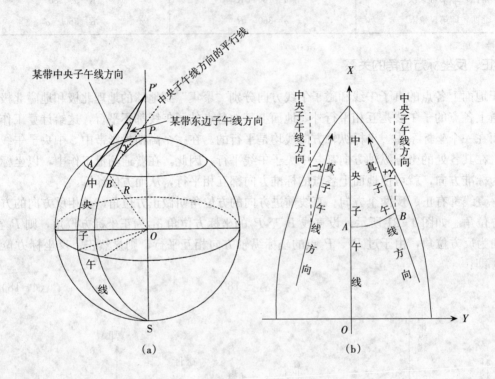

图 4-23 子午线收敛角
(a) 立体图 (b) 平面图

真方位角与坐标方位角之间的关系可用下式换算：

$$\alpha_{真} = \alpha + \gamma \tag{4-20}$$

式（4-20）中的γ值，在中央子午线以东地区，各点中央子午线北端位于该点真子午线的东侧，γ为正；反之为负。

3. 坐标方位角与磁方位角的关系 已知某点的磁偏角δ与子午线收敛角γ，则坐标方位角与磁方位角之间的换算关系为

$$\alpha = \alpha_{磁} + \delta - \gamma \tag{4-21}$$

式（4-21）中的δ、γ的取值符号与上述相同。

4.6 罗盘仪测量

罗盘仪是用来测定直线磁方位角的仪器。它构造简单，使用方便，广泛应用于各种精度要求不高的测量工作中。

4.6.1 罗盘仪的构造

如图 4-24 所示，罗盘仪主要由罗盘、望远镜、水准器三部分组成。

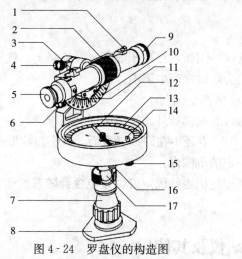

图 4-24 罗盘仪的构造图

1. 准星 2. 物镜调焦螺旋 3. 照门 4. 望远镜制动螺旋
5. 目镜调焦螺旋 6. 望远镜微动螺旋 7. 接头螺旋 8. 三脚架头 9. 望远镜 10. 竖直刻度盘 11. 竖直读数指标
12. 磁针 13. 水平刻度盘 14. 管水准器 15. 磁针固定螺旋 16. 水平制动螺旋 17. 球臼接头

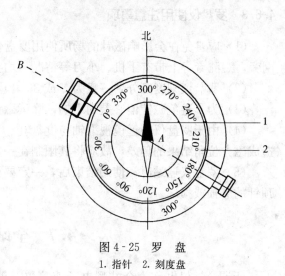

图 4-25 罗 盘
1. 指针 2. 刻度盘

1. 罗盘 如图 4-25，罗盘又包括磁针和刻度盘两部分，磁针为长条形磁铁，支承在刻度盘中心的顶针尖端上，可灵活转动，当它静止时，一端指南，一端指北。磁针是一根粗细均匀的磁铁，顶针顶于磁针的中部，由于地磁的引力会使磁针一端向下倾斜，此时，磁针与水平线有一夹角，此夹角称为磁倾角。为了克服磁倾角，在磁针南端加一铜圈或铝块以使磁针保持平衡，不带铜丝或铝块的一端为磁针北端，它是指向地磁北极的，读方位角时就读该端所指读数。为了防止磁针的磨损，不用时，可旋紧磁针固定螺旋，将磁针固定。刻度盘有 1°和 30′两种基本分划，按逆时针方向从 0°注记到 360°。

2. 望远镜 罗盘仪的望远镜一般为外对光望远镜，由物镜、目镜、十字丝所组成。用支架装在刻度盘的圆盒上，可随圆盒在水平面内转动，也可在竖直方向转动。望远镜的视准轴与度盘上 0°和 180°直径方向重合。支架上装有竖直刻度盘，供测竖角时使用。

3. 水准器 在罗盘盒内装有两个互相垂直的管状水准器或圆水准器，用以整平仪器。此外，还有水平制动螺旋，望远镜的竖直制动和微动螺旋，以及球窝装置和连接装置。

4.6.2 罗盘仪测定磁方位角

用罗盘仪测量直线的磁方位角步骤：
(1) 把仪器安置在直线的起点，对中。挂上垂球，移动脚架对中，对中偏差不大于 1cm。
(2) 整平。左手握住罗盘盒，右手稍松开球臼连接螺旋，两手握住罗盘盒，并稍摆动罗盘盒，观察罗盘盒内的两个水准管的气泡，使它们同时居中，固紧球臼连接螺旋。

(3) 瞄准与读数。松开磁针的固定螺旋，用望远镜照准直线的终点，待磁针静止后，读磁针北端的读数，即为该直线的磁方位角。例如图4-25磁方位角为300°。为了提高读数的精度和消除磁针的偏心差，还应读磁针南端读数，磁针南端读数±180°后，再与北端读数取平均，即为该直线的磁方位角。

4.6.3 罗盘仪使用注意事项

(1) 应避免在会影响磁针的场所使用罗盘仪，例如，在高压线下，在铁路上，铁栅栏、铁丝网旁，观测者身上带有手机、小刀等情况，均会对磁针产生影响。

(2) 罗盘仪刻度盘分划一般为1°或30′，应估读至15′。

(3) 为了避免磁针偏心差的影响，除读磁针北端读数外，还应读磁针南端读数。

(4) 由于罗盘仪望远镜视准轴与度盘0°～180°直径不在同一竖直面，其夹角称罗差，罗差会造成磁方位角结果的偏差，故应将其限制在一定的范围内。

(5) 罗盘仪迁站时和使用结束后，一定要记住把磁针固定好，以免磁针随意摆动造成磁针与顶针的磨损或损坏。

4.7 全站仪及其使用

所谓全站仪也称为全站型电子速测仪，英文全称为"Total Station"。它是将电子经纬仪、光电测距仪、数据存储系统和微处理器相结合，集电子经纬仪和光电测距仪两种仪器的功能于一身的新型测量仪器。全站仪系统结构框图如图4-26所示。世界上第一台商品化全站仪是1968年前联邦德国OPTON（欧波通）公司生产的Reg Elda14。

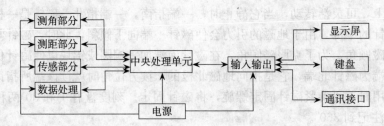

图4-26 全站仪系统结构框图

全站仪基本组成包括电子经纬仪、光电（多为红外光）测距仪、微处理器和数据自动记录装置（电子手簿），不仅能同时完成自动测距、自动测角，进行平距、高差和坐标计算，而且还能通过电子手簿实现自动记录、自动显示、存储数据，并可以进行数据处理，在野外直接测得点的坐标和高程，通过传输接口，将野外采集的数据直接传输给计算机、绘图机，并配以数据处理软件，实现测图的自动化。此外，一些全站仪将CCD（Charge-Coupled Device，电荷耦合器件）与传动马达相结合，使能够对目标棱镜进行"超级搜索"（PS，Power Search）、"自动识别"（ATR，Automatic Target Recognition）、"精细瞄准"（PinPoint）与自动跟踪；CCD还用于度盘读数、构成电子水准器等。一些全站仪与全球定位系统（GPS）接收机相结合（如徕卡的SmartStation），以解决仪器自由设站的定位、定向问题。全站仪的这些功能不仅使测量的外业工作效率提高，而且可以实现整个测量作业的高度自动化。全站仪如今已广泛用于控制测量、地形测量、施工放样及农林业工程测量等方面的测量工作中。

4.7.1 全站仪的分类

全站仪按其结构形式不同可分为积木式和整体式两种。

积木式（Modular），也称组合式，它是指电子经纬仪和光电测距仪不连成一个整体，而是可分开使用的两个独立仪器，当工程需要时，将光电测距仪通过连接螺丝安装在电子经纬仪上，相互之间用电缆实现数据的通讯，达到某种测量目的，当作业完成后，则分别装箱，积木式全站仪的照准轴和测距轴不共轴。根据作业精度的要求，可将不同的电子经纬仪和光电测距仪组合在一起，形成不同精度的全站仪，极大提高仪器的使用效率，但在使用中稍比整体式麻烦。

整体式（Integrated），也称集成式，它是指电子经纬仪和测距仪做成一个整体，无法分离。电子经纬仪和光电测距仪共用一个光学望远镜，仪器的体积重量做得较小较轻，使用起来非常方便。随着各项技术的成熟和发展，全站仪目前基本采用整体式。

随着经济建设和工程的需要，世界各测绘仪器厂商生产的全站仪品种越来越多，精度越来越高，使用上也是越来越方便，全站仪正朝着功能全、效率高、全自动、易操作、体积小、重量轻的方向发展。目前常用的全站仪有瑞士徕卡（Leica）公司的 TPS 系列、日本拓普康（Topcon）公司的 GTS 系列、索佳（SOKKIA）公司的 SET 系列、尼康（Nikon）公司的 DTM 系列等。此外，国内的一些主流测绘仪器生产厂商所制造的全站仪也越来越被广大用户所使用，如北京博飞仪器股份有限公司生产的 BTS 系列、苏州一光仪器有限公司生产的 RTS 系列与 OTS 系列，南方测绘仪器有限公司生产的 NTS 系列等。

4.7.2 全站仪的基本部件和功能

一般说来，不同厂家、不同系列的全站仪，其结构组件和功能也往往有所不同。但总体来说，它们都具有如下的一些基本部件和功能：

1. 三同轴望远镜　在全站仪的望远镜中，照准目标的视准轴、光电测距的红外发射光轴和接收光轴是同轴的，其光路如图 4-27 所示。因此，测量时使望远镜照准目标棱镜的中心，就能同时测定水平角、垂直角和斜距。

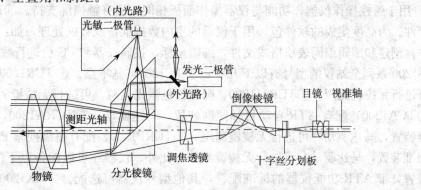

图 4-27　全站仪望远镜的光路

2. **键盘操作** 全站仪测量是通过键盘输入指令进行操作的。键盘上的按键分为硬键和软键（功能键）两种。硬键的功能是固定的，而软键（按键表面通常标注为 F1、F2、F3、…）的功能是由仪器软件定义的。通过仪器显示屏幕最下一行相应位置显示的字符提示，来执行相应的功能。现在的国产全站仪和大部分进口全站仪一般都实现了全中文显示，操作界面直观友好，这使得全站仪的操作使用极其的方便。

3. **数据存储与通讯** 全站仪一般都配有如下的一种或数种数据存储设备：仪器内部存储设备、可插入数据记录模块、专用存储卡、PCMCIA 卡、CF 卡（压缩闪存卡）等。除此之外，仪器上还设有一个符合 RS-232C 标准的串行通讯接口，借助于专用的数据电缆，与记录手簿或计算机进行连接，实现数据的实时记录及计算机对仪器的实时控制，即实现数据的双向传输。

4. **倾斜传感器** 当仪器未精确整平而造成竖轴倾斜时，引起的角度观测误差不能通过盘左、盘右观测取平均值抵消。为了消除竖轴倾斜误差对角度观测的影响，全站仪上一般设置有电子倾斜传感器，当它处于打开状态时，仪器能自动测量出竖轴倾斜的角度值，并由此计算出对角度观测的影响值，从而施加改正。

5. **电子水准器** 在显示屏幕上，以图形和数字的形式显示仪器竖轴在纵、横方向的倾斜值。通过使用脚螺旋，可以不需要将仪器转动 90°或 180°而直接在 2 个方向上整平仪器。电子气泡具有很高的灵敏度，最高可显示出 $1''$ 的倾斜值。

6. **轴系误差的检测与调整** 长时间地使用和温度变化后，仪器的误差就会变化。传统仪器因机械结构的限制，使得其中的一些误差无法修正，影响了测角精度。而全站仪则可以成功地改正这些误差，如垂直角指标差、水平角的照准差及横轴倾斜误差等。这表明，当一些仪器轴系误差值不超过某一范围时，通过仪器软件的设置，即可以改正这些误差，而不需要校正仪器。

4.7.3 全站仪的使用

无论从全站仪的操作性能、软件功能还是从仪器设计的理念及可扩展性等方面来说，徕卡仪器都极其具有代表性。下面，即以徕卡 TPS1200 系列智能型全站仪为例，概述其主要操作与功能（详细的操作与功能，可参见其用户手册）。

4.7.3.1 系统概述

TPS1200 系列全站仪系统包含三个主要组件：①全站仪。用于测量，存储数据。②RX1200。用于遥控操作仪器，功能与仪器操作面板相同，但有触摸屏支持。③LGO 徕卡综合测量办公套件。为高度集成的软件包，用于仪器的室内数据准备及数据处理，如：上载和删除仪器系统软件，创建和编辑编码表或格式文件，编辑坐标，控制仪器和 PC 机进行数据交换等。

TPS1200 系列全站仪的型号有以下几种：①TC1200，基本型。②TCR1200，配置红色激光光源，可进行无棱镜测距。③TCRM1200，配置红色激光光源，可进行无棱镜测距，并配有马达驱动。④TCA1200，配有 ATR 自动目标照准装置，马达驱动。⑤TCRA1200，配有 ATR 自动目标照准装置，马达驱动，可进行无棱镜测距。⑥TCRP1200，配有超级搜索 PS，配有 ATR 自动目标照准装置，马达驱动，可进行无棱镜测距。此外，仪器还可以配备以下的选件：①EGL，导向光装置，带 ATR 功能仪器的标准配置，其他型号仪器可选配。②RX1200，用于遥控操作仪器，可以控制所有 1200 系列全站仪。③R100，1200 全站仪的无棱镜测距标准配置。④R300，配置 1200 全站仪的长测程无棱镜测距系统，可选配。

图 4-28 为 TPS1200 全站仪各主要部件的名称，图 4-29 为 TPS1200 全站仪的键盘及显示屏。

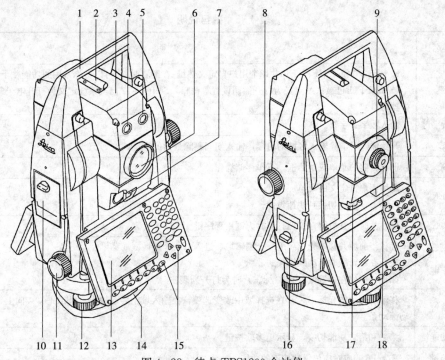

图 4-28 徕卡 TPS1200 全站仪

1. 提柄 2. 光学粗瞄器 3. 集成 EDM、ATR、EGL、PS 的望远镜 4. 导向光装置（黄） 5. 导向光装置（红） 6. 测角、测距共轴的光学系统，可见激光束的发射口（仅 R 型） 7. 超级搜索 8. 垂直微动螺旋 9. 调焦环 10. CF 卡插槽 11. 水平微动螺旋 12. 基座脚螺旋 13. 显示屏 14. 基座锁紧钮 15. 键盘 16. 电池盒 17. 圆水准器 18. 可替换的目镜

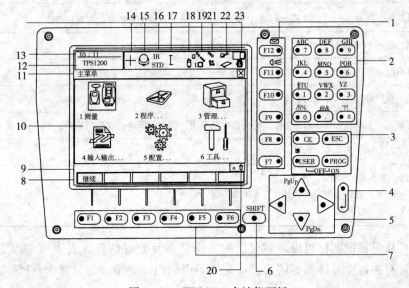

图 4-29 TPS1200 全站仪面板

键盘说明：见表 4-5；

屏幕说明：见表 4-6；

表 4-5　键盘说明

编号	按键名	说　明
1	热键	F7—F12 和 Shift+F7—F10 共 12 个用户自定义热键。在配置时，你可以将你常用的功能赋予这些热键。(Shift+F11 已被系统定义为打开照明设置等窗口，Shift+F12 已被系统定义为打开电子气泡和激光对中器窗口)。
2	字符数字键	输入数字、字符。
3	CE	开始输入时清除输入区域的内容，输入期间删除最后的字符。
3	ESC	退出目前的菜单或对话框，不作存储操作。
3	USER	调用用户自定义的菜单。 Shift+User：切换到快速设置。
3	PROG	仪器关时为开机键，仪器打开时为调用程序键。
4	ENTER 回车键	·确认当前域并移动光标到下一个编辑域、进入下一个对话框或菜单。 ·光标在编辑域时启动编辑模式。 ·如果光标处在可选域（有◁▷标志）时为打开列表。
5	导航键	移动屏幕上的光标。◁▷在选择域中改变选项，在输入域中启动输入。Shift+△▽向上、下翻页，驱动滚动条。
6	第二功能键	第一和第二功能切换，显示更多软按键。
7	功能键	F1—F6 响应对应位置软按键的功能。

表 4-6　屏幕说明

编号	说　明
8	软按键：显示区，用对应的功能键 F1—F6 配合使用。在 RCS 遥控器的触摸屏上可直接点击。
9	消息栏：消息显示 10 秒钟。
10	工作区：屏幕的工作区。
11	当前任务：正在屏幕工作区显示的当前任务。
12	标题：主标题，显示的任务属于哪种类型，要么是主菜单项，要么是程序名或用户菜单。
13	时标：显示当前时间。
20	⇧为 Shift 键已按下的提示符。 （提示：按 Shift 键，在许多窗口可以显示更多的软按键）。 a 为输入时字母的小写标志。

图标说明：从显示的图标可以看到仪器的工作状态及配置信息。表 4-7 概要地叙述了图标的种类及说明，有关每个具体图标的含义，此处不再列出，详情可参见徕卡 TPS1200 用户手册，2006 版。

表 4-7 图标的种类及说明

编号	图标含义	说 明
14	ATR、LOCK、PS	指示 ATR（自动目标识别）、LOCK（锁定棱镜）、PS（超级搜索）功能是否处于激活、使用状态。
15	棱镜类型	显示用户配置的反射棱镜类型（徕卡圆棱镜、360°棱镜、徕卡微型棱镜、徕卡反射片、用户自定义棱镜或无棱镜）。
16	测距类型	显示当前的测距类型（红外测距、激光测距、长测程模式、时间间隔自动点测量）和测距模式（标准、快速、跟踪、平均）。
17	补偿器 面 I、II 指示	显示补偿器是否打开及打开时是否超出补偿范围。 显示仪器的工作盘位（面 I，即盘左；面 II，即盘右）。
18	RCS 遥控器指示	指示 RCS 遥控器的开关状态及工作状态。
19	快速编码	显示快速编码功能是否打开。
21	线、面指示	显示有多少个线、面被打开。
22	CF 卡、内存指示	显示 CF 是否插入仪器中，若已插入，是否处于使用中。 显示内存是否处于使用中。
23	电　池	显示当前使用的电池类型（外接电池或内置电池），同时指示所使用的电池所剩余的电量。

4.7.3.2 仪器功能

TPS1200 所能提供的功能直观地表现在其系统软件及应用软件之中。TPS1200 的主菜单界面如图 4-29 所示。由于 TPS1200 系统软件及应用软件可不断更新扩展，因此以下以 V4.0 版软件程序为例，进行概括的说明，以便使读者对全站仪的功能有一个系统而概要的认识。

1. 测量　选择该菜单，进入常规测量程序。在该程序中，可进行测站设置（同下述测量程序中（2）设站）、对观测点进行测量（水平角、竖直角、斜距）、计算（坐标）与记录。此外，还可通过配置，进行悬高测量或通过 EDM 跟踪模式进行自动点位观测。

悬高测量是用于测量不能放置棱镜的目标点（如架空的高压线、管道或高耸的建筑物等）。如图 4-30 所示，将反射镜安置在所测目标之下（与目标处于同一铅垂线上），量出反射镜高 h_1 并输入仪器，然后照准反射棱镜进行距离测量，再转动望远镜照准空中目标，测出目标点的天顶距，即能显示地面至目标的高度 H。其计算公式为：

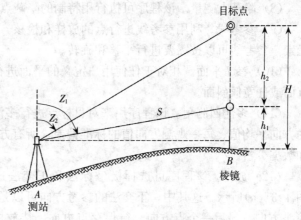

图 4-30 悬高测量原理图

$$H = h_1 + h_2$$

其中：
$$h_2 = S \cdot \sin z_1 \cdot \cot z_2 - S \cdot \cos z_1 \tag{4-22}$$

2. 程序　TPS1200全站仪提供了众多的应用程序。这些应用程序的特点是将标准化的操作步骤、观测及传统的内业计算融为一体，从而实现测区或施工现场的"实时"作业，实现了测量工作的自动化。一般说来，应用程序作业具有以下的优点：①简化外业测量、缩短测量时间；②在现场进行必要的计算以保证测量成果的正确；③延伸硬件的功能；④推进全面解决方案的实施；⑤便于使用；⑥根据外业测量的要求设计。

TPS1200提供了如下的测量程序：

(1) 测量。该程序为常规测量程序，与上述的测量菜单功能相同。

(2) 设站。选择某一方法（如设置方位角、输入已知后视点、定向 & 高程传递、后方交会等）并进行相应的操作（如观测一个或多个已知点、输入测站点号以便从文件中查找其坐标等），从而设定当前设站点的平面坐标及高程，并将水平度盘读数 0°方向指向当前所使用的地方坐标系的坐标纵轴方向。

(3) 定线工具包。可设置多种复杂线路（如回旋螺线、三次曲线等）、定义放线偏差限，并编辑里程方程、断面模板等，以便进行后续的放线。

(4) COGO。COGO提供多种坐标几何的计算功能。包括：正算、反算、方向交会、方向-距离交会、距离交会、线-线交点、垂足计算、延长线计算等。计算的点可以立即用于放样。

(5) 定义坐标系。定义WGS84坐标系到地方坐标系的转换，以便GPS能在地方坐标系中测量。

(6) 道路放样。可进行道路、隧道、铁路等线状工程的放样与检核。先定义一条由直线和曲线组成的空间曲线作为参考线，然后依据里程桩号和偏移量来放样点。

(7) GPS测量。当将徕卡GPS1200卫星接收机嵌入到TPS1200中，就形成了SmartStation（无中文译名，国内一般称为超站仪），应用SmartStation，可进行GPS测量。此程序即可启动GPS观测。

(8) 隐蔽点测量。该程序可执行用特制的隐蔽点测量杆测量不能直接照准的点位。

(9) 参考线。利用参考线进行点的放样和检核。根据已定义的参考线计算目标点的正交放样元素，参考线可以按需要进行平移和旋转。

(10) 参考平面。相对于任何用户定义的平面进行测量。用户定义的平面可以是水平面、竖直面或任意倾斜面。

(11) 多测回测角。该程序用来对目标点进行多测回角度观测。主要特点：可计算所有测回的方向平均值、每一观测方向值的标准偏差、所有方向平均值的标准偏差，并用来进行外业检测和数据分析。

(12) 放样。该程序可选择极坐标法和正交法这两种不同的方法进行放样，如图4-31(a)、图4-31(b)所示。这其中，正交法的参考方向可以是：面向棱镜、面向测站、南方向、北方向、箭头方向、最后一个点方向、待保存点方向、待放样线方向、已保存线方向，当以南、北方向为参照时，正交法也就是坐标增量法，如图4-32所示。此外，程序还提供DTM放样（如图4-31(c)所示），以用于土方工程、土地的平整、挖掘等中，随时比对设计地形与实际施工地形的差异，以监测进度。值得一提的是：程序还提供视觉向导，用箭头和图形指示用户快速准确地定点。

第4章 距离测量和直线定向

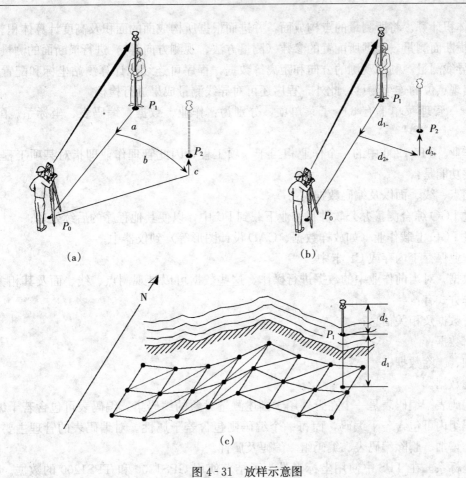

图 4-31 放样示意图
(a) 极坐标法　P_0. 测站　P_1. 当前位置　P_2. 待放样点　a. 距离较差　b. 水平角较差　c. 高差
(b) 正交法　P_0. 测站　P_1. 当前位置　P_2. 待放样点　d_{1-}. 往前或往后　d_{2+}. 往左或往右　d_{3+}. 往上或往下
(c) DTM 放样　P_1. 待放样点　d_1. 高差　d_2. 棱镜高

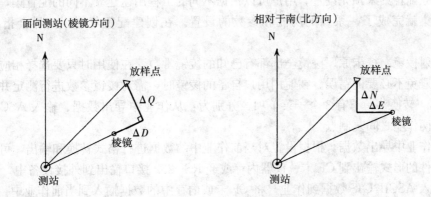

图 4-32 正交法放样示意

(13) 体积计算。将所测量的点构成面，并进而根据所构成面的面积及高度计算体积。

(14) 横断面测量。根据所配置的参数（测量方法、观测方向等），进行横断面的测量。

(15) 导线测量。利用观测的方向和距离等数据，程序可连续地计算测站坐标和配置水平度盘，从而实现点位的连续测量。此外，程序还可对导线测量成果进行检核。

3. 管理　管理菜单下有 6 个子菜单项，分别为：作业、数据、编码表、坐标系、配置集、反射棱镜。

(1) 作业。TPS1200 中的一个作业相当于一项工程，因此管理作业即指对某项工程进行管理。其主要功能是：

①存储点、线、面以及编码数据；

②通过 LGO 综合测量办公软件将作业下载到 PC 中，以便其他程序的后续处理；

③通过 LGO 上载作业（如放样数据、CAD 设计图形等）到仪器中；

④将作业保存于内存或 CF 卡中。

(2) 数据。对当前作业中的数据进行操作。这些数据可以是观测点、线、面及其相关信息。主要的操作方式有：

①查看数据及相关信息；

②编辑数据；

③增加、删除数据；

④过滤数据。

(3) 编码表。编码表是一个在野外用于描述测量对象的编码集。编码表可包含若干编码组，每一个编码组内可包含若干编码，而每一个编码则包含若干属性。对编码表的管理主要是指创建、编辑、增加、删除编码表、编码组、编码及属性。

(4) 坐标系。在 TPS 中使用坐标系是为了结合使用 GPS1200 和 TPS1200 的数据。一个作业只能附属一个坐标系。对坐标系的管理，是指：创建、编辑、增加、删除坐标系，并建立坐标系之间的转换关系。

(5) 配置集。TPS1200 功能很多，有许多用户可以自定义的功能和参数。为了不引起紊乱，可以通过建立配置集来预先设置。用户可以根据不同的工程用途建立不同的配置集，使用时调出相应的配置集就完成了一系列的功能和参数的设置。在创建配置集时，向导会指导用户完成配置。

(6) 反射棱镜。徕卡原厂棱镜全部都有已知的棱镜常数，在使用时只要选择相应的棱镜类型即可，从而避免不必要的错误。在使用用户自备的棱镜时，需对棱镜参数进行测定并设置。

4. 转换　转换菜单下有 3 个子菜单项，分别为：从作业中导出数据、输入 ASCII/GSI 数据到作业、在两作业之间复制点。

(1) 从作业中导出数据。根据设置对当前作业中的数据进行格式转换和输出，可以将当前作业数据以文件的形式输出到 CF 卡、仪器内存或经 RS-232 接口输出到外接设备中。

(2) 输入 ASCII/GIS 数据到作业。将 CF 卡或内存中的数据输入到当前作业中。

(3) 在两作业之间复制点。当其他作业中的点数据复制到当前作业中，或反之。

5. 配置　配置菜单有 5 个子菜单项，分别是：测量设置、仪器设置、常用设置、接口设置、

SmartStation 设置。

（1）测量设置。对观测点点号的模板、屏幕显示模板、线路作业、偏心观测、目标检查等进行设置。

（2）仪器设置。对 EDM（电子测距）、ART、PS、自动棱镜搜索、TPS 改正、补偿器及仪器识别号等进行设置。

（3）常规设置。对向导模式、热键、USER 键菜单、数据显示和记录的单位及格式、屏幕显示界面所使用的语言、激光源、屏幕及十字丝照明、按键及警告蜂鸣、按键延迟时间、开机界面、关机模式等进行设置。

（4）接口设置。对仪器的数据通讯接口进行设置，并对接口所使用的物理端口及连接到所选端口的硬件进行设置。

（5）SmartStation 设置。在此处，可对与卫星定位有关的模式（如是否实时观测）及参数（如观测的历元间隔、卫星截止高度角等）进行设置。

6. 工具　工具菜单有 7 个菜单项，分别为：格式化存储设备、传输对象、上载系统文件、计算机、文件浏览、许可码、检验与校准。

这其中，检验与校准是指对竖轴倾斜误差（纵向和横向）、横轴倾斜误差、指标差、视准轴误差、ATR 误差等进行检校。

由于徕卡 TPS1200 全站仪功能全面，可扩展性强（将 GPS1200 嵌入到 TPS1200 中），能进行遥控测量、可实时传输数据，支持用户自编程序等。此外，其操作的细节也相当深入，详细的信息可查阅前面所提及的相关参考文献。

复 习 思 考 题

1. 设用同一条钢尺往返丈量 AB 和 CD 两段距离，分别量得 AB 距离为 104.235m 和 104.240m，CD 距离为 200.185m 和 200.170m，问两段距离丈量的精度相等吗？为什么？那一段量得比较精确？两段距离丈量的结果各是多少？

2. 钢尺量距的一般方法和精密方法各在什么情况下采用？两种丈量方法怎样进行？

3. 解释直线定线与直线定向这两个不同概念。简述用标杆目估直线定线的步骤。

4. 何谓钢尺的尺长改正？钢尺名义长与实际长的含义是什么？尺长改正数的正负号说明什么问题？

5. 用名义长度为 30m 的钢尺，在平坦的地面上测量一直线的长度为 102.457m，该尺的尺长方程式为：$l_t=30-0.006+1.25\times10^{-5}\times(t-20℃)\times30$，测量时的温度为 $t=14.5℃$，求该直线的实际长度？

6. 简述视距测量的优缺点。

7. 什么叫真方位角、磁方位角、坐标方位角？它们之间主要区别是什么？它们之间存在什么关系？

8. 图 4-33 中，已知 AB 边的坐标方位角 $\alpha_{AB}=237°59′30″$，B 点处两直线夹角为 $99°01′00″$，1 点处两直线夹角为 $167°45′36″$，2 点处两直线夹角为 $123°11′24″$。试求 1—2 边的正坐标方位角

α_{12} 和 2—3 边的反坐标方位角 α_{32} 各为多少？

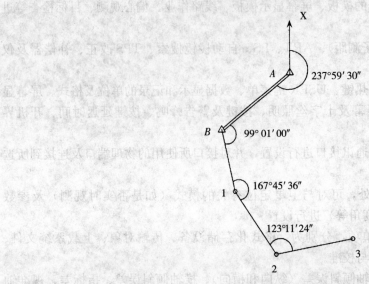

图 4-33 坐标方位角推算

9. 已知 AB 的反方位角为 $290°$，AC 的象限角为 $SW20°$，试绘图并计算角 $\angle BAC$ 为多少？

10. 用罗盘仪观测某建筑物南北轴线的磁方位角为 $6°$，现又观测某直线的磁方位角为 $91°30'$。问若以该建筑物南北轴线为 X 轴，求该直线的坐标方位角是多少？

第5章 测量误差基本知识

【重点提示】本章讲述了测量误差的分类，偶然误差的统计特性，精度及衡量精度的标准，误差的传播定律，测量平差中权的概念和确定权的方法，等精度和不等精度观测最或是值的计算方法及精度评定。其中，误差概念、误差传播定律及等精度观测的精度评定是本章重点。

5.1 测量误差基本概念

测量工作中，尽管观测者按照规定的操作要求认真进行观测，但在同一量的各观测值之间，或在各观测值与其理论值之间仍存在差异。例如，往返丈量某一距离，其结果往往不一致；又如对某一三角形的三个内角进行观测，其和通常都不等于180°。这说明观测值中包含有测量误差。

5.1.1 误差的定义

客观上任何一个被观测量都存在一个固有的能反映其真正大小的特征数字，这个数字称为真值。某未知量的观测值与其真值的差数，称为该观测量的真误差，即：

$$\Delta_i = l_i - X \tag{5-1}$$

式中：Δ_i——真误差；

　　　l_i——观测值；

　　　X——真值。

独立观测量的真值是一个纯理论值。由于测量误差的不可避免性，通过测量手段来获取被观测量的真值是不可能的，因此常用多次观测值的平均值作为该量的最可靠值，称为最或是（然）值。观测值与其最或是值之差，称为似真误差，即：

$$v_i = l_i - x \tag{5-2}$$

式中：v_i——似真误差；

　　　l_i——观测值；

　　　x——观测值的最或是值。

5.1.2 测量误差来源

任何一项测量工作，都是由观测人员使用仪器、工具在一定的外界条件下进行的，因此产生误差的原因可以从以下三个方面来看：

1. 观测者的自身条件　由于观测者感官鉴别能力所限以及技术熟练程度不同，会在仪器对中、整平和瞄准等方面产生误差。

2. 仪器条件 仪器在加工和装配等工艺过程中,不能保证仪器的结构能满足各种几何关系,这样的仪器必然会给测量带来误差。

3. 外界条件 主要指观测环境中气温、气压、空气湿度和清晰度、风力以及大气折光等因素的不断变化,导致测量结果中带有误差。

观测者、仪器及外界条件是影响测量成果的三个主要因素,通常称为观测条件。观测条件相同的各次观测称为等精度观测;相反,观测条件不同的各次观测称为不等精度观测。

5.1.3 测量误差的分类

根据观测误差对观测结果的影响,可将误差分为系统误差和偶然误差两种。在测量过程中,由于观测者与记录者的粗心大意,经常产生瞄错、读错、记错、算错等粗差,只要通过细心操作,并注意校核,就能发现。在观测值中,粗差是不允许存在的,一经发现,必须采取措施予以消除。粗差不属于测量误差的范围。

1. 系统误差 在相同的观测条件下,对某量进行的一系列观测中,如果观测误差的正、负符号和数值大小固定不变,或按一定规律变化,这种误差称为系统误差。例如钢尺的尺长误差,使丈量误差与距离成正比。

系统误差具有累积性,对观测结果的影响很大,但它们的符号和大小有一定的规律。因此可以采用适当的措施消除或减弱其影响。

2. 偶然误差 在相同的观测条件下,对某量进行一系列的观测,其误差出现的符号和大小都没有规律,而表现出偶然性,这种误差称为偶然误差,又称随机误差。例如,水准尺读数时的估读误差,经纬仪测角的瞄准误差等。这类误差在观测前无法预测,也不能用观测方法消除。

单个偶然误差没有任何规律可循,但大量偶然误差则还是具有一定统计规律的。例如,在相同的观测条件下,测得 358 个三角形的全部内角。由于观测中不可避免地带有偶然误差,三角形内角之和不等于真值 180°。用下式计算真误差 Δ_i:

$$\Delta_i = a_i + b_i + c_i - 180° \qquad (i=1、2、\cdots、358)$$

然后把这 358 个真误差按其绝对值的大小排列,列于表 5-1。

从表 5-1 看出,偶然误差的分布有一定的规律,总结出来共有以下四个统计特性:

(1) 大误差的有界性:在一定的观测条件下,偶然误差的绝对值不会超过一定的限度,本例最大误差为 $24''$;

(2) 小误差的集中性:绝对值小的误差比绝对值大的误差出现的机会多,$3''$ 以下的误差有 91 个;

(3) 正负误差的对称性:绝对值相等的正负误差出现的机会接近相等,在本例中正负误差各为 177 个和 181 个;

(4) 全部误差的抵偿性:偶然误差的算术平均值趋近于零,即:

$$\lim_{n \to \infty} \frac{\Delta_1 + \Delta_2 + \cdots + \Delta_n}{n} = \lim_{n \to \infty} \frac{[\Delta]}{n} = 0 \qquad (5-3)$$

第5章 测量误差基本知识

表 5-1 三角形内角和真误差分布情况

误差区间 (″)	负误差		正误差		总 数	
	个数 k_i	频率	个数 k_i	频率	个数 k_i	频率
0～3	45	0.126	46	0.128	91	0.254
3～6	40	0.112	41	0.115	81	0.226
6～9	33	0.092	33	0.092	66	0.184
9～12	23	0.064	21	0.059	44	0.123
12～15	17	0.047	16	0.045	33	0.092
15～18	13	0.036	13	0.036	26	0.073
18～21	6	0.017	5	0.014	11	0.031
21～24	4	0.011	2	0.006	6	0.017
24 以上	0	0	0	0	0	0
∑	181	0.505	177	0.495	358	1.000

测量误差的分布还可以用直观的图形来表示，如图 5-1 所示。图中的横坐标表示误差的大小，在横坐标轴上自原点向左、右截取各误差区间；纵坐标表示各区间误差出现的相对个数 k_i/n（亦称频率）除以区间的间隔（亦称组距），即频率/组距，这种图称为直方图。

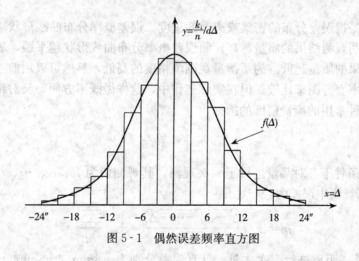

图 5-1 偶然误差频率直方图

直方图上每一误差区间上的长方形面积代表该区间误差出现的频率，图中各矩形面积之和为 1。随着观测次数 $n \to \infty$，如果把误差的区间间隔无限缩小，图 5-1 中的各矩形的上部折线将变为一条光滑曲线，称为误差概率分布曲线。在数理统计中，该曲线称为正态分布密度曲线。其曲线方程为：

$$f(\Delta) = \frac{1}{\sqrt{2\pi}\sigma} e^{-\frac{\Delta^2}{2\sigma^2}} \tag{5-4}$$

式 (5-4) 也称概率分布密度，式中参数：

$$\sigma^2 = \lim_{n \to \infty} \frac{[\Delta^2]}{n} \tag{5-5}$$

σ是观测误差的标准差,也称均方差,是和观测条件有关的参数,它是评定测量精度的一个重要指标。

5.1.4 误差处理原则

为了防止错误的发生和提高观测成果的精度,在测量工作中,一般需要进行多于必要观测次数的观测,称为"多余观测"。例如,一段距离往、返丈量,如果将往测作为必要观测,则返测就属于多余观测;又如,由三个地面点构成一个平面三角形,在三个点上进行水平角观测,其中两个角为必要观测,第三个角即为多余观测。有了多余观测,就可以发现观测值中可能的错误,以便将其剔除或重测。由于观测值中的偶然误差不可避免,有了多余观测,观测值之间必然产生矛盾(往返差、不符值、闭合差)。根据差值的大小,可以评定测量的精度。当差值大于某个限定的值(限差,由《规范》规定),就认为观测值中有错误(不属于偶然误差),称为误差超限,应予以重测(返工)。差值如果不超限,则按偶然误差的规律加以处理,称为闭合差调整(如水准测量中的闭合差调整),以求取最可靠的数值。

5.2 衡量精度的指标

所谓精度,就是指误差分布的密集或离散的程度。误差概率分布曲线形状越陡峭,表示误差分布比较密集,说明观测结果的质量越高;而误差概率分布曲线形状越平缓,表示误差分布比较离散,说明观测结果的质量越低。为了衡量观测值精度的高低,显然可以用前一节的方法,列误差分布表或绘制频率直方图来比较。但在实际工作中,这样做既不方便,又对精度缺少一个数值概念。下面介绍几种常用的衡量精度的指标。

5.2.1 中误差

在相同的观测条件下,对某量进行了 n 次观测,其观测值为 l_1、l_2、$\cdots$、l_n,相应的真误差为 Δ_1、Δ_2、$\cdots$、Δ_n,则中误差为:

$$m = \pm \sqrt{\frac{\Delta_1^2 + \Delta_2^2 + \cdots + \Delta_n^2}{n}} = \pm \sqrt{\frac{[\Delta\Delta]}{n}} \qquad (5-6)$$

【**例 5-1**】对某一距离进行 5 次丈量,其真误差分别为 -6mm、-5mm、-2mm、$+1$mm、$+6$mm,求观测值的中误差。

【**解**】根据式(5-6)可得:

$$m = \pm \sqrt{\frac{36 + 25 + 4 + 1 + 36}{5}} = \pm 4.5 \text{mm}$$

中误差代表的是一组观测值的精度,由于是等精度观测,所以,也代表了每次观测值的精度。中误差小则精度高,反之精度低。

5.2.2 相对误差

中误差和真误差都是绝对误差,误差的大小与观测量的大小无关。然而,有些量如长度,绝对误差不能全面反映观测精度，因为长度丈量的误差与长度大小有关。例如分别丈量了两段不同长度的距离，一段为100m，另一段为200m，但中误差皆为±0.02m。显然不能认为这两段距离观测成果的精度相同。为此，就需要引入另一种衡量精度的标准，这就是相对误差。

相对误差 K 是误差的绝对值与观测值之比，在测量上通常将其分子化为1的分子式，即：

$$K = \frac{|m|}{D} = \frac{1}{M} \tag{5-7}$$

上述丈量100m、200m的中误差为±0.02m，则相对中误差分别为：

$$K_1 = \frac{|m_1|}{D_1} = \frac{0.02}{100} = \frac{1}{5\,000}$$

$$K_2 = \frac{|m_2|}{D_2} = \frac{0.02}{200} = \frac{1}{10\,000}$$

显然，用相对误差衡量可以看出，$K_1 > K_2$。相对中误差愈小（分母愈大），说明观测结果的精度愈高，反之愈低。故第二段丈量的精度要高于第一段丈量的精度。

相对中误差常用在距离与坐标误差的计算中。角度误差不用相对中误差，因角度误差与角度本身大小无关。

5.2.3 容许误差（极限误差）

由偶然误差的第一特性可知，在一定的观测条件下，偶然误差的绝对值不会超过一定的限度。根据误差理论及实践证明，在一组等精度观测的误差中，绝对值大于1倍中误差的偶然误差出现的概率为31.7%；而绝对值大于2倍中误差的偶然误差出现的概率为4.5%；绝对值大于3倍中误差的偶然误差出现的概率仅为0.3%，由相关概率理论可知，在单次测量中，这一小概率事件可以说是不可能出现的事件。所以，通常以2～3倍的中误差作为偶然误差的允许值，即：

$$\Delta_{容} = 2m \sim 3m \tag{5-8}$$

测量规范中，对每一项测量工作，根据仪器和测量方法的不同，分别规定了允许误差，这是测量工作必须要遵守的准则。

5.3　误差传播定律

前面介绍了衡量多次直接观测值的精度问题。在实际工作中，有些未知量并不是直接测定的，而是通过函数关系式计算得来的。例如房屋的面积 S 由测量所得的长边 a 与短边 b 相乘而得：

$$S = a \times b$$

显然，a、b 的丈量误差必然使 S 产生误差，即观测值的误差必然给其函数带来误差。这种研究观测值中误差与其函数中误差之间关系的定律称为误差传播定律。

5.3.1 误差传播定律

下面以一般函数关系来推导误差传播定律。

设有一般函数
$$Z = F(x_1, x_2, \cdots, x_n) \tag{5-9}$$

式中，$x_1, x_2, \cdots, x_n$ 为可直接观测的未知量；Z 为不便于直接观测的未知量。

设 x_i ($i=1, 2, \cdots, n$) 的独立观测值为 l_i，其相应的真误差为 Δx_i。由于 Δx_i 的存在，使函数 Z 亦产生相应的真误差 ΔZ。将式（5-9）取全微分，有：

$$dZ = \frac{\partial F}{\partial x_1} dx_1 + \frac{\partial F}{\partial x_2} dx_2 + \cdots + \frac{\partial F}{\partial x_n} dx_n$$

因误差 Δx_i 及 ΔZ 都很小，故在上式中，可近似用 Δx_i 及 ΔZ 代替 dx_i 及 dZ，于是有：

$$\Delta Z = \frac{\partial F}{\partial x_1} \Delta x_1 + \frac{\partial F}{\partial x_2} \Delta x_2 + \cdots + \frac{\partial F}{\partial x_n} \Delta x_n \tag{5-10}$$

式中，$\frac{\partial F}{\partial x_i}$ 为函数 F 对各自变量的偏导数。将 $x_i = l_i$ 代入各偏导数中，即为确定的常数，设

$$\left(\frac{\partial F}{\partial x_i}\right)_{x_i = l_i} = f_i$$

则式（5-10）可写成：

$$\Delta Z = f_1 \Delta x_1 + f_2 \Delta x_2 + \cdots + f_n \Delta x_n \tag{5-11}$$

为了求得函数和观测值之间的中误差关系式，设想对各 x_i 进行了 k 次观测，则可写出 k 个类似于式（5-11）的关系式：

$$\begin{cases} \Delta Z^{(1)} = f_1 \Delta x_1^{(1)} + f_2 \Delta x_2^{(1)} + \cdots + f_n \Delta x_n^{(1)} \\ \Delta Z^{(2)} = f_1 \Delta x_1^{(2)} + f_2 \Delta x_2^{(2)} + \cdots + f_n \Delta x_n^{(2)} \\ \cdots\cdots\cdots\cdots\cdots\cdots\cdots\cdots\cdots\cdots\cdots\cdots\cdots \\ \Delta Z^{(k)} = f_1 \Delta x_1^{(k)} + f_2 \Delta x_2^{(k)} + \cdots + f_n \Delta x_n^{(k)} \end{cases}$$

将以上各式等号两边平方后，再相加，得：

$$[\Delta Z^2] = f_1^2 [\Delta x_1^2] + f_2^2 [\Delta x_2^2] + \cdots + f_n^2 [\Delta x_n^2] + 2 \sum_{\substack{i,j=1 \\ i \neq j}}^{n} f_i f_j [\Delta x_i \Delta x_j]$$

上式两端各除以 k，得：

$$\frac{[\Delta Z^2]}{k} = f_1^2 \frac{[\Delta x_1^2]}{k} + f_2^2 \frac{[\Delta x_2^2]}{k} + \cdots + f_n^2 \frac{[\Delta x_n^2]}{k} + 2 \sum_{\substack{i,j=1 \\ i \neq j}}^{n} f_i f_j \frac{[\Delta x_i \Delta x_j]}{k} \tag{5-12}$$

设对各 x_i 的观测值 l_i 为彼此独立的观测，则 $\Delta x_i \Delta x_j$ 当 $i \neq j$ 时，亦为偶然误差。根据偶然误差的统计特性（4）[式（5-3）]，可知式（5-12）的末项当 $k \to \infty$ 时趋近于零，即：

$$\lim_{k \to \infty} \frac{[\Delta x_i \Delta x_j]}{k} = 0$$

故式（5-12）可写为：

$$\lim_{k \to \infty} \frac{[\Delta Z^2]}{k} = \lim_{k \to \infty} \left\{ f_1^2 \frac{[\Delta x_1^2]}{k} + f_2^2 \frac{[\Delta x_2^2]}{k} + \cdots + f_n^2 \frac{[\Delta x_n^2]}{k} \right\}$$

根据中误差的定义，上式可写成：

$$m_z^2 = f_1^2 m_1^2 + f_2^2 m_2^2 + \cdots + f_n^2 m_n^2 \tag{5-13}$$

公式（5-13）就是按观测值中误差计算观测值函数中误差的公式，即为误差传播定律。根据一般函数的误差传播公式，我们不难得出一些简单函数的中误差传播公式，见表5-2。

表5-2 简单函数的中误差传播公式

函数名称	函数式	中误差传播公式
倍数函数	$Z = kx$	$m_z = \pm km$
和差函数	$Z = x_1 \pm x_2 \pm \cdots \pm x_n$	$m_z = \pm \sqrt{m_1^2 + m_2^2 + \cdots + m_n^2}$
线性函数	$Z = k_1 x_1 \pm k_2 x_2 \pm \cdots \pm k_n x_n$	$m_z = \pm \sqrt{k_1^2 m_1^2 + k_2^2 m_2^2 + \cdots + k_n^2 m_n^2}$

5.3.2 误差传播定律的应用举例

【例5-2】在1∶500地形图上量得某两点间的距离 $d = 234.5$mm，其中误差 $m_d = \pm 0.2$mm，求该两点的地面水平距离 D 的值及其中误差 m_D。

【解】地面水平距离可由图上距离乘以比例尺分母得到。这是一个倍数函数的问题。

$$D = 500d = 500 \times 0.2345 = 117.25\text{m}$$

依倍数函数的误差传播定律有：

$$m_D = \pm 500 m_d = \pm 500 \times 0.0002 = \pm 0.10\text{m}$$

【例5-3】已知当水准仪距标尺75m时，一次读数中误差为 $m_{读} = \pm 2$mm（包括照准误差、估读误差等），若以两倍中误差为容许误差，试求普通闭合水准测量观测 n 站所得高差闭合差的容许误差。

【解】水准测量每一站高差：$h_i = a_i - b_i$
则每站高差中误差：

$$m_{站} = \pm \sqrt{m_{读}^2 + m_{读}^2} = \pm m_{读}\sqrt{2} = \pm 2\sqrt{2} = \pm 2.8\text{mm}$$

观测 n 站所得总高差：

$$h = h_1 + h_2 + \cdots + h_n$$

则 n 站总高差 h 的中误差，根据和差函数误差传播公式可写出：

$$m_{总} = \pm m_{站}\sqrt{n} = \pm 2.8\sqrt{n}\,\text{mm}$$

若以两倍中误差为容许误差，则高差闭合差容许误差为：

$$\Delta_{容} = 2 \times (\pm 2.8\sqrt{n}) = \pm 5.6\sqrt{n} \approx \pm 6\sqrt{n}\,\text{mm}$$

【例5-4】测得两点地面斜距 $L = 225.85 \pm 0.06$m，地面的倾斜角 $a = 17°30' \pm 1'$，求两点间的高差 h 及其中误差 m_h。

【解】根据题意可写出计算高差 h 的公式为：

$$h = L \cdot \sin a$$

故有：

$$h = 225.85 \times \sin 17°30' = 67.914\text{m}$$

对 $h = L \cdot \sin a$ 全微分得：

$$dh = \sin a \, dL + L \cos a \, da$$

将上式微分转为中误差,根据式(5-13)上式可写成:

$$m_h^2 = (\sin a)^2 m_L^2 + (L\cos a)^2 \left(\frac{m_a}{\rho'}\right)^2$$

$$= 0.3007^2 \times 0.06^2 + (225.85 \times 0.9537)^2 \left[\frac{1'}{3438'}\right]^2$$

$$= 0.0003 + 0.0039 = 0.0042$$

$$m_h = \pm 0.065 \text{m}$$

故地面两点间的高差为:$h = 67.914 \pm 0.065 \text{m}$

从上面的例题可见,应用误差传播定律求观测值函数的中误差,可按下述步骤进行:

(1) 按问题性质先列出函数式:

$$Z = F(x_1, x_2, \cdots, x_n)$$

(2) 对函数式进行全微分,得出函数真误差与观测值真误差之间的关系式:

$$\Delta Z = \left(\frac{\partial F}{\partial x_1}\right)\Delta x_1 + \left(\frac{\partial F}{\partial x_2}\right)\Delta x_2 + \cdots + \left(\frac{\partial F}{\partial x_n}\right)\Delta x_n$$

(3) 然后代入误差传播定律公式,计算函数的中误差:

$$m_z^2 = \left(\frac{\partial F}{\partial x_1}\right)^2 m_1^2 + \left(\frac{\partial F}{\partial x_2}\right)^2 m_2^2 + \cdots + \left(\frac{\partial F}{\partial x_n}\right)^2 m_n^2$$

应用误差传播定律的公式时,必须注意:各观测值必须是相互独立的变量。如果各变量之间不包含共有的误差,即相互间不存在函数关系,则各变量之间就是相互独立的。当l_i为未知量x_i的直接观测值时,可认为各l_i之间满足相互独立的条件。例如在三角形内角的改正中,改正后三角形内角A的公式为:$A = a - \frac{1}{3}\omega$($a$为$A$角的观测值,$\omega$为三角形闭合差)。式中变量$\omega$包含有变量$a$,互相不独立,此时用下式计算是错误的:

$$m_A^2 = m_a^2 + \frac{1}{9}m_\omega^2$$

应将上述第一式变为下式,然后再用误差传播定律。若设三角形内角的中误差为

$$m_\alpha = m_\beta = m_\gamma = m$$

则有:

$$A = a - \frac{1}{3}(\alpha + \beta + \gamma - 180°) = \frac{2}{3}\alpha - \frac{1}{3}\beta - \frac{1}{3}\gamma + 60°$$

微分得:

$$dA = \frac{2}{3}d\alpha - \frac{1}{3}d\beta - \frac{1}{3}d\gamma$$

转为中误差得:

$$m_A^2 = \left(\frac{2}{3}\right)^2 m^2 + \left(\frac{1}{3}\right)^2 m^2 + \left(\frac{1}{3}\right)^2 m^2 = \frac{2}{3}m^2$$

因此

$$m_A = \pm\sqrt{\frac{2}{3}}m$$

5.4 等精度观测

因为某些被观测量的真值是不可能知道的,所以,测量工作一般都是在相同的观测条件下,对某量进行多次独立的重复观测,得到一系列的等精度观测值,用这一系列观测值来确定该量的最或是值——最接近真值的值。

5.4.1 求算术平均值

设对某未知量进行了 n 次等精度观测,其真值为 X,观测值为 l_1、l_2、$\cdots$、l_n,相应的真误差为 Δ_1、Δ_2、$\cdots$、Δ_n,则:

$$\Delta_1 = l_1 - X$$
$$\Delta_2 = l_2 - X$$
$$\cdots$$
$$\Delta_n = l_n - X$$

将上式取和再除以观测次数 n 得:

$$\frac{[\Delta]}{n} = \frac{[l]}{n} - X = x - X$$

式中:x——算术平均值。

$$x = X + \frac{[\Delta]}{n}$$

根据偶然误差的统计特性(4)[式(5-3)],当 $n \to \infty$ 时,$\frac{[\Delta]}{n} \to 0$,因此

$$x = \frac{[l]}{n} \approx X \tag{5-14}$$

即当观测次数 n 无限多时,算术平均值 x 就趋向于未知量的真值 X。当观测次数有限时,可以认为算术平均值是根据已有的观测数据所能求得的最接近真值的近似值,以他作为未知量的最后结果。

5.4.2 观测值中误差

根据中误差定义公式(5-6),计算观测值中误差 m,需要知道观测值 l_i 的真误差 Δ_i,但是真误差往往不知道。因此,在实际工作中多采用观测值的似真误差来计算观测值的中误差。用 v_i ($i = 1$、2、$\cdots$、n)表示观测值的似真误差。由 v_i 及 Δ_i 的定义知:

$$\Delta_i = l_i - X \tag{5-15}$$
$$v_i = l_i - x \tag{5-16}$$

以上两个等式相减得:

$$\Delta_i - v_i = x - X$$

令 $\delta = x - X$,代入上式并移项后得:

以上 n 个等式两端分别自乘得：
$$\Delta_i = v_i + \delta$$
$$\Delta_i \Delta_i = v_i v_i + 2v_i \delta + \delta^2$$

上式有 n 个取和得：
$$[\Delta\Delta] = [vv] + 2\delta[v] + n\delta^2$$

由式（5-16）可知：
$$[v] = [l] - nx = [l] - n\frac{[l]}{n} = 0$$

所以
$$[\Delta\Delta] = [vv] + n\delta^2$$

等式两端分别除以 n，得：
$$\frac{[\Delta\Delta]}{n} = \frac{[vv]}{n} + \delta^2 \tag{5-17}$$

式中
$$\delta = x - X = \frac{[l]}{n} - X = \frac{[l-X]}{n} = \frac{[\Delta]}{n}$$

上式平方得：
$$\delta^2 = \frac{[\Delta]^2}{n^2} = \frac{1}{n^2}(\Delta_1^2 + \Delta_2^2 + \cdots + \Delta_n^2 + 2\Delta_1\Delta_2 + 2\Delta_1\Delta_3 + \cdots)$$
$$= \frac{[\Delta\Delta]}{n^2} + \frac{2}{n^2}(\Delta_1\Delta_2 + \Delta_1\Delta_3 + \cdots)$$

由于 Δ_1、Δ_2、$\cdots$、Δ_n 为偶然误差，故非自乘的两个偶然误差之积 $\Delta_1\Delta_2$、$\Delta_1\Delta_3$、$\cdots$ 仍然具有偶然误差性质，根据偶然误差的统计特性（4）[式（5-3）]，当 $n\to\infty$ 时，上式等号右端的第二项趋于零。因此得：

$$\delta^2 \approx \frac{[\Delta\Delta]}{n^2}$$

将上式代入式（5-17）得：
$$\frac{[\Delta\Delta]}{n} = \frac{[vv]}{n} + \frac{[\Delta\Delta]}{n^2}$$

根据中误差定义公式（5-6），上式可写为：
$$m^2 = \frac{[vv]}{n} + \frac{m^2}{n}$$
$$nm^2 = [vv] + m^2$$
$$m = \pm\sqrt{\frac{[vv]}{n-1}} \tag{5-18}$$

式（5-18）即为利用观测值的似真误差计算等精度观测值中误差的公式，又称白塞尔公式。

5.4.3 算术平均值中误差

由（5-14）式可知，算术平均值与各独立观测值的函数关系为：

$$x=\frac{l_1+l_2+\cdots+l_n}{n}=\frac{[l]}{n}$$

上式可改写为：

$$x=\frac{1}{n}l_1+\frac{1}{n}l_2+\cdots+\frac{1}{n}l_n$$

式中，$\frac{1}{n}$ 为常数。由于各独立观测值的精度相同，设其中误差均为 m。现用 M 表示算术平均值的中误差，则按表 5-2 可得算术平均值的中误差为：

$$M^2=\frac{1}{n^2}m_1^2+\frac{1}{n^2}m_2^2+\cdots+\frac{1}{n^2}m_n^2=\frac{n}{n^2}m^2=\frac{1}{n}m^2$$

$$M=\pm\frac{m}{\sqrt{n}} \tag{5-19}$$

将式（5-18）代入得：

$$M=\pm\sqrt{\frac{[vv]}{n(n-1)}} \tag{5-20}$$

式（5-20）表明，算术平均值的中误差比观测值中误差缩小了 $\sqrt{n}$ 倍，即算术平均值的精度比观测值精度提高 $\sqrt{n}$ 倍。测量工作中进行多余观测，取多次观测值的平均值作为最后的结果，就是这个道理。但是，当 n 增加到一定程度后（例如 $n=6$），M 值减小的速度变得十分缓慢。所以为了达到提高观测成果精度的目的，不能单靠无限制地增加观测次数，应综合采用提高仪器精度等级、选用合理的观测方法及适当增加观测次数等措施，才是正确的途径。

【例 5-5】某一水平角以等精度观测 5 次，其观测值列于表 5-3 中，试计算该观测值的算术平均值、观测值中误差及算术平均值的中误差。

【解】依（5-14）式、（5-18）式和（5-19）式分别计算，并检查是否满足 $[v]=0$。

表 5-3 等精度观测量的计算及精度评定

序号	观测值	v (″)	vv (″)²	中误差计算
1	75°42′49″	4	16	观测值中误差： $m=\pm\sqrt{\frac{[vv]}{n-1}}=\pm\sqrt{\frac{60}{5-1}}=\pm 3.9″$ 算术平均值中误差： $M=\pm\frac{m}{\sqrt{n}}=\pm\frac{3.9″}{\sqrt{5}}=\pm 1.7″$
2	75°42′40″	−5	25	
3	75°42′42″	−3	9	
4	75°42′46″	1	1	
5	75°42′48″	3	9	
计算	$x=\frac{[l]}{n}=75°42′45″$	$[v]=0$	$[vv]=60$	

5.5 不等精度观测

在实际测量工作中，除了等精度观测外，还有不等精度观测。如图 5-2 所示，为了得到 E

点的高程，由已知水准点 A、B、C 分别经过不同长度的水准路线，测得 E 点的高程为 H_1、H_2、H_3。在这种情况下，由于水准路线的长度不同，即使使用相同的仪器和观测方法，求出的三个高程的中误差也是不相同的，也就是说，三个高程观测值的可靠程度不同。一般水准路线愈长，可靠程度愈低。因此，不能简单地取三个高程观测值的算术平均值作为最或是值。那么，怎样根据这些不同精度的观测结果来求 E 点的最或是值 H，又怎样来衡量他的精度？这就需要引入"权"的概念。

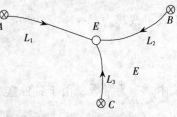

图 5-2 结点水准网

5.5.1 权

1. **权的定义** 在不等精度观测中，用来衡量观测值可靠程度的相对数值，称为观测值的权，通常用 p 来表示。

权与中误差不同。权与精度成正比，中误差与精度成反比。中误差具有绝对性。当一组观测值一经测定之后，即观测值中误差的数值已经确定。但权具有相对性，他们的数值可以改变，但他们之间的比值保持不变。中误差同时带有正负号，权永为正值。

2. **权与中误差的关系** 权与中误差都相应于一定的观测条件，都表示最后结果的可靠程度，因此权与中误差有密切的关系。中误差愈小，观测值精度愈高，权愈大；中误差愈大，观测值精度愈低，权愈小。用中误差来确定权的值是适当的。

设一组不同精度观测值为 l_1、l_2、$\cdots$、l_n，其相应的中误差为 m_1、m_2、$\cdots$、m_n，则各观测值的权定义为：

$$p_1 = \frac{\lambda}{m_1^2}, \quad p_2 = \frac{\lambda}{m_2^2}, \quad \cdots, \quad p_n = \frac{\lambda}{m_n^2} \tag{5-21}$$

式中，λ 为任意正常数，但在一组观测中为一定值。λ 的取值，不会改变各观测值之间权的比值。

由式（5-21）可以写出各观测值的权之间的比例关系为：

$$\begin{aligned} p_1 : p_2 : \cdots : p_n &= \frac{\lambda}{m_1^2} : \frac{\lambda}{m_2^2} : \cdots : \frac{\lambda}{m_n^2} \\ &= \frac{1}{m_1^2} : \frac{1}{m_2^2} : \cdots : \frac{1}{m_n^2} \end{aligned} \tag{5-22}$$

由此可知，对于一组观测值，其权之比等于相应中误差平方的倒数之比。

例如，某两个不同精度的观测值 l_1 的中误差 $m_1 = \pm 2$mm，l_2 的中误差 $m_2 = \pm 6$mm，则他们的权可以确定为：

$$p_1 = \frac{\lambda}{m_1^2} = \frac{\lambda}{2^2} = \frac{\lambda}{4}$$

$$p_2 = \frac{\lambda}{m_2^2} = \frac{\lambda}{6^2} = \frac{\lambda}{36}$$

若取 $\lambda = 4$，则 $p_1 = 1$，$p_2 = \frac{1}{9}$；

若取 $\lambda=36$,则 $p_1=9$, $p_2=1$。

其比值为 $p_1:p_2=1:\dfrac{1}{9}=9:1$。这说明各观测值权的大小并不重要,重要的是各观测值之间权的比例关系。

3. 确定权的常用方法 由公式 (5-21) 来定权,称为定权的基本方法。按基本方法定权的前提是,先要知道中误差。可是在实际作业中,往往要在观测值中误差尚未求得之前,就要确定各观测值的权,以便在满足 $[pvv]=$ 最小这一原则下进行平差计算。在这种情况下,就不可能直接应用中误差的数值来定权。而是从 (5-22) 式出发,对于测量作业中经常遇到的几种情况,根据中误差平方的倒数之间的比例关系,导出实用的定权公式。这种定权方法称为定权的常用方法。

(1) 角度观测时权的确定。对某一角度进行观测,每测回观测精度相同,其误差为 m。现由 1、2、…、k 个小组进行观测,其测回数分别为 n_1、n_2、…、n_k,则每组角度观测结果的权与各组观测的测回数成正比。

$$p_1=c\cdot n_1,\ p_2=c\cdot n_2,\ \cdots,\ p_k=c\cdot n_k$$

式中:c——任意正常数。

(2) 水准测量时权的确定。在水准测量中,水准路线愈长,测站数愈多,观测结果的可靠程度就愈低。因此,可以取不同的水准路线长度 L_i 的倒数或测站数 N_i 的倒数来定权。

$$p_1=\dfrac{c}{L_1},\ p_2=\dfrac{c}{L_2},\ \cdots,\ p_n=\dfrac{c}{L_n}$$

或

$$p_1=\dfrac{c}{N_1},\ p_2=\dfrac{c}{N_2},\ \cdots,\ p_n=\dfrac{c}{N_n}$$

(3) 距离丈量时权的确定。用每千米边长中误差为 m 的精度丈量 k 条边,每条边的边长为 D_i ($i=1$、2、…、k)

$$p_1=\dfrac{c}{D_1},\ p_2=\dfrac{c}{D_2},\ \cdots,\ p_k=\dfrac{c}{D_k}$$

5.5.2 最或是值——加权平均值

不同精度观测时,考虑到各观测值的可靠程度,采用加权平均的办法计算观测最后结果的最或是值。

设对某量进行了 n 次不同精度的观测,观测值、中误差及权分别为:

观测值 l_1、l_2、…、l_n
中误差 m_1、m_2、…、m_n
权 p_1、p_2、…、p_n

其加权平均值为:

$$L=\dfrac{p_1l_1+p_2l_2+\cdots+p_nl_n}{p_1+p_2+\cdots+p_n}=\dfrac{[pl]}{[p]} \tag{5-23}$$

5.5.3 精度评定——单位权中误差和加权平均值中误差

权是表示不同精度观测值的相对可靠程度,因此,可取任一观测值的权作为标准,以求其他观测值的权。在权与中误差关系式 $p_i = \dfrac{\lambda}{m_i^2}$ 中，设以 p_1 为标准，并令其为 1，即取 $\lambda = m_1^2$，则 $p_1 = \dfrac{m_1^2}{m_1^2} = 1$，$p_2 = \dfrac{m_1^2}{m_2^2}$，…，$p_n = \dfrac{m_1^2}{m_n^2}$，等于 1 的权称为单位权，权等于 1 的观测值中误差称为单位权中误差。设单位权中误差为 μ，则权与中误差的关系为：

$$p_i = \frac{\mu^2}{m_i^2} \tag{5-24}$$

单位权中误差 μ 可按下式计算：

$$\mu = \pm \sqrt{\frac{[pvv]}{n-1}} \tag{5-25}$$

式中：v——观测值的最或是误差；

n——观测值的个数。

不同精度观测值的最或是值即加权平均值 L 的中误差为：

$$M_L = \pm \frac{\mu}{\sqrt{[p]}} = \pm \sqrt{\frac{[pvv]}{[p](n-1)}} \tag{5-26}$$

5.5.4 不等精度观测数据处理举例

【例 5-6】 在图 5-2 中，起始点 A、B、C 的高程为：20.145m、24.030m 及 19.898m，各段高差为：+1.538m、-2.330m 及 +1.782m，水准路线长度为：2.5km、4.0km 及 2.0km。求结点 E 的观测结果及其中误差。

【解】 取路线长度的倒数乘以常数 c 为观测值的权，并令 $c=1$，计算列于表 5-4。

表 5-4 不等精度观测的计算及精度评定

路 线	起始点高程 (m)	观测高差 (m)	结点 E 的观测高程 (m)	路线长 (km)	权 $p = \dfrac{1}{L}$	v (mm)	pv (mm)	pvv (mm²)
A~E	20.145	+1.538	21.683	2.5	0.40	-2.4	-0.96	2.30
B~E	24.030	-2.330	21.700	4.0	0.25	+14.6	+3.65	53.29
C~E	19.898	+1.782	21.680	2.0	0.50	-5.4	-2.70	14.58
Σ					1.15		-0.01	70.17

高程与精度评定：

加权平均值：$H_E = 21.000 + \dfrac{0.40 \times 0.683 + 0.25 \times 0.700 + 0.50 \times 0.680}{0.40 + 0.25 + 0.50} = 21.6854\text{m}$

单位权中误差：$\mu = \pm \sqrt{\dfrac{[pvv]}{n-1}} = \pm \sqrt{\dfrac{70.17}{3-1}} = \pm 5.9\text{mm}$

加权平均值中误差：$M_{H_E} = \dfrac{\mu}{\sqrt{[p]}} = \pm \dfrac{5.9}{\sqrt{1.15}} = \pm 5.5\text{mm}$

最后结果：$H_E = 21.685 \pm 0.006\text{m}$

计算中以 $[pv]=0$ 进行检校，该例中 $[pv]=-0.01$ 是因为计算过程中含有舍入误差所致，说明计算没有错误。

复习思考题

1. 名词解释

真误差；似真误差；偶然误差；系统误差；精度；中误差；相对误差；容许误差；误差传播定律；权。

2. 偶然误差具有哪些特性？

3. 公式 $m=\pm\sqrt{\frac{[\Delta\Delta]}{n}}$、$m=\pm\sqrt{\frac{[vv]}{n-1}}$、$m=\pm\sqrt{\frac{[pvv]}{n-1}}$、$m=\pm\sqrt{\frac{[vv]}{n(n-1)}}$ 和 $m=\pm\sqrt{\frac{[pvv]}{[p](n-1)}}$ 各适用什么场合？式中 Δ 和 v 有何区别？

4. 用经纬仪测量水平角，一测回的中误差 $m=\pm 8.5''$，欲使测角精度达到 $\pm 4''$，问需要测几个测回？

5. 同精度观测一个三角形的内角 α、β、γ，其测角中误差 $m_\alpha=m_\beta=m_\gamma=\pm 6''$，求三角形角度闭合差 ω 的中误差 m_ω。

6. 设有 n 边形，每个角的观测中误差 $m=\pm 10''$，求该 n 边形的内角和的中误差及其内角和闭合差的容许值。

7. 为求某一正方形的周长，一组同学丈量了正方形的一条边长 l，精度为 m。另一组同学丈量了正方形的四边，各边边长均为 l，中误差均为 m，两组同学得到的周长及其精度是否相同？为什么？

8. 水准测量中，设每个测站高差中误差为 $\pm 5mm$，若每千米设 16 个测站，求 1km 高差中误差是多少？若水准路线长为 4km，求其高差中误差是多少？

9. 在比例尺为 1∶2 000 的平面图上，量得一圆半径 $R=31.3mm$，其中误差为 $\pm 0.3mm$，求实际圆面积 S 及其中误差 m_s。

10. 设量得 A、B 两点的水平距离 $D=126.38m$，其中误差 $m_D=\pm 0.02m$；同时，在 A 点上测得竖直角 $\alpha=+30°12'30''$，其测角中误差 $m_\alpha=\pm 10''$，试求 A、B 两点的高差 h_{AB} 及其中误差 m_h。

11. 对某直线丈量 6 次，观测结果是 246.535m、246.548m、246.520m、246.529m、246.550m、246.537m，试计算其算术平均值、算术平均值的中误差及其相对误差。

12. 什么叫等精度观测，什么叫不等精度观测？试举例说明。

13. 用三台不同的经纬仪观测某角，观测值及其中误差为：$\beta_1=75°25'30''\pm 4''$；$\beta_2=75°25'36''\pm 6''$；$\beta_3=75°25'24''\pm 8''$。试求观测结果及其中误差。

14. 对某一角度，采用不同测回数，进行了四次观测，其观测值列于表 5-5 中，求该角度的观测结果及其中误差。

表 5-5 不等精度观测成果表

次 数	1	2	3	4
观测值 β	68°42'54''	68°42'02''	68°42'59''	68°42'04''
测回数	5	6	4	3

第6章 控制测量

【重点提示】 本章主要介绍建立控制网的一般原则与方式,包括导线测量、控制点的加密与三、四等水准测量,此外还简要介绍了 GPS 技术在控制测量中的应用。本章重点是建立控制网的原则、方式、坐标的正算与反算,闭合导线、附和导线的内业计算等。本章的难点是坐标正、反算中方位角的计算,导线坐标闭合差的计算与改正原则。

6.1 控制测量概述

不管是进行地形测图还是进行施工测量,测量最本质的工作都是确定一些点的坐标,其基本的做法是通过已知点逐步推求待定点,由于测量工作不可避免地会产生一些误差,为了提高精度、减少误差的积累,同时也为了扩大测量工作面,提高测量速度,测量工作必须遵循"先控制后碎部、先整体后局部、由高级到低级"的原则。也就是说在进行任何一种测量项目时,都必须首先在测区范围内建立测量控制网,然后以此为基础或依据,进行碎部测量或施工测设。所谓控制网是指在测区范围内选择具有控制作用的若干点构成的几何图形。

控制网根据其功能分为平面控制网和高程控制网。测定控制点平面位置 (x, y) 的工作,称为平面控制测量。测定控制点高程 (H) 的工作,称为高程控制测量。平面控制测量和高程控制测量统称为控制测量。在进行平面控制及高程控制测量时,既可以将平面控制网和高程控制网分开独立布设,也可以将其合并为一个统一的控制网——三维控制网。

常规的平面控制网根据测量目的以及测区状况一般可布设成三角网、导线网。三角网(图 6-1)是由一系列的三角形构成的网,测定三角形的内角及边长,根据测量角度与边长的多少,又可分为测角网、测边网和边角网,这时可称控制点为三角点。导线网(图 6-2)是由一系

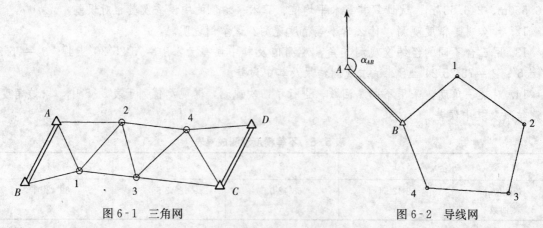

图 6-1 三角网   图 6-2 导线网

列的折线组成的网,测定折线的边长以及相邻折线的角度,导线网的基本组成单元是单导线。单导线根据连接已知点与方位的多少又分为附合导线、闭合导线、支导线三种,这时可称控制点为导线点。随着空间技术的发展,全球定位系统(GPS)用于建立平面控制日益普及,与常规控制网的布设形式相似,可布设成 GPS 网与 GPS 导线。这时称控制点为 GPS 点。

按照精度等级,平面控制网可分为一、二、三、四等,一、二、三级和图根控制网。按控制应用范围,平面控制网可分为国家基本控制网,城市控制网,小区域控制网及服务于某一特定工程的工程控制网。

高程控制网依观测方法来划分,可以分为水准网、三角高程网和 GPS 高程网等。

水准网基本的组成单元是水准线路,包括闭合水准线路和附合水准线路。三角高程网是通过三角高程测量建立的,主要用于地形起伏较大、直接水准测量有困难的地区或对高程控制要求不高的工程项目。GPS 高程控制网是利用全球定位系统建立的高程控制网。

6.1.1 国家基本控制网

在全国范围内建立的平面控制网和高程控制网,称为国家基本控制网。国家基本控制网提供全国性的、统一的空间定位基准,是全国各种比例尺测图及工程建设的基础控制,也为空间科学研究和应用提供资料。

1. 国家平面控制网　　早期建立国家平面控制网的方法是三角测量和精密导线测量。按精度分为一、二、三、四等,高等级的控制网控制低等级的控制网。其中,一、二等控制网属于国家基本控制网,三、四等控制网属于加密控制网。

国家一、二等控制网一般布设成三角锁,有时根据地形也布设成精密导线网,它们构成了国家平面控制的基础,平均边长一般为 23～25km。在一、二等控制网基础上进一步的加密,构成国家三、四等三角网,平均边长一般为 8km 与 2～6km。一等网精度最高,四等网精度最低,低一级控制网是在高一级控制网的基础上建立的。

由于一、二等锁网中要进行天文测量,所以常称其为国家天文大地网。

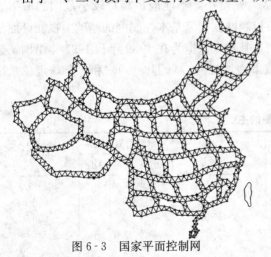

图 6-3　国家平面控制网
★ 天文点

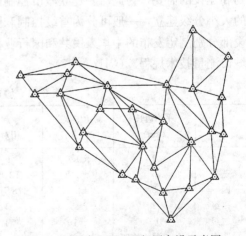

图 6-4　国家 GPS-A 级网布设示意图

国家等级控制网一般每隔一定的时间更新一次,由于精度要求高,边长又长,常规的测角方法要求多点相互通视,要花费大量的人力、物力。随着 GPS 的出现,为建立国家等级控制网提供了良好的观测工具。目前我国已建成覆盖全国的 A 级 GPS 网点 27 个,平均边长 500km;B 级 GPS 网点 730 个,其边长和精度都超过相应等级的三角网。

图 6-3 为国家一等三角锁,它是国家平面控制网的骨干。图 6-4 为全国的 A 级 GPS 网。

2. 国家高程控制网 国家高程控制网建立的主要方法是精密水准测量。其精度分为一、二、三、四等四个等级。图 6-5 为国家一等水准网,它是国家高程控制网的骨干,除作为扩展低等级控制的基础外,还为科学研究提供依据。二等水准网布设于一等水准网环内,是国家高程控制网的全面基础。三、四等水准网是二等水准网的进一步加密,直接为各种测图和工程建设提供必需的高程控制点。

图 6-5 国家一等水准线路布设示意图

6.1.2 城市控制网

1. 平面控制网 国家等级控制网控制的范围大,密度小,不能满足相对较小范围的城市规划和建设的需要,为此需要建立城市控制网。城市控制网在国家基本控制网的基础上视测区面积的大小分级建立,一般可分为首级控制和图根控制,其建立依据为在 1999 年和 1997 年由国家建设部分别制定发布的中华人民共和国行业标准《城市测量规范》(CJJ8-99)和《全球定位系统城市测量技术规程》(CJJ73-97)。

表 6-1 城市三角测量的主要技术要求

等级	平均边长 (km)	测角中误差 (″)	起算边相对中误差	最弱边相对中误差	水平角测回数			三角形闭合差 (″)
					DJ_1	DJ_2	DJ_6	
二等	9	±1.0	1/30 万	1/12 万	12	-	-	≤±3.5
三等	5	±1.8	1/12 万(加密)	1/8 万	6	9	-	≤±7
四等	2	±2.5	1/8 万(加密)	1/4.5 万	4	6	-	≤±9
一级	1	±5	1/4 万	1/2 万	-	2	6	≤±15
二级	0.5	±10	1/2 万	1/1 万	-	1	2	≤±30
图根	≤1.7 最大视距	±20					1	≤±60

表6-2 城市导线测量的主要技术要求

等级	导线长度（km）	平均边长（km）	测角中误差（″）	测距中误差（mm）	水平角测回数 DJ$_1$	水平角测回数 DJ$_2$	水平角测回数 DJ$_6$	方位角闭合差（″）	导线全长相对闭合差
三等	15	3	±1.5	±18	8	12	—	≤±3$\sqrt{n}$	1/60 000
四等	10	1.6	±2.5	±18	4	6	—	≤±5$\sqrt{n}$	1/40 000
一级	3.6	0.3	±5	±15	—	2	4	≤±10$\sqrt{n}$	1/14 000
二级	2.4	0.2	±8	±15	—	1	3	≤±16$\sqrt{n}$	1/10 000
三级	1.5	0.12	±12	±15	—	1	2	≤±24$\sqrt{n}$	1/6 000
图根	—	—	±30	—	—	—	1	≤±60$\sqrt{n}$	1/2 000

注：n 是计算闭合差时用到的转折角个数。

中小城市一般以国家三四等网作为首级控制网。面积较小的城市（小于 10km^2）可用四等及四等以下的小三角网或一级导线网作为首级控制。城市平面控制网的等级根据精度高低依次为二、三、四等和一、二级小三角或一、二级小三边或一、二、三级导线。与国家等级网相似，城市控制网可布设成三角网、精密导线网、GPS 网，只是相应等级的平均边长较短。

一个城市只应建立一个与国家坐标系统相联系的、相对独立和统一的城市坐标系统，并经上级行政主管部门审查批准后方可使用。

2. 高程控制网　城市高程控制测量分为水准测量和三角高程测量。水准测量的等级依次分为二、三、四等，当需布设一等时，可另行设计，经主管部门审批后实施。城市首级高程控制网不应低于三等水准。光电测距三角高程测量可代替四等水准测量。经纬仪三角高程测量主要用于山区的图根控制及位于高层建筑物上平面控制点的高程测定。

城市高程控制网的布设，首级网应布设成闭合环线，加密网可布设成附合路线、结点网和闭合环。只有在特殊情况下，才允许布设水准支线。

一个城市只应建立一个统一的高程系统。城市高程控制网的高程系统，应采用 1985 年国家高程基准或沿用 1956 年黄海高程系统。

城市各等级水准测量的主要技术要求如表 6-3 所示。

表6-3 城市高程控制各等级水准测量的主要技术要求

等级	每千米高差中误差（mm） 偶然中误差	每千米高差中误差（mm） 全中误差	测段、路线往返不符值（mm）	线路闭合差（mm） 平原	线路闭合差（mm） 山区	检测已测测段高差不符值（mm）
二等	±1	±2	±4$\sqrt{L}$	±4$\sqrt{L}$	±4$\sqrt{L}$	±6$\sqrt{L}$
三等	±3	±6	±12$\sqrt{L}$	±12$\sqrt{L}$	±15$\sqrt{L}$	±20$\sqrt{L}$
四等	±5	±10	±20$\sqrt{L}$	±20$\sqrt{L}$	±25$\sqrt{L}$	±30$\sqrt{L}$
图根	—	—	—	±40$\sqrt{L}$	—	—

注：L 是计算不符值（闭合差）的测段或线路长度，以千米计。

6.1.3 工程控制网

工程控制网是为满足各类工程建设、施工放样、安全监测等而布设的控制网，工程控制网一般根据工程的规模大小，工程建设所处位置的地形，工程建筑的类别等布设成不同的形式，精度要求也不一,其建立依据主要是1993年发布的国家标准《工程测量规范》(GB50026-93)。例如为满足道路建设的需要,一般平面控制布设成导线网,精度要求相对较低,而为满足大型工业厂房的设备安装等一般布设成三角网,而且精度相对较高。与城市控制网一样,工程平面控制网一般可布设成三角网、导线网、GPS网等。

工程高程控制网,应根据其面积大小和工程技术要求,采用分级建立的方法。一般情况下,是以国家或城市等级水准点为基础,在整个测区建立三(四)等水准网,再用三角高程测量等方法建立其他高程。

工程控制网一般将国家(或城市)高级控制点的x、y和H作为起算和校核的数据。若测区内或附近无国家(或城市)控制点,或附近有这种高级控制点而不便连测时,则建立测区独立控制网;此外为工程建设服务而建立的专用控制网,或个别重点工程出于某种特殊需要,在建立控制网时,也可采用独立控制网系统。

6.1.4 图根控制网

为满足测图需要而建立的控制网称为图根控制网,建立图根控制网的目的就是为了获得能直接用于地形测图的控制点坐标,其控制点称为图根控制点或图根点。图根平面控制网一般是在国家或城市控制网的基础上发展得来的,但对于独立测区,也可以在测区的首级控制网或上一级控制网下布设。

图根控制网的精度要求相对来说较低,一般要求图根点相对于图根起始点的点位中误差不大于图上0.1mm,其布设形式主要采用图根三角锁(网)、图根导线、前方交会、后方交会等。图根点亦可采用GPS测量方法布设。

图根点的密度取决于测图比例尺和地物、地貌的复杂程度。一般说来平坦开阔地区图根点密度应符合表6-4的规定,而对于地形复杂、隐蔽以及城市建筑区,应以满足测图需要并结合具体情况加大密度。

表6-4 平坦开阔地区图根点密度(点/km²)

测图比例尺	1:500	1:1000	1:2000
常规成图方法(手工测图)	150	50	15
数字化成图方法	64	16	4

6.2 导线测量

导线测量是建立国家基本平面控制的方法之一,生产中导线测量主要用于工程建设的平面控制和地形测图的平面控制等方面。导线布设灵活,要求通视方向少,边长直接测定,精度均匀,尤其在建筑区、视线障碍较多的隐蔽区和带状地区,多采用导线测量的方法。与其他平面控制方法相比,布设导线具有很大的优越性。随着电磁波测距仪和全站仪的日益普及,使导线边长加大,精度和自动化程度大幅度提高,从而使得在地形测图和施工放样的低等级控制中,导线测量成为最主要的控制方法。表6-5和表6-6分别列出了图根光电测距导线测量的技术要求和图根

钢尺量距导线测量的技术要求（摘自《城市测量规范》CJJ8-99）

表6-5 图根光电测距导线测量的技术要求

比例尺	附合导线长度（m）	平均边长（m）	导线相对闭合差	测回数 DJ$_6$	方位角闭合差（″）	测距 仪器类型	方法与测回数
1∶500	900	80	1/4 000	1	≤±40$\sqrt{n}$	Ⅱ级	单程观测 1
1∶1 000	1 800	150					
1∶2 000	3 000	250					

注：n为测站数。

表6-6 图根钢尺量距导线测量的技术要求

比例尺	附合导线长度（m）	平均边长（m）	导线相对闭合差	测回数 DJ$_6$	方位角闭合差（″）
1∶500	500	75	1/2 000	1	≤±60$\sqrt{n}$
1∶1 000	1 000	120			
1∶2 000	2 000	200			

注：n为测站数。

6.2.1 平面控制网的定位定向以及坐标正反算

建立平面控制的目的是为了在地面上确定一系列点的平面坐标，从而将测区纳入到统一的坐标系中。布设平面控制网，至少需要已知一条边的坐标方位角，才能确定控制网的方向，称为定向；至少需要已知一个控制点的平面坐标，才能确定控制网的位置，称为定位。

由于野外测量所得到的角度和距离更多的是表现为"极坐标"下的位置关系，而点位的表达又是在直角坐标系下，因此，经常需要进行直角坐标和极坐标之间的换算。

1. 坐标与坐标增量 如图6-6所示，若1、2两点的平面坐标分别为(x_1, y_1)、(x_2, y_2)，则定义点1到点2的坐标增量$(\Delta x_{1,2}, \Delta y_{1,2})$为：

$$\begin{cases} \Delta x_{1,2} = x_2 - x_1 \\ \Delta y_{1,2} = y_2 - y_2 \end{cases} \quad (6-1)$$

坐标增量$(\Delta x_{1,2}, \Delta y_{1,2})$也写为$(\Delta x_{12}, \Delta y_{12})$。由式(6-1)可知，若已知两点的坐标值，则可计算其坐标增量；也可已知其中一点坐标及至另一点的坐标增量，计算另一点的坐标。

2. 坐标正算（极坐标→直角坐标） 极坐标化为直角坐标，测量计算上称坐标正算，即已知两点间的边长和方位角，计算两点间的坐标增量：

$$\begin{cases} \Delta x_{12} = D_{12} \cdot \cos\alpha_{12} \\ \Delta y_{12} = D_{12} \cdot \sin\alpha_{12} \end{cases} \quad (6-2)$$

根据式（6-2）计算时，sin和cos函数随坐标方位角α所

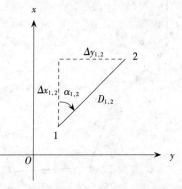

图6-6 直角坐标与极坐标的关系

在的象限而有正、负之分，因此算得的增量同样是有正有负。正、负号的决定如表6-7所示。

表6-7 方位角α与坐标增量正、负号之间的关系

象限	坐标方位角α	cosα	sinα	Δx	Δy
Ⅰ	0°～90°	+	+	+	+
Ⅱ	90°～180°	−	+	−	+
Ⅲ	180°～270°	−	−	−	−
Ⅳ	270°～360°	+	−	+	−

3. 坐标反算（直角坐标→极坐标） 直角坐标化为极坐标又称坐标反算，即已知两点的直角坐标或坐标增量，计算两点间的边长和坐标方位角。

$$\begin{cases} D_{12} = \sqrt{\Delta x_{12}^2 + \Delta y_{12}^2} \\ R_{12} = \left| \arctan\left(\dfrac{\Delta y_{12}}{\Delta x_{12}}\right) \right| \\ \alpha_{12} = f(R_{12}) \end{cases} \quad (6-3)$$

式中，R_{12}表示点1到点2的象限角，f表示将象限角转换成坐标方位角的转换函数，见第4章中表4-4。

6.2.2 导线的布设形式

导线是由若干条线段连成的折线，每条线段称为导线边，相邻两线段之间所夹的水平角称为转折角。导线有导线网和单导线之分，单导线是导线网的最简单形式，也是在低等级控制测量中尤其是图根控制中使用最频繁的控制形式。单导线可布设成如下的三种形式：

1. 闭合导线 起迄于同一已知点的导线，称为闭合导线，亦称环形导线。如图6-7所示，从一个已知控制点B出发，经过所有的未知点（如1、2、3、4），仍回到该已知点，形成一个闭合多边形的导线称为闭合导线。闭合导线应观测联接角β_0。

2. 附合导线 布设在两已知控制点间的导线，称为附合导线。如图6-8所示，从高级控制点B出发，以BA边的方位角为起始坐标方位角，经过1、2、3、4点，再附合到另一高级控制点C和已知方向CD上，这样的导线称为附合导线。此种布设形式，具有检核观测成果和起迄数

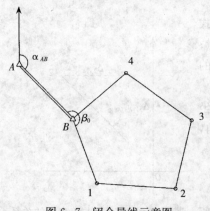

图6-7 闭合导线示意图

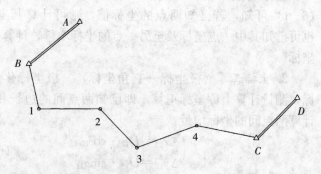

图6-8 附合导线示意图

据的作用,是在高级控制点下进行控制点加密最常用的形式。

3. **支导线** 由一已知点和一已知方向出发,既不附合到另一已知点,又不回到原起始点的导线,称为支导线,亦称自由导线。如图6-9所示,从高级控制点B和AB边的方位角出发延伸出去的导线A、B、3、4、5称为支导线。由于支导线缺少对观测数据的检核,因此使用支导线必须谨慎。一般只限于在图根导线和地下工程导线中使用。对于图根导线,支导线的点数一般规定不超过3个。

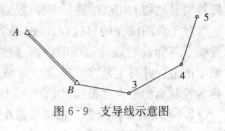

图6-9 支导线示意图

6.2.3 导线测量的外业工作

导线测量的外业工作包括:踏勘选点及建立标志、量边、测角和连测。

1. **踏勘选点及建立标志** 选点前,应调查搜集测区已有的地形图和控制点的成果资料:测区原有的地形图、高级控制点所在的位置、已知数据(点的坐标和高程)等。然后根据测区已有的小比例尺地形图或测区具体情况,结合测图目的,先在已有的地形图上拟定导线的布设方案,拟定导线的布设形式,进行图上选点,然后到野外去踏勘实地核对、修改和落实点位。如果测区没有地形图资料,则需详细踏勘现场,根据已知控制点的分布、测区地形条件及测图和施工需要等具体情况,合理地选定导线点的位置。

在确定导线点的实际位置时,应综合考虑以下几个方面:

①相邻点间通视良好,地势较平坦,便于测角和量距。

②导线点应选在视野广阔,便于测绘碎部点的地方。点应选在不易被行人车马触动,土质坚实便于安置仪器的地方。

③相邻边长尽量不使其长短相差悬殊。平均边长如表6-5、表6-6,最长不超过平均边长的2倍。

④导线点应有足够的密度,分布较均匀,便于控制整个测区。

导线点位置选定后,应在地面上建立标志。在泥土地面上,要在点位上打一木桩,桩顶上钉一小铁钉,作为临时性标志。在碎石或沥青路面上,可以用顶上凿有十字纹的大铁钉代替木桩。在混凝土场地或路面上,可以用钢钎凿一个十字纹,再涂以红油漆。若导线点需要保存的时间较长,则要埋设混凝土桩(图6-10)或石桩,桩顶刻"十"字,作为永久性标志。

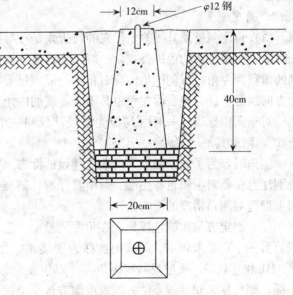

图6-10 混凝土导线点标石

导线点应分等级统一编号(为方便计算,闭合导线最好按逆时针编号)。为便于在观测和使用时寻找,可以在点位附近的墙角或电线杆等明显地物上用红油漆标明导线点的位置。

对于长期保存的导线点，还应画一草图，并量出导线点与邻近明显地物点的距离（称为"撑距"），注明于图上，并写上地名、路名、导线点编号等。该图称为控制点的"点之记"，如图 6-11 所示。

2. 导线边长的测量　根据仪器配备情况与精度要求，可选用钢尺量距或光电测距仪测距。目前光电测距应用普遍，一般可采用光电测距量测边长。

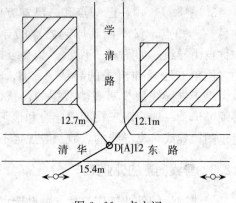

图 6-11　点之记

(1) 钢尺量距。图根导线边长最好用检定过的钢尺进行测量。使用钢尺量距宜采用往返距离丈量，其相对误差不应大于规定的限值（如 1/3 000）。钢尺丈量的边长应进行下列改正：①尺长改正数大于尺长的 1/10 000 时，应加尺长改正。②量距时平均尺温与检定时温度相差大于 ±10℃ 时，应加尺长改正。③地面倾斜大于 1.5% 时，应进行倾斜改正。

(2) 光电测距。若用电磁波进行测距，则在测量前，需要对反射棱镜的常数进行检验和设置。当地面的起伏较大，引起视线的倾斜大于 30′ 时，应将竖轴补偿器打开，同时设置角度改正功能。在同一测站上，观测距离 2~4 次，取其平均值作为观测结果。对于一、二级精密导线，在同一段距离上应采用往返测，必要时，也需要对影响距离改正的温度、几何因子等参数进行设置。

在距离测量中，若导线边的两个端点中有一个是已知点，则该导线边称为连接边，如图 6-8 中的 B-1 和 4-C。

3. 角度测量

(1) 角度测量及其限差。导线的转折角是在导线点上由相邻两导线边构成的水平角。为了便于写出方位角推算的通用公式，一般人为地将导线的转折角分为左角与右角，在导线前进方向左侧的角称为左角，右侧的角称为右角，一般测量导线的左角。对于闭合导线而言，导线点按逆时针方向编号，这时导线的左角也是闭合导线的内角。

对于图根导线，一般用 J_6 级光学经纬仪测一个测回。若盘左、盘右测得角值的较差不超过 ±40″，则取其平均值。

测角时，为了便于瞄准，可在已埋设的标志上用标杆作为照准标志。当导线边长较短时，要特别注意仪器对中和目标照准。对中要仔细，瞄准目标时应尽可能地照准目标的底部，以减少这两项误差对测角精度的影响。

(2) 测定方位角或连接角。在角度测量中，若设站点为已知点，而目标点中有一个点是已知点而另一个点是未知点，则该角度称为连接角，如图 6-7 中的水平角 β_0，图 6-8 中的水平角 $\angle AB1$ 和 $\angle 4CD$，通过观测连接角，可以传递坐标方位角。计算时如果同时从已知点获取起算坐标，则可使未知导线点纳入国家或地方统一坐标系。

当测区没有高一等级的点可以连接，即无法获得坐标与方位，这时可建立独立的坐标系统，可假定一点的坐标，测定过该点的一边的磁方位角作为起算数据。

当外业观测完成后，应及时对数据进行检查处理，包括限差的检验、粗差的检查等。

6.2.4 导线测量的内业计算

导线内业计算的目的就是求得各导线点的平面直角坐标 (x, y)，以作为下一步工作的基础。因此所计算的结果必须准确可靠，这就要求外业观测成果必须正确无误，因此在内业计算前必须认真审核外业原始资料、起算数据资料，保证准确无误。符合要求后，先绘制导线略图，在图上注明已知点（高级点）及导线点点号、已知点坐标、已知边坐标方位角及所测量的导线边边长和水平角观测值，以便进行计算。

进行导线计算，习惯上在规定的表格中进行。计算工具可采用计算器或袖珍计算机。当然，也可以在计算机中编制程序进行计算。甚至可以借助于一些应用软件，如应用办公软件 Microsoft Excel 的单元格计算功能进行导线计算、应用绘图软件 AutoCAD、MicroStation 等在计算机中进行图解计算。

对于仪器中带有导线计算程序的全站仪，若应用其进行导线测量，则在野外即可以得到各导线点的坐标，只是这些坐标往往都是利用观测值直接计算的，没有进行闭合差的调整（相当于是支导线的计算）。虽然如此，但程序往往会给出闭合差的值。这样，可以通过对闭合差的检核，对比观测的要求，以明确是否需要对全站仪计算出的坐标进行进一步的调整。

6.2.4.1 闭合导线计算

图 6-12 是钢尺量距图根闭合导线的略图，图中已知点 1 的坐标（500.00，500.00），已知 1—2 边的坐标方位角 α_{12}，观测了角度和距离。已知坐标方位角及观测值注于图上，需要计算导线点 2，3，4 点的坐标。

计算按以下步骤在表 6-8 中进行：

1. **角度闭合差（方位角闭合差）的计算与调整** 按平面几何原理，n 边形内角之和为 $(n-2) \cdot 180°$，因此，n 边闭合导线内角 β_1、β_2、……、β_n 之和的理论值应为：

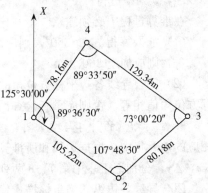

图 6-12 闭合导线示意图

$$\sum \beta_{理} = (n-2) \times 180° \tag{6-4}$$

由于导线水平角观测中不可避免地含有误差，使内角之和不等于理论值，而产生角度闭合差（方位角闭合差）：

$$f_\beta = \sum \beta_{测} - \sum \beta_{理} = (\beta_1 + \beta_2 + \cdots\cdots + \beta_n) - (n-2) \times 180° \tag{6-5}$$

图根导线的技术要求可参见所采用的相应的《规范》（如本例采用《城市测量规范》，见表 6-6），则容许的角度闭合差为：

$$f_{\beta容} = \pm 60'' \sqrt{n} \tag{6-6}$$

如果 $|f_\beta| > |f_{\beta容}|$，则说明水平角观测有错或计算有误，需要检查计算错误乃至外业角度观测返工。

如果 $|f_\beta| \leqslant |f_{\beta容}|$，则将角度闭合差按"反其符号，平均分配"的原则（对于观测角度是左

角的情况），对各个观测角度进行改正，改正值在表格第 3 栏。作为计算的检核，改正数之和应与闭合差大小相等，符号相反，改正后角度之和应等于 $\sum\beta_{理}$，以上计算在表 6-8 的第 4 栏。

本例中，导线转折角数 $n=4$，$\sum\beta_{理}=(n-2)\times 180°=360°$，$\sum\beta_{测}=359°59'10''$，$f_{\beta}=-50''$，$f_{\beta容}=\pm 60''\sqrt{4}=\pm 120''$。因此，可以将角度闭合差进行调整，各角度的改正值为 $+50''/4=+12''.5$，在导线近似平差计算中，角度取位到秒即可，所以，可将角度的改正值近似地取为 $+12''$，但又不能保证角度闭合差与改正数之和的大小相等，可将其中的某两个角度改正数取为 $+13''$，如可将凑整余数加在与短边相邻的角中。改正后各角度之和为 $360°$。

2. 坐标方位角推算　为了计算各未知导线点的坐标，则需要计算相邻两导线点之间的坐标增量。而为了得到坐标增量，则必须知道各导线边的边长和坐标方位角。边长是直接测量的，而坐标方位角则必须根据起始边及观测的导线转折角（左角或右角）来推算，如图 6-13 所示。

$\alpha_{前}=\alpha_{后}+\beta_{左}-180°$（适用于测左角）　　（6-7）

$\alpha_{前}=\alpha_{后}+180°-\beta_{右}$（适用于测右角）　　（6-8）

在本例中，导线边坐标方位角的推算在表 6-8 的第 5 列中进行。

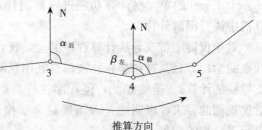

图 6-13　方位角的推算

在推算过程中必须注意：

（1）如果算得 $\alpha_{前}>360°$，则应减去 $360°$；$\alpha_{前}<0°$，则应加上 $360°$。

（2）闭合导线各边坐标方位角的推算，最后推算出起始边的坐标方位角，应与原有的已知坐标方位角值相等，否则应重新检查计算是否有误。

3. 坐标增量的计算与增量闭合差的调整　将所测的各导线边的边长抄录于表 6-8 中第 6 列相应的单元格中。根据边长和所推算出的各边坐标方位角，按坐标正算公式计算各边的坐标增量 Δx，Δy，分别记于表中第 7，8 两列相应的单元格内。

闭合导线各边纵、横坐标增量代数和的理论值应分别等于零，如图 6-14（a）所示。即：

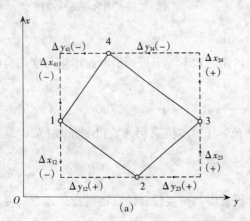
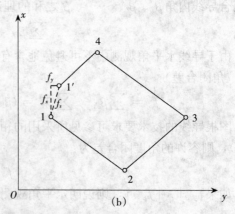

图 6-14　闭合导线的闭合差

（a）理论上坐标增量的代数和为零　（b）实际测量得到的导线闭合差

$$\begin{cases} \sum \Delta x_{理} = 0 \\ \sum \Delta y_{理} = 0 \end{cases} \quad (6-9)$$

表 6-8 闭合导线坐标计算表

点号	观测角（左角）(° ′ ″)	改正数 (″)	改正角 (° ′ ″)	坐标方位角(α) (° ′ ″)	距离 D (m)	坐标增量 Δx (m)	坐标增量 Δy (m)	改正后增量 Δx (m)	改正后增量 Δy (m)	坐标值 x (m)	坐标值 y (m)
(1)	(2)	(3)	(4)=(2)+(3)	(5)	(6)	(7)	(8)	(9)	(10)	(11)	(12)
1				**125 30 00**	105.22	−2 −61.10	+2 +85.66	−61.12	+85.68	500.00	500.00
2	107 48 30	+13	107 48 43	53 18 43	80.18	−2 +47.90	+2 +64.30	+47.88	+64.32	438.88	585.68
3	73 00 20	+13	73 00 33	306 19 16	129.34	−3 +76.61	+2 −104.21	+76.58	−104.19	486.76	650.00
4	89 33 50	+12	89 34 02	215 53 18	78.16	−2 −63.32	+1 −45.82	−63.34	−45.81	563.34	545.81
1	89 36 30	+12	89 36 42	**125 30 00**						500.00	500.00
总和	359 59 10	+50	360 00 00		392.90	+0.09	−0.07	0.00	0.00		

$f_\beta = -50''$ $f_x = +0.09$ $f_y = -0.07$

$f_{容} = \pm 60''\sqrt{n} = \pm 60''\sqrt{4} = \pm 120''$ 导线全长闭合差 $f_s = \sqrt{f_x^2 + f_y^2} = \pm 0.11\text{m}$

导线全长相对闭合差容许值 $= \dfrac{1}{2\,000}$ 导线全长相对闭合差 $K = \dfrac{0.11}{392.90} = \dfrac{1}{3\,571}$

注：上述表格中，加粗字为已知数据，下划线字表示是原始观测数据。

由于导线边长观测值有误差，角度观测值虽然经过角度闭合差的调整，但仍有剩余的误差。因此，当由边长、方位角推算坐标增量时，所得的坐标增量也是会含有误差的。从而产生纵坐标增量闭合差 f_x 和横坐标增量闭合差 f_y，即：

$$\begin{cases} f_x = \sum \Delta x_{测} - \sum \Delta x_{理} = \sum \Delta x_{测} \\ f_y = \sum \Delta y_{测} - \sum \Delta y_{理} = \sum \Delta y_{测} \end{cases} \quad (6-10)$$

由于存在坐标增量闭合差（又称为增量闭合差、坐标闭合差），使导线在平面图形上不能闭合，即从起始点出发经过推算不能回到起始点，产生导线全长闭合差，如图 6-14（b）所示，其长度 f_s：

$$f_s = \sqrt{f_x^2 + f_y^2} \quad (6-11)$$

导线越长，导线测角量距时积累的误差也越多。因此，f_s 数值的大小不仅与观测的精度有关，还与导线的全长有关。在衡量导线测量精度时，一般将 f_s 与导线全长（各观测导线边长之和 $\sum D$）相比，并以分子为 1 的分数形式表示，称为导线全长相对闭合差，用 K 表示。则：

$$K = \frac{f_s}{\sum D} = \frac{1}{\dfrac{\sum D}{f_s}} \quad (6-12)$$

K 愈小,表示导线测量的精度愈高。在本例中,容许的导线全长相对闭合差为 1/2 000。如果 K 大于限差,则说明距离丈量有错或计算有误,需要检查计算甚至外业返工。

当导线全长相对闭合差 K 小于等于限差时,可将坐标增量闭合差 f_x,f_y 按照"反其符号,按边长为比例分配"的原则,将坐标增量闭合差分配到各边纵、横坐标增量上。纵、横坐标增量改正值 $V_{xi,i+1}$,$V_{yi,i+1}$ 分别为:

$$\begin{cases} V_{xi,i+1} = -\dfrac{f_x}{\sum D} \cdot D_{i,i+1} \\ V_{yi,i+1} = -\dfrac{f_y}{\sum D} \cdot D_{i,i+1} \end{cases} \tag{6-13}$$

其中,i,$i+1$ 表示两个相邻点的点号。

改正后的坐标增量、增量闭合差、全长闭合差及全长相对闭合差在表 6-8 的第 9,10 列中及表的下方进行计算。各边增量改正值按(6-13)式计算好后,写在坐标增量计算值的上方,并按其单位值对齐相应位数。

4. 未知导线点的坐标推算

对于相邻的导线点 i,$i+1$,已知 i 点的坐标(x_i,y_i),计算出了 i 到 $i+1$ 点的坐标增量($\Delta x_{i,i+1}$,$\Delta y_{i,i+1}$)及其改正数($V_{xi,i+1}$,$V_{yi,i+1}$),则可以求出 $i+1$ 点的坐标如下:

$$\begin{cases} x_{i+1} = x_i + \Delta x_{i,i+1} + V_{xi,i+1} \\ y_{i+1} = y_i + \Delta y_{i,i+1} + V_{yi,i+1} \end{cases} \tag{6-14}$$

导线点坐标的推算在表 6-8 的 11,12 列中进行。本例中,闭合导线从已知点 1 开始,依次推算出 2,3,4,1 的坐标。当推算出的 1 点坐标与已知数据相等时,说明计算正确。否则,说明坐标增量闭合差未分配完,应进行检查,是因为计算错误产生的还是由于进位产生的。

6.2.4.2 附合导线计算

附合导线的计算步骤与闭合导线的基本相同。但由于附合导线的形状更具有一般性,故在大多数的情形下,可以把附合导线看成是闭合导线的扩展,闭合导线是附合导线的特例。与闭合导线相比,在计算角度闭合差和坐标增量闭合差时略有不同。

如图 6-15 所示钢尺测距图根附合导线略图,A、B 和 C、D 是高级控制点,α_{AB}、α_{CD} 及 x_B、y_B、x_C、y_C 为起算数据,β_i 和 D_i 分别为角度和边长观测值,计算待定点 1、2、3、4 点的坐标。

A、B、C、D 是已知高级控制点,相对于施测的导线来说,可认为其已知坐标是无误差的标准值。这样,与闭合导线一样,附合导线也存在三个校核条件:①一个方位

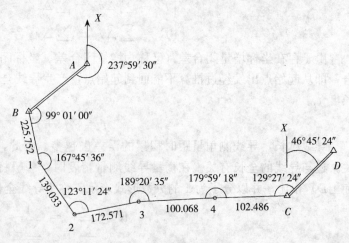

图 6-15 附合导线略图

角闭合条件，即根据已知方位角 α_{AB}，通过各 β_i 的观测值推算出 CD 边的坐标方位角 α'_{CD}，应等于已知的 α_{CD}；②纵、横坐标闭合条件，即由 B 点的已知坐标 x_B、y_B，经各边、角推算求得的 C 点坐标 x'_C、y'_C 应与已知的 x_C、y_C 相等。这三个条件是观测值的校核条件，下面介绍与闭合导线不同部分的计算方法。

1. 坐标方位角的计算与调整　根据方位角推算公式，由角度观测值可得到 CD 边的坐标方位角为

$$\alpha_{B1}=\alpha_{AB}+\beta_B-180°$$
$$\alpha_{12}=\alpha_{B1}+\beta_1-180°$$
$$\cdots\cdots$$
$$\alpha'_{CD}=\alpha_{4C}+\beta_C-180°$$

即
$$\alpha'_{CD}=\alpha_{AB}+\sum\beta_{测}-6\times180°$$

$$\alpha'_{CD}=\alpha_{AB}+\sum_{i=1}^{n}\beta_{i左}-n\times180° \tag{6-15}$$

由于测角中存在误差，所以 α'_{CD} 一般不等于已知的 α_{CD}，其差数称为角度闭合差，即

$$f_\beta=\alpha'_{CD}-\alpha_{CD} \tag{6-16}$$

本例中 $\alpha'_{CD}=46°44'47''$，$\alpha_{CD}=46°45'24''$ 代入上式得：

$$f_\beta=46°44'47''-46°45'24''=-37''$$

图根导线角度闭合差的容许值 $f_{\beta容}$ 可参见所采用的相应的《规范》（如本例采用《城市测量规范》，见表 6-6），则容许的角度闭合差为：

$$f_{\beta容}=\pm60''\sqrt{n} \tag{6-17}$$

此例中，$n=6$，则 $f_{\beta容}=\pm60''\sqrt{6}\approx\pm147''$

若 $|f_\beta|>|f_{\beta容}|$，应重新检测角度。若 $|f_\beta|\leqslant|f_{\beta容}|$，对各角值进行调整。各角度属同精度观测，所以将角度闭合差反符号平均分配（其分配值称为改正数）给各角（在观测角度是左角的情况下）或不反符号直接平均分配给各角（在观测角度是右角的情况下），然后计算各边方位角。作为检核，由改正后的各角度值推算的 α'_{CD} 应与已知的 α_{CD} 相等，见表 6-9 第 3 列。

2. 坐标增量闭合差的计算与调整　由坐标闭合条件可知，附合在 B、C 两点间的导线，如果测角和量边没有误差，各边坐标增量之和 $\sum\Delta x$、$\sum\Delta y$ 应分别等于 B、C 两点的纵横坐标之差 $\sum\Delta x_{理}$、$\sum\Delta y_{理}$。即

$$\begin{cases}\sum\Delta x_{理}=x_C-x_B=x_{终}-x_{始}\\ \sum\Delta y_{理}=y_C-y_B=y_{终}-y_{始}\end{cases} \tag{6-18}$$

量边的误差和角度闭合差调整后的残余误差，使计算出的 $\sum\Delta x$、$\sum\Delta y$ 往往不等于 $\sum\Delta x_{理}$、$\sum\Delta y_{理}$，产生的差值分别称为纵坐标增量闭合差 f_x，横坐标增量闭合差 f_y。即：

$$\begin{cases}f_x=\sum\Delta x-\sum\Delta x_{理}=\sum\Delta x-(x_{终}-x_{始})\\ f_y=\sum\Delta y-\sum\Delta y_{理}=\sum\Delta y-(y_{终}-y_{始})\end{cases} \tag{6-19}$$

坐标增量闭合差的调整方法与闭合导线相同。

表6-9 附合导线坐标计算

点号	转折角（左）(° ′ ″)	改正后的角度(° ′ ″)	坐标方位角α (° ′ ″)	距离D (m)	坐标增量（m）		改正后的坐标增量(m)		坐标（m）		点号
					Δx	Δy	Δx	Δy	x	y	
	1	2	3	4	5	6	7	8	9	10	
A	+06		**237 59 30**								
B	99 01 00	99 01 06			+0.019	−0.033			**2 507.687**	**1 215.630**	B
	+06		157 00 36	225.752	−207.821	+88.172	−207.802	+88.139			
1	167 45 36	167 45 42			+0.012	−0.020			2 299.885	1 303.769	1
	+06		144 46 18	139.033	−113.570	+80.199	−113.558	+80.179			
2	123 11 24	123 11 30			+0.014	−0.025			2 186.327	1 383.948	2
	+07		87 57 48	172.571	+6.133	+172.462	+6.147	+172.437			
3	189 20 35	189 20 42			+0.008	−0.015			2 192.474	1 556.385	3
	+06		97 18 30	100.068	−12.730	+99.255	−12.722	+99.240			
4	179 59 18	179 59 24			+0.008	−0.015			2 179.752	1 655.625	4
	+06		97 17 54	102.486	−13.019	+101.656	−13.011	+101.641			
C	129 27 24	129 27 30							**2 166.741**	**1 757.266**	C
D			**46 45 24**								
			∑	739.91	−341.007	+541.744					

$\alpha'_{CD} = 46°44'47''$　　$\alpha_{CD} = 46°45'24''$　　$f_\beta = \alpha'_{CD} - \alpha_{CD} = -37''$　　$f_{\beta容} = \pm 60''\sqrt{6} = \pm 147''$

$f_x = \sum \Delta x - (x_C - x_B) = -0.061\text{m}$　　$f_y = \sum \Delta y - (y_C - y_B) = 0.108\text{m}$　　$f = \sqrt{f_x^2 + f_y^2} = 0.124\text{m}$

$$K = \frac{f}{\sum D} = \frac{1}{5\,967}$$

注：上述表格中，加粗字为已知数据，下划线字表示是原始观测数据。

6.2.4.3 支导线的计算

支导线中没有多余观测值，所以，它也不会产生任何数据间的校核关系，因此也无法对观测角度和计算出的坐标增量值作任何的改正。支导线的计算步骤如下：

（1）根据已知起始坐标方位角和观测的导线转折角推算各导线边的坐标方位角；

（2）根据所测得的导线边长和推算出的坐标方位角计算各边的坐标增量；

（3）根据给定的已知高级点坐标和计算出的坐标增量推算各点的坐标。

6.2.5 导线测量错误的检查

在导线计算过程中，如果发现闭合差超限，则应首先检查计算是否出错，然后检查是否是内业计算时抄录错误，或是外业观测记录错误。如果都没有发现问题，则说明导线外业中边长或角度测量有错误，应到现场去返工。但在去现场前，如果能分析出错误可能发生在何处，则应首先到该处重测，以尽量减少工作量。

错误查找主要是针对带有多余观测数据的导线，而没有多余观测的导线（如支导线），若其中有角度或距离测错，则完全是无法知道的。因此，在导线设计阶段，应最好将导线布设成完整的附合导线的形状，这样，不但可以检查观测数据，同时对给定的高级控制点的坐标也是一个检查。

6.2.5.1 一个角度测错的查找方法

对于附合导线来说，分别从导线两端的已知点坐标及已知坐标方位角出发，按支导线计算导线各点的坐标，得到两套坐标。如果某一个导线点的两套坐标值非常接近，则该点的转折角最有可能测错。如图6-16所示的第2点。

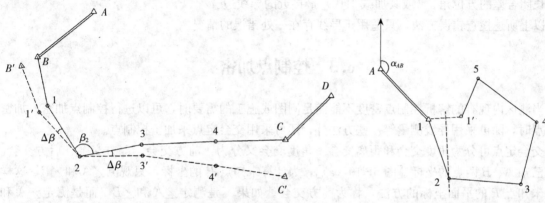

图6-16 附合导线中有一个转折角测错　　　图6-17 闭合导线中有一个转折角测错

该方法同样适合于闭合导线，只是从同一个已知点及已知坐标方位角出发，分别沿顺时针和逆时针方向按支导线法计算出两套坐标，以寻找两套坐标值中最为接近的导线点。

此外，当错误较大时（如5°以上），还可用图解的方法查找。

若为闭合导线，可按边长和角度，用一定的比例尺绘出导线图，如图6-17，并在闭合差1—1'的中点作垂线。如果垂线通过或接近通过某导线点（如点2），则该点发生错误的可能性最大。

若为附合导线，可先将两端的已知控制点展绘在图上，再分别自导线的两个端点B、C按边长和角度绘出两条导线，如图6-16所示，在两条导线的交点或最接近处（如导线点2）发生测角错误的可能性最大。

6.2.5.2 一条边长测错或坐标方位角用错的查找方法

角度闭合差未超限才进行下一步全长闭合差的计算，当全长闭合差超限时，粗差往往出现在边长或坐标方位角上。

如图6-18所示，若12边错为12'，则闭合差CC'将平行于该边。若粗差系由于计算坐标增量时用错了坐标方位角，则最后的闭合差方向将大致垂直于错误的导线边。为了要确定粗差所在，首先确定全长闭合差的方向。

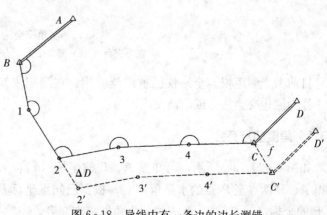

图6-18 导线中有一条边的边长测错

全长闭合差 CC' 的坐标方位角：

$$\tan\alpha = \frac{f_y}{f_x} \qquad (6-20)$$

用 α 与各边方位角进行比较，若有与之相差约 $90°$ 者，则检查坐标方位角有无用错或算错。若有与之基本平行或相差 $180°$ 者，应检查边长的计算，若不是计算错误，应到实地重测方位角与导线全长闭合差的方位角 α（或其加减 $180°$）最接近的导线边。

以上所述检查错误方法，只适用于导线存在一处错误的情况。

6.3 控制点加密

当测区内现有的解析控制点密度不能满足测图或施工的需要时，可以进行控制点加密。加密控制点时，除可采用导线测量等一些方法外，还可采用交会定点来加密控制点。

交会定点可分为角度交会和距离交会。角度交会又分为：前方交会、侧方交会、后方交会。如果已知 A、B 两点的坐标［图 6-19（a）］，为计算未知点 P 的坐标，只观测 $\angle A$ 和 $\angle B$，这样测定未知点 P 的平面坐标的方法，称为前方交会。如果不是测定 $\angle A$ 和 $\angle B$，而是测定 $\angle A$ 和 $\angle P$［图 6-19（b）］、或者测定 $\angle B$ 和 $\angle P$，同样也可以计算出未知点 P 的坐标，这种方法称为侧方交会。为了求得未知点 P 的坐标，也可以在 P 点上瞄准 A、B、C 三个已知点，测得 α、β［图 6-19（c）］，这种方法称为后方交会。用测角交会测定未知点坐标，由于图形结构简单，外业工作比较简易。是经常采用的加密控制点的方法。

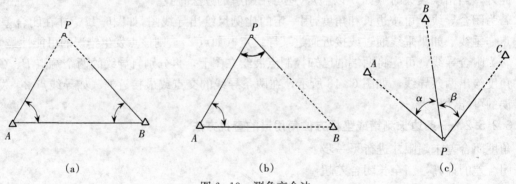

图 6-19 测角交会法
(a) 前方交会 (b) 侧方交会 (c) 后方交会

目前激光测距仪、全站仪已被广泛应用，在测定未知点坐标时，也可以采用量测边长的方法，称为测边交会法，或距离交会。

6.3.1 角度前方交会

如图 6-20（a）所示，已知点 A、B 的坐标 (x_A, y_A) 和 (x_B, y_B)。在 A、B 两点设站，测得 A、B 两点至 P 点的水平角 α、β，根据已知点坐标及 α、β，通过解算三角形方法算出未知点 P 的坐标 (x_P, y_P)，此方法即为角度前方交会。

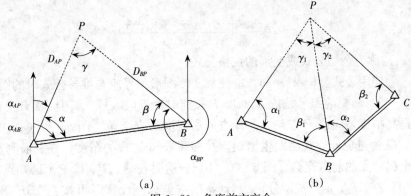

图 6-20 角度前方交会
(a) 普通前方交会　(b) 带检核的前方交会

1. 利用余切公式解算待定点的坐标　利用余切公式直接解算待定点坐标的公式如下：

$$\begin{cases} x_P = \dfrac{x_B \cot\alpha + x_A \cot\beta + (y_B - y_A)}{\cot\alpha + \cot\beta} \\ y_P = \dfrac{y_B \cot\alpha + y_A \cot\beta - (x_B - x_A)}{\cot\alpha + \cot\beta} \end{cases} \qquad (6-21)$$

公式推导为：

由图 6-20 (a) 可知：

$$x_P = x_A + D_{AP} \cdot \cos\alpha_{AP}$$

其中：

$$\alpha_{AP} = \alpha_{AB} - \alpha$$

在 △ABP 中，由正弦定理可知：

$$\frac{D_{AP}}{D_{AB}} = \frac{\sin\beta}{\sin\gamma} = \frac{\sin\beta}{\sin(\alpha+\beta)}$$

即

$$D_{AP} = \frac{D_{AB}\sin\beta}{\sin(\alpha+\beta)}$$

由此可得：

$$\begin{aligned} x_P &= x_A + \frac{D_{AB}\sin\beta\cos(\alpha_{AB}-\alpha)}{\sin(\alpha+\beta)} \\ &= x_A + \frac{D_{AB}\sin\beta(\cos\alpha_{AB}\cos\alpha + \sin\alpha_{AB}\sin\alpha)}{\sin\alpha\cos\beta + \cos\alpha\sin\beta} \\ &= x_A + \frac{D_{AB}\sin\beta(\cos\alpha_{AB}\cos\alpha + \sin\alpha_{AB}\sin\alpha)/(\sin\alpha\sin\beta)}{(\sin\alpha\cos\beta + \cos\alpha\sin\beta)/(\sin\alpha\sin\beta)} \\ &= x_A + \frac{D_{AB}\cos\alpha_{AB}\cot\alpha + D_{AB}\sin\alpha_{AB}}{\cot\beta + \cot\alpha} \\ &= x_A + \frac{(x_B - x_A)\cot\alpha + (y_B - y_A)}{\cot\alpha + \cot\beta} \\ &= \frac{x_B\cot\alpha + x_A\cot\beta + (y_B - y_A)}{\cot\alpha + \cot\beta} \end{aligned}$$

同理可得：

$$y_P = \frac{y_B \cot\alpha + y_A \cot\beta - (x_B - x_A)}{\cot\alpha + \cot\beta}$$

公式（6-21）称为余切公式或变形的戎格公式。

必须指出：①使用公式（6-21）时，应注意实测图形编号应与推导公式时的图形编号一致，即△ABP［图6-19（a）］的点号是依 A、B、P 按逆时针方向编号，其中 A、B 是已知点，P 为未知点。②为提高精度，应使 P 点与 A、B 方向所对应的交会角［图6-20（a）中的 γ 角］在 30°~120°之间。③为避免外业观测发生错误，并提高未知点 P 的精度，在一般测量规范中，都要求布设有三个起始点的前方交会［图6-20（b）］。这时在 A、B、C 三个已知点向 P 点观测，测出了四个角值：α_1、β_1、α_2、β_2，分两组计算 P 点坐标。计算时可按△ABP 求出 P 点坐标 (x_P', y_P')，再按△BCP 求出 P 点坐标 (x_P'', y_P'')。当这两组坐标的较差在容许限差内，则取它们的平均值作为 P 点的最后坐标。在一般测量规范中，规定容许的最大位移 e 不大于测图比例尺精度的两倍，即

$$e = \sqrt{\delta_x^2 + \delta_y^2} \leqslant 2 \times 0.1\text{mm} \cdot M = \frac{M}{5000} \text{ (m)}$$

式中，$\delta_x = |x_P' - x_P''|$，$\delta_y = |y_P' - y_P''|$，M 为测图比例尺分母。

角度前方交会余切公式计算的算例见表 6-10。

表 6-10 角度前方交会计算算例

点名		观测角 ° ′ ″		角之余切		X (m)		Y (m)
A	F_1	α_1	40 41 57	$\cot\alpha_1$	1.162 641	x_A	**7 477.54**	y_A	**6 307.24**
B	F_2	β_1	75 19 02	$\cot\beta_1$	0.262 024	x_B	**7 327.20**	y_B	**6 078.90**
P	M_4			Σ	1.424 665	x_P'	7 194.57	y_P'	6 226.42
B	F_2	α_2	59 11 35	$\cot\alpha_2$	0.596 284	x_B	**7 327.20**	y_B	**6 078.90**
C	F_3	β_2	69 06 23	$\cot\beta_2$	0.381 735	x_C	**7 163.69**	y_C	**6 046.65**
P	M_4			Σ	0.978 019	x_P''	7 194.54	y_P''	6 226.42
点位位移 e	$e=\sqrt{\delta_x^2+\delta_y^2}=\pm 0.03$m			P 点坐标平均值		x_P	7 194.56	y_P	6 226.42

注：上述表格中，加粗字为已知数据，下划线字表示是原始观测数据。

2. 利用坐标正反算公式求解待定点的坐标

在图 6-20 (a) 中：

(1) 按已知点 A、B 的坐标值反算边长 D_{AB} 和方位角 α_{AB}。

$$\alpha_{AB} = \tan^{-1} \frac{y_B - y_A}{x_B - x_A}$$

$$D_{AB} = \sqrt{(x_B - x_A)^2 + (y_B - y_A)^2}$$

(2) 计算 AP、BP 边的方位角 α_{AP}、α_{BP} 和边长 D_{AP}、D_{BP}。从图 6-20 (a) 可知：

$$\alpha_{AP} = \alpha_{AB} - \alpha$$
$$\alpha_{BP} = \alpha_{BA} + \beta$$
$$\gamma = 180° - (\alpha + \beta)$$
$$D_{AP} = \frac{D_{AB} \sin\beta}{\sin\gamma}$$
$$D_{BP} = \frac{D_{AB} \sin\alpha}{\sin\gamma}$$

(3) 分别以 A 点和 B 点用坐标正算的方法计算 P 点的坐标。

$$\begin{cases} x_P = x_A + D_{AP} \cos\alpha_{AP} \\ y_P = y_A + D_{AP} \sin\alpha_{AP} \end{cases} \tag{6-22}$$

$$\begin{cases} x_P = x_B + D_{BP} \cos\alpha_{BP} \\ y_P = y_B + D_{BP} \sin\alpha_{BP} \end{cases} \tag{6-23}$$

6.3.2 角度侧方交会

若两个已知点中有一个不易到达或不方便安置仪器，可用侧方交会，侧方交会是在一已知点与未知点上设站，测定两角度，如图 6-19 (b)，计算未知点的坐标时，同样使用前方交会公式，只是 β 角由观测角通过三角形内角和等于 180°计算而得。

6.3.3 角度后方交会

后方交会是在未知点上设站，测定至少两个已知点间夹角，确定未知点坐标的方法。如图 6-21 所示，A、B、C 为三个已知坐标点，P 为待定坐标点。在点 P 上设站，测得水平角 α、β，然后根据 A、B、C 三点的坐标和 α、β 计算 P 点的坐标，此方法即为角度后方交会。

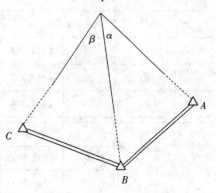

图 6-21 角度后方交会

6.3.3.1 计算方法

计算后方交会点坐标的实用公式很多，下面介绍两种常用的计算公式。

1. 余切公式 如图 6-21 所示，三个已知点的坐标分别为：$A(x_A, y_A)$、$B(x_B, y_B)$、$C(x_C, y_C)$，α、β 为观测角。则求取点 P 的坐标 (x_P, y_P) 的公式为

$$\begin{cases} x_P = x_B + \Delta x_{B_P} = x_B + \dfrac{a-b \cdot k}{1+k^2} \\ y_P = y_B + \Delta y_{B_P} = y_B + k \cdot \Delta x_{B_P} \end{cases} \quad (6\text{-}24)$$

式中：$k = \dfrac{a+c}{b+d}$

$$\begin{cases} a = (x_A - x_B) + (y_A - y_B)\cot\alpha \\ b = -(y_A - y_B) + (x_A - x_B)\cot\alpha \\ c = (x_B - x_C) - (y_B - y_C)\cot\beta \\ d = -(y_B - y_C) - (x_B - x_C)\cot\beta \end{cases}$$

应用公式（6-24）时应注意：①点 A、B、C 应按顺时针方向排列；②角 α 是从 PA 方向顺时针转到 PB 方向的角度，角 β 是从 PB 方向顺时针转到 PC 方向的角度。

表 6-11 余切公式计算后方交会算例

示意图	实地观测图

点	名		X (m)		Y (m)	观测角 ° ′ ″		角之余切	
A	F_1	x_A	1 406.593	y_A	2 654.051	α	51 06 17	$\cot\alpha$	0.806 762
B	F_2	x_B	1 659.232	y_B	2 355.537	β	46 37 26	$\cot\beta$	0.944 864
C	F_3	x_C	2 019.396	y_C	2 264.071				
计算		a	−11.809 2	k	1.808 3	x_P	1 869.202	y_P	2 735.226
		b	−502.333 5	Δx_{BP}	209.970				
		c	−446.586 9	Δy_{BP}	379.689				
		d	248.840 0						

注：上述表格中，加粗字为已知数据，下划线字表示是原始观测数据。

2. **仿权公式** 设由三个已知点 ABC 所构成的已知三角形的三个内角为 A、B、C 角，而在待定点 P 所观测的角度为 α、β、γ，则令

第6章 控制测量

$$\begin{cases} P_A = \dfrac{1}{\cot A - \cot \alpha} \\ P_B = \dfrac{1}{\cot B - \cot \beta} \\ P_C = \dfrac{1}{\cot C - \cot \gamma} \end{cases}$$

则待定点 P 的坐标为：

$$\begin{cases} x_P = \dfrac{P_A x_A + P_B x_B + P_C x_C}{P_A + P_B + P_C} \\ y_P = \dfrac{P_A y_A + P_B y_B + P_C y_C}{P_A + P_B + P_C} \end{cases} \quad (6-25)$$

如果把 P_A、P_B、P_C 看作为 A、B、C 三点的权，则待定点 P 的坐标为已知点 A、B、C 三点坐标的加权平均值。因此这一公式便称为仿权公式，又称为重心公式。

使用仿权公式时，点名及角度编号必须按如下的规定确定：①点 A、B、C 应按顺时针方向排列；②角 α 是从 PB 方向顺时针转到 PC 方向的夹角，角 β 是从 PC 方向顺时针转到 PA 方向的夹角，角 γ 是从 PA 方向顺时针转到 PB 方向的夹角。

表 6-12　仿权公式计算后方交会算例

点　名		X (m)		Y (m)	观测角 ° ′ ″		角之余切		
A	F_1	x_A	1 406.593	y_A 2 654.051	α	46 37 26	$\cot\alpha$	0.944 864	
B	F_2	x_B	1 659.232	y_B 2 355.537	β	262 16 17	$\cot\beta$	0.135 714	
C	F_3	x_C	2 019.396	y_C 2 264.071	γ	51 06 17	$\cot\gamma$	0.806 762	
计　算		$\angle A$	17 17 09	$\cot A$ 3.213 429	P_A	0.440 807	x_P	1 869.204	
		$\angle B$	144 29 29	$\cot B$ −1.401 503	P_B	−0.650 526	y_P	2 735.224	
		$\angle C$	18 13 22	$\cot C$ 3.037 447	P_C	0.448 293			
					Σ	0.238 574			

注：上述表格中，加粗字为已知数据，下划线字表示是原始观测数据。

6.3.3.2　危险圆问题

当 P 点位于 A、B、C 三点所决定的外接圆周上时，则无论 P 点位于圆上任何一点，所测角度都不变，即 P 点产生多解，测量上称该圆为危险圆，如图 6-22 所示。

在实际测量中，为保证求解未知点 P 的唯一性，P 点不能布设在危险圆上，同时为保证未知点的定位精度，未知点 P 也不能靠近危险圆，一般规定未知点 P 离开危险圆的距离不小于该圆半径的 1/5。

在求解坐标前，预先判断 P 点离开危险圆的方法主要有：①图解法，即用较准确的观测略图判断。②解析法，即要求 $\alpha+\beta+\angle C$ 不得在 $160°\sim 200°$ 之间。

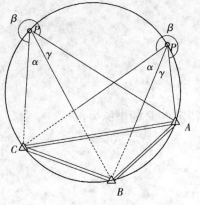

图 6-22 危险圆

6.3.4 测边交会

当两已知点到待定点的距离容易丈量或具有激光测距仪时，采用测边交会较为方便。如图 6-23 所示，A、B 为两个已知点，P 为待定坐标点。通过测定已知点和待定点之间的水平距离 D_{AP}、D_{BP}，来求解点 P 的坐标。这一方法称为测边交会，或距离交会。

常用的测边交会计算方法有以下两种：

1. **测边交会化为极坐标法** 如图6-23所示，已知 A、B 两点的坐标 $A(x_A, y_A)$、$B(x_B, y_B)$、实测 P 点至 A、B 的水平距离 D_{AP}（b）、D_{BP}（a），求解 P 点坐标的步骤如下：

(1) 应用公式 (6-3) 计算直线 AB 的坐标方位角 α_{AB} 及 AB 两点间的水平距离 D_{AB}：

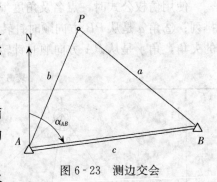

图 6-23 测边交会

$$\begin{cases} c=D_{12}=\sqrt{\Delta x_{12}^2+\Delta y_{12}^2} \\ R_{12}=\left|\arctan\left(\dfrac{\Delta y_{12}}{\Delta x_{12}}\right)\right| \\ \alpha_{12}=f(R_{12}) \end{cases}$$

(2) 利用余弦定理计算 $\angle A$：

$$\angle A=\arccos\frac{c^2+b^2-a^2}{2bc}$$

(3) 求 AP 边的坐标方位角：

$$\alpha_{AP}=\alpha_{AB}-\angle A$$

(4) 计算 P 点的坐标：

$$\begin{cases} x_P=x_A+D_{AP}\cos\alpha_{AP} \\ y_P=y_A+D_{AP}\sin\alpha_{AP} \end{cases} \tag{6-26}$$

使用该方法时，应注意以下两点：①点 A、B、P 是按逆时针方向排列的；②在公式中，$\angle A$、$\angle B$、$\angle C$ 所对的边分别记为 a、b、c。

为了防止外业工作中出现边长观测错误或内业计算中的已知点坐标抄写错误，需要有一个多余的观测作为检核,即采用三边交会法,计算时将三条测边分为两个独立的两边组(两组中,有且仅有1条测边相同),分别作两次独立的计算,将计算出的 P 点坐标进行比较,看是否满足限差的要求。对于地形控制点,一般要求两组算得的点位较差不大于两倍的比例尺精度。当成果合格时,取两组坐标的平均值作为 P 点坐标。

表 6-13 化为极坐标法计算测边交会算例 (单位:m)

示意图				实地观测图			

三角形编号	边名	边长	点名	坐标	
				x	y
Ⅰ	$AP(b)$	<u>321.180</u>	$A(A)$	**524.767**	**919.750**
	$AB(c)$	301.065	$B(B)$	**479.593**	**1 217.407**
	$BP(a)$	<u>312.266</u>	$P(P)$	776.161	1 119.644
Ⅱ	$BP(b)$	<u>312.266</u>	$B(A)$	**479.593**	**1 217.407**
	$BC(c)$	260.722	$C(B)$	**700.433**	**1 355.991**
	$CP(a)$	<u>248.177</u>	$P(P)$	776.163	1 119.650
	P 点最后的坐标			776.162	1 119.647
辅助计算	$\alpha_{AB}=98°37'47''$ $\angle A=60°08'24''$ $\alpha_{AP}=38°29'23''$		$\alpha_{BC}=32°06'34''$ $\angle B=50°21'11''$ $\alpha_{BP}=341°45'23''$	$e=\sqrt{\delta_x^2+\delta_y^2}=\pm 0.06\text{m}$ $e_{容}\leqslant\pm 0.2\times 10^{-3}M=\pm 0.2\text{m}$	

注:上述表格中,加粗字为已知数据,下划线字表示是原始观测数据。

2. **测边交会化为前方交会法** 如图 6-24,在△ABP 中,根据点 A、B 的坐标,可以求得

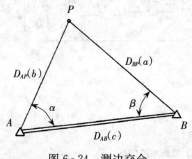

图 6-24 测边交会

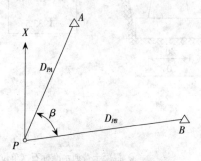

图 6-25 两点测边后方交会

A、B 点间的水平距离 D_{AB}，记为 c。同时又观测了水平距离 D_{AP}、D_{BP}，分别记为 b、a。则按三角形的三边长度 a、b、c，用余弦定理计算出 α、β 角值，然后再根据 A、B 点的坐标及 α、β 角，用前方交会的公式计算出 P 点的坐标。

随着全站仪的普遍使用，也可用全站仪进行两点后方交会。如图 6-25 所示，将仪器在未知点 P 设站，依据全站仪定义的观测程序，输入已知点 A、B 的坐标，然后分别瞄准 A、B 点，测出 P 点到 A、B 点的水平距离 D_{PA}、D_{PB}，以及水平角 $\angle APB$，利用全站仪内置的程序即可计算出未知点 P 的坐标。

如果输入 A 或 B 点的高程，以及 A，B 点的目标高（棱镜高）和 P 点的仪器高，即可计算并显示出 P 点的高程。

6.4 三、四等水准测量

三、四等水准测量，除用于国家高程控制网的加密外，还常用作小区域的首级高程控制，以及工程建设地区内工程测量和变形观测的基本控制。三、四等水准网应从附近的国家一、二等水准点引测高程。三、四等水准路线应尽量以附合路线布设在两高等水准点之间，在没有条件布设成闭合或附合路线时，也可布设成支水准路线。对于三、四等闭合或附合路线来说，其长度分别不应大于 45km、15km。水准点密度可根据实际需要来定，一般在 1～2km 左右应埋设普通水准标石或临时水准点标志。常用的混凝土普通水准标石和墙脚水准标石如图 6-26 所示。

三、四等水准测量所使用的水准仪，其精度应不低于 DS_3 型水准仪的技术指标。标尺通常使用的是双面尺，两根标尺零点黑面注记均为 0，标尺零点红面注记一根为 4 687mm，另一根为

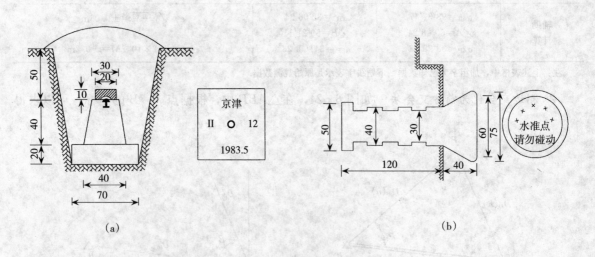

图 6-26 水准点标志
(a) 混凝土普通水准标石（单位：cm） (b) 墙脚水准标石（单位：mm）

4 787mm。

《国家三、四等水准测量规范》、《工程测量规范》和各类专业测绘规范（技术规程）均对三、四等水准测量提出了具体的技术要求。表 6-14 列出了主要的技术要求

表 6-14 三、四等水准测量的技术要求。

等级	仪器	高差闭合差限差（mm） 线路、往返	视距长度（m）	视线高度（m）	前后视距差（m）	前后视距差累积（m）	黑红面读数差（mm）	黑红面高差之差（mm）	间歇点检测之差（mm）
三	DS_3	$\pm 12\sqrt{L}$	≤75	三丝能读数	≤3	≤6	≤2	≤3	≤3
四	DS_3	$\pm 20\sqrt{L}$	≤100	三丝能读数	≤5	≤10	≤3	≤5	≤5

6.4.1 观测与记录

三、四等水准测量主要采用双面水准尺三丝观测法，观测方法相同，各项限差稍有差异。下面结合三等水准测量的观测方法和限差要求讲述一个测站上的工作。

一个测段的第一测站，后司尺在后视点立尺，观测员目估视距在不超过 75m 的地方安置水准仪。前司尺从后视点开始步幅法测量后视距和前视距，在视距差不超过 3m 的地方用尺垫作转点，在尺垫上立尺。观测员调整圆水准器气泡居中，分别照准后视尺、前视尺估读视距，确认前、后视距差不超过 3m。如超限，则需移动前视尺或水准仪，以满足要求。然后按下列顺序进行观测，并记于手簿（表 6-15）。

（1）后：读取后视尺黑面读数：下丝（1），上丝（2），中丝（3）。
（2）前：读取前视尺黑面读数：下丝（4），上丝（5），中丝（6）。
（3）前：读取前视尺红面读数：中丝（7）。
（4）后：读取后视尺红面读数：中丝（8）。

以上"后（黑）—前（黑）—前（红）—后（红）"的观测顺序，主要是为了抵消水准仪与水准尺下沉产生的误差。四等水准测量每站的观测顺序也可以为"后（黑）—后（红）—前（黑）—前（红）"。

表中各项中丝读数（3）、（6）、（7）、（8）是用来计算高差的，因此，在每次读取中丝读数前，都要注意使符合气泡符合，即使符合气泡的两个半像严密重合。

上述 8 个观测数据是测站计算的基础，记录员要遵循"边观测、边记录、边计算、边检核"的原则，及时进行计算、检核，如果符合技术要求，可以继续施测；否则应及时告知观测员重新从头观测，直至所测数据符合要求，才能迁站。

为减少水准尺零点的变化，一个测段一般要求安置的测站数为偶数。

6.4.2 计算与校核

三、四等水准测量在测站上的计算有下面几部分，参见表 6-15。这里我们约定，观测员在水准标尺上读数的单位统一是毫米。

表6-15 三(四)等水准测量观测手簿

测自 A 至 B　　　　日　期：2005年11月14日　　　　仪　器：DS₃-08768
开　始：14时15分　　天　气：晴、微风　　　　　　 记录者：王××
结　束：16时30分　　成　像：清晰稳定　　　　　　 观测者：刘××

测站编号	点名	后尺 下丝 / 上丝 后视距(m) 前后视距差	前尺 下丝 / 上丝 前视距(m) 视距差累计	方向及尺号	中丝读数(mm) 黑色面	中丝读数(mm) 红色面	K加黑减红(mm)	平均高差(m)	备注
		(1)	(4)	后	(3)	(8)	(14)		
		(2)	(5)	前	(6)	(7)	(13)	(18)	
		(9)	(10)	后-前	(15)	(16)	(17)		
		(11)	(12)						
1	A	1 485	1 940	后7	1 244	6 029	+2	-0.469 5	起始点 A K_7=4 787 K_6=4 687
	转1	1 002	1 485	前6	1 712	6 400	-1		
		48.3	45.5	后-前	-0 468	-0 371	+3		
		2.8	2.8						
2	转1	1 442	1 745	后6	1 198	5 884	+1	-0.291 5	
	转2	0 950	1 235	前7	1 490	6 275	+2		
		49.2	51.0	后-前	-0 292	-0 391	-1		
		-1.8	1.0						
3	转2	1 871	1 521	后7	1 627	6 412	+2	+0.361 5	
	转3	1 382	1 010	前6	1 265	5 951	+1		
		48.9	51.1	后-前	+0 362	+0 461	+1		
		-2.2	-1.2						
4	转3	1 932	1 542	后6	1 570	6 256	+1	+0.385 0	
	转4	1 210	0 824	前7	1 184	5 972	-1		
		72.2	71.8	后-前	+0 386	+0 284	+2		
		+0.4	-0.8						
5	转4	1 301	1 752	后7	1 085	5 872	0	-0.449 0	
	B	0 878	1 322	前6	1 535	6 220	+2		
		42.3	43.0	后-前	-0 450	-0 348	-2		
		-0.7	-1.5						

校核计算：$\sum(9)-\sum(10)=260.9-262.4=-1.5$　　末站(12)=-1.5

$\dfrac{1}{2}[\sum(15)+\sum(16)\pm 100]=-0.463\ 5$

$\sum(18)=-0.463\ 5$

①视距部分

后视距：(9) =0.1× [(1) － (2)]。三等不超过 75m，四等不超过 100m。

前视距：(10) =0.1× [(4) － (5)]。三等不超过 75m，四等不超过 100m。

前后视距差：(11) = (9) － (10)。三等不超过±3m，四等不超过±5m。

前后视距差累积：(12) =本站的 (11) ＋前站的 (12)。三等不超过±6m，四等不超过±10m。

②高差部分

前视尺黑红面读数差：(13) = $K_{前}$ ＋ (6) － (7)。三等不超过±2mm，四等不超过±3mm。

后视尺黑红面读数差：(14) = $K_{后}$ ＋ (3) － (8)。三等不超过±2mm，四等不超过±3mm。

其中的 $K_{后}$ 及 $K_{前}$ 分别为后视尺和前视尺的黑、红面零点差，亦称尺常数。

黑面高差：(15)=(3)－(6)。

红面高差：(16)=(8)－(7)。

黑红面高差之差：(17)=(15)－[(16)±100]。三等不超过±3mm，四等不超过±5mm。

黑红面高差之差检核：(17)=(14)－(13)=(15)－[(16)±100]。

由于两水准尺的尺常数相差 100mm，即 4 787 与 4 687 之差，因此，红面高差应经过±100 化算，"加"还是"减"要以黑面高差为准来确定。例如，表 6-15 中第一个测站化算为 (17) －100，第二个测站因水准尺前后交替，故其化算为 (17) ＋100，以后单站用"减"，双站用"加"。但水准尺前后交替的秩序不能倒错。

每测站经过上述计算、检核，符合技术要求后，才能计算高差中数作为该测站前、后视点间的高差：(18) =0.5× [(15) ＋ (16) ±100]。

③每页计算的总校核

在每测站校核的基础上，应进行每页计算的校核。

$\sum(15) = \sum(3) - \sum(6)$，

$\sum(16) = \sum(8) - \sum(7)$，

$\sum(9) - \sum(10) = $ 本页末站(12)－前页末站(12)，

$\sum(18) = 0.5[\sum(15) + \sum(16)]$ 测站数为偶数，

$\sum(18) = 0.5[\sum(15) + \sum(16) \pm 100]$ 测站数为奇数。

手工记录的水准测量观测成果，校核是重要而又繁琐枯燥的工作，要以高度的责任心来面对，认真、耐心地进行。随着测绘科技的进步、生产单位经济实力的增强，测绘外业观测成果的记录也将逐步实现电子化、自动化和内外业一体化。这样，校核工作就极其简明而高效了。

6.4.3 三、四等水准测量的成果整理

当一条水准路线的外业测量工作完成后,首先应将手簿的记录计算进行详细校核,计算出测段的观测高差和与之对应的测段长度,计算高差闭合差是否超限。确认合格无误后,才能进行高差闭合差的调整和高程的计算,否则要局部返工,甚至全部返工。

三、四等水准路线的高差闭合差计算、调整方法与普通水准测量相同。

当测区范围较大时,要布设多条水准路线。为了使各水准点高程精度均匀,必须把各线段联在一起,构成统一的水准网。对水准网观测数据,采用最小二乘原理进行平差,从而求解出各水准点的高程。

6.5 电磁波测距三角高程测量

在第二章介绍了用水准测量的方法测定点与点之间的高差,从而由已知点求得未知点的高程。应用这种方法求得地面点的高程其精度较高,普遍用于建立国家高程控制点及测定高级地形控制点的高程,但对于地面高低起伏较大地区用这种方法测定地面点的高程进程缓慢,有时甚至非常困难。因此在上述地区或一般地区如果高程精度要求不高时,常采用三角高程测量的方法传递高程。

6.5.1 三角高程测量的原理

如图 6-27 所示。在已知高程点 A 上安置经纬仪,B 点竖立标杆,照准杆顶,测出竖直角 α_{AB}。设 A、B 之间的水平距离 D_{AB} 为已知,且过 A、B 的水平面和大地水准面相互平行。则:A、B 之间的高差 h_{AB} 可用下式计算:

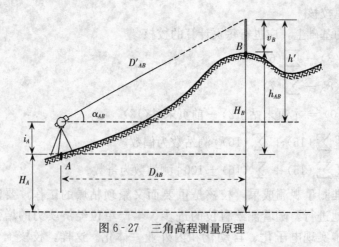

图 6-27 三角高程测量原理

$$h_{AB} = D_{AB} \tan\alpha_{AB} + i_A - v_B \tag{6-27}$$

式中:i_A——A 点上安置经纬仪的仪器高;

v_B——B 点上竖立的标杆的高度,目标高。

若 A 点的高程 H_A 已知，则 B 点的高程 H_B 为：

$$H_B = H_A + D_{AB}\tan\alpha_{AB} + i_A - v_B \tag{6-28}$$

事实上，在全站仪测量中，可以直接得到仪器中心到棱镜中心的高差 h'，其值即为公式 (6-27) 和式 (6-28) 中的 $D_{AB} \cdot \tan\alpha_{AB}$。

6.5.2 地球曲率和大气折光对高差的影响

公式 (6-27)、式 (6-28) 是在假设地球表面为水平面（即把水准面当作水平面），认为观测视线是直线的条件下得到的。当地面上两点间的距离较近时（一般在 300m 内）是适用的。如果两点间的距离大于 400m，则就要顾及到地球曲率的影响，应进行曲率改正，称为球差改正；同时，观测视线受大气垂直折光的影响而成为一条向上凸起的弧线，应进行大气垂直折光差改正，称为气差改正；这两项改正合称为球气差改正，简称两差改正。

两差改正数 f 可根据第二章中地球曲率与大气折光的影响进行计算

$$f = \Delta h - \gamma = 0.43\frac{D^2}{R} \tag{6-29}$$

$$\tilde{h}_{AB} = h_{AB} + f \tag{6-30}$$

式中：D——两点间的水平距离；

R——地球半径，为 6 371km；

$\tilde{h}_{AB}$——两差改正后的高差。

三角高程测量，一般应进行往返观测，凡仪器设在已知高程点，观测与未知高程点之间的高差称为直觇；反之，仪器设在未知高程点，测定该点与已知高程点之间的高差称为反觇。这样的观测，称为对向观测，或称双向观测，取对向观测所得高差之差的平均值，即可以消除地球曲率和大气折光的影响。

三角高程测量分为一、二两级，其对向观测高差的较差分别不应大于 $0.02D$ 和 $0.04D$m（D 为平距，以百米为单位），若符合要点则取两次高差的平均值。

6.5.3 电磁波测距三角高程测量代替四等水准的适应范围

在图 6-27 中，用电磁波测距仪测量两点间的斜距 D'_{AB}，从而计算未知点高程的方法，称为电磁波测距三角高程测量。其计算公式为：

$$H_B = H_A + D'_{AB}\sin\alpha_{AB} + 0.43\frac{(D'_{AB}\cos\alpha_{AB})^2}{R} + i_A - v_B \tag{6-31}$$

当视线倾斜角度不超过 15°，距离在 1km 范围内，测距精度达到 5mm+5mm/km·D，仪器高、觇标高量取精度在 2mm 内，斜距观测两测回（每测回为照准一次，读数三次），各次读数互差和测回中数互差分别在 10mm 和 15mm，竖直角四个测回互差不超过 5″，视线高离地面 1.5m，采用对向观测，电磁波测距三角高程测量可以代替四等水准测量。

当视线倾斜角度不超过 15°，距离在 500m 范围内，用一般测距仪，竖直角两次读数较差在 30″内，三测回互差不超过 10″，其高程精度可满足普通水准测量。

6.6 GPS在控制测量中的应用

全球定位系统（GPS）是 Navigation Satellite Timing and Ranging/Global Positioning System 的字母缩写词 NAVSTAR/GPS 的简称，其含义为"授时、测距导航系统/全球定位系统"。利用该系统，用户可以在全球范围内实现全天候、连续、实时的三维导航定位和测速；另外，利用该系统，用户还能够进行高精度的时间传递和高精度的精密定位。

全球定位系统共由三部分组成，即空间部分（由 GPS 卫星组成）、地面监控部分（由若干地面站组成）和用户部分（以接收机为主体）。三部分有着各自独立的功能和作用，但又缺一不可，全球定位系统是一个有机配合的整体系统。如图 6-28 所示。

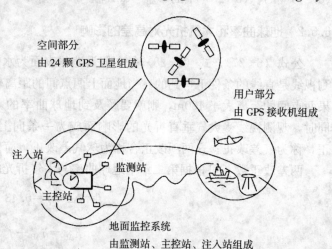

图 6-28 GPS 系统的组成

6.6.1 GPS 系统的组成

1. GPS 系统空间部分　　GPS 系统空间部分是由二十四颗卫星组成的星座，其中包括 3 颗备用卫星，以便及时更换老化或损坏的卫星，保障系统正常工作，如图 6-29 所示。

卫星的运行高度为 20 200km，运行周期 11h58min，卫星分布在六条升交点相隔 60°的轨道面上，轨道倾角为 55°，每条轨道上分布四颗卫星，相临两轨道上的卫星相隔 40°。这使得在地球上任何地方至少同时可看到四颗卫星。

GPS 卫星主体呈柱形，直径为 1.5m，如图 6-30。星体两侧装有两块双叶对日定向太阳能电池帆板，为卫星不断提供电力。在星体底部装有多波束定向天线，能发射 L_1 和 L_2 波段的信号。在星体两端面上装有全向遥测遥控天线，用于与地面监控网通信。工作卫星的设计寿命为 7.5 年。每颗卫星上装有 4 台高精度原子钟（2 台铯钟、2 台铷钟），以提供高精度的时间标准。

在 GPS 系统中卫星的作用主要表现在以下方

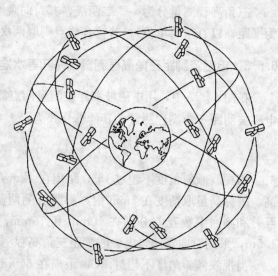

图 6-29 GPS 卫星星座

面：

（1）用 L 波段的两个无线载波（19cm 和 24cm 波）向广大用户连续不断地发送导航定位信号。

（2）在卫星飞越注入站上空时，接收由地面注入站不断发送到卫星的导航电文和其他有关信息，并通过 GPS 信号电路，适时地和发送给广大用户。

（3）接收地面主控站通过注入站发送到卫星的调度命令，适时地改正运行偏差或启用备用时钟等。

2. GPS 地面监控部分　工作卫星的地面支撑系统包括 1 个主控站、3 个注入站和 5 个监测站，如图 6-31。主控站位于美国本土的科罗拉多的斯平士（Colorado Spings）的联合空间执行中心（CSOC），三个注入站分别设在大西洋、印度洋和太平洋的三个美国军事基地上，即大西洋的阿松森（Ascension）岛、印度洋的狄哥伽西亚（Diego Garcia）和太平洋的卡瓦迦兰（Kwajalein），五个监测站设在主控站和三个注入站以及夏威夷岛。

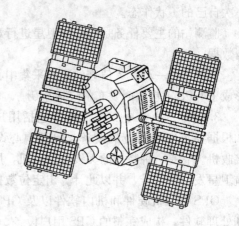

图 6-30　GPS 卫星

主控站拥有以大型电子计算机为主体的数据采集、计算、传输、诊断、编辑等设备。它完成下列功能：①采集各种数据；②编辑导航电文；③诊断卫星状况；④调度、调整卫星。

注入站的主要设备包括：一台直径 3.6m 的抛物面天线，一台 S 波段发射机和一台计算机。它将主控站编辑的卫星电文注入各个卫星。此外，注入站能主动向主控站发射信号，每分钟报告

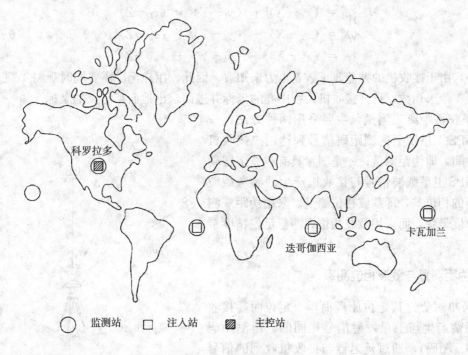

图 6-31　地面监控站

一次自己的工状作态。

监测站的主要任务是对每颗卫星进行观测,精确测定卫星在空间的位置,并向主控站提供观测数据。

监测站是一种无人值守的数据采集中心,受主控站的控制。由这五个监测站提供的观测数据形成了 GPS 卫星实时发布的广播星历。

3. GPS 用户部分　用户部分包括用户组织系统和根据要求安装相应的设备,但其中心设备是 GPS 接收机。它是一种特制的无线电接收机,用来接收导航卫星发射的信号,并以此计算出定位数据。

GPS 接收机硬件和机内软件以及 GPS 数据的后期处理软件,构成完整的 GPS 用户设备。

6.6.2　GPS 定位原理

GPS 定位的基本原理是空中距离后方交会。如图 6-33 所示,用户用 GPS 接收机在某一时刻同时接收三颗以上的 GPS 卫星信号,测量出测站点(接收机天线中心)至三颗卫星的距离 ρ_i($i=1、2、3、……$),通过导航电文可获得卫星的坐标($x_i、y_i、z_i$)($i=1、2、3、……$),据此即可求出测站点的坐标($X、Y、Z$)。

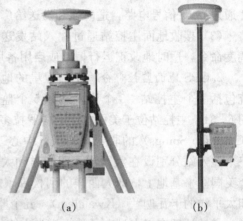

图 6-32　GPS 接收机
(a) 基准站接收机　(b) 流动站接收机

$$\begin{cases} \rho_1^2 = (x_1-X)^2 + (y_1-Y)^2 + (z_1-Z)^2 \\ \rho_2^2 = (x_2-X)^2 + (y_2-Y)^2 + (z_2-Z)^2 \\ \rho_1^2 = (x_3-X)^2 + (y_3-Y)^2 + (z_3-Z)^2 \end{cases} \quad (6-32)$$

另外,由于接收机的钟差改正数 δ_t 也为未知数。因此,用户至少需要同时观测 4 颗卫星,从而求解出 4 个未知数,得到接收机天线中心的坐标并进而求出地面待定点的坐标。

为了获得距离观测量,主要采用两种方法:一是测量 GPS 卫星发射的测距码信号到达用户接收机的传播时间,即伪距测量;一是测量具有载波多普勒频移的 GPS 卫星载波信号与接收机产生的参考载波信号之间的相位差,即载波相位测量。采用伪距观测量定位速度最快,而采用载波相位观测量定位精度最高。

6.6.3　伪距测量与载波相位测量

1. 伪距测量　其定位原理简单。定位时,接收机本机振荡产生与卫星发射信号相同的一组测距码(P 码或 C/A 码),通过延迟器与接收机收到的信号进行比较,当两组信号彼此完全重合(相关)时,测

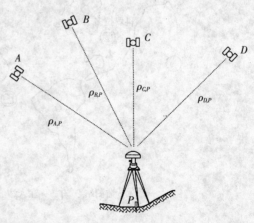

图 6-33　GPS 定位原理

出本机信号延迟量即为卫星信号的传输时间,加上一系列的改正后乘以光速,得出卫星与天线相位中心的斜距。如果同时观测了四颗(或以上)卫星,即可以按距离交会法算出测站的位置和时钟误差四个未知数。由于测距码的波长 $\lambda_P=29.3m$, $\lambda_{C/A}=293m$。以百分之一的码元长度估算测距分辨率,只能分别达到 0.3m(P 码)和 3m(C/A 码)的测距精度。因此,伪距法的精度是比较低的。

2. 载波相位测量 是把载波作为量测信号,对载波进行量测,确定卫星信号和接收机参考信号的相位差,推算出相位观测值。然后采用和伪距法原理相同,求出测站的位置和时钟误差等,它不使用测距码信号,不受码信号的影响,属于非码信号测量系统。

假设在某一时刻接收机所产生的基准信号的相位为 $\Phi°(R)$,接收到的来自卫星的载波信号的相位为 $\Phi°(S)$,二者之间的相位差为 $[\Phi°(R)-\Phi°(S)]$,则由载波的波长 λ 就可以求出该瞬间从卫星至接收机的距离:

$$\rho=\lambda[\Phi°(R)-\Phi°(S)]=\lambda(N_0+\Delta\Phi) \quad (6-33)$$

式中, N_0 为整周数, $\Delta\Phi$ 为不足一整周的小数部分。

在进行载波相位测量时,仪器实际能测出的只是不足一整周的部分 $\Delta\Phi$。因为载波只是一种单纯的余弦波,不带有任何识别标志,所以我们无法知道正在量测的是第几周的信号。如是在载波信号测量中便出现了一个整周未知数 N_0(又称整周模糊度),通过其他途径解算出 N_0 后,就能求得卫星至接收机的距离。

6.6.4 GPS 定位方法

GPS 定位的方法有多种,根据接收机的运动状态可分为静态定位和动态定位,根据定位的模式又可分为绝对(单点)定位和相对定位(差分定位),按数据的处理方式可分为实时定位和后处理定位。这几种方式可以根据实际工程的需要,组合成不同的形式,如图 6-34 所示。

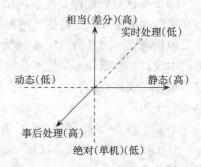

图 6-34 GPS 定位方法的不同组合

1. 绝对定位和相对定位 绝对定位又称为单点定位,它是利用一台接收机观测卫星,独立地确定出接收机天线在 WGS-84 坐标系的绝对位置。绝对定位的优点是只需一台接收机,外业比较方便,数据处理简单;缺点是定位精度低,受各种误差的影响比较大,只能达到米级,绝对定位一般用于导航和精度要求不高的情况。

相对定位又称为差分定位,这种定位模式采用若干台接收机,同步对一组相同的卫星进行观测,确定若干台接收机之间的相对位置。它的测量是相对于某一已知点的位置,而不是在 WGS-84 坐标系中的绝对位置。它精确测定出两点之间的坐标分量和边长。至少要应用两台精密测地型 GPS 接收机。

由于同步观测之间有着多种误差,其影响是相同的或大体相同的,这些误差在相对定位过程中可以得到消除或减少,从而使相对定位获得极高的精度;缺点是至少需要两台接收机同步进行观测,外业组织和实施比较复杂。

2. 实时定位和后处理定位 对 GPS 信号的处理,从时间上可划分为实时处理及后处理。实时处理就是一边接收卫星信号一边进行计算,实时地解算出接收机天线所在的位置、速度等信息;后处理是指把卫星信号记录在一定的介质上,回到室内统一进行数据处理以进行定位的方法。

一般来说,静态定位用户多采用后处理,动态定位用户采用实时处理或后处理。

3. 静态定位和动态定位 所谓动态定位,就是待定点在运动载体上,在观测过程中是变化的。动态定位的特点是可以测定一个动态点的实时位置,多余观测量少,定位精度较低。

所谓静态定位,就是待定点的位置在观测过程中固定不变。在测量中,静态定位一般用于高精度的测量定位。静态定位由于接收机位置不动,可以进行大量的重复观测,所以它的可靠性强,定位精度高。

静态相对定位的精度一般在几毫米到几厘米范围内,动态相对定位的精度一般在几厘米到几米范围内。

一般说来,静态定位多采用后处理,而动态定位多采用实时处理。

在 GPS 刚引入测量工作中时,其主要的应用方向在于大地控制测量、大型工程测量等大范围、高精度的测量领域,那时所进行的工作方式主要是静态测量。但随着快速静态测量、准动态测量、动态测量尤其是实时动态测量工作方式的出现,GPS 在测绘领域中的应用便开始深入到各项细部的测量工作之中,其实时、精确、灵活、高效的特点使其在常规测量中日益显示出其自身的优越性。

6.6.5 GPS 小区域控制测量

GPS 小区域控制测量是指应用 GPS 技术建立小区域控制网。一般说来,GPS 控制网的建立与常规地面测量方法建立控制网相类似,按其工作性质可以分为外业工作和内业工作。外业工作主要包括选点、建立测站标志、野外观测以及成果质量检核等;内业工作主要包括 GPS 控制网的技术设计、数据处理及技术总结等。也可以按照 GPS 测量实施的工作程序大体分为 GPS 网的技术设计、仪器检验、选点与建立标志、外业观测与成果检核、GPS 网的平差计算以及技术总结等若干阶段。

下面,以 GPS 静态相对定位方法为例,简要地说明一下 GPS 控制的实施过程。

1. GPS 控制网的技术设计 GPS 控制网的技术设计是建立 GPS 网的第一步,其原则上包括以下的几个方面。

(1) 充分考虑建立控制网的应用范围。应根据工程的近期、中长期的需求确定控制网的应用范围。

(2) 采用的布网方案及网形设计。GPS 网的布设应视其目的,作业时卫星状况,预期达到的精度,成果可靠性以及效率综合考虑,按照优化设计原则进行。

适当地分级布设 GPS 网,可以使全网的结构呈长短边相结合的形式,与全网均由短边构成的全面网相比,可以减少网的边缘处误差的积累,也便于 GPS 网的数据处理和成果检核分阶段进行,但由于 GPS 测量有许多优越性,所以也并不要求 GPS 网按常规控制网分许多等级布设。

GPS 网形设计是指根据工程的具体要求和地形情况，确定具体的布网观测方案。通常在进行 GPS 网设计时，需要顾及测站选址、仪器设备装置与后勤交通保障等因素；当观测点位、接收机数量确定后，还需要设计各观测时段的时间及接收机的搬站顺序。GPS 网一般由一个或若干个独立观测环组成，也可采用路线形式。

（3）GPS 测量的精度标准。国家测绘局 1992 年制订的我国第一部"GPS 测量规范"将 GPS 的测量精度分为 A～E 五级，以适应于不同范围、不同用途要求的 GPS 工程，表 6-16 列出了规范对不同级别 GPS 控制网精度的要求。GPS 测量的精度标准通常用网中相邻点之间的距离中误差来表示，其公式为：

$$\sigma = \pm \sqrt{a^2 + (b \cdot d)^2} \tag{6-34}$$

式中：σ——距离中误差，mm；
　　　a——固定误差，mm；
　　　b——比例误差系数，mm/km；
　　　d——相邻点间的距离，km。

表 6-16　GPS 控制网精度要求

级别	固定误差 a（mm）	比例误差 b（mm/km）
A	≤5	≤0.1
B	≤8	≤1
C	≤10	≤5
D	≤10	≤10
E	≤10	≤20

（4）坐标系统与起算数据。GPS 测量得到的是 GPS 基线向量，其坐标基准为 WGS-84 坐标系（美国专为 GPS 测量所制定的坐标系统），而实际工程中，往往需要的是属于国家坐标系或地方独立坐标系中的坐标。为此，在 GPS 网的技术设计中，必须说明 GPS 网的成果所采用的坐标系统和起算数据。

WGS-84 系统与我国的 1954 年北京坐标系和 1980 年国家大地坐标系相比，彼此之间不仅采用的椭球，而且定位和定向均不同。因此，GPS 测量获得的坐标是不同于我们常用的大地坐标的。为获得大地坐标，必须在两坐标系之间进行转换。为解决两坐标系间的转换，可采用类似区域网平差中绝对定向的方法，即在该需要转换区域内选择 3 个以上均匀分布的控制点，已知它们在两个坐标系中的坐标，通过空间相似变换求得七个待定系数（3 个平移参数、3 个旋转参数和 1 个缩放参数）。但在我国的大部分地区，转换精度较低。常用的方法是首先对 GPS 网在 WGS-84 坐标中单独平差处理，然后再以两个以上的地面控制点作为起始点，在大地坐标系（1954 年北京坐标系或 1980 年国家大地坐标系）中进行一次平差处理，可以获得较高的控制测量精度。

（5）GPS 点的高程。GPS 测定的高程是 WGS-84 坐标系中的大地高，与我国采用的 1985 年黄海国家高程基准正常高之间也需要进行转换。为了得到 GPS 点的正常高，应使一定数量的 GPS 点与水准点重合，或者对部分 GPS 点联测水准。若需要进行水准联测，则在进行 GPS 布点时应对此加以考虑。

2. 选点与建立点位标志 和常规测量相比，GPS 观测站不要求相邻点间通视，因此网形结构灵活，选点工作较常规测量要简便得多。选点前应根据测量任务和测区状况，收集有关测区的资料（包括测区小比例地形图、已有各类大地点、站的资料等），以便恰当地选定 GPS 点的点位。在选定 GPS 点点位时，应遵守以下的几点原则。

(1) 周围应便于安置接收设备，便于操作，视野开阔，视场内周围障碍物的高度角一般应小于 $15°$；

(2) 远离大功率无线电发射源（如电视台、微波站等），其距离不小于 400m；远离高压输电线，其距离不小于 200m；

(3) 点位附近不应有强烈干扰卫星信号接收的物体，并尽量避开大面积水域；

(4) 交通方便，有利于其他测量手段扩展和联测；

(5) 地面基础稳定，易于点的保存。

为了较长期地保存点位，GPS 控制点一般应设置具有中心标志的标石，精确地标志点位，点的标石和标志必须稳定、坚固。最后，应绘制点之记、测站环视图和 GPS 网图、作为提交的选点技术资料。

3. GPS 测量的外业工作 外业测量是指利用 GPS 接收机采集来自 GPS 卫星的电磁波信号。在进行外业工作前，应对所选定的接收机进行严格的检验并根据作业计划对 GPS 接收机的相应参数进行设置（如项目名称、数据采样间隔、截止高度角等）。

(1) 天线安置。天线的精确安置是实现精密定位的前提条件之一。一般情况下，天线应尽量利用三脚架安置在标志中心的垂线方向上，直接对中；天线的圆水准泡必须居中；天线定向标志线应指向正北（顾及当地地磁偏角的影响，定向误差不应大于 $±5°$）。

天线安置后，应在各观测时段的前后各量取天线高一次。两次量高之差不应大于 3mm。取平均值作为最后天线高。若互差超限，应查明原因，提出处理意见，记入观测记录。

(2) 观测作业。观测作业的主要任务，是捕获 GPS 卫星信号并对其进行跟踪、接受和处理，以获取所需的定位和观测数据。

接收机操作的具体方法步骤，可参见仪器使用说明书。实际上，目前 GPS 接收机的自动化程度相当高，一般仅需简单的按键操作，即可自动完成观测数据记录。

(3) 观测记录与测量手簿。观测记录由 GPS 接收机自动形成，并记录在存储介质（如 PC-MCIA 卡等）上，其内容有：GPS 卫星星历及卫星钟差参数；伪距观测值、载波相位观测值、相应的 GPS 时间。至于测站的信息，包括测站点点号、时段号、近似坐标、天线高等，通常是由观测人员在观测过程中输入接收机。

测量手簿在观测过程中由观测人员填写，不得测后补记。手簿的内容包括天气状况、气象元素、观测人员等内容。

4. 成果检核与数据处理 当外业观测工作完成后，一般当天即将观测数据下载到计算机中，并计算 GPS 基线向量，基线向量的解算软件一般采用仪器厂家提供的软件。当然，也可以采用通用数据格式的第三方软件或自编软件。

当完成基线向量解算后，应对解算成果进行检核，常见的有同步环和异步环的检测。根据规范要求的精度，剔除误差大的数据，必要时还需要进行重测。

当进行了数据的检核后，就可以将基线向量组网进行平差了。平差软件可以采用仪器厂家提

第6章 控制测量

供的软件,也可以采用通用数据格式的第三方软件或自编软件。目前,国内用户采用的网平差软件主要是国内研制的软件,比较著名的有:武汉大学的 GPSADJ、同济大学的 TJGPS 及南方公司的 GPSADJ 等软件。通过平差计算,最终得到各观测点在指定坐标系中的坐标,并对坐标值的精度进行评定。

复 习 思 考 题

1. 进行控制测量的目的是什么?平面控制测量和高程控制测量各有哪几种形式?
2. 已知 A、B、C 三点的坐标列于表 6-17,试计算边长 AB、AC 的水平距离 D、象限角 R、坐标方位角 α。

表 6-17

点 名	x 坐标(m)	y 坐标(m)	AB 边	AC 边
A	44 967.766	23 390.405	$D_{AB}=$	$D_{AC}=$
B	44 955.270	23 410.231	$R_{AB}=$	$R_{AC}=$
C	45 022.862	23 367.244	$\alpha_{AB}=$	$\alpha_{AC}=$

3. 导线的布设形式有哪几种,其各有什么特点?
4. 导线计算中,两点间改正以后的坐标差如表 6-18,请填表计算各点的坐标。

表 6-18

点号	改正后坐标增量(m)		坐 标(m)	
	ΔX	ΔY	X	Y
A	51.324	80.735	600.100	400.200
B	-65.598	75.471		
C	93.046	-44.139		
D	-78.772	-112.067		
A				
$\sum$				

5. 简述闭合导线测量的主要外业过程和内业计算步骤。
6. 某图根闭合导线测量,已知数据和观测数据列于表 6-19 中,试按导线坐标计算表完成各项计算。(角度取至秒,坐标取至 0.01m,坐标增量改正数填在坐标增量值的上方。)

表 6-19

点号	观测角（左角）° ′ ″	坐标方位角 ° ′ ″	边长 (m)	纵坐标增量 (m) ΔX	横坐标增量 (m) ΔY	坐标 X (m)	坐标 Y (m)
1		131 17 00	236.75			500.00	500.00
2	66 35 01		217.09				
3	92 08 12		154.32				
4	113 53 45		143.13				
1	87 22 17					500.00	500.00
2		131 17 00					
辅助计算	$\sum \beta =$ $f_\beta =$	$\sum D =$	$f_x =$	$f_y =$ $K =$	$f =$		

7. 如图 6-35 所示之附合导线，已知点的坐标为：Z_1 (4836.631, 7701.535)、Z_2 (4714.412, 7710.072)、Z_3 (4444.038, 7845.818)、Z_4 (4700.907, 7845.253)，单位为米。观测数据注于图上，试求出未知点 1、2、3 的坐标（为简洁起见，我们将 177°53′20″ 记成 177-53-20）。

8. 四等水准测量观测 2 个测站记录如表 6-20，试完成各项计算。

表 6-20

测站编号	后尺 下丝 上丝 后距(m) 视距差 d	前尺 下丝 上丝 前距(m) ∑d	方向及尺号	标尺读数 (mm) 黑面	标尺读数 (mm) 红面	K+ 黑一红	平均高差 (m)	备注
	(1) (2) (9) (11)	(4) (5) (10) (12)	后 前 后—前	(3) (6) (15)	(8) (7) (16)	(14) (13) (17)	(18)	K 为标尺常数 $K_3 = 4.787$ $K_4 = 4.687$
1	1.571 1.197	0.739 0.363	后 3 前 4 后—前	1.384 0.551	6.171 5.239			
2	2.121 1.747	2.196 1.821	后 4 前 3 后—前	1.934 2.008	6.621 6.796			

9. 如图 6-36 所示,已知 A、B 点的平面坐标为:$A(2\,567.987,3\,012.567)$、$B(2\,512.839$,$2\,892.908)$,为求 P 点的平面坐标,观测了图中两个水平角,试计算 P 点的平面坐标。

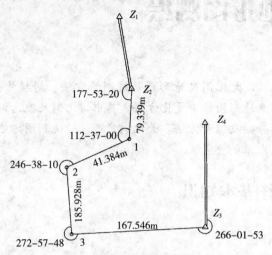

图 6-35 附和导线的计算

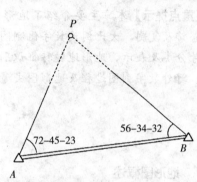

图 6-36 前方交会计算

10. 试完成表 6-21 的三角高程测量计算

表 6-21

起算点	A	
待定点	B	
往返测	往	返
水平距离 D(m)	530.002	530.002
竖直角 α ° ′ ″	$+10-20-30$	$-10-19-45$
$D\tan\alpha$		
仪器高 (m)	1.50	1.30
棱镜高 (m)	1.00	2.00
两差改正 f(m)		
单向高差 $\tilde{h}$(m)		
往返平均高差 $\tilde{h}$(m)		

11. GPS 定位系统由哪几部分组成?各部分的作用是什么?
12. GPS 系统的定位原理是什么?定位方法有哪几种,什么组合方式的测量精度最高?

第 7 章 地形图测绘

【重点提示】 本章主要介绍了地形图基本知识，大比例尺地形图传统测绘方法、拼接检查、清绘整饰及复制，大比例尺数字化测图方法，以及地形图的矢量化方法。其中，比例尺概念、图式符号分类及表示，地形地貌特征识别，地形图分幅及编号方法，大比例尺野外传统测图方法及过程、野外数字测图过程及地形图矢量化过程是本章的重点。

7.1 地形图基本知识

7.1.1 地形图概述

地面上的各种固定物体，如房屋、道路、河流和田地等称为地物，地表面的高低起伏的形态，如高山、丘陵、洼地等称为地貌。地物和地貌合称为地形。依据一定的数学法则，将地面上各种地物的平面位置按一定比例尺，用规定的符号缩绘在图纸上，并注有代表性的高程点，这样形成的图称为平面图。如果既表示出各种地物，又用等高线表示出地貌的图，称为地形图。

地形图是国家基本建设、整体规划、资源管理、安全防卫等事业的基础资料，其重要性不言而喻。国家基本比例尺地形图系列在 1993 年以前由 7 种比例尺地形图构成，如图 7-1 所示，即 1∶100 万、1∶50 万、1∶25 万、1∶10 万、1∶5 万、1∶2.5 万、1∶1 万比例尺地形图。自 1993 年起，1∶5 000 地形图也正式列入其中，从而丰富了基本比例尺地形图系列的内容。

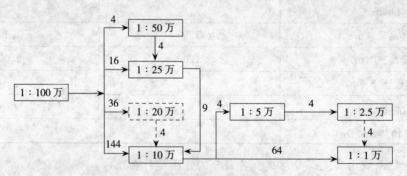

图 7-1 国家基本比例尺地形图组成

地形图按比例尺的不同其成图方法也有所区别。大比例尺地形图主要是通过野外实地测绘或对航空摄影像片进行处理而得到，中、小比例尺地形图主要是通过对航空摄影像片或遥感影像进行处理，或通过制图综合的方法对大比例尺地形图进行"缩编"而获得。当测区有较早时期的地形图且测区地形变化不是太大时,也可在原有图的基础上对变化地点进行修测。本章所述的测绘地形图是指在野外测绘大比例尺地形图。

地形图的测绘是遵循"先控制后细部"的原则进行的。根据测图目的及测区的具体情况建立平面及高程控制,然后根据控制点进行地物和地貌的测绘。

传统的地形测量方法测绘的地形图是以图纸(聚酯薄膜、绘图纸等)为载体,将野外实测的地形数据,按预定的比例尺,用几何作图的方法,手工缩绘于图纸上,形成"地形原图",然后复制或印刷成纸质地形图,提供给用户使用。但如今,随着全站仪及绘图软件的广泛使用,地形图测绘的方法已改进为野外自动化数据采集、编辑,以电子文件的形式记录地形信息并存储于磁盘或光盘等载体中,形成"数字地形图"(或"电子地图")。电子地图的应用可以在计算机的屏幕上实施,也可以通过连接于计算机的绘图机,按一定的比例尺绘制出纸质地形图,从而加以应用。

7.1.2 地形图比例尺

地面上各种物体,不可能按其真实的大小描绘在图纸上,而要经过缩小后,才能在图上表示出来,这种图上长度与相应实地水平距离之比,称为图的比例尺。按其表示方法不同,可分为数字比例尺和图示比例尺。

1. **数字比例尺** 用分数或数字比例形式表示的比例尺,称为数字比例尺,一般常用分子为 1 的分数表示。设图上线段长度为 d,地面上相应线段的水平投影长度为 D,则该图的比例尺为:

$$\frac{d}{D} = \frac{1}{(D/d)} = \frac{1}{M} \tag{7-1}$$

式中,分母 M 为比例尺的分母。常取 200、500、1 000、2 000 等整数形式,分母愈大,则比例尺愈小。根据大小不同,比例尺可分为大、中、小三类:它们对应的数值大小分别是:1:500~1:5 000,1:1万~1:10万,1:25万~1:100万。图 7-2 为 1:500 地形图样图。

2. **图示比例尺** 应用数字比例尺需要经过计算,在测量工作中很不方便,为了直接而方便地进行换算,并消除图纸伸缩对距离的影响,可用图示比例尺,它又分为直线比例尺和斜线比例尺。

直线比例尺是在图纸上绘一直线,并将其按一定的间隔等分为若干段,一般间隔为 2cm(或 1cm),这一间隔称为基本单位,然后,将最左边一个基本单位再分为 10 或 20 等分,在右分点上注记 0,自 0 起向左及向右的各分点上,均注记按数字比例尺计算出的相应的实地水平距离,即制成直线比例尺。如图 7-3 所示。

3. **比例尺精度** 在正常情况下,人眼在图上能分辨的两点间最小距离为 0.1mm,因此,当图上两点间的距离小于 0.1mm 时,人眼就不能分辨清楚,故相当于图上 0.1 mm 的实地水平距离,称为比例尺精度。它等于 0.1 mm 与比例尺分母 M 的乘积。

根据比例尺精度,可以确定实际多长的水平距离能在图上表示出来,同样,如果规定了地面上应该表示在图上的最小线段长度,就可确定采用多大比例尺。例如在图上需要表示出 0.5m 的地面长度,此时应选用不小于 0.1/500=1/5 000 的测图比例尺。

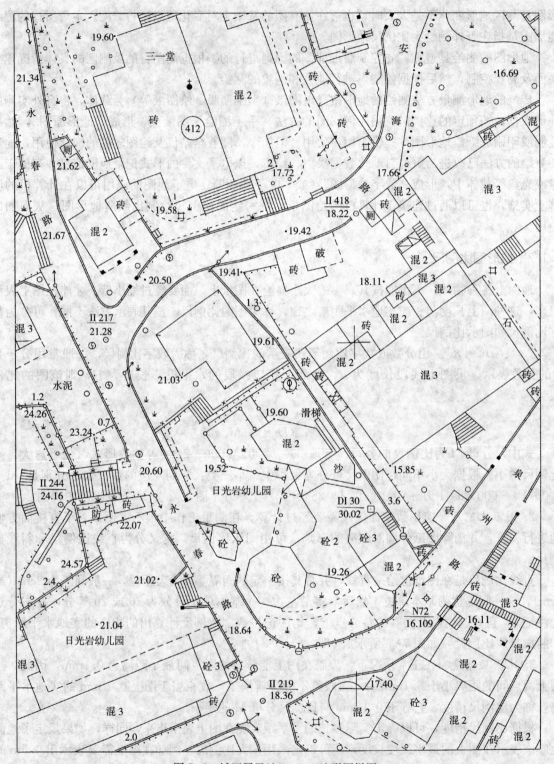

图 7-2 城区居民地 1∶500 地形图样图

第7章 地形图测绘

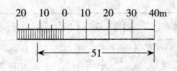

图 7-3　1∶2 000 直线比例尺

7.1.3 地形图图式

地形图图式规定了不同比例尺地形图表示各种地物、地貌要素的符号、注记和整饰标准,以及使用符号的原则、方法和要求。它是我国国家标准中的一种,是各部门测制和编绘地形图、利用地形图进行规划、设计、施工、管理、科研和教学等的基本依据之一。在使用时也可根据不同专业、地区特点,按用图需要增补符号。国家根据需要,每隔一定时间就要对地形图图式进行更新,表 7-1 所示为目前正在使用的《1∶500、1∶1 000、1∶2 000 地形图图式》(GB/T 7929-1995)中的一些常用符号。该图式是由国家测绘总局组织制定、国家技术监督局发布,于1996年5月1日开始实施的。

表 7-1　常用地物、地貌和注记符号

编号	符号名称	1∶500　1∶1 000	1∶2 000	编号	符号名称	1∶500　1∶1 000	1∶2 000
1	一般房屋 混—房屋结构 3—房屋层数	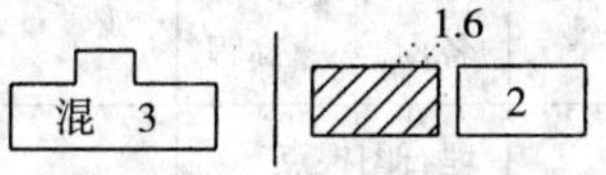 混 3	2	11	悬空通廊	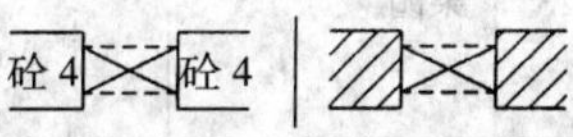 砼4　砼4	
2	简单房屋	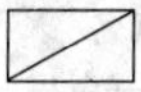		12	建筑物下的通道	 砼 3	
3	建筑中的房屋	 建		13	台阶	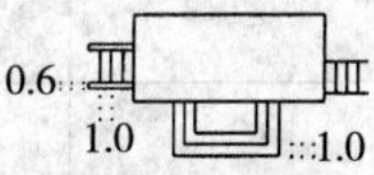	
4	破坏房屋	 破		14	门墩 a. 依比例尺的 b. 不依比例尺的	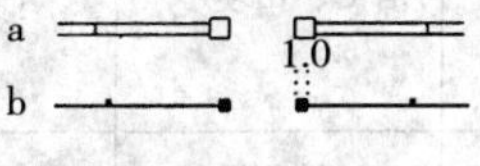 a b	
5	棚房	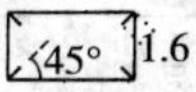 45°		15	门顶	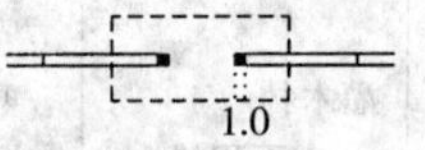	
6	架空房屋	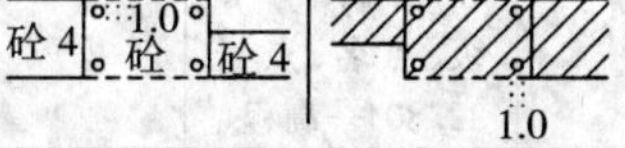 砼4　砼4		16	支柱(架)、墩 a. 依比例尺的 b. 不依比例尺的	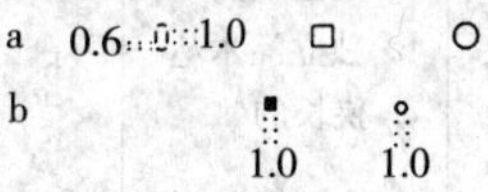 a b	
7	廊房	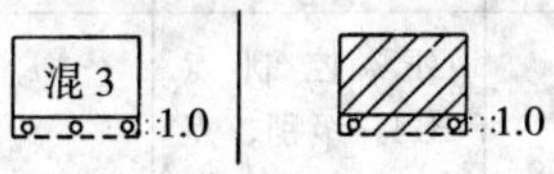 混 3		17	打谷场、球场	 球	
8	柱廊 a. 无墙壁的 b. 一边有墙壁的	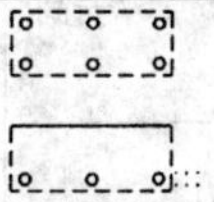		18	旱地	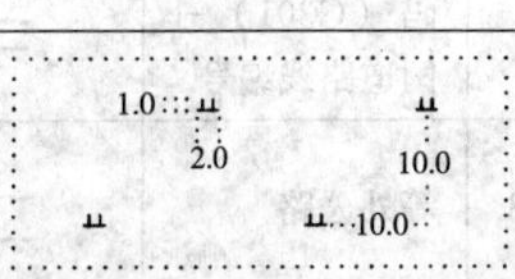	
9	门廊						
10	檐廊	 砼 4					

（续）

编号	符号名称	1∶500 1∶1000 1∶2000	编号	符号名称	1∶500 1∶1000 1∶2000
19	花圃		29	乡村路 a. 依比例尺的 b. 不依比例尺的	
20	人工草地		30	小路	
21	菜地		31	内部道路	
22	苗圃		32	阶梯路	
23	果园		33	三角点 凤凰山—点名 394.468—高程	
24	有林地		34	导线点 I16—等级、点名 84.46—高程	
25	稻田、田埂		35	埋石图根点 16—点名 84.46—高程	
26	灌木林 a. 大面积的 b. 独立灌木丛 c. 狭长的		36	不埋石图根点 25—点号 62.74—高程	
			37	水准点 Ⅱ京石5—等级、点名、点号 32.804—高程	
			38	GPS控制点 B14—级别、点号 495.267—高程	
27	等级公路 2—技术等级代码（G301）—国道路线编号		39	加油站	
28	等外公路		40	照明装置 a. 路灯 b. 杆式照射灯	

第7章 地形图测绘

(续)

编号	符号名称	1∶500 1∶1 000	1∶2 000	编号	符号名称	1∶500 1∶1 000	1∶2 000
41	假石山	4.0 ⋀ 2.0 1.0		55	围墙 a. 依比例尺的 b. 不依比例尺的	a ═══10.0═══ 0.6 b ───10.0─── 0.3	
42	喷水池	⌀ 3.6 1.0		56	栅栏、栏杆	─∘─10.0─∘─ 1.0	
43	纪念碑 a. 依比例尺的 b. 不依比例尺的	a □ b 1.6 ▯ 4.0 3.0		57	篱笆	─·─10.0─·─ 1.0	
44	塑像 a. 依比例尺的 b. 不依比例尺的	a □ b 1.0 ▯ 4.0 2.0		58	活树篱笆	∘∘∘∘∘ 6.0 1.0 0.6	
				59	铁丝网	─×─10.0─×─ 1.0	
45	亭 a. 依比例尺的 b. 不依比例尺的	a □ b 3.0 ▯ 3.0 1.6		60	电杆及地面上的配电线	─•─4.0─•─ 1.0	
46	旗杆	1.6 4.0 ╎ 1.0		61	电杆及地面上的通信线	─∘─4.0─∘─ 1.0	
47	上水检修井	⊖ 2.0		62	陡坎 a. 未加固的 b. 已加固的	a ┬┬┬┬┬ 2.0 b ┬┬┬┬┬ 4.0	
48	下水(污水)、雨水检修井	⊕ 2.0		63	散数、行数 a. 散数 b. 行数	∘ 1.6 ∘ 10.0 1.0 ∘ ∘ ∘	
49	电信检修井 a. 电信入口 b. 电信手孔	a ⊕ 2.0 b ⊞ 2.0		64	地类界、地物范围线	⋯⋯⋯ 1.6 0.3	
50	电力检修井	⊙ 2.0		65	等高线 a. 首曲线 b. 计曲线 c. 间曲线	a ─── 0.15 b ─── 0.3 1.0 c ─ ─ 6.0 0.15	
51	污水箅子	⊖ 2.0 ⊟ 1.0					
52	消火栓	1.6 2.0 ╎ 3.6		66	等高线注记	─25─	
53	水龙头	2.0 ╎ 3.6					
54	独立树 a. 阔叶 b. 针叶	a 1.6 ∘ 2.0 3.6 b 1.6 ▲ 3.6 1.0		67	一般高程点及注记 a. 一般高程点 b. 独立性地物的高程	a ∘ 163.2 0.5 b ♠ 75.4	

考虑到地图符号是地图的语言，它有和文字语言一样的"写"和"读"两个功能。即制图者能用一定的符号及其组合在地图上表示出制图对象，用图者也能通过对符号的认识，认识制图空间。地图学家把地图符号的构成概括为图形、尺寸和色彩三个基本要素来进行研究，并提出了地图符号设计的一般原则和要求。下面以地物在地形图上的表示为例来说明地图符号的绘制。

1. 地物符号的构成

（1）图形。地物符号的图形，是用来反映物体的外部形状和特征的。在图形方面的要求是概括形象、简单规则，并要有一定的系统性和层次等级，便于绘制。据此，地物符号图形多以正射投影的平面图形为主，以少量的几何图形和透视图形为辅。一般说来，在地面上占有较大面积的地物，如居民地、水域、植被等，按它们本身的正射投影的水平轮廓形状表示；对于很小而有重要意义的地物，用几何图形表示，如三角点、水准点、钻孔等，点位要求准确，因此用几何图形表示并明确中心位置；在地面上比较突出的物体，如烟囱、水塔、独立树等，是良好的地面方位目标，用透视图形表示。

（2）大小。符号尺寸的大小，反映地面物体占有空间位置的大小和比例关系，它同地形图的比例尺密切相关。同一地物，不同的比例尺，在地形图上的表示是不同的，其图形大小有的能保持相似图形，有的缩小成一点或一线。根据地物大小及描绘方法不同，地物符号分为依比例符号、不依比例符号和半依比例符号三种。

①依比例符号：地面实物按地形图比例尺缩小后，其位置、形状和大小均可在图上表示出来的，这种符号称为比例符号。

②不依比例符号：地面实物轮廓很小，无法将其形状和大小按比例尺缩绘到图纸上，只能用规定的符号表示其中心位置，这种符号称为不依比例符号。

③半依比例符号：对于一些线状延伸的地物，如小路、管线等，其长度可按测图比例尺缩绘在图上，而宽度不能按比例缩绘的符号，称为半依比例符号。

（3）颜色：符号的颜色，除了正确利用颜色的象征意义、符合地图的主题和用途外，还要考虑印刷的经济效果。符号的颜色一般与自然色彩一致，如，用蓝色表示水域，棕色表示地势和土质，绿色表示植被等。大比例尺地形图，由于图幅较多，大都用单色表示。

2. 地物符号的位置和方向

（1）地物符号的位置。依比例表示的地物轮廓线或线状符号，图形的每一转折处都同实际的方向位置一致。不依比例和半依比例的符号，定位点有以下几种情况。

圆形、矩形、三角形等几何图形符号，在其图形的中心；宽底符号如蒙古包、烟囱、独立石等，在底线中心；底部为直角形的符号如风车、路标等，在直角的顶点；几种图形组成的符号如气象站、雷达站、无线电杆等，在其下方图形的中心点或交叉点；下方没有底线的符号如窑、亭、山洞等，依比例尺表示的，定位点在两端点上；不依比例尺表示的，定位点在其下方两端点间的中心点；不依比例尺表示的其他符号如桥梁、水闸、拦水坝等，在符号的中心点；线状符号如道路、河流、堤、境界等，在符号的中心线。依比例表示时，在两侧线的中心。

（2）地物符号的方向。独立性地物符号除简要说明中规定按真方向表示者外，其他的均垂直于南图廓描绘。依比例或半依比例符号的方向，与实物方向一致。

3. 地形图注记 地形图注记是地形图的基本内容之一,其作用在于指明物体的专门名称和具体特征,以补充符号的不足。注记一般分为名称说明注记、性质说明注记和数字注记三种。

名称说明注记是用文字来注明符号的专有名称,如村庄、道路的名称。性质说明注记是用来补充符号的不足,以简注形式说明某一特定的事物,如苹果园注"苹"字来说明。数字注记是指高程注记及其他数字说明。

测图时应根据测图比例尺选用国家测绘部门最新颁布的地形图图式中规定的符号。

7.1.4 等高线

地面高低起伏的形态,称为地貌。将地貌正确表示在图上,是地形测图的又一基本任务。

7.1.4.1 地貌的基本形态

地貌形态各种各样,通常《规范》中按其起伏变化情况,根据地面倾角(α)大小划分成以下四种地形类型:$\alpha<3°$称为平坦地;$3°\leqslant\alpha<10°$称为丘陵地;$10°\leqslant\alpha<25°$称为山地;$\alpha\geqslant25°$称为高山地。地形类别的划分是地形图基本等高距选择的前提。

图7-4为某地区的山地地貌。地貌形态虽然比较复杂,但可归纳成下列几种基本形态:山头、山脊、山谷、鞍部、盆地、台地、陡崖等。

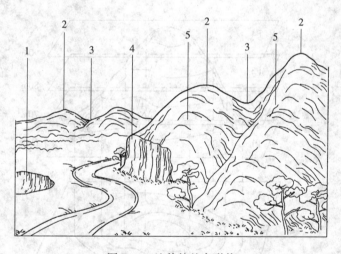

图7-4 地貌的基本形状
1. 洼地 2. 山头 3. 鞍部 4. 绝壁 5. 山脊

(1) 山。较四周显著隆起高地称为山,大者叫岳,小者叫山丘。山的最高部位称为山顶(山头),有尖顶、圆顶、平顶等形态。山的倾斜面部分称为山坡。山坡与平地相交处,叫山脚或山麓。

(2) 盆地。四周高而中间低洼地,形如盆状的地貌称为盆地,小范围的盆地叫洼地。

(3) 山脊。由山顶向下延伸的凸起地带称为山脊。山脊上最高点的连线,叫山脊线或分水线。

（4）山谷。相邻两山脊之间的凹部称为山谷，山谷最低点的连线称为集水线或山谷线。

（5）鞍部。相邻两个山顶之间的低凹部位，形状像马鞍，称为鞍部。有道路通过的鞍部叫隘口。鞍部是两个山头和两个山谷相对交会的地方。鞍部等高线的特点是在一圈大的闭合曲线内，套有两组小的闭合曲线，亦可视为由两个山头和两个山谷等高线对称组合而成。

（6）台地。四周为陡峭的斜坡，中间部分高而平坦、形如平台状地貌叫台地，面积较大而延伸较长的台地称为塬。

（7）陡崖。倾斜在45°以上70°以下的山坡叫陡坡；70°以上陡峭崖壁叫陡崖，下部凹入的陡崖叫悬崖。

7.1.4.2 用等高线表示地貌

在地形图上表示地貌的方法很多，最常用的是等高线法。它不仅能表示地面的起伏形态，还能较准确地提供各个地貌要素（如山顶、山谷、盆地等）的相关几何位置、微小的地貌变化以及坡度、高程等信息。

1. **用等高线表示地貌的原理** 用等高线表示地貌的基本原理如图 7-5 所示，假想有一座山，从山底到山顶，被高差间隔为 h 的几个水平面 P_1、P_2、P_3 所截，这些截平面与地表面相交而形成一些弯曲的截线，将这些截线垂直投影到同一水平面 H 上，并按测图比例缩绘于图纸上，就是地形图上表示这座山的等高线。因此，等高线是地面上高程相等的相邻点连接而成的闭合曲线。

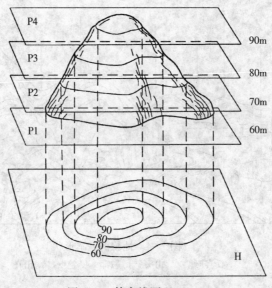

图 7-5 等高线原理

2. **等高距及等高线平距** 相邻两等高线间的高差，称为等高距。相邻两条等高线之间的水平距离，称为等高线平距。等高距的大小是可以任意选择的。对同一地区，某一比例尺来说，等高距越小，图上的等高线就越密，图上的等高线平距就越小，就越能详细和准确地反映地貌的细节，但测绘工作量就越大，绘图就越困难，等高线平距过小时还会影响图面的清晰；等高距过大，则不能满足成图的要求。因此，在测图时，应根据用图要求、地形类别和比例尺大小，合理选择等高距。在大比例尺测图中，一般要求图上等高线平距在 2～3mm 以上，最密应保持在 1mm 左右。《规范》中对等高距的规定见表 7-2。表 7-2 中给出的等高距称为基本等高距。为了使用方便，通常一个测区的同一种比例尺地形图应采用同一等高距。但在大面积测图时，有时地面倾斜角相差过大，允许以图幅为单位分别采用不同的等高距。

表 7-2 等高距表

比例尺	平地（0°～2°）(m)	丘陵地（2°～6°）(m)	山地（>6°）(m)
1∶500	0.5	0.5	0.5 或 1.0
1∶1 000	0.5	0.5 或 1.0	1.0
1∶2 000	0.5 或 1.0	1.0	2.0

3. 等高线的种类

(1) 首曲线。即按基本等高距测绘的等高线，亦称基本等高线。大比例尺地形图上首曲线的线宽为 0.15mm 的实线，其上不注记高程。

(2) 计曲线。亦称加粗等高线，为便于用图，从高程起算面（0m 等高线）起算，每隔四条首曲线加粗描绘的一条等高线，其线宽为 0.3mm。两相邻计曲线间的等高距为基本等高距的 5 倍，在计曲线上应注记高程。

(3) 间曲线。按 1/2 基本等高距测绘的等高线，称为半距等高线，也叫间曲线。间曲线可用来显示首曲线不能显示局部地貌特征，一般用虚线表示。

(4) 助曲线。又称辅助等高线。是按 1/4 基本等高距绘制的等高线，用短虚线表示。描绘时可不封闭。

4. 等高线的特性　根据等高线表示地貌的原理可知，等高线具有以下几个特性。

(1) 同一条等高线上各点高程相等，但高程相等的点不一定在同一等高线上。

(2) 等高线是闭合曲线。若不能在本图幅内闭合，则必在两相邻图幅或多幅邻近图内闭合。

(3) 除了遇上悬崖、峭壁或陡坎等少数特殊情况外，等高线不能有相交或重合现象。

(4) 等高线在过山脊或山谷时，应与山脊线或山谷线正交。

(5) 等高线越密，表示地面坡度越陡；等高线越稀疏，表示地面坡度越缓。

(6) 经过河流的等高线，不能直接跨过，应终止于河边。

5. 典型地貌的等高线　山头、洼地、山脊、山谷、分水线和集水线、鞍部、绝壁和悬崖的等高线如图 7-6 所示。图 7-7 则对综合地貌及其等高线进行了表示。对于一些特殊地貌，如山头和洼地等，其外形相似，都是一组闭合的等高线圈，仅用等高线是不能确切反映其真实情况的，如不加高程注记或加绘示坡线（按坡降方向绘制的垂直于等高线的短线），则二者很难区分。因此，对于此类特殊的地貌（如陡崖、田坎、土堆、冲沟、石堆、沙地等），需要用专门符号、高程或比高注记，以便和等高线配合使用，其具体表示可参见图式（图 7-6、图 7-7）。

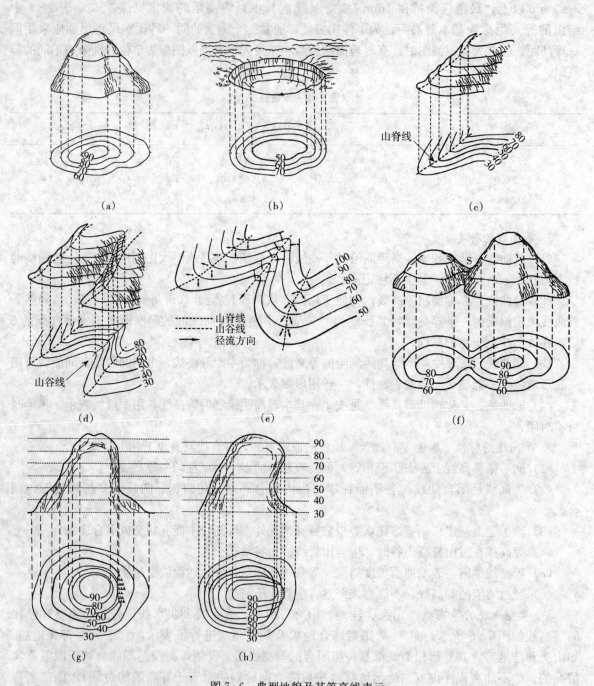

图 7-6 典型地貌及其等高线表示
(a) 山头等高线 (b) 洼地等高线 (c) 山脊等高线 (d) 山谷等高线 (e) 分水线和集水线
(f) 鞍部等高线 (g) 绝壁等高线 (h) 悬崖等高线

图 7-7 综合地貌及其等高线表示

7.1.5 地形图的分幅与编号

我国地域辽阔,为了便于地形图的测绘、管理和使用,地形图必须按适当的面积大小进行图幅划分,称为地形图分幅。由于分幅后各种比例尺的地形图数量极大,为了便于贮存、检索和使用,需按一定的方法给予各分幅地形图一个固定的号码,这就是地形图的编号。

在进行分幅编号时,一般要考虑以下一些原则:①保证相邻图幅能互相拼接,且又不重复无遗漏;②图幅编号要能够反映不同比例尺之间的联系;③各种基本比例尺地形图的图面大小应大致相等。

我国地形图的分幅方法分为梯形分幅和矩形分幅两大类。梯形分幅法是按一定的经度差和纬度差,以经纬线作为图幅边界的,用于中、小比例尺的国家基本图分幅,也称国际分幅法;矩形分幅法是以坐标格网线为图幅边界的,用于城市大比例尺图的分幅。

7.1.5.1 梯形分幅与编号

地形图的梯形分幅由国际统一规定的经线为图的东、西边界,统一规定的纬线为图的南北边界。由于各条经线(子午线)向南、北极收敛,因此整个图幅略呈梯形。其划分的方法和编号,随比例尺的不同而不同,为适应计算机管理和检索,1992 年国家标准局发布了《国家基本比例尺地形图分幅和编号》(GB/T 13989-92)国家标准,自 1993 年 7 月 1 日起实施。

1. 1∶100 万比例尺地形图分幅编号方法 比例尺 1∶100 万地形图的分幅与编号,是国际统一规定的。如图 7-8 所示,从全球来说,从 180°子午线起,自西向东,按经差 6°将整个地球表面划分为60纵列，依次以阿拉伯数字1、2、……60进行编号。另又从赤道起，分别向南或向北直至88°，按纬差4°分成横行，依次以A、B、……V进行编号，北半球和南半球的图幅，分别在编号前加N或S予以区别，但由于我国领域全部位于北半球东侧，故图7-8中只表示了该地区的分幅与编号，且在以下的编号中省略了表示北半球的字母N。这样，由纬差4°的两纬线和经差6°的两子午线所围成的梯形即为一幅1∶100万地形图，每幅图的编号是由横行的字母与纵列的号数组成。如北京某处的经度为东经116°22′53″，纬度为北纬39°56′20″，则该点所在1∶100万地形图图幅编号为J50。

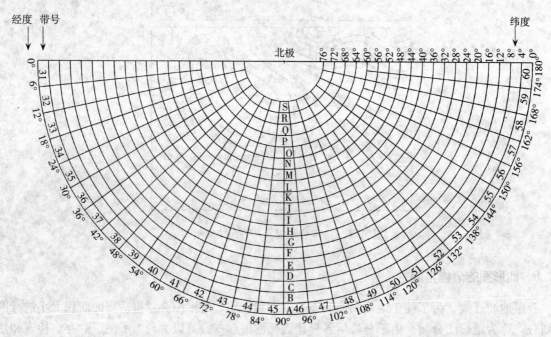

图7-8 东半球北纬1∶100万比例尺地形图的国际分幅与编号

2. 1∶50万～1∶5000比例尺地形图的分幅编号方法 1∶50万～1∶5000比例尺地形图的分幅都是由1∶100万比例尺的地形图加密划分而成，编号均以1∶100万比例尺的地形图为基础，采用代码行列编号方法，由其所在1∶100万比例尺地形图的图号、比例尺代码和图幅的行、列号共十位数码组成，如图7-9所示。各种比例尺地形图的代码及编号示例见表7-3。

表7-3 地形图比例尺代码表

比例尺	1∶50万	1∶25万	1∶10万	1∶5万	1∶2.5万	1∶1万	1∶5千
代 码	B	C	D	E	F	G	H
示 例	J50B001002	J50C003003	J50D010010	J50E017016	J50F042002	J50G093004	J50H192192

每幅1∶100万比例尺地形图划分为2行2列，共4幅1∶50万比例尺地形图，每幅1∶50万比例尺地形图的分幅为经差3°、纬差2°；其余的各种比例尺地形图均由1∶100万比例尺的地

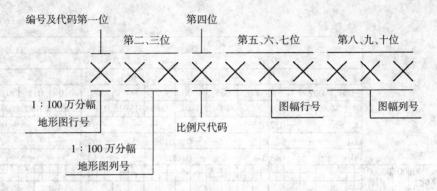

图 7-9 1:50 万~1:5 000 比例尺地形图图号的数码构成

形图划分而成，分幅的图幅范围、行列数量关系见表 7-4，而各比例尺图幅行、列号及其相互之间的关系则见图 7-10。

表 7-4 国家基本比例尺地形图分幅关系表

比例尺		1:100 万	1:50 万	1:25 万	1:10 万	1:5 万	1:2.5 万	1:1 万	1:5 千
图幅范围	经差	6°	3°	1°30′	30′	15′	7′30″	3′45″	1′52″
	纬差	4°	2°	1°	20′	10′	5′	2′30″	1′15″
行列数量关系	行数	1	2	4	12	24	48	96	192
	列数	1	2	4	12	24	48	96	192
图幅数量关系		1	4	16	144	576	2 304	9 216	36 864

3. 图幅编号的计算 已知图幅内某点的经纬度为 (λ, ϕ)，可按式 (7-2) 计算出 1:100 万比例尺的地形图图幅编号。

$$\begin{cases} a = [\phi/4°] + 1 \\ b = [\lambda/6°] + 31 \end{cases} \tag{7-2}$$

式中：[ ]——取商的整数；

a——1:100 万比例尺地形图图幅所在纬度带字符码对应的数字码；

b——1:100 万比例尺地形图图幅所在经度带的数字码。

例如，上述北京某点经度为东经 116°22′53″，纬度为北纬 39°56′20″，计算其所在 1:100 万比例尺地形图图幅的编号如下：

$a = [39°56′20″/4°] + 1 = 10$（相对应的字符码为 J）

$b = [116°22′53″/6°] + 31 = 50$

因此，该点所在 1:100 万比例尺地形图图幅的编号为 J50。

已知图幅内某点的经、纬度，可按 (7-3) 式计算所求比例尺地形图在 1:100 万比例尺地形图图号后的行号和列号。

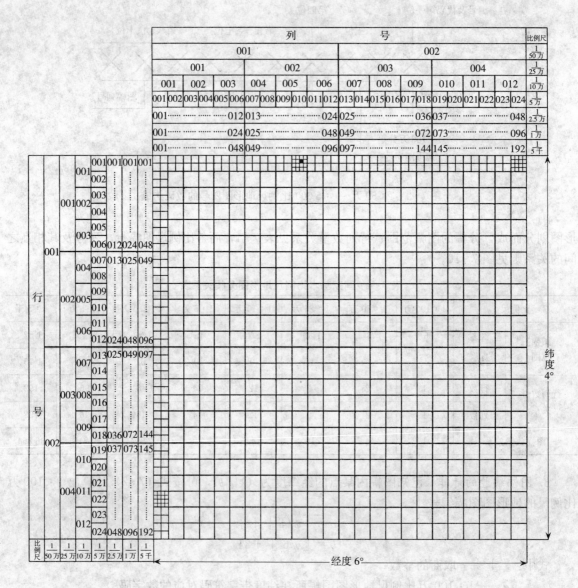

图 7-10 各比例尺图幅行、列号及其相互之间的关系

$$\begin{cases} c = 4°/\Delta\phi - [(\phi/4°)/\Delta\phi] \\ d = [(\lambda/6°)/\Delta\lambda] + 1 \end{cases} \quad (7-3)$$

式中：( ) ——取商的余数；

　　　[ ] ——取商的整数；

　　　c ——所求比例尺地形图的行号；

　　　d ——所求比例尺地形图的列号；

　　　ϕ ——图幅内某点的纬度；

λ——图幅内某点的经度；

$\Delta\phi$——所求比例尺地形图图幅的纬差；

$\Delta\lambda$——所求比例尺地形图图幅的经差。

仍以上述经度为东经 $116°22'53''$，纬度为北纬 $39°56'20''$ 的某点为例，计算其所在 1∶1 万比例尺地形图图幅的编号。

根据其所在 1∶100 万比例尺图幅及其比例尺 1∶1 万，编号的前四位代码为 J50G，然后按 1∶1 万的图幅纬度差和经度差：

$$\Delta\phi=2'30'', \Delta\lambda=3'45''$$

计算其行号和列号（各三位）为：

$$c=4°/2'30''-[(39°56'20''/4°)/2'30'']=002$$
$$d=[(116°22'53''/6°)/3'45'']+1=039$$

因此，该点所在 1∶1 万比例尺地形图图幅的编号为 J50G002039。该图幅所在的行、列位置在图 7-10 中以填充色块表示。

4. 按图号计算图幅西南图廓点的经纬度及其范围 已知某地形图的图号 $X_1X_2X_3X_4X_5X_6X_7X_8X_9X_{10}$，则根据该图号的前三位代码 $X_1X_2X_3$ 按式（7-4）计算出它所在的 1∶100 万比例尺地形图对应的西南图廓点的经纬度 λ_0，ϕ_0：

$$\begin{cases}\lambda_0=(X_2X_3-31)\times 6°\\ \phi_0=(X_1-1)\times 4°\end{cases} \quad (7-4)$$

式中：X_1——此幅 1∶100 万比例尺地形图图幅所在纬度带字符码对应的数字码；

X_2X_3——经度带的数字码。

根据比例尺代码 X_4 确定其纬差 $\Delta\phi$ 和经差 $\Delta\lambda$，则该图幅西南图廓点的经纬度可按式（7-5）计算：

$$\begin{cases}\lambda=\lambda_0+(X_8X_9X_{10}-1)\cdot\Delta\lambda\\ \phi=\phi_0+(4°/\Delta\phi-X_5X_6X_7)\cdot\Delta\phi\end{cases} \quad (7-5)$$

例如，某地形图图幅的编号为 J50G002039，求该图幅西南图廓点的经纬度及其范围。根据编号中比例尺代码可知该地形图的比例尺为 1∶1 万，因此其图幅的纬差 $\Delta\phi=2'30''$，经差 $\Delta\lambda=3'45''$，该 1∶100 万比例尺地形图图幅对应的西南图廓点的经纬度为：

$$\begin{cases}\lambda_0=(50-31)\times 6°=114°\\ \phi_0=(10-1)\times 4°=36°\end{cases}$$

该 1∶1 万比例尺地形图图幅对应的西南图廓点的经纬度分别为：

$$\begin{cases}\lambda=114°+(039-1)\cdot 3'45''=116°22'30''\\ \phi=36°+(4°/2'30''-002)\cdot 2'30''=39°55'\end{cases}$$

7.1.5.2 矩形分幅与编号

大比例尺地形图，通常采用以坐标格网线为图框的矩形分幅。图幅的大小为 40cm×40cm 或 40cm×50cm 或 50cm×50cm，每幅图中以 10cm×10cm 为基本方格。分幅是以整千米或百米的坐标格网作为图幅的分界线，称作矩形或正方形分幅。各比例尺图幅大小如表 7-5 所示，一般多用正方形分幅。若有特殊需要，也可采用其他规格的分幅。

表7-5 大比例尺图的图幅大小

比例尺	矩形分幅		正方形分幅		
	图幅大小（cm×cm）	实地面积（km²）	图幅大小（cm×cm）	实地面积（km²）	一幅1:5 000图所含幅数
1:5 000	50×40	5	40×40	4	1
1:2 000	50×40	0.8	50×50	1	4
1:1 000	50×40	0.2	50×50	0.25	16
1:500	50×40	0.05	50×50	0.062 5	64

大比例尺地形图编号一般采用图廓西南角坐标千米数编号法，也可选用以较小比例尺图幅编号为基础的编号法、流水编号法或行列编号法等。

1. 图幅西南角坐标千米数编号法　例如图7-11（a）所示1:5 000图幅西南角的坐标 $x=32.0$km，$y=56.0$km，因此，该图幅编号为"32-56"。编号时，对于1:5 000取至1km，对于1:1 000、1:2 000取至0.1km，对于1:500取至0.01km。若采用国家统一坐标系时，图廓间的千米数根据需要加注带号和百千米数。如：X:^{43}27.8，Y:^{374}57.0。

2. 以较小比例尺图幅编号为基础的编号法　如图7-11（a）所示，以1:5 000地形图西南坐标千米数为基础图号，后面再加罗马数字Ⅰ、Ⅱ、Ⅲ、Ⅳ组成。一幅1:5 000地形图形可分成4幅1:2 000地形图，其编号分别为32-56-Ⅰ、32-56-Ⅱ、32-56-Ⅲ及32-56-Ⅳ。一幅

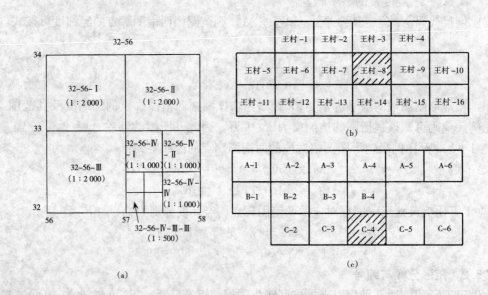

图7-11　大比例尺地形图的分幅和编号
（a）按西南角坐标千米数编号与矩形分幅编号法
（b）流水编号法　（c）行列编号法

1:2 000地形图又分成4幅1:1 000地形图,其编号为1:2 000图幅编号后再加罗马数字Ⅰ、Ⅱ、Ⅲ、Ⅳ。1:500地形图编号按同样方法编号。注意罗马数字Ⅰ、Ⅱ、Ⅲ、Ⅳ排列均是先左后右,不是顺序排列。

又如,城市基本图幅编号,以北京市为例,采用象限行列编号为基本框架:把北京市分为4个象限,顺时针排列Ⅰ、Ⅱ、Ⅲ和Ⅳ。在每个象限内,以纵4km,横5km为1:10 000比例尺的一幅图,例如编号Ⅱ-2-1表示在第2象限第2列第1行,见图7-12 (a)。各象限内行列均自原点向外延伸。1:5 000比例尺的图幅大小是把1:10 000图幅分为4个象限,见图7-12 (b)箭头所指的编号为Ⅱ-2-1 (1)。1:2 000比例尺图幅大小是把1:10 000图幅分成25幅,图7-12 (c)箭头所指的编号为Ⅱ-2-1-[15]。1:1 000比例尺图幅大小是把1:10 000图幅分成100幅,箭头所指编号为Ⅱ-2-1-73。1:500比例尺图幅大小是把一幅1:1 000图幅再分为4幅,它的编号是Ⅱ-2-1-73 (4),见图7-12 (d)。

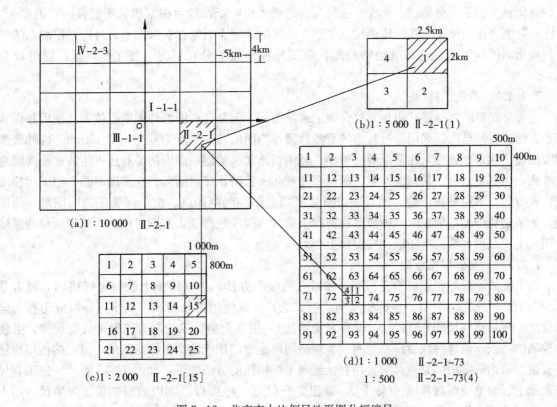

图7-12 北京市大比例尺地形图分幅编号

3. 流水编号法 带状测区或小面积测区,可按测区统一顺序进行标号,一般从左到右,从上到下用数字1,2,3,4,…编定,如图7-11 (b)所示。其中"王村"为测区名。

4. 行列编号法 行列编号是指以代号(如A、B、C、D、…)为横行,由上到下排列;以数字1、2、3、…为代号的纵列,从左到右排列来编定,先行后列,如图7-11 (c)所示。其适合于小面积测区。

7.2 大比例尺地形图的传统测绘方法

7.2.1 测图的准备工作

测图前,应首先准备有关的《规范》、《图式》。抄录测区内控制点成果资料(注意保证抄录资料的正确),对测图用的仪器,按规定进行检验校正、划分图幅、展绘控制点。

7.2.1.1 图幅的划分

当测区较大,一个图幅不能全部测完时,要把整个测区分成几个图幅进行施测。一般情况下,大比例尺地形图分幅大小按 $50\times50cm^2$(或 $50\times40cm^2$)。分幅较多时,为了使用和接图的方便,要按适当方式对各图幅进行编号。

具体操作如下:分幅前,先找一张稍大些的毫米格网纸,然后根据测区图根控制点的坐标,以比实际测图比例尺小一些的比例尺,将整个测区的控制点展绘在一张图上,再根据控制点的位置勾绘出测区范围线,这样就能够对测区范围和控制点的分布情况一目了然,据此就可以分幅了。

7.2.1.2 图纸选择

过去,是将图纸裱糊在铝板或胶合板上来测图的,但是这种图纸伸缩变形较大,使用和保管都不方便。目前已广泛采用经过打毛的聚酯薄膜作为图纸,其厚度为 0.05～0.10mm。这种聚酯薄膜经过了热定型处理,在常温时变形小,且柔韧结实、耐湿,图面污染后还可用清水或淡肥皂水洗涤,但具有怕折、易燃的特点,所以要注意防火、防止接触高温。在聚酯薄膜上测图后接图也比较方便,不用另描图边,而且还可直接复晒蓝图或制版印刷。由于薄膜是透明图纸,测图前,为了避免阳光反射刺眼,一般都在薄膜下面衬一张浅色薄纸,测图时用透明胶带纸将薄膜贴在图板上,或用大铁夹将图纸夹在图板上。

7.2.1.3 坐标格网绘制

为了准确地将控制点展绘在图纸上和以后的接图方便,需在图纸上绘制坐标格网(通常是 10cm×10cm 正方形格网)。坐标格网的绘制方法,据其使用的仪器和工具不同,可分为直角坐标仪法、坐标格网尺法和直尺法(又称对角线法)。用直角坐标仪绘制方格网,具有快速、方便和准确的特点,但这种仪器还不普遍。坐标格网尺是专门用于绘制坐标格网的,但它的使用也还不普遍。目前最常用的是直尺法。用直尺绘制坐标格网的方法如下:如图 7-13 所示。先用直尺在图纸上轻轻地画两对角线 AC、BD,设相交于 O 点。再从 O 点起以适当的长度为半径,用大圆规在对角线上作短弧,交于 a、b、c、d 四点,再在 ab、dc 线上,从 a、d 点开始每隔 10cm 刺点;同样从 ad、bc 线的 a、b 点开始,也每隔 10cm 刺点。将相应的点连成直线,就得坐标格网。

坐标格网绘制好后,应进行检查。《规范》规定:各方格网的交点应在一条直线上,方格网线粗不大于 0.1mm,对角线的图上长度与理论长度之差不大于 0.3mm,方格网线段长度与理论长度之差不超过 0.2mm。如果超限,则应重新绘制。经检查合格后方可使用。当然也可购买已印刷好坐标格网的聚酯薄膜。

7.2.1.4 控制点展绘

坐标格网绘制合格后,就可展绘控制点了。展绘前,先从测区分幅图中查出本图幅的坐标,并在坐标格网线旁注记相应的坐标值,以千米(1∶2 000比例尺)或米(1∶1 000、1∶500比例尺)为单位,如图7-14所示。

展点时,先根据展绘点的纵、横坐标找出它在哪一个方格内;然后用该点的坐标值减去所在方格西南角的坐标值,得出两个坐标差,并按测图比例尺将其换算为图上长度;再分别在方格的两对边上,自下而上、自左而右,按换算得的相应长度截取距离,连接后所得交点便是被展绘的点在图上的位置。

例如,在1∶2 000的图上,A点的坐标为 $x=356\,502.34$m,$y=346\,460.03$m,根据图7-14中的格网所注的坐标,A点在方格 $abcd$ 内。A 点与该方格西南角点 a 的坐标差为 $\Delta x=356\,502.34-356\,400.00=102.34$m,$\Delta y=346\,460.03-346\,400.00=60.03$m。先从 a 点和 d 点起分别向上在线段 ab、dc 上,依比例尺量取 51.2mm,得 g、h 两点;再从 a 点和 b 点分别向右在 ad、bc 线段上量取 30.0mm,得 e、f 两点,连接 g、h 和 e、f,其交点即为 A 点在图上的位置。为了检核,可分别量取 eA 和 gA,视其是否分别为 51.2mm 和 30.0mm。

最后还要对展绘点进行检查。其方法是用比例尺量出相邻控制点间的距离,看是否与成果表上或与控制点反算的距离相符,其差值不得大于图上 0.3mm,否则重新展点。

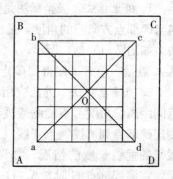

图7-13 对角线法绘制方格网

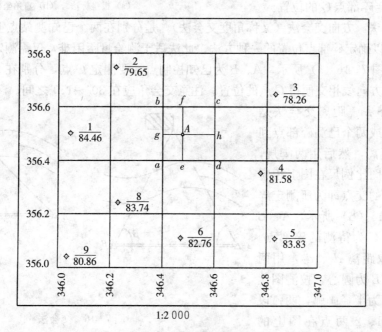

图7-14 控制点展绘

控制点展绘在图纸上后，应在点旁注上点名（或点号）和高程。

7.2.2 碎部点点位的测定

地形测图的目的，是把地球表面的地物、地貌正确地测绘到图纸上。为了在测站点上测绘地物、地貌，首先必须确定地物、地貌的碎部点（或称特征点）在图上的位置和高程。特征点，即地物和地貌的方向转折点和坡度变化点，如房角、道路的转弯点和交叉口、河流岸线的转折点、独立地物的中心及山顶、鞍部、山脊和山谷的转弯和交叉点等。然后，根据测定的碎部点并对照实地情况，以相应的符号在图上描绘地物和地貌。现将碎部点的测定方法介绍如下。

1. **极坐标法** 极坐标法是测定碎部点的主要方法。它是在测站点上安置仪器，测定已知方向与碎部点方向间的角度，量出测站点至碎部点间的距离与高差，从而确定碎部点位置的一种方法。如图7-15（a）所示，A、B为已知控制点，要测定C点，在A点安置仪器测定水平角β，从A点量一距离d便得到C点位置。

2. **直角坐标法** 此法应用在碎部点与测站点间距离、角度都不能测或观测不方便，但可测定碎部点到两控制点连线（或已测碎部点连线）的垂线长度的情况。如图7-15（b）所示，在测碎部点C时，A、B点与该点都无法通视，此时碎部点E、F已定，可量出C点至EF的垂直距离D_{CO}为9.30m，O点至E点的距离D_{EO}为7.40m。根据E、F点及距离D_{CO}、D_{EO}即可确定待定碎部点C的位置。

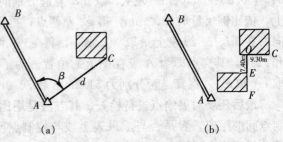

图7-15 极坐标法与直角坐标法
(a) 极坐标法　(b) 直角坐标法

3. **方向交会法** 方向交会法（又称角度交会法），是分别在两个已知测站点上对同一个碎部点进行方向交会以确定碎部点位置的一种方法。此法适于测绘量距困难，仅需测定地物点的平面位置的情况。如图7-16（a）所示，A、B为已知控制点，要测定C点，分别在A、B点安置仪器测角α、β，两方向线相交便得C点的位置。注意交会角应在30°～150°之间。

4. **距离交会法** 距离交会法是测定两个测站点或两个已测碎部点到同一碎部点的距离，然后用两脚规，将各段距离按测图比例尺在图上相应位置画弧，两弧的交点即为所测定碎部点。如图7-16（b）所示，A、B是两个已知点，C为待测的碎部点。用皮尺分别量取距离d_1、d_2，用两脚规分别以A、B为圆心，按测图比例尺以相应距离为半径画弧，两弧段的交点，便是1、2两点在图上的位置。

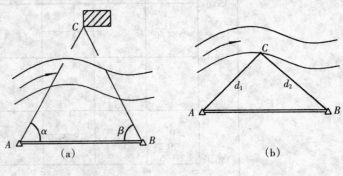

图7-16 交会法
(a) 方向交会法　(b) 距离交会法

7.2.3 测图仪器介绍

7.2.3.1 平板仪

1. 平板仪测量的原理 图解测量就是利用平板仪等仪器，用图解的方法来确定地面点对于测站点的方向和距离，并按照垂直投影的法则，将地面点按一定的比例尺缩绘在图纸上，构成与实地相似的图形。图解测量的原理，如图 7-17 所示。假定 A、M、N 为三个地面点且不在同一个水平面上，若在 A 点安置一个水平测图板（简称测板），测板上裱糊图纸（或者粘贴一聚酯薄膜），将 A 点沿铅垂线方向投影到图纸上为 a 点。如果地面点 M 和 N 在过 A 点的水平面上的投影为 M_0 和 N_0，则 AM_0 和 AN_0 分别为 A 点到 M 和 N 的水平距离。设想通过 AM 和 AN 两个方向分别做两个竖直面 AM_0M 和 AN_0N，这两个竖直面与测图纸的交线分别为 am 和 an，则 am 和 an 为 AM 和 AN 在测板面的垂直投影，故 $\angle man=\angle M_0AN_0$，即 $\angle man$ 为地面点 MAN 的水平角。如果再测出 AM_0 和 AN_0 的长度，并按规定的比例尺沿相应的方向线缩绘在图版上的 m、n 两点，则 m、n 两点就是地面点 M、N 在图纸上的位置。显然 $\triangle man\backsim\triangle M_0AN_0$，这样就将地面点的图形用图解方法直接描绘在图纸上。若再用三角高程测量的方法测量出测站点 A 到 M 和 N 两点的高差，并将高差分别加上 A 点的高程，就可以求出 M 和 N 点的高程。同理求出测站点 A 周围的所有地形点，并根据这些地形点的平面位置和高程绘出地形图。依此类推，若将测板迁移到其他测站点，且使测板保持在 A 点时的方位并安置水平，又可测绘出其他周围的地表形态点，并与在 A 点测绘的图形衔接起来，直至测满整个图幅，这样就完成一幅规定比例尺的地形图了。这就是平板仪测图的基本思想。

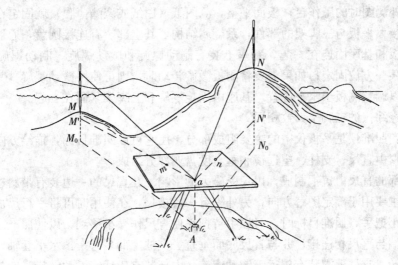

图 7-17 图解测量的原理

由此可知，要进行平板仪测量必须具有能整置水平的测板，具有既能照准目标描绘方向线，又能测定距离和高差的照准仪。测板、照准仪及其附件总称为平板仪。

2. 平板仪及其附件 平板仪有大平板仪和小平板仪两种。它们在结构上虽有所不同，但都是由平板、基座、三脚架、照准仪及一些附件所组成。下面依次加以介绍。

(1) 大平板仪。大平板仪（简称平板仪）是直接测绘地形原图的主要仪器，其构造上的几何特性与经纬仪相似，二者的区别仅在用平板仪的图板代替了水平度盘，用图解法代替了解析法。大平板仪主要由平板和照准仪构成；另外还有一些附件。大平板仪的主要部件及作用简述如下（图7-18）。

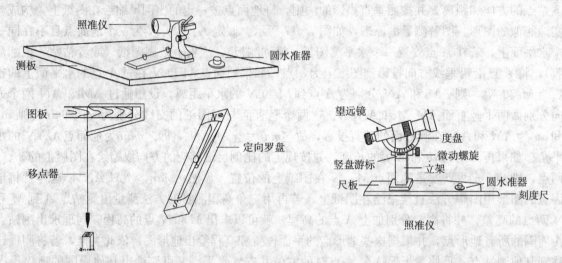

图7-18 大平板仪主要部件

①平板：平板由测板、基座和三脚架构成。

测板是野外测图时的工作台，板面平整，测图纸（白纸或聚酯薄膜）就固定在它的正面。

基座是连接大平板与三脚架的部件，系金属结构，其上部装有连接圆盘，通过圆盘上的三个连接螺旋将测板和基座固连在一起。基座上装有制动螺旋和微动螺旋。制动螺旋可制止测板转动，使测板按某一方位固定；如果需要将测板微微转动时，则可使用微动螺旋。基座上还装有三个脚螺旋，用以调整测板于水平位置。基座由固定螺旋和三脚架紧固在一起。

三脚架与经纬仪的三脚架大致相同。

②照准仪：照准仪是平板仪中的主要组成部分，用它可以照准目标，描绘方向线，测定距离和高差。照准仪由直尺、支柱、望远镜和垂直度盘四部分组成。

照准仪底部的直尺由黄铜制成，以免受磁力的影响。在直尺的一边装有带斜边的平行尺，可作平行移动，主要用于确定图解方向；另外附有一段接尺，在使用时可将平行尺加长。在直尺的前端装有一个小把手，照准目标时，可以手持把手使直尺作微小移到，以使照准。

支柱的下端与直尺相连接，并与直尺底面垂直。支柱上部装有一根水平套轴，望远镜轴就插入其中围绕旋转。支柱上端装有望远镜制动螺旋，中部装有望远镜微动螺旋，使望远镜能在竖直面内固定和微动。另外在支柱下部附有一横向水准器，在支柱左面装有一个可使横轴水平的调节螺旋，转动它可以使横向水准器气泡居中，从而使横轴水平，即支柱处于垂直位置。

望远镜采用内对光式，其构造和作用与经纬仪相似。十字丝板上除刻有照准用十字丝和视距乘常数 k 为100的普通视距丝外，还刻有1/4视距丝，可测量较长距离或隐蔽地区使用。

垂直度盘固定在水平轴上和望远镜一起转动，度盘的刻划注记是当望远镜水平时，度盘读数为 0 （即天顶和天底均刻 0°），从 0°向正负各刻 90°（物镜与目镜两端，度盘均为 90°），但注记至 40°，分划值为 1°。在垂直度盘右边位于目镜一侧装一读数显微镜，倾斜为 30°。

在垂直度盘右上方附有管水准器，它与金属盒内的测微尺连在一起，当每次读取垂直度盘读数时，需调整垂直度盘水准器微动螺旋，使气泡居中。

垂直度盘读数采用测微尺法，如图 7 - 19 （a）为测微尺在读数显微镜内所见之影像。度数偶数处有注记，奇数处则注以"＋"或"－"，表示仰角或俯角。测微尺 6 格为 1°，格值为 10′，估读到 1′（测微尺的零分划线为指标线）。例如图 7 - 19 （b）中，度盘读数为＋3°00′；图 7 - 19 （c）中，度盘读数为－1°12′。

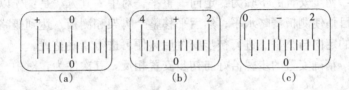

图 7 - 19 平板仪垂直度盘读数

平板仪垂直度盘的注记形式与经纬仪不同（平板仪的天顶和天底均为 0），且度盘与望远镜一起转动，故垂直角可直接读出来。考虑到垂直度盘指标差，平板仪测定垂直角 α 为：

$$\alpha = L + i \tag{7-6}$$

或

$$\alpha = R - i \tag{7-7}$$

式中，L、R 分别为盘左和盘右读数；i 为指标差：

$$i = \frac{1}{2}(R - L) \tag{7-8}$$

③附件：附件部分包括圆水准器、移点器、复比例尺、长盒罗针和两脚规等。

圆水准器为一独立圆水准器，用于整平测板。

移点器是用金属制成的，即利用移点器的上端点和垂球尖在同一铅垂线上的简单构造，使测板上 a 点与相应地面点 A 处于同一铅垂线上。

长盒罗针是用以标定测板方位的。

（2）小平板仪。小平板仪的测板较小，测板与三脚架的连接简单，并以照准仪（测斜照准仪）作为照准设备。测斜照准仪系由直尺、觇孔板和分划板所组成。直尺有木制的和金属制的两种，长 20～30cm，在其斜边上刻有分划。为了能够置平测板，在直尺上附有一水准管。靠近尺的两头，还有两个校正水准杆，在不动平板时，用以纠正照准仪使其水平。觇孔板与分划板分别连接在直尺的两端，使用时可使其垂直于直尺，不用时可

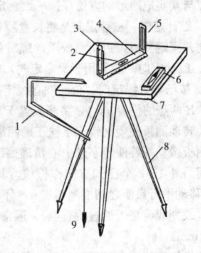

图 7 - 20 小平板仪
1. 对点器 2. 水准器 3. 觇孔板
4. 测斜照准仪 5. 分划板 6. 长盒罗盘
7. 测板 8. 三角架 9. 垂球

与直尺贴靠在一起。分划板上有一长方形小窗，窗中张一马鬃，作为观测方向的标准；觇孔板的中央装有伸拨板，上面有上、中、下三个觇孔，作瞄视方向之用。在分划板和伸拨板上都刻有分划，最小的分划值等于两板之间距离的1/100，利用这些分划可测定距离和高差。

用觇板上的分划来测定距离和高差，视线不能过长，故在实际工作中，常用卷尺量距，以水平视线测高。小平板一般与经纬仪或水准仪联合使用。小平板仪如图7-20所示。

3. 平板仪的安置　平板仪测量是以几何相似原理为依据的，所以几何图形的边与地面上相应边相平行（或重合），在已知点（即测站点）安置平板仪时，一般都要经过对中、整平和定向三个步骤。这三个步骤是相互影响的，一般按下述步骤进行。

（1）初步安置：初步安置的步骤为：定向—整平—对中。其方法是：先以目估将测板概略定向后，移动脚架，目估使测板概略水平；然后平移整个脚架和测板，达到概略对中，平移动作应尽可能不破坏前面的定向与整平。进行初步安置后，便可进行精确整置。

（2）精确安置：精确安置的步骤恰好与初步安置相反，其次序为：对中—整平—定向。现分别叙述如下。

①对中：精密对中是指地面点的标志中心应与图板上的相应点位于同一铅垂线上。完成对中工作，是采用移动三脚架进行对中的。

平板仪对中的精度要求，一般规定对中误差不大于$0.05mm \times M$（单位为毫米，M为比例尺分母），也就是说比例尺精度的一半可以认为是容许的对中误差。如1:1 000比例尺测图，对中误差不大于50mm。

②整平：精确整平的目的是使测板处于水平位置，它是利用脚螺旋、独立水准器或照准仪直尺上的管水准器来完成的。其原理用操作过程与经纬仪的整平基本相同，且需反复进行。

③定向：图板定向的目的是使图板上的方向线与实地相应方向一致，即使图板上的几何图形的方位与其实地图形的方位保持一致。定向的方法有两种。

a. 磁针定向：磁针定向是将长盒罗针的长棱边贴靠图上坐标北方向，转动测板使磁针指向北方向并固定测板，再用测板微动螺旋使磁针指向盒内的分划零点。磁针定向的精度只能达到$\pm 15'$。磁针定向一般只用于概略定向，或独立的小区域测图的起始定向和隐蔽地区设站定向等。

b. 按已知直线定向：按已知直线定向是平板仪的精确定向。如在测板上已展绘出相应地面上A、B两点的位置a、b，将测板置于A点上，对中、整平后，将照准仪直尺定规边切准ab方向线，转动测板使望远镜十字丝正确照准实地B点，然后固定测板，调整横向水准器气泡居中，再用测板微动螺旋使十字丝中心精确照准B点，测板方位即已标定。为保证定向精度，还必须同时用另外1~2个已知方向作检核。其检核方法是用照准仪直接照准实地检核点（不要动测板），移动平行尺使之切准测站点a，仔细观察直尺定规边沿是否切于所照准的检核点的相应图上点（或划线看是否通过检查点），通常要求偏差不应超过边长的1/1 000（即图上每10cm不超过0.1mm）。

按已知直线定向的精度，很大程度上取决于定向直线的长度，直线愈长，定向精度愈好，通常要求定向直线不小于20cm，即找远目标定向。

此外，对中误差、目标偏心差、照准误差、画方向线误差均会影响定向的精度。所以，在平板仪整置中，应注意严格遵守操作规程和有关要求。

7.2.4 碎部测量的方法

测定碎部点的平面位置和高程,依所用仪器的不同,可分为经纬仪测绘法、大平板仪测绘法、小平板仪经纬仪配合测绘法等几种。下面分别加以介绍。

7.2.4.1 经纬仪测绘法

此法是将经纬仪安置在测站上,测定测站到碎部点的角度、距离和高差。绘图板安置在旁边,它是根据经纬仪所测数据进行碎部点展绘,并注明高程,然后对照实地描绘地物、地貌。具体操作方法如下:

1. **安置仪器** 如图 7-21 所示,安置经纬仪于测站 A 点上,量取仪器高 i,记入手簿。绘图员只将图板在 A 点旁边准备好。在盘左位置,经纬仪望远镜瞄准另一控制点 B,使水平度盘读数为 $0°00'00''$,作为碎部点定位的起始方向。绘图员将图上 A、B 点连线,以作为绘图的起始方向

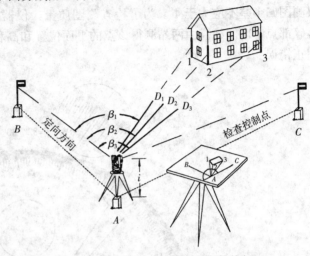

图 7-21 经纬仪配合量角器测图原理

线。当定向边较短时,也可用坐标格网的纵线作为起始方向线,方法是将经纬仪照准 B 点,使水平度盘的读数为 AB 边的坐标方位角。有时,为了检查展绘控制点的精度,也实测一下该控制点的水平度盘读数和水平距离,并用下述的方法在图纸上展绘,以比较与此前用坐标值展绘的控制点是否符合。若两次展绘的偏差小于图上 0.2~0.3mm,则说明控制点展绘正确。

2. **观测** 跑尺员依次将视距尺立在地物或地貌特征点上。跑尺之前,跑尺员应先弄清施测范围和实地情况,选定跑尺点。跑尺应有次序、有计划,要使观测、绘图方便,使自己跑的路线最短,而又不至于漏测碎部点。

转动照准部,瞄准碎部点所立视距尺,调竖盘水准管微动螺旋使气泡居中,读取上中下三丝的读数及竖盘读数,最后读水平度盘读数,即得水平角 β。同法观测其他碎部点。

将每个碎部点测得的数据依次记入手簿中相应栏内,如表 7-6。如遇特殊的碎部点,还要在备注栏中加以说明,如房屋、道路等。

根据观测数据,用计算器按视距公式可求得平距和高差,并根据测站的高程,算出碎部点的高程。

当然,在测量过程中,也可通过皮尺丈量距离以代替视距测量。

表 7-6 碎部测量记录手簿

碎部点	尺 读 数 (m)			尺间隔 (m)	竖盘读数	竖角 α	水平距离 (m)	高差 $\pm h$ (m)	水平角 β	碎部点高程 (m)	备注
	中丝	下丝	上丝								
1	1.420	1.800	1.040	0.760	93°28′	+3°28′	75.72	+4.59	275°25′	60.91	
2	2.400	2.775	2.025	0.750	93°00′	+3°00′	74.79	+2.94	305°30′	59.26	房角

3. **展绘碎部点** 如图 7-22 所示,用针(如大头针、缝衣针等)将量角器(其直径大于 20cm)的圆心插在图上的测站处(如 A 点),转动量角器,将量角器上等于 β 角的刻划对准起始方向线,则量角器的零方向便是碎部点的方向。根据计算出的平距 D 和测图比例尺定出碎部点的位置,必要时在点的旁边注明高程(如 56.3m)。在测图过程中,应随时检查起始方向,经纬仪测图归零差不应大于 $4'$。为了检查测图质量,仪器搬到下站时,应先观测前站所测的某些明显碎部点,以便检查由两站测得该点的平面位置和高程是否相等。如相差较大,则应查明原因,纠正错误。

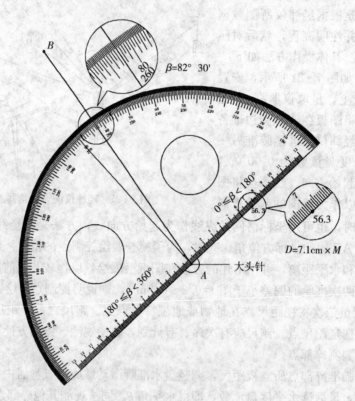

图 7-22 使用量角器展绘碎部点示例

此法操作简单、灵活,不受地形限制,边测边绘,工效较高,适用于各类地区的测图工作。此外,如遇雨天或测图任务紧时,可以在野外只进行经纬仪观测,然后以记录和草图在室内进行展绘。这种测图方法,称为经纬仪测记法。采用测记法时,由于不能在室外边测边绘,观测和绘图的差错不易及时发现,也容易出现漏测和重测现象。

7.2.4.2 大平板仪测图

大平板仪的主要作用有三个:①可以直接图解出任一方向的水平投影;②望远镜中装有视距丝,可以读视距;③装有垂直度盘,可以测定测站点至立尺点的垂直角,用来计算高差。因此大平板仪配合视距标尺测图是地形测图的常用方法。

采用大平板仪测图时,每个测站点上的工作程序大致如下:

在测站上整置仪器（包括对中、整平、定向）；在测站周围（规定视距范围内）的地形点上竖立标尺，并读取视距及垂直角，然后按公式计算其平距和高差，沿照准仪的直尺（或平行尺）边，用卡规将所测碎部点按测图比例尺缩绘于图纸上；根据所测碎部点，依图式符号描绘地物、地貌，并注意随时对照实地检查，发现错误立即改正。

7.2.4.3 经纬仪配合小平板仪测图

将小平板仪整置于测站上，用照准仪照准立尺点描绘方向线，将经纬仪置于近旁，测定标尺点的距离和高程，最后用方向距离交会的方法确定立尺点的图上位置。如图7-23所示。

经纬仪配合小平板仪的测图过程是，将经纬仪架设在距测站点 1～3m 便于观测的适当位置 A' 处，整平后将其望远镜照准轴放到水平位置，照准测站点 A 上垂直竖立的标尺，取中丝读数 i 作为经纬仪的仪器高。然后在测站 A 上整置小平板仪（对中、整平、定向），并用照准仪直尺边紧靠测站点 A 的图上位置 a，照准经纬仪垂球线描绘方向线，用尺子量出 A 点到 A' 点的水平距离，根据测图比例尺，在图上缩绘出 A' 点的图上位置 a'。

图 7-23 中，测定碎部点时，在 a 点上插立一测针，用照准仪直尺边紧贴测针，照准立于碎部点 P 上的标尺，描绘方向线；经纬仪观测者同时照准 P 点标尺，读取视距及垂直角，并计算出 A' 至 P 点的水平距离和 P 点高程（A' 点高程此时为 A 点高程），并报给测图员；测图员按测图比例尺用卡规缩取 $A'P$ 的图上距离，并以 a' 为圆心与 ap 方向线的交点 p 即为碎部点 P 的图上位置，然后注以高程。如此，测出附近所有地物，对照实地描绘地物、地貌，即得周围的地形图。

为了简化碎部点缩绘手续，提高工作效率，当测图比例尺小于 1∶2 000 时，可将经纬仪摆在距测站 1m 左右的位置，此时可将经纬仪的视距目估改正为测站点到碎部点的距离，缩绘时直接

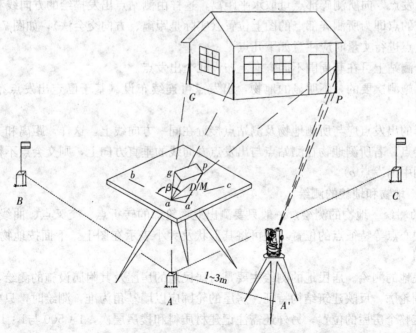

图 7-23 小平板测图

自 a 点起截取各碎部点的图上位置。

7.2.4.4 小平板仪配合水准仪及皮尺测图

上述几种测图方法，基本上是利用视距方法测图，但由于视距读数误差的影响，往往不能满足平坦地区 1∶500 或更大比例尺测图的精度要求。因此，在平坦地区施测 1∶500 或更大比例尺地形图时，目前多采用小平板仪配合水准仪及皮尺测图的方法。

施测时，将小平板仪整置于测站点上（对中、整平、定向），水准仪安置于测站旁。以照准仪直尺边紧靠测站点位的测针，照准所测碎部点上垂直立的"拉尺小花杆"描绘方向线。量距员（2人组成）将尺拉平、拉紧，量出测站点至碎部点的水平距离并报于测图员。测图员依测图比例尺随即将该碎部点缩绘于图板上，并刺出点位，如此测得各碎部点，对照实地地形描绘成图。如需测定碎部点高程时，水准仪此时配合测出测站点与碎部点的高差，计算出碎部点高程，注于点旁。此法称为极坐标法，也是测绘大比例尺地形图的最主要方法之一。其优点是操作简便、迅速；缺点是只能局限于平坦地区测图。

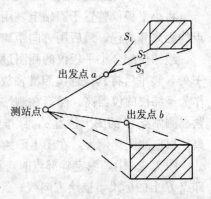

图 7-24 利用出发点测碎部点

应用上述方法测定碎部点时，量距往往受到皮尺长度的限制（30～50m）或障碍物的阻隔，致使测站周围较远一些碎部点不能直接量距绘出，解决这个问题的方法是采用弧切法。其施测方法是：在皮尺量距范围内，根据周围所要测的碎部点情况，选择一点或几点（称为出发点）用极坐标法将其缩刺于图板上，而地面相应作好标记。然后，仍然从测站点向所测碎部点描绘方向线，而从"出发点"向所测碎部点量取水平距离，这样由测站点出发描绘的方向线和由出发点量出的距离相交的点即为所测碎部点的图上位置（实际是距离、方向交会法），如图 7-24 示。

应用出发点进行丈量时应注意如下几点：

（1）一个测站上可在其周围不同方向上布设几个出发点。

（2）对于施测次要的，不明显的地物，出发点可连续布设（基于已定出发点布设新的出发点）几次。

（3）选择的出发点应与所测地物及测站点接近在同一方向线上，这样，距离和方向在图上才有准确的交会点。若所测地物在测站点与出发点方向线的垂直方向上，则交会点不精确，影响地物精度（如图中出发点 b）。

7.2.4.5 地物和地貌的测绘

1. **地物的测绘** 地物的测绘，一般只要测出地物轮廓的转折点、交叉点、曲线上的变换点、独立地物的中心点等特征点的位置，便可将其形状及大小表示在图上，下面按地物的不同类型，分别加以介绍。

（1）居民地的测绘。居民地的测绘主要是对居民地的房屋及其附属设施的测绘，在测绘时应准确测绘外围轮廓，反映建筑结构特征。房屋的轮廓应以墙基角为准，测绘时，只要测出三个房角，即可确定整个房屋的位置，另外还需注记建材质料和楼房层次，1∶500 与 1∶1 000 比例尺测图，房屋应逐个表示，临时性房屋可舍去；1∶2 000 比例尺测图可适当综合取舍，图上宽度小于

0.5mm 的小巷可不表示，天井、庭院在图上小于 6mm² 的可综合，房屋层次及建材质料根据需要注出。当建筑物和围墙轮廓凸凹在图上小于 0.4mm，简单房屋在图上小于 6mm² 时，可用直线连接。

(2) 道路的测绘。道路包括铁路、公路、大车路和乡村人行小路等，均属线状地物，其特征点主要是直线与曲线的连接点和曲线上的变化点。道路的测绘包括道路及附属设施的测绘。

铁路和公路，一般测其中心线，并测量其实际宽度。根据测图比例尺，如路宽在图上不能按比例表示时，则依所测中心线位置按图式符号表示。如可按比例表示，也可沿道路的一侧立尺，然后实量路面宽度，另外，铁路轨顶（曲线段取内轨顶面高程），公路路中，道路交叉处、桥面、隧道、涵洞应测注高程。公路在图上每隔 10～15cm 注出公路技术等级代码，国道需注出国道路线编号。公路、街道应注铺面材料，铺面材料改变处应用点线分开。公路的转弯处、交叉处，标尺点应密一些。路堤、路堑应按实地宽度绘出边界，并应在其坡顶、坡脚适当测注高程。道路通过居民地不宜中断，按真实位置绘出。高速公路应绘出两侧围建的栅栏（或墙）和出入口。

大车路，是指在农村路基未经过修筑或简单修筑能通行大车和拖拉机的道路，依比例尺表示时，按照光影法则描绘，其虚线绘在光辉部，实线绘在暗影部。如图 7-25。

乡村小路一般不能通行大车，只测其中心线。

(3) 水系的测绘。水系包括江、河、湖、海、水库、池塘、水溪、水井及各种水工设施等地物，一般均应实测。河流、沟渠、湖泊等地物，通常无特殊要求时均以岸边为界，如果要求测出水涯线（水面与地面的交线）、洪水位（历史上最高水位的位置）及平水位（常年一般水位的位置）时，应按要求在调查研究的基础上进行测绘。

河流的两岸一般不大规则，在保证精度的前提下，对于小的弯曲和岸边不甚明显的地段可进行适当的取舍。

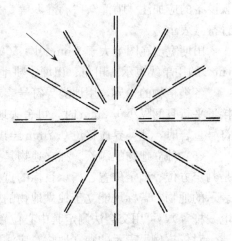

图 7-25 大车路虚线、实线边位置图

河流图上宽度小于 0.5mm、沟渠实际宽度小于 1m（1∶500 测图时小于 0.5m）时，不必测绘其两岸，只要测绘出其中心位置即可。沟渠比较规则，有的两岸有堤，测绘时可参照公路的测绘。对于田间临时的小渠不必测出，以免影响图面清晰。

湖泊的边界经过人工整理、筑堤、修有建筑物的地段是明显的，在自然耕地的地段大多不大明显，测绘时要根据实际情况和用图单位的实际要求确定以湖岸或水涯线为准。在不甚明显地段确定湖岸线时，可采用调查平水位的边界或根据农作物的种植位置等方法确定。

水渠应测注渠边和渠底高程。时令河应测注河底高程。堤坝应测注顶部及坡脚高程。泉、井应测注泉的出水口及井台高程，并根据需要注记井台至水面的深度。

(4) 管线和垣栅的测绘。管线包括地面上或其中一段埋于地下但能判别位置的输送石油、煤气或水等的管道及高压电力线、通讯线等。各类城墙、围墙、栅栏、土堤、铁丝网、篱笆等称为垣栅。测绘垣栅时应类别清楚，取舍适当。城墙按城基轮廓依比例尺表示，城楼、城门、豁口均应实测；围墙、栅栏、栏杆等可根据其永久性、规整性、重要性综合考虑取舍。

对于输电线路和通讯线路，在1：1 000和1：2 000比例尺测图中，线杆位置应逐一测绘。在1：5 000比例尺测图中，高压线杆位置应实测，低压线和通讯线路只测转折点的杆位，其他杆位按符号表示。多种线路在同一杆架上时，只表示主要的。城市建筑区内电力线、电信线可不连接，在杆架处绘出线路方向。各种线路应做到线类分明，走向连贯。

架空的、地面上的、有管堤的管道均应实测，并注记传输物质名称。地下管线检修井宜测绘表示。

(5) 植被的测绘。植被是地面各类植物的总称，如森林、果园、耕地、草地等。地形图上应正确反映植被的类别特征和分布范围。对耕地、园地应实测范围，配置相应符号表示。大面积分布的植被，可采用说明注记。在保持地类界特征前提下，对图上凹进和凸出部分小于5mm的可适当综合。同一地段生长有多种植物时，可按经济价值和数量适当取舍，符号配置不得超过三种（连同土质符号）。

旱地是指种植小麦、杂粮、棉花等的田地，经济作物、油料作物应加注品种名称。有节水灌溉设备的应加注"喷灌"、"滴灌"等。一年分几季种植不同作物的耕地，以夏季主要作物为准配置符号表示。

田埂宽度在图上大于1mm（1：500比例尺测图为2mm）的，应用双线依比例尺表示；小于1mm的用单线表示。田角、田埂、耕地、林地、园地、草地内应测注有代表性的高程。

各类植物的边界，用地类界符号表示其范围。地类界与道路、河流、栅栏等线状地物重合或接近平行且间隔小于2mm时，可舍去地类界符号不绘。但与境界、电力线等地面无实物的线状符号重合时，地类界应移位0.2mm绘出。

(6) 独立地物的测绘。独立地物是指在地面上长期独立存在的，具有一定方位意义的地物，是判定方位、确定位置、指示目标的重要标志，必须准确表示。其测绘方法是：对于不依比例尺表示的地物，若标尺能立于独立地物的中心位置，用极坐标法测定其位置；突出的独立地物（如电线杆等），可用交会法测定其中心位置，不能在中心立尺的，可采用偏心的方法加以观测。

对依比例尺表示的独立地物，应测绘其轮廓，中央绘以相应的地物符号表示。若垂直投影为圆形的独立地物，其几何中心可立尺的，则以极坐标法测定其中心位置，并量取相应的半径即可绘出；若中心位置不能立尺的，可在其外围轮廓线上测三个点，作此三角形的外接圆，则圆心即为其中心。

(7) 境界的测绘。境界是指区域范围的分界线包括行政区域界和其他地域界，图上要求正确反映境界的类别、等级、位置以及其他要素的关系。境界线应测绘至县和县级以上。乡与国营农、林、牧场的界线应按需要进行测绘。两级境界重合时，只绘高一级符号。

图上描绘的境界包括国界、省、自治区、直辖市、自治州、地区、市、县、乡、镇、自然保护区界等。测绘国界是一项十分严肃的工作，测绘时必须在有关（外交、行政）人员的陪同下，准确而迅速地进行，不得有任何差错，其他地物的符号和注记均应注在本国界内，不得压盖国界符号。国内行政区域的界线通常参照居民地或者其他地物直接绘出，或者询问当地居民确定。境界以线状地物为界，不能在线状中心绘出时，可沿两侧每隔3~5cm交错绘出3~4节符号。但在境界相交或明显拐弯及图廓处，境界符号不能省略，以便明确走向和位置。两级境界重合时只绘出高一级境界符号。

2. **地貌的测绘** 地貌是指地球表面上高低起伏的形态。这些形态是极其复杂的、多样的，但从几何观点看，可以认为它们都由多个不同形状、不同方向、不同倾斜角度和不同大小的平面所组成。相邻两倾斜面相交处的棱线称为地性线（如山谷线和山脊线）。如果将地性线上各特征点的平面位置和高程测定下来，并将其相关的点连接起来，就构成了地貌的骨架，从而确定了地貌的基本形态。用来确定地性线的点有：山顶点、鞍部最低点、盆地中心点、谷口点、山脚点、坡度或方向变换点等，这些点统称为地貌特征点。在地貌测绘中，立尺点就应选在这些特征点上。

实际测图中，测绘等高线是地貌测绘的主要工作，但等高线一般都不是直接测定。等高线的测绘，通常是先测定一些地貌特征点，连接这些特征点成地性线以构成地貌骨架，然后按等高线的性质用内插法确定等高线在地性线上的通过点，最后参照实际地形描绘出等高线。

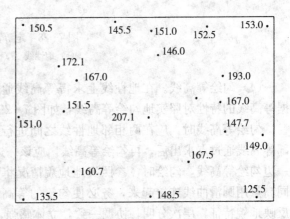

图 7-26　地貌特征点的表示

（1）测定地貌特征点。测定地貌特征点就是测定山顶、鞍部、山脊、山谷和地形变换点及山脚点、山坡倾斜变换点等。其测定方法采用极坐标法或交会法。地貌特征点在图上的平面位置以小圆点表示，高程注于点旁。如图7-26所示。

（2）连接地性线。连接地性线就是在图纸上根据测定的特征点的位置和实地点与点的关系，以轻淡的实线连出分水线；以轻淡的虚线连出集水线，如图7-27，为避免错乱，一次不可测点过多，最好是边测边连接地性线。地性线连接情况与实地是否相符，直接影响地貌表示的逼真程度，必须予以充分注意。

（3）求等高线通过点。地性线连好后，即可按照地性线每段两端碎部点的高程，在地性线上求得某些等高线的通过点。如图7-28所示。

一般说来，地性线上相邻两点间的坡度是等倾斜的（因为立尺时已考虑到这点）。根据垂

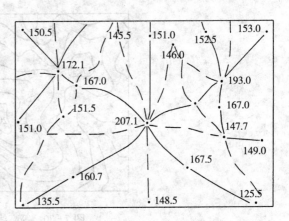

图 7-27　地貌特征点及地性线

直投影原理可知，其图上等高线间的平距也是相等的。因此，确定地性线上等高线的通过点时，可以根据通过点的高程，按比例计算的方法（内插法）求得。

为了避免烦琐计算，在实际工作中，由于同一坡度上相邻两碎部点在图上的间隔比较近，所以有经验的人员常用目估先确定首末两等高线通过点，然后内插其他等高线通过点。

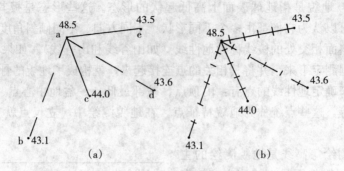

图 7-28 定等高线通过的点
(a) 地性线 (b) 高程点内插

(4) 勾绘等高线。在地性线上求得等高线通过点以后，即可根据等高线的特性对照实地勾绘等高线，如图 7-29 所示。

勾绘等高线时，应在两相邻地性线之间进行，且不可等到把全部等高线通过点求出后，再勾绘等高线，应该一边求等高线通过点，一边勾绘等高线，勾绘时，参照实地地貌情况将两相邻地性线上的同高点用圆滑曲线连接起来，务必使勾绘的等高线能准确而形象地反映地貌特征，层次分明，协调一致，立体感强，接口处不留痕迹，曲线光滑自如。图 7-26 中所观测的地形特征点，经以上步骤的处理后，勾绘出的等高线如图 7-30 所示。

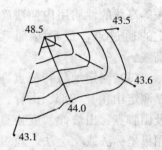

图 7-29 等高线勾绘

图 7-30 等高线勾绘完成示例

7.3 地形图的拼接与检查

7.3.1 地形图拼接

当测区面积较大时，一般采用分幅测图，为了保证相邻图幅的相互拼接，《规范》规定每幅图的四边均应测出图廓外 5mm，直线形地物应将其方向测出图外，跨越图廓线的建筑物一般应完整地测绘出来。

在布设图根控制点时，应考虑到图边测图的需要。如果图廓边的图根点不足，则可增设少量公共测站点，以保证图边拼接的精度。

图边测图完毕后，就可进行相邻图幅的拼接。由于相邻图幅间的施测时间、作业人员、作业方法的不同以及测量和绘图的误差的存在，使得图边上的地物、地貌都不会完全吻合。为了保证接边的可靠性，《规范》规定，地形图的接边限差，不应大于相应《规范》规定的碎部点平面高程中的误差的 $2\sqrt{2}$ 倍。小于限差要求时，可平均分配，但应保持地物、地貌相互位置和走向的正确性。超限时，应到实地检查、改正。

若为白纸测图，拼接时，应在图幅的东、南两个图边描绘接图边。所谓接图边就是用一张带状的透明纸，透绘图边及距图廓线内外共 1cm 宽的所有地物、地貌、注记和控制点，以及图廓线、坐标网线及其坐标数值。

接边时，应将邻图幅的接图边蒙在相应图边上，当图廓线，坐标格网线重合后，应仔细检查两边的各种地物、地貌是否互相衔接，有无遗漏，取舍是否一致，如果接边误差不超限，可将接边误差平均配赋在相邻两幅图内。如超限，应仔细查明原因，现场实测改正，直至图边上的所有地物、地貌均密切吻合为止。

如果采用聚酯薄膜测图，不必透绘接图边，利用其透明性，直接将相邻的两幅图上下重叠，透视拼接，拼接方法同上。若邻图幅尚未测绘，则本幅所测图边为自由图边，自由图边透绘后应经第二人实地检查。

7.3.2 地形图检查验收

7.3.2.1 检查

为了确保成果、成图的质量，作业小组在测图过程中必须做好经常性检查，即每站测图结束，检查本站所测地物、地貌有无错误和遗漏。用仪器检查邻站所测部分地物、地貌的平面和高程是否超限，如有错误，及时纠正。在迁站过程中，沿途进行巡视检查，观察图上地物、地貌是否正确，有无遗漏。在每幅图的野外工作结束后，作业小组应对本幅图作一次全面的检查，而后再进行互检和组织专人进行检查。检查方法分为室内检查和野外检查。

1. 室内检查　室内检查应首先检查各项控制测量的资料是否齐全，野外观测手簿的记载是否正确清楚，各项观测限差是否合乎规定，内业计算方法及其精度是否合乎要求等。

原图室内检查主要查看格网及控制点展绘是否合乎要求；图上的图根点数量是否满足碎部测图需要；各类高程注记点的位置、数量是否符合要求；等高线的描绘是否合理，地形点高程注记是否适应，河流、水库和池塘等的岸线是否适应；各种注记是否齐全、正确，位置是否恰当；各种地物符号运用是否恰当，综合取舍是否合理；图廓整饰是否齐全、正确；图边是否接合等。室内检查可以用蒙在原图上的透明纸进行，并以此为根据决定野外检查的重点和巡视路线。

2. 野外检查　野外检查应以室内检查中发现的问题为重点，有计划地安排巡视检查和仪器检查。

巡视检查时，一般沿道路进行，将原图上描绘的地物、地貌与实地上相应的地物、地貌进行对照,查看图上有无遗漏,形状是否相似,综合取舍是否合理,名称及其他注记是否正确等,发现问题现场改正。

对于室内检查和野外巡视检查中发现的错误、遗漏和疑问,需用仪器进行补测和检查。仪器检查一般在已知点和测站点上进行。仪器检查常用散点法和方向法进行。散点法是在测站周围选择一些地形点,测定其位置和高程,检查已测绘于图上的相应点的精度是否合乎规范要求。方向法是沿测站的某一方向线进行,测定该方向线上各地形特征点的平面位置和高程,然后再与图上相应的地物点、等高线通过点进行比较。

检查中发现的错误和遗漏,应在现场及时纠正和补测。

7.3.2.2 验收

测绘资料经全面检查合乎要求后,即予以验收,并按质量评定等级。

检查验收是对成果成图质量的最后鉴定工作。这项工作不仅是为了对成图评定等级,而更重要的是为了最后地消除成果成图中可能存在的错误,保证各种测绘资料的正确、清晰、完整、真实地反映地物、地貌,从而为正确可靠地应用地形图打下基础,故应重视。

7.4 地形图的清绘、整饰与复制

7.4.1 地形图的清绘整饰

地形图拼接和检查工作完成后,要进行清绘整饰。清绘的目的,是按照地形图图式中的大小样式和规定的精度要求用铅笔、墨或颜料把地物和地貌符号清楚地绘出。经过整饰加工,成为完整清晰的原图。

1. **图的清绘** 清绘的一般要求如下:
(1) 保证地图的精确性,不得任意变动实测图上的线条和符号的位置。
(2) 应严格按照相应地图比例尺的图式、规范和细则进行。
(3) 处理好符号与符号间的关系,注记布置合理,保证图面清晰易读,整洁美观。
(4) 按一定的顺序进行。

一般清绘次序为:①内图廓线;②控制点、方位标及独立地物;③水系及其附属建筑物;④铁路及其附属设备;⑤居民地、墙、道路;⑥道路网及其附属设备;⑦境界;⑧植被及地类界;⑨地貌与土质;⑩图廓整饰。

2. **图廓的整饰** 总的图廓整饰工作有:外图廓、方里网、直线比例尺、接图表、图廓注记等描绘工作。图幅的整饰内容随着地图的种类、比例尺、用途而变。整饰次序为先图廓间,后图廓外。

7.4.2 地形图的复制

复制地形图的方法常用的有下述几种:

1. **制版印刷法** 把地形图的着墨底图,经过复照、制版、然后印刷,这是复制质量最好的一种方法,这种方法适用于批量印刷,它需要一套专门的设备和技术。制版印刷工艺较复杂,可去专业印刷厂进行。

2. **方格网法** 在原图和复制图上用铅笔绘制同数目的格网，格子的大小视图上复杂程度及精度要求而定。在对应格内，把原图上各要素转绘到复制图上。

此法可把原图缩小或放大，操作简单，不需要特制工具。但精度较差。

3. **晒图法** 晒图前，用透明纸将原图透绘成透明纸底图。将底图覆盖于涂有感光液的晒图纸上，经过曝光、显影及定影手续，即成与底图大小样式完全一样的复制图。如原图是聚酯薄膜，可以直接当底图晒图，无需重新描绘透明底图，减少工序。

晒图，主要是用重氮盐晒图法，晒图方法是将透明底图与感光纸放在镜框里严密接触，在阳光下进行曝光，曝光时间夏天 3~5s，冬天 20~25s，感光纸在未曝光前为浅黄色，曝光时图的空白部分变成灰白色或白色，即曝光已足。曝光后将感光图纸投入充满氨气的熏图箱或熏图筒内，利用氨气熏蒸定影。比较先进的熏图方法是用电光晒图机，它用电光曝光，启动电钮，自动旋转，连晒带熏，效率高，且不受天气的限制。

4. **静电复印法** 静电复印是一种先进的复制方法。随着大型工程复印机的出现，复印的图幅大小也可由一般的 B5 纸到零号图纸，也可把原图放大或缩小，复印法比熏图法速度快，效果好。制作的原图内的图名、图例、各种标记及其他图面元素可用计算机设计，激光打印机打印，然后粘贴上去，这样做的图纸比较接近单色印刷图，工艺质量显著提高。

7.5 大比例尺数字化测图的方法

7.5.1 数字化测图概述

传统的白纸测图方法是图解法成图，即利用测量仪器对地球表面局部区域内的各种地物、地貌特征点的空间位置进行测定，并以一定的比例尺按图示符号绘制在图纸上。其缺点是精度低、信息量少、更新不方便。而数字化测图实质上是一种全解析机助测图方法，其信息的载体是计算机的存储介质，其提交的成果是可供计算机处理、远距离传输、多方共享的数字地形图数据文件，通过数控绘图仪可输出地形图。另外，利用数字地形信息可生成电子地图和数字地面模型，并且它还可作为地理空间数据的基本信息之一，成为地理信息系统的重要组成部分。与图解法测图相比，它具有自动化程度高、全数字化、精度高的特点。

广义的数字测图包括：利用全站仪或其他测量仪器进行野外数字化测图；利用手扶数字化仪或扫描数字化仪对纸质地形图的数字化；利用航摄、遥感像片进行数字化测图等技术。广义的数字化测图系统的框图如图 7-31 所示。在实际工作中，大比例尺数字测图一般指地面数字测图，即野外数字化测图。

我国是从 1983 年开始研究数字测图工作。目前，数字测图技术在国内已趋成熟，它已作为主要的成图方法取代了传统的图解法成图。其发展过程大体上可分为两个阶段，第一阶段主要是利用全站仪采集数据，人工绘制草图，到室内将测量数据传输到计算机，再由人工按草图经人机交互编辑修改，最终生成数字地形图，由绘图仪绘制地形图；第二阶段仍采用野外测记模式，但成图软件有了实质性的进展。一是开发了智能化的外业数据采集软件；二是计算机成图软件能直

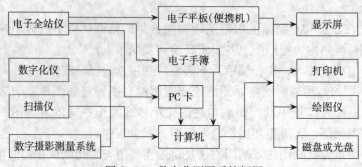

图 7-31 数字化测图系统框图

接对接收的地形信息数据进行处理。目前，国内利用全站仪配合便携式计算机或掌上电脑（内装电子平板软件），以及直接利用全站仪内存的大比例尺地面数字测图方法已得到广泛应用。如图 7-32 所示，为北京威远图数据开发有限公司研制的电子平板软件 SV300 的主界面。而图 7-33 则为用该软件绘制的 1∶500 地形图局部。随着 RTK 实时动态定位技术（载波相位差分技术）的出现，GPS 数字测量系统将在开阔地区成为地面数字测图的主要方法。

7.5.2 野外数字化数据采集方法

1. **野外数据采集模式** 大比例尺数字测图野外数据采集对象包括碎部点的坐标数据以及与绘图有关的其他信息，如碎部点的地形要素名称、碎部点连接线型等。为了便于计算机识别，将碎部点的地形要素名称、碎部点连接线型信息等都用数字代码或英文字母代码来表示，这些代码称为图形信息码。野外数据采集方法按碎部点测量使用的仪器不同，分为全站仪测量方法和 GPS RTK 测量方法。目前，主要采用全站仪测量方法，全站仪的作用是取得目标的方向、竖直角（或天顶距）和距离。

在使用全站仪测量过程中，根据给以图形信息码的方式不同，野外数据采集的模式分为三种：分别是①草图法；②电子平板测图法；③编码测图法。草图法是在观测碎部点时，绘制工作草图，在工作草图记录地形要素名称、碎部点连接关系。然后在室内将碎部点显示在计算机屏幕上，根据工作草图，采用人机交互方式连接碎部点，输入图形信息码和生成图形。电子平板测图法是通过装有相应软件的便携式计算机控制全站仪直接在野外采集数据并现场成图。编码测图法是外业人员利用电子手簿记录测点数据，并现场输入测点编码，然后由内业人员利用软件批量处理编码数据，全自动成图。图 7-34 即为后两种工作方法的组成示意图。如果观测条件可能，也可采用 GPS RTK 测定碎部点，将直接得到碎部点的坐标和高程。

大比例尺数字测图野外数据采集除硬件设备外，需要有数字测图软件来支持。目前常用的测图软件有南方测绘仪器公司的地形地籍内外业一体化软件，清华山维的电子平板测图系统，威远图数据开发有限公司的电子平板软件等，不同的软件在数据采集方法、数据记录格式、和图形编辑功能等方面会有一些差别。

2. **数据记录内容和格式** 大比例尺数字测图野外测量中，全站仪采集的数据包括：测量数据、坐标数据和编码数据。

测量数据通常包括：文件名、测站点号、测站点的坐标、测站点的编码、定向点号、定向点

第 7 章 地形图测绘

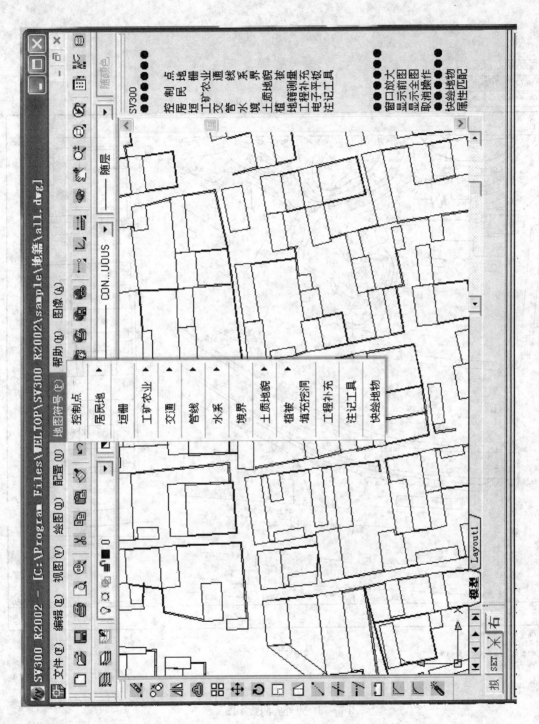

图 7-32 电子平板软件主界面示意

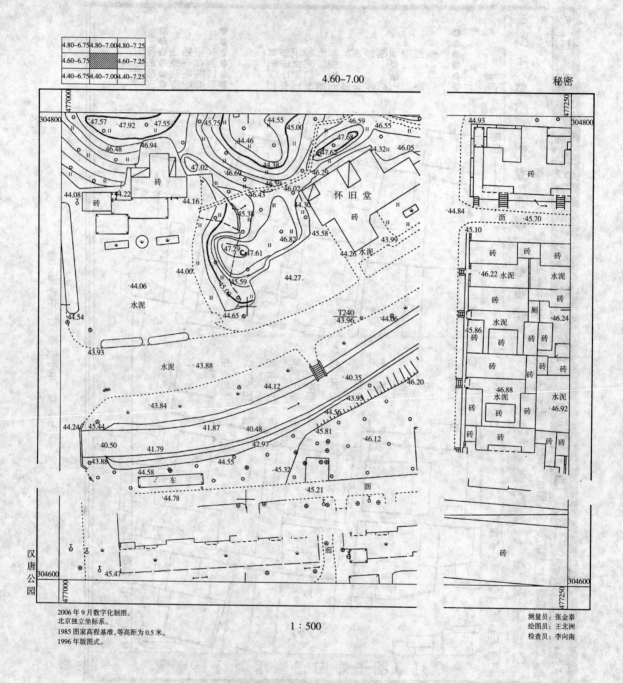

图 7-33 野外实测数字图

第7章 地形图测绘

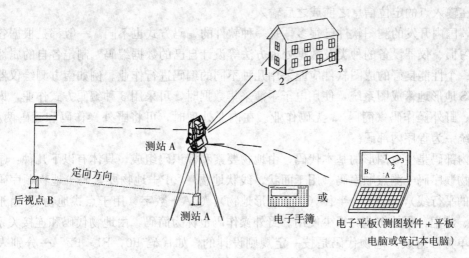

图 7-34 全站仪野外测图示意

坐标、仪器高、目标的觇标高、目标的编码、方向、天顶距和斜距的观测值等。常见的从全站仪中传输获得的数据格式为：点号（Pt）、水平角（Hz）、垂直角（V）、斜距（SD）、Y 坐标（E）、X 坐标（N）、高程（H）、棱镜高（hr）。

坐标数据通常包括：点号，x、y 坐标和高程等。

编码数据通常包括：点号、连接点号、连接线型、地形要素分类码、x、y 坐标和高程等。

为区分各种数据的记录内容，用不同的记录类别码放在每条记录的开头来表示。不同的数据因记录的内容不同而有不同的结构，导致不同的数据记录的长度不同。对于相同的数据，每条记录具有相同的长度和相同的数据段。因此，可以根据记录类别码，确定一条记录中各数据段的内容。

例如：徕卡全站仪 TPS1200 中，测量数据块的结构如表 7-7 所示：

表 7-7 测量数据块的结构

字段1	字段2	……	……	字段n
点号	Hz 方向值	V 角值	斜距	ppm mm	记录结束

编码数据块的结构如表 7-8 所示：

表 7-8 编码数据块的结构

字段1	字段2	……		字段n
编号号	属性值1	属性值2	……	属性值n	记录结束

3. 数据编码 野外数据采集，仅测定碎部点的位置是不能满足计算机自动成图的要求的，还必须将地物点的连接关系和地物类别（或称地物属性）等绘图信息记录下来。绘图信息一般用按一定规则构成的符号来表示，这些符号称为编码或代码。其内容原则上应包括：地物的类别，碎部点的连接关系及连接类别（直线、圆弧、一般光滑曲线等）、定位点计算及管理信息等。绘

图信息可在输入点的定位信息之前或之后输入。

目前，国内开发的测图软件已很多，每一种软件的编码方式也不同。一般都是根据各自的需要、作业习惯、仪器设备的种类及数据处理方法等设计自己的数据编码，制定各自的属性信息输入方案。一个性能良好的成图软件应能采用几种不同的编码进行作业。例如南方测绘仪器公司开发的 CASS 地形地籍成图系统，使用电子手簿采集数据时，可采用 3 种编码方式作业，即应用程序内部码、野外操作码（简码）、无码作业。在内业处理时，可将野外操作码和无码两种形式，通过软件统一为程序内部码。

程序内部码是生成图形的基本代码，由地物要素和标识码组成，具体有以下几种：①地物要素码＋地物顺序码＋测点顺序码（用于面状、线状地物）②P＋地物要素码＋地物顺序码（用于线状地物的平行线），③YO＋半径（用于圆形地物），④A＋数字（用于点式地物）。由于程序内部码码长、难记，野外作业时很少使用。野外操作码也称为简码，由地物代码和连接关系（关系码）的简单符号组成。地物代码是按一定规则设计的，如代码 F0，F1，F2，…分别表示特种房、普通房、简单房……（"F"取"房"字拼音第一个字母）。关系码只有"＋"、"－"、"P"、"A＄"等符号组成。当野外地形地物较复杂密集时，可采用无码作业，即在野外无需向电子手簿键入任何代码，而是将地物、地貌关系勾绘一份含点号顺序的草图。内业首先是根据外业草图编辑"编码引导文件"，然后经过软件处理生成程序内部码。也可根据外业勾绘的草图和记载的有关说明信息，直接用鼠标进行屏幕编辑成图。采用无码作业方法，可大大加快野外采集速度，提高外业工作效率。

4. 工作草图　在数字测图野外数据采集中，绘制工作草图是保证数字测图质量的一项措施。工作草图是图形信息编码碎部点间接坐标计算和人机交互编辑修改的依据。

在进行数字测图时，如果测区有旧图或影像图，则可利用这些图纸作为工作草图。如果没有合适的地图做工作草图，可在数据采集的同时，绘制工作草图。工作草图应绘制地物的相关位置、地貌的地性线、点号、丈量距离记录；地理名称和说明注记等。草图可按地物相互关系一块块地绘制，也可按测站绘制，地物密集处可绘制局部放大图。草图上点号标注应清楚正确，并和数据采集时的点号一一对应。

7.5.3　数字地面模型的建立

数字地面模型（DTM，digital terrain model）作为对地形特征点空间分布及关联信息的一种数字表示方式，现已广泛应用于工程、天文气象等众多学科领域。在测绘领域，由于 DTM 能依据野外测定的离散地形点三维坐标 (x, y, H)，组成地面模型，以数字的形式表述地面高低起伏的形态，并能利用 DTM 提取等高线，形成等高线数据文件和跟踪绘制等高线，这就使得地形图测绘实现数字化成为可能。

7.5.3.1　数字地面模型数据采集方法

1. 地面测量　利用全站仪或其他自动记录的测距经纬仪在野外实测，然后通过串行通讯，输入计算机中进行处理。

2. 现有地图数字化　利用数字化仪对已有地图上的信息（如等高线）进行数字化的方法。

3. 空间传感器　利用全球定位系统 GPS，结合雷达和激光测高仪等进行数据采集。

4. 数字摄影测量方法　这是数字地面模型数据采集最常用的方法之一。利用附带自动记录装置（接口）的立体测图仪或立体坐标仪、解析测图仪及数字摄影测量系统，进行人工、半自动或全自动的量测来获取数据。

7.5.3.2　数字地面模型的表示方法

1. 拟合法　拟合法是指用数学方法对表面进行拟合，主要利用连续的三维函数（如傅立叶级数、高次多项式等）。但对于复杂的表面，进行整体的拟合是不可行的，所以，通常采用局部拟合法。局部拟合法将复杂表面分成正方形的小块，或面积大致相等的不规则形状的小块，用三维数学函数对每一小块进行拟合，由于在小块的边缘，表面的坡度不一定都是连续变化的，所以应使用加权函数来保证小块接边处的匹配。

用拟合法表示 DTM 虽然在地形分析中用的不多，但在其他类型的机助设计系统（如工业产品的辅助设计）中应用广泛。

2. 等值线　等值线是地图表示 DTM 的最常用方法，但并不适用于坡度计算等地形分析工作，也不适用于制作晕渲图、立体图等。

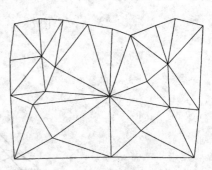

图 7-35　不规则三角形

3. 格网 DTM　格网 DTM 是 DTM 的最常用的形式，其数据的组织类似于图像栅格数据，只是每个像元的值是高程值。即格网 DTM 是一种高程矩阵。其高程数据可直接由解析立体测图仪获取，也可由规则或不规则的离散数据内插产生。

4. 不规则三角网 DTM（TIN）　不规则三角网 DTM 直接利用原始采样点进行地形表面的重建，由连续的相互连接的三角面组成（图 7-35），三角面和形状和大小取决于不规则分布的观测点的密度和位置。通常所说的 DTM 即指格网 DTM 和不规则三角网，地形分析也基于此。

7.5.3.3　数字地面模型的建立

1. 格网 DTM 的建立　格网 DTM 的数据可直接从解析测图仪获取，因而下面介绍的是如何由离散点来构建格网 DTM 的方法。

离散点构格网 DTM 是在原始数据呈离散分布，或原有的格网 DTM 密度不够时需使用的方法。其基本思路是：选择一合理的数学模型，利用已知点上的信息求出函数的待定系数，然后求算规则格网点上的高程值。

离散点构格网 DTM 所采用的是内插算法，插值的方法很多，如按距离加权法、多项式内插法、样条函数内插法、多面函数法等。大量的实验证明，由于实际地形的非平稳性，不同的内插方法对 DTM 的精度并无显著影响，主要取决于原始采样点的密度和分布。

图 7-36 表示了一个规则方格网所建立 DTM 的透视图。

2. 不规则三角网 DTM 的建立　所谓建立不规则三角网 DTM，是指由离散数据点构建三角网，如图 7-37，即确定哪三个数据点构成一个三角形，也称为自动联接三角网。即对于平面上 n 个离散点，其平面坐标为 (x_i, y_i)，$i=1, 2, \cdots\cdots, n$，将其中相近的三点构成最佳三角形，使每个离散点都成为三角形的顶点。

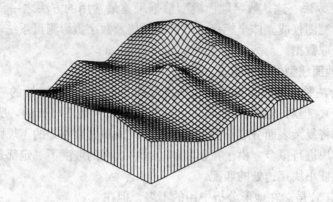

图 7-36　用规则方格网法建立 DTM 的透视图

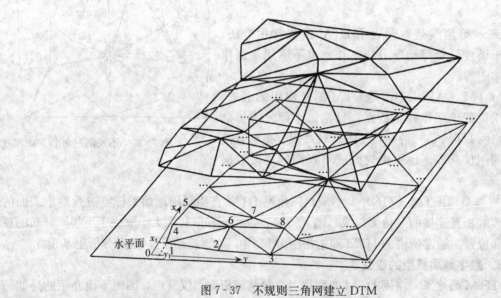

图 7-37　不规则三角网建立 DTM

有关建立 DTM 的具体算法和过程，自动追踪插绘等高线的方法和过程等，由于过于专业化，已超出本书的范围，这里不再详述，有兴趣的读者可参阅有关专业书籍。

7.5.4　地形图的处理与输出

野外采集的碎部数据，需经过计算机人机交互编辑处理，才能生成数字地形图。地形图的编辑处理是通过使用计算机上的测图软件（或菜单）来完成的。一般的数字测图软件具有碎部数据的预处理、地形图的制作和地形图输出的功能。

1. **碎部数据的预处理**　外业采集的观测数据经过数据通讯后下载到计算机内，所得的文件内容因仪器的不同而排列顺序有差异，但是一般都是由标识码、点序号、X 坐标、Y 坐标、H 高程、简码组成。数据预处理的目的就是对观测数据进行重新整理，使其能够为成图软件所接受，达到自动化成图的目的。

数据预处理步骤：

(1) 首先分析外业采集的数据格式，找出空间数据和属性数据信息所在位置，用计算机语言编写预处理程序，该程序主要功能就是提出空间数据和属性数据信息，整理成可进入成图软件的文件格式。

(2) 编辑观测数据，改正外业过程中用错的简码和高程等人为错误。

(3) 调用预处理程序处理观测数据文件。

若使用自动绘图功能，根据外业数据采集时是否输入编码及编码输入的方式不同，在数据预处理时所进行的作业是不同的。无码和简码作业需编引导文件。

2. 地形图的制作 包括绘图参数的输入、图幅的划分（可不作）、定点方式的确定、地物图形文件生成、等高线文件生成、图形的编辑、图幅的整饰等。

(1) 绘图参数的输入。对将要绘图的文件确定一个绘图参数，包括比例尺、绘图原点和注记旋转角度。比例尺即地形图成图比例尺；绘图原点是所处理的图形中左下角第一幅图西南角点的大地坐标（当只处理一幅图时，绘图原点就是该图幅西南角点的坐标）；注记旋转角度是注记文字方向与 X 轴的夹角，当测量坐标系与图框不正交时，为确保注记和独立符号为竖直状态，必须设置该角度，取值为图框与 X 轴的夹角。

(2) 图幅的划分。地面数字测图的碎部记录文件，通常不是以一幅图的范围作为一个文件来记录的，往往是根据作业小组的测量范围，按河流、道路的自然分界来划分的，同时记录文件的大小也取决于电子手簿的记录容量。因此，一个碎部记录文件可能涉及几幅图，或者是一幅图由多个记录文件拼接生成。这时需进行数据的分幅，即将数据文件按指定范围提取成一个新的文件。操作方法是先输入原始坐标数据文件名，然后输入分幅坐标数据文件名，再根据提示输入分幅的西南角 X、Y 坐标，和分幅的东北角 X、Y 坐标。

(3) 定点方式的确定。一般的数字化成图软件包括屏幕坐标、测量坐标等定点方式。屏幕坐标定点方式是以屏幕坐标形式输入点或在屏幕上捕捉到的点为输入点，而测量坐标定点方式是输入点的测量坐标。

(4) 地物图形文件的生成。在野外采集数据时，输入了简编码的，数据输入计算机后，经简码识别后便可自动成图；无码作业可通过编辑引导文件、编码引导、简码识别、绘平面图完成图形文件的绘制，也可根据草图手工绘制。

(5) 等高线文件生成。按图幅形成离散高程点临时文件，然后将该文件输入，就得到了离散的高程点，利用这些高程点生成数字地形模型，再根据现实地貌，对数字地形模型修改，而后可生成等高线。

(6) 图形的编辑。图形编辑的基本功能包括删除、平移、旋转、延伸、修剪等。

删除屏幕上的某个地物符号、等高线和注记时，可用光标选中删除对象，即可删除。

平移是当某些地物配置符号、注记，其位置不合要求时，可以进行平移。平移时可在选中平移对象后，用光标拖动，将图形移到合适位置。

旋转是对有方向要求的独立符号、某些土质符号和植被符号、注记，当其方向不合要求时，可以进行旋转。旋转是在选中旋转对象后，给出方向线到合适的位置，然后使符号围绕定位点进行旋转。

延伸是当某符号有延伸要求时进行的操作。延伸时先指定欲延伸到的边界，然后再选中待延伸的对象，即可完成操作。

修剪是在某些本来不相交的符号相交时要进行的。修剪时先指定修剪的边界，即从哪儿开始剪到哪儿结束，然后选定待剪对象即可完成修剪。

（7）图幅的整饰。图幅的整饰包括加绘图廓线和输入图幅信息。

图廓线的绘制只需指定图幅的左下角点和右上角点即可。图幅信息包括图名、测绘单位、测量员、绘图员、检查员、坐标系、高程系、测图时间、比例尺等内容。

3. **地形图输出** 大比例尺地形图在完成编辑后，可储存在计算机内或其他介质上，然后由计算机控制绘图仪绘制地形图。

绘图仪可分为矢量绘图仪和点阵绘图仪。矢量绘图仪又称有笔绘图仪，绘图时逐个绘制图形，绘图的基本元素是直线段。点阵绘图仪又称无笔绘图仪，这类绘图仪有喷墨绘图仪、激光绘图仪等。绘图时，将整幅矢量图转换成点阵图像，逐行绘出，绘图的基本元素是点。由于点阵绘图仪的绘图速度较矢量绘图仪快；因此，目前大比例尺地形图多数采用属于点阵绘图仪的喷墨绘图仪绘制。

7.6 地形图的矢量化

矢量数据和栅格数据是地理信息系统中的两种数据形式，这两种数据的数据结构、数据存储方式及所能完成的操作等各不相同，各有优缺点，有时需要两者之间能相互转化，其中将栅格数据转化为矢量数据的过程就叫矢量化，通常又称数字化。矢量数据是通过坐标来精确地表示点、线、面等实体的。点是由一对(x, y)坐标表示的，线是由一串有序的(x, y)坐标对表示的，面是由一串有序的、且首尾坐标相同的(x, y)坐标对表示的，由此可知，坐标的获得是矢量数据表示的前提。坐标的获取可通过以下两种方式：一种是利用测绘仪器外业实测，一种是矢量化，可以矢量化原有的纸质地形图，也可利用航天或航空产品，如航片或卫星影像，在这里重点讲述纸质地形图的矢量化。

地形图的矢量化方法分数字化仪矢量化和扫描矢量化两种。数字化仪矢量化是利用手扶跟踪数字化仪，将地形图直接转换成矢量数据。而扫描矢量化是先利用扫描数字化仪将纸质地形图转化为栅格形式，然后再利用矢量化软件或人机交互方式完成栅格到矢量的转换。下面分别加以介绍。

7.6.1 手扶跟踪数字化仪数字化

如图7-38所示，手扶跟踪数字化仪主要有鼠标器、数字化板和微处理器组成。鼠标器实际上是一个数据采集器，其表面有若干个按键用于控制鼠标器的操作，底面有一个十字丝，用于精确对准底图上的待测点。数字化板由x导线栅格阵列和y导线栅格阵列组成，当鼠标器受到3kHz正弦信号激励，而发射一个低频正弦交流信号时，利用电磁耦合的作用，把鼠标器在数字化板上的位移量转换成x, y坐标，实现了模（矢量）—数（x, y坐标串）的转换。

因此，若将地形图贴放在数字化板上的有效部位，有鼠标器的十字丝精确的对准地形图上的待测点，按鼠标器上的有关按钮，并逐点操作直至完成全图的数据采集，从而实现图形向数字的转换。而采集的数据，则通过 RS-232C 标准串行接口传输到微型计算机内，供后期处理和成图时调用。

手扶跟踪数字化仪的主要技术指标是分辨率和精确度。分辨率是能区分相邻两点的最小间隔，一般为 0.01～0.1mm；精确度是指量测坐标值与原图坐标值的符合精度，通常可达到 0.1～0.2mm。影响图形数字化采集精度的主要因素有仪器本身的硬件误差、人为的采样误差、图纸伸缩变形及定位误差等。

由于目前手扶跟踪数字化已使用很少，故此处不再赘述。

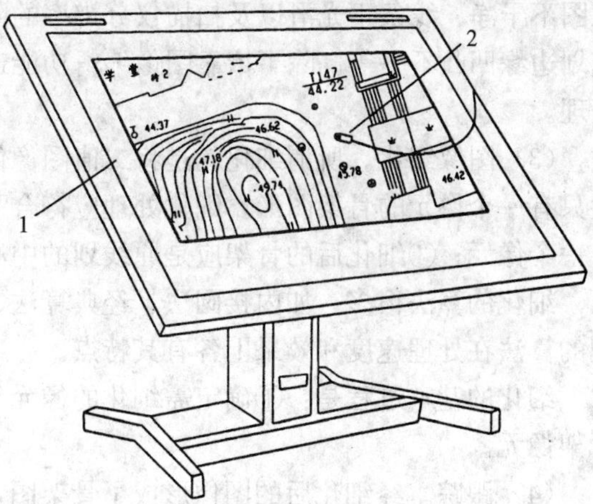

图 7-38 手扶跟踪数字化仪
1. 数字化板 2. 鼠标器

7.6.2 地形图的扫描屏幕矢量化

地形图扫描屏幕矢量化是先利用扫描仪将地形图（或遥感和航测像片等）扫描，形成一定的分辨率且按行和列规则划分的栅格数据，然后再利用人机交互与自动跟踪相结合的方法来完成地形图的矢量化。相对于手扶数字化仪来说，扫描仪的优势在于数字化自动化程度高，操作人员的劳动强度小，在同等图形条件下数字化的精度高。目前，扫描数字化仪已取代手扶数字化仪，成为大比例尺地形图数字化的主流。图 7-39 为地形图扫描矢量化的流程框图。栅格数据的标准文件格式有 PCX、GIF、TIFF、BMP 等。

1. **扫描数字化仪的工作原理** 扫描数字化仪分为平台式和滚筒式两种类型。平台式扫描仪由平台、扫描头和 x、y 导轨组成，图纸固定在平台上，扫描头可作 x 方向和 y 方向上的移动。滚筒式扫描仪由滚筒、扫描头和 x 方向导轨组成，图纸由滚筒的转动作 y 方向的移动，扫描头可作 x 方向的移动。如果地形图是单色线划图，扫描头将感受的反射光强弱表示为二值像元，0 表示空白，1 表示线划。如果是多色图，扫描头将感受的色调表示为不同灰度值的像元。

扫描数字化仪的主要技术指标是分辨率、精度、扫描速度和幅面大小。分辨率最小值应达到 0.025mm，绝对精度不应低于 0.1mm，扫描速度在 80 000 像元/s 以上，幅面可选用 A_1 或 A_0 幅面。

(1) 坐标变换。地形图扫描后，栅格的位置以像素坐标行号和列号表示，要转换成矢量数据，还需要用坐标变换的方法将栅格数据的坐标转换到地形图的坐标。坐标变换方法和手扶跟踪数字化的方法相似。

(2) 图像细化预处理。在将地形图扫描输入时，由于

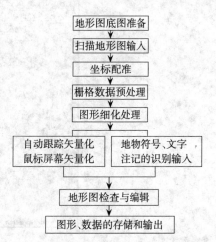

图 7-39 地形图扫描数字化工作流程

原图不干净、线条不光滑以及扫描仪分辨率的限制等原因，使得扫描后图像出现一些飞白、污点、线划边缘凹凸不平等。除了依靠图像编辑功能进行人机交互处理外，还可以通过一些算法来进行处理。

（3）图像细化。所谓细化就是将二值图像像元阵列逐步剥除轮廓边缘的点，使之成为线划宽度只有一个像元的骨架图形。细化处理应符合下列基本要求：①保持原线划的连续性；②线宽只有一个像元；③细化后的骨架应是原线划的中心线；④保持图形的原有特征。

细化的算法很多，如内接圆法、经典算法、异步算法、快速并行算法及并行八边算法等，不同的算法在处理速度和效果上各有其特点。

细化的基本过程是：①确定需细化的像元集合；②移去不是骨架的像元；③重复、直到仅剩骨架像元。

（4）跟踪。经细化后的图像形成了骨架图，跟踪就是把骨架转换为矢量图形的坐标序列。其基本步骤如下：

①从左向右，从上向下搜索线划起始点，并记下坐标。

②朝该点的8个方向跟踪点，若没有，则本条线的跟踪结束，转①进行下条线的跟踪；否则记下坐标。

③把搜索点移到新取的点上，转②。

需注意的是，已跟踪点应作标记，防止重复跟踪。

2. 人机交互方式矢量化　除了上述对线状栅格的自动跟踪矢量化外，由于地形图中各类符号众多，矢量化软件在符号识别方面还有许多不足，因此目前扫描矢量化的方式还是以人机交互方式为主。人机交互矢量化是在计算机屏幕上显示扫描图，适当放大扫描图后，利用鼠标标志效仿地形图的手扶跟踪矢量化方法进行矢量化。地形图的图形坐标矢量化在屏幕上完成，图形要素的代码通常在图形矢量化完成后输入。图7-40是进行扫描矢量化时的示意图，将扫描后的栅格图中加载到矢量化软件R2V中，以便进行矢量化。

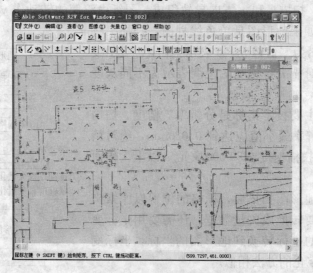

图7-40　扫描矢量化示意图

第7章 地形图测绘

复习思考题

1. 何谓比例尺？数字比例尺、图示比例尺各有什么特点？什么是比例尺精度？
2. 地物在地形图上如何表示？举例说明。
3. 地貌在地形图上如何表示？举例说明。
4. 何谓等高线、等高距和等高线平距？
5. 简述等高线的特性？
6. 等高距、等高线平距与地面坡度之间的关系如何？
7. 试用等高线绘出山丘与盆地、山背与山谷、鞍部等地貌，它们各有什么特点？
8. 测图的准备工作有哪些？
9. 地形测图时如何选择立尺点和立尺路线？
10. 简述经纬仪测绘法测图的主要步骤。
11. 简述小平板测绘地形图的主要步骤。
12. 什么是数字化测图？它有哪些优点？

第8章 地形图应用

【重点提示】 本章主要介绍了地形图的基本知识、地形图在室内及野外的应用,以及利用地形图进行面积量算及土方计算等内容;最后,还简要地介绍了电子地图的应用。这其中,对中小比例尺地形图基本知识的讲解与应用、野外调查中手持罗盘的使用及与地形图的配合使用、面积量算方法的使用与比较及土方计算是本章的重点。

8.1 地形图应用概述

地形图是空间信息的载体,用地图符号语言来传递信息,地形图包含丰富的自然资源、人文地理和社会经济信息,直观地反映各种自然地理要素和社会经济要素的空间位置、分布特征、分布范围、数量、质量特征、动态变化以及各种地理事物之间相互联系和制约的关系。地形图作为客观环境信息的载体和信息传输的工具,具有文字和数字形式所不具备的直观性、易读性、量算性和综合性的特点,这就决定了地形图的独特功能和广泛的用途。

地形图是国民经济建设、科学研究和国防现代化建设中不可缺少的图面资料。如农业区划、国土整治与开发、土地资源调查与监测、水利工程的规划与施工、森林资源清查、公园的规划设计、环境保护、城乡规划等都是以地形图作为重要的基础资料。同时,它又可作为编制更小比例尺地形图或专题地图的基础资料。因此,正确地认识和应用地形图是各专业技术人员必备的基础知识和基本技能。

8.2 地形图的获取

在前面的章节中,我们已经知道了如何实测地形图,但这需要投入一定的人力、物力和时间,所以实测的地区往往是面积不是太大且所需地形图比例尺为大比例的时候。对于中小比例尺的地形图,可到国家相关部门购买,方便、快捷。

目前,我国在国家基本比例尺地形图的测绘方面取得了丰硕成果。1:100万~1:5万地形图已覆盖全国;1:1万地形图覆盖面积也达80%。经济发达地区已测制了第三代1:5万和1:1万地形图。1:100万~1:1万地形图20世纪90年代以前采用的是1954北京坐标系、1956黄海高程基准和高斯-克吕格六度带或三度带投影。20世纪90年代后开始采用1980西安坐标系和1985国家高程基准。这也为我国农林行业的生产和科研提供了较为完备的基础性图件资料。

地形图的获取总体上可分为三个步骤。

1. 确定对象区域地形图的比例尺 同一区域不同比例尺的地形图侧重不同、分幅编号不一、

第8章 地形图应用

且用途各异，所以应根据实际的用途选择合适的比例尺。1∶500、1∶1 000、1∶2 000地形图主要用于小范围内精确研究、评价地形，1∶5 000地形图主要用于小范围内详细研究和评价地形；它们都可供勘察、规划、设计和施工等工作使用。1∶1万和1∶2.5万地形图主要用于小范围和较小范围内详细研究和评价地形，城市、乡镇、农村建设的规划、设计，林斑调查，地籍调查，水电等工程的勘察、规划、设计，科学研究。1∶5万地形图是我国国民经济各部门和国防建设的基本用图。1∶5万和1∶10万比例尺地形图主要用于一定范围内较详细研究和评价地形，供农业、林业、农垦、畜牧、环保、土地等国民经济各部门勘察、规划、设计、科学研究、教学等使用。1∶25万地形图，比较全面和系统地反映了区域内自然地理条件和经济概况，主要供各部门在较大范围内作总体的区域规划、查勘计划、资源开发利用与自然地理调查。1∶100万地形图，综合反映了制图范围内的自然地理和社会经济概况，用于大范围内进行宏观评价和研究地理信息，是国家各部门共同需要的基本地理信息和地形要素的平台，可以作为各部门进行经济建设总体规划，经济布局、生产布局、国土资源开发利用的计划和管理用图或工作底图。当然，以上各比例尺地形图均可作为编制更小比例尺地形图或专题地图的基础资料。

2. 向相应的测绘成果管理部门提出申请　根据我国《基础测绘成果提供使用管理暂行办法》的规定，使用1∶50万、1∶25万、1∶10万、1∶5万、1∶2.5万国家基本比例尺地图和数字化产品，可向国家测绘局提出申请；使用某行政区域内的1∶1万、1∶5000等国家基本比例尺地图，向该省、自治区、直辖市测绘行政主管部门提出申请。具体的申请程序，可到该部门的主页上查询。

3. 网上查询所需地形图的编号并从相应的地图管理部门购买　不同比例尺的地形图，其存储及提供使用由不同单位负责：国家基础地理信息中心（全国测绘档案资料馆）存储并提供使用成图比例尺等于和小于1∶5万的各种国家基本比例尺地形图；而各行政区域内的各种国家基本比例尺地形图或大比例尺地形图可从该地方测绘档案资料部门获取。

8.3 地形图的识读

若要正确使用地形图，必先要正确识读地形图：图廓外的标注、坐标格网和地物地貌。大比例尺地形图图廓外注记方式与中小比例尺地形图稍有不同，但中小比例地形图的图廓外注记涵盖了大比例尺地形图的图廓外注记，更具有一般性，故以下以中小比例尺地形图为例进行讲述。一幅1∶10万比例尺地形图的样例如图8-1所示（注：为保密需要，在不影响对地形图识读知识讲解的前提下，对本图的部分内容作了相应的修改。此外，为确保图的清晰，将图面内容略去）。

8.3.1 地形图图廓外的标注

1. 图名、图号、接图表和密级　图名，北图廓的正上方，是以本图内最著名的地名、最大的村庄或突出的地物地貌等的名称来命名。图号，注在图名下方；用以说明本图的编号，是按统一的分幅进行编号的，又遵循一定的编号规则。接图表，位于北图廓的左上方；用以说明本图与其相邻图幅的拼接关系，由9个小方格组成，中间有斜线的代表本图幅，其他方格分别注明相应的图号（或图名）。密级，标在北图廓的右上方，说明了保管和使用该图的保密等级。

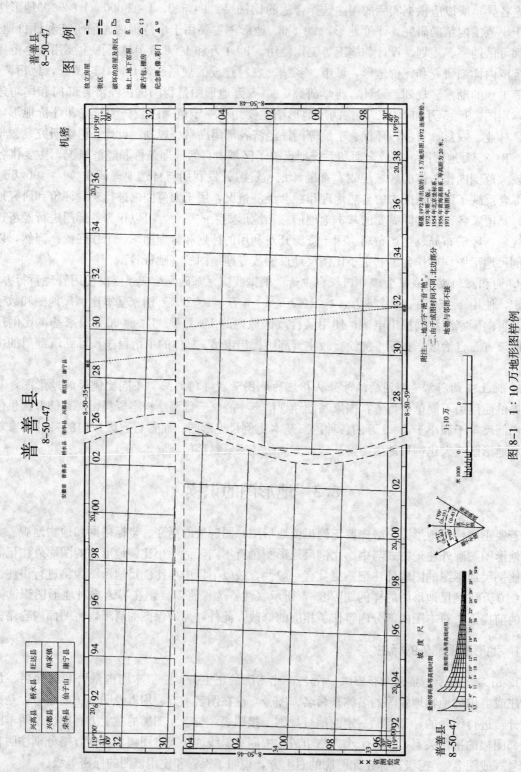

图 8-1 1:10万地形图样例

图 8-1 中,图名为:普善县;图号为:8-50-47;接图表中,表明其北面相接图幅的图名为:桥水县;密级为:机密。此外,在图号下面,还标出了接图表中图名所属的行政区划,如:普善县、桥水县、荣华县、兴都县属于安徽省;而康宁县则属于浙江省。此外,为读图方便,在图廓外的右上角和左下角都标明了图名和图号。

2. **比例尺** 每幅图的南图廓外中央均注有数字比例尺,数字比例尺下方还绘有直线比例尺。利用直线比例尺计算距离可消减图纸因伸缩产生的误差。对于 1:500,1:1 000 和 1:2 000 等大比例地形图,一般只注有数字比例尺,而无直线比例尺。

图 8-1 中,比例尺为:1:10 万;同时在图中也绘有直线比例尺。

3. **三北方向线** 三北方向是指真子午线北方向、磁子午线北方向和高斯直角坐标的纵轴方向。三北方向线一般绘制在 1:2.5 万~1:10 万地形图上且真子午线垂直于南图廓,偏角内的数字表示了相应偏角的大小。利用该关系图可以进行方位角的换算或在地形图定向时修正磁针指向。在我国,由于磁偏角和子午线收敛角一般不是很大(基本上在 10°的范围内),为了便于标示出偏角和子午线收敛角,一般都将该角度夸张表示,所以在实际使用中,应以所标示的角度数值为准,而不可将该图中标示的磁子午线和坐标纵线方向理解为图中实际的方向。但在上下图廓边,往往标出了磁北点和磁南点,它们的连线构成了地图上磁子午线的真实方向。

图 8-1 中,三北方向线表明:本图幅所在地区磁子午线西偏 3°51′,子午线收敛角为 1°09′。坐标纵轴位于真子午线的右侧,说明本图幅所在位置位于高斯投影中央子午线的东面。度分角度数值下面括号内表示另一种角度制——密位。在军事上常用密位来表示角度,常见的有用 7 200 密位、6 400 密位或 6 000 密位来表示一整周。在本图中,采用 6 000 密位,密位与度的换算也非常的简单:1 密位=0.06 度,密位计数时通常是两位数字为一组中间以短划线分割,如 15-00(与 90 度等同)。在本图中,3°51′即为 64 密位,表示为 0-64。

4. **坡度尺** 坡度尺一般标注于图廓外的左下位置,是在地形图上量测地面坡度和倾角的图解工具,它按下列关系制成:

$$d = \frac{h}{M}\cot\alpha \quad \text{或} \quad i = \frac{h}{dM} \tag{8-1}$$

式中:M——测图比例尺分母值;

α——地面倾角;

d——等高线平距(2~6 条);

i——地面坡度;

h——等高距。

图 8-1 中,坡度尺标示了地面倾角 1°、2°(相应地面坡度值为 3.5%)到 30°(相应地面坡度值为 58%)时的等高距的状况。

5. **成图时间及方式、坐标系统、所采用的图式版本** 在南图廓的右下方,分别标注了成图时间及方式、坐标系统、所采用的图式版本(在大比例尺图中,该部分一般标注于图括的左下位置,如图 7-33 所示)。坐标系统包括平面坐标系和高程系,平面坐标系指该图内地物地貌的平面坐标所依据的平面坐标系统,而高程坐标系则是指该图内高程注记(等高线或点高程注记)所依据的高程系统。1:1万或更小比例的地形图一般采用国家统一的高斯平面坐标系,即:1954年北京坐标系或1980年国家大地坐标系。城市独立坐标系是指采用以通过城市中心的子午线为中央子午线的任意带高斯平面坐标系,一般用于城市地形图中。而独立平面直角坐标系统可以在工程范围较小(如半径小于10km)时采用,因为此时可以忽略地球球面弯曲的影响。地形图上的高程系统一般有"1956年黄海高程系统"和"1985年国家高程基准"两种。同时,也有独立的小块区域采用相对高程。

图8-1中,标明本图所采用的平面坐标系为:1954年北京坐标系;所采用的高程系为1956年黄海高程系;所采用的图式为:1971年版图式;成图时间及方式为:根据1972年出版的1:5万地形图编绘,并于同年出版。

6. 图例 图例置于右外图廓的外侧,包含本幅地形图内所有的地物符号及其文字说明,便于用图者更好的识别地物、利用地形图。对于大比例尺地形图来说,由于图例较多,故不在图边绘出图例。

图8-1中标出了独立房屋、街区等图例。

7. 其他说明 此外在外图廓各边的中央位置,还会标出相邻图幅的图号;在西图廓的下边往往还标注测绘单位名称(如图8-1中为:××省测绘局);在南图廓下面偏右的位置或东图廓图例下面的位置有时还附带有附加说明(如图8-1中为:附注:一、地方字"滟"音"艳"……);有时,在图廓外左下面图名图号的下面,还标出出版单位的名称。

8.3.2 分度线和坐标格网

在大比例尺地形图上一般都绘有坐标格网或简化为十字交叉线,因为此类地形图的图廓只有50cm×40cm或50cm×50cm两种,而格网的间隔又为10cm×10cm,所以坐标格网一般都会等分地形图(十字交叉线可参见图7-2及图7-33)。

对于中小比例尺地形图而言,情况稍微复杂。经纬线构成了梯形分幅的内图廓,并在地形图的四个角点位置的经纬线交点上标注相应的经纬度。另外在内外图廓之间经纬线方向每隔1′都绘有分划线,叫做分度线或分度带。根据分度线就可以建立起经、纬差各为1′的经纬网。绘于内图廓内部纵横交错的直线网格为平面直角坐标格网(又称公里网,方里网),其间隔为1km或其整倍数。其中,纵线的方向为x轴方向,且平行于投影带的中央子午线;横线方向为y轴方向,且平行于赤道。分度线和坐标格网如图8-2所示(该图为图8-1的局部放大)。

图8-1中,标明本图的测图范围为东经119°00′至119°30′,北纬30°40′至31°00′。图8-2中,可看出本图所在6°高斯投影带的带号为20,方里网最西南交点M的坐标为(3 396km,692km),即(3 396 000m,692 000m)。

8.3.3 地物地貌的判读

判读地物地貌应了解相应比例尺的地形图图式及本专业部门的补充规定,熟悉一些常用的符号,了解图上文字注记和数字注记的确切含义。

1. 地物的判读 如果要了解该区域内地物的大小种类、位置和分布等总体情况,可以按先主后次的顺序,并根据需要进行一定的取舍来进行。如先识别大的居民点、主要的道路和所需的

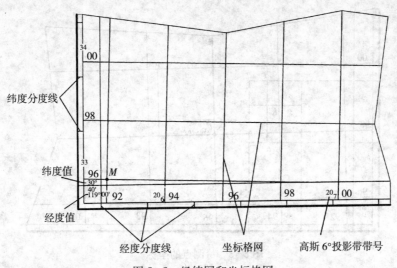

图 8-2 经纬网和坐标格网

地物,然后再识别小的居民点、次要的道路、植被和其他地物,最后通过分析就会对该区域的地物情况有一较全面的了解。

2. 地貌的判读　地貌的判读主要是根据基本地貌的等高线特征和特殊地貌(如陡崖、冲沟等)的符号进行。山区丘陵地带因地貌形态复杂,尤其是山脊和山谷等高线犬牙交错,不易判读。此时,可先找出水系的分布再根据山谷为聚水线的规律即可确定山谷系列,无河流时可根据相邻山头找出山脊。再按照两山谷间必有一山脊,两山脊间必有一山谷的地貌特征,即可判读出山脊山谷的分布情况。最后,结合特殊地貌的符号和等高线的疏密即可对该区域的地貌特征和地势起伏有一较为全面的了解。

8.4　地形图的室内应用

8.4.1　量测点的坐标

位置信息是地形图所能提供的最基本的信息之一,农林行业中也经常需要量测点的坐标。如在进行资源调查时,可以先在地形图上确定样地点的坐标,然后将其输入到手持 GPS 接收机,并利用其导航功能进行导航,便可快速到达样地。利用地形图上的坐标格网和分度线可分别推算出某点的平面直角坐标、地理坐标。如图 8-3,欲求 K 点的平面直角坐标,先过 K 点分别作平行于 X 轴和 Y 轴的两个线段 ab 和 cd,则 K 点坐标:

$$\left. \begin{array}{l} x_K = x_0 + aK \cdot M \\ y_K = y_0 + cK \cdot M \end{array} \right\} \quad (8-2)$$

式中：x_0,y_0——K 点所在的方格西南角点的坐标;

aK,cK——线段 aK,cK 的长度,单位与 x_0,y_0 相同;

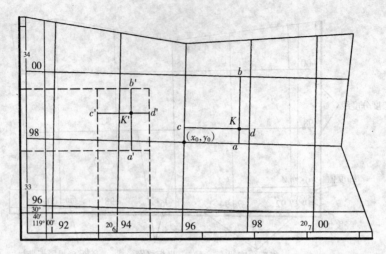

图 8-3 量测点的坐标

M——数字比例尺分母。

若精确计算该点坐标,需考虑图纸伸缩的影响。首先应量取公里网格的长度,看是否等于理论长度;如不等,则 K 点的坐标应按下式计算:

$$\left.\begin{array}{l}x_K = x_0 + \dfrac{aK}{ab} \cdot l \\ y_K = y_0 + \dfrac{cK}{cd} \cdot l\end{array}\right\} \qquad (8-3)$$

式中:ab,cd——线段 ab,cd 的长度,单位与 aK,cK 相同;

l——公里格网的理论长度,单位与 x_0 相同。

同理,欲求 K 点的地理坐标也可通过 (8-3) 式求得 (尽管从理论上此方法行不通,但考虑到实际应用时精度的要求不高,此方法可行),只需把 x_0,y_0 换成经纬度格式,l 变为经纬网横向经度差值 (或纵向纬度差值) 即可。除此,也可先求算出该点的平面直角坐标,然后根据不同坐标系下的转换公式推算出该点的地理坐标 (见第 1 章第 4 节)。根据上述的方法,求得 K 点的直角坐标为 (3 398 441m,20 697 691m) (注意图中标注单位为 km);同样,可以求得 K' 点的经纬度分别为 $119°01'39''$ 和 $30°41'36''$。

8.4.2 求算两点间的距离

不管是利用大比例地形图上做规划、设计还是利用中小比例的地形图进行资源调查或信息管理时,经常需要确定两地物间的距离或道路、河流、水渠、样线等路线的长度。虽然路线有长有短、有曲有直,有的是水平距离有的又是倾斜距离,但都可归结为先确定各相邻点间的距离再累加的问题。

1. 求两间点的水平距离 求同一幅地形图内两点间的水平距离可有多种方法,如两点间若为直线距离则可用解析法、图解法和普通分规法,若为曲线可采用曲线仪量距、线绳拟和曲线间接量距及用折线代替曲线而量距。使用时采用哪种方法应根据实际情况而定。

(1) 解析法。设所求线段为 AB，先求出端点 A、B 的直角坐标 (x_A, y_A) 和 (x_B, y_B)，然后按距离公式计算线段长度 D_{AB}，即：

$$D_{AB} = \sqrt{(x_B - x_A)^2 + (y_B - y_A)^2} \tag{8-4}$$

此方法不仅适用于同一幅地形图内距离的求算，也适用于同一投影带不同图幅内两点间距离的求算。

(2) 图解法。用三棱尺（或精密直尺）量出线段的图上长度 d（一般量测两次，较差小于 0.2mm 时取平均值），用 $d \times M$（M 为地形图比例尺的分母）即计算出实地水平距离 D。

(3) 普通分规法。用卡规在图上直接卡出线段的长度，再与图上的直线比例尺比量，即得其水平距离。

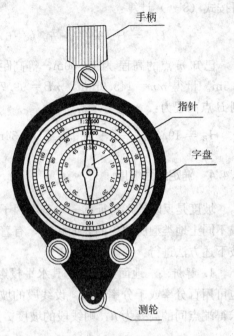

图 8-4 曲线仪

(4) 曲线仪量距离。在图上量测较长且曲率不太大的曲线时，可用曲线仪进行量测。曲线仪（图 8-4）由手柄、字盘和测轮三部分组成。量测时，首先转动测轮使指针归零，读取始读数，然后，将测轮对准曲线起点，按曲线仪读数增长方向由起点沿曲线徐徐滚至终点，并在相应比例尺的刻划上读出终读数，终始两读数之差，即为所量曲线的长度。该长度以千米为单位。

用曲线仪量测曲线的精度较低（误差约为1/50），曲线越短精度越低，故不宜用于精度要求较高的量测。

(5) 用线绳测量。可用一伸缩变形很小的线绳，沿曲线放平并与曲线吻合，标绘两端点，拉直后量算其长度，按比例尺换算成水平距离。

(6) 用一条连续的折线代替曲线（如在 AutoCAD 环境下的数字化图），用折线的长度来代替曲线。

2. 求两点间的倾斜距离 实地倾斜线的长度 D' 可由两点间的水平距离 D 及其高差 h 确定，按式（8-5）计算：

$$D' = \sqrt{D^2 + h^2} \tag{8-5}$$

从图上量算的距离，不论是直线距离还是曲线距离，都是两点间的水平距离。但地形的起伏会使直线路径拉长，为了尽量接近实际情况，要加一改正数，究竟要加多少呢？由于沿线平均坡度不易求出，根据测绘经验，应用时常按平坦地区加 10%～15%，丘陵地区加 15%～20%，山地加 20%～30%。这只是个实验平均数，有时比此数大或小，使用时要注意。

8.4.3 求算点的高程

在农田水利工程中或调查某种资源的垂直分布特征时，总要确定某些点的高程。若所求点恰好位于等高线上，则该点高程等于所在等高线的高程，否则可用一阶内插法求出其高程。如图8-5所示，为求B点的高程，可过B点引一直线与两条等高线近似垂直，且与两等高线交于m、n，分别量mn、mB之长，则B点高程可按式（8-6）计算：

$$H_B = H_m + \frac{mB}{mn} \cdot h \quad (8-6)$$

已知m点的高程为19.00m，等高距h为0.5m。量得$mn=145.9$mm，$mB=99.7$mm，则B点高程为：

$$H_B = 19.00 + \frac{99.7}{145.9} \times 0.5 = 19.34 \text{m}$$

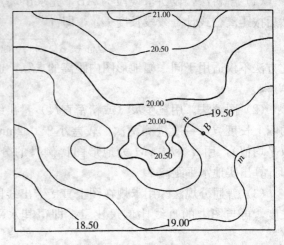

图8-5 量测点的高程

8.4.4 确定地面坡度

坡度是反映地形特征的一个基本因子，在农田水利工程、野外资源调查以及确定动植物资源或不同土地类型所覆盖的表面积时，有着重要的作用而不可缺少。确定地面的坡度可在地形图上按下述方法进行：

1. **解析法** 地面某线段对其水平投影的倾斜程度就是该线段的坡度，坡度可用坡度角表示，也可用百分率或千分率表示。设线段的坡度为i，坡度角为α。在地形图上量出线段的长度为d，求得端点间的高差为h，则线段的坡度i为：

$$i = \tan\alpha = \frac{h}{d \cdot M} \quad (8-7)$$

2. **图解法** 使用坡度尺可在地形图上分别测定2～6条相邻等高线间任意方向线的坡度（图8-6）。方法如下：先用两角规量取图上2～6条等高线间的宽度，然后到坡度尺上比量，在相应垂线下边就可读出它的坡度，要注意图上量几条就在坡度尺上比几条。本例中AB方向的坡度为

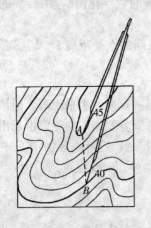
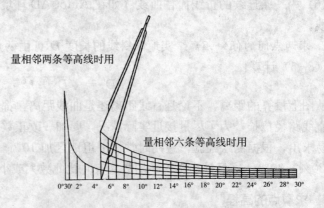

图8-6 用坡度尺量测坡度

5°（8.7%）。

以上两种方法得出了图上两点间的坡度，若想得到某地区的平均坡度，可按如下方法进行。首先按该区域地形图等高线的疏密情况，将其划分为大致同坡的若干小区；然后在每个小区内绘一条最大坡度线，按前述方法求出各线的坡度作为该小区的坡度；最后取各小区的平均值，作为该地区的平均坡度。

8.4.5 确定直线的方向

1. **解析法** 欲求线段 AB 的坐标方位角，可先求出两端点 A、B 的直角坐标值 (X_A, Y_A) 和 (X_B, Y_B)，然后根据坐标反算公式［公式（6-3）］，计算出坐标方位角 α_{AB}。

2. **图解法** 线段 AB 的坐标方位角，也可直接用量角器在地形图上量出。首先，通过 A、B 两点连一条直线（若两点在同一方格内，应将连线延长与坐标纵线相交）；然后，用量角器量出线段 AB 的坐标方位角（图 8-7），即：以点 A 为圆心，以坐标纵轴的正方向为起始方向，顺时针旋转到 AB 方向线所旋转的角度。

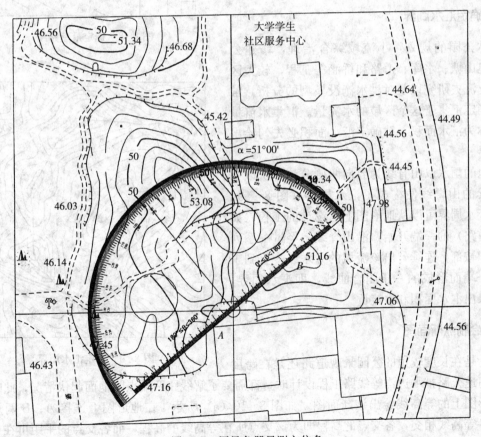

图 8-7 用量角器量测方位角

以上方法求得的是线段的坐标方位角，欲求磁方位角或真方位角，则可利用三北方向线中给出的磁偏角 δ 和子午线收敛角 γ 按有关公式进行换算。

8.4.6 选定最短路线

进行线路设计时，往往需要在坡度 i 不超过某一数值的条件下选定最短的路线，如图 8-8 所示，已知图的比例尺为 1：1000，等高距 $h=1m$，需要从山脚边 A 点至山顶修一条坡度不超过 2% 的道路，此时路线经过相邻两等高线间的水平距离 $D=h/i=1/2\%=50m$，D 换算为图上距离 d，则 $d=50mm$，然后将圆规的两脚调至 50mm，自 A 点作圆弧交 39m 等高线于 1 点，再自 1 点以 50mm 半径作圆弧交 40m 等高线于 2 点，如此进行到 7 点所得的路线即为符合要求的路线。如果某两等高线间的平距大于 50mm，则说明该段地面小于规定的坡度，此时该段路线就可以向任意方向铺设。

图 8-8 选定最短路线

8.4.7 确定汇水周界

森林公园的规划，小流域综合治理，修建公路，修建山塘、水库、道路和桥涵等工程，较大区域的水土流失研究以及对洪水淹没模型的分析，常常需要确定汇集于这个区域的水流量。汇集水流量的面积称为汇水面积，欲确定汇水面积必先勾绘出汇水周界。

山地的雨水以山脊线为界向两侧分流，所以一系列连续的山脊线便构成了汇水周界（图 8-9）。要确定汇水周界可以从地形图上已设计的工程（如水库、道路）的一端开始，沿山脊线，经过一系列的山顶和鞍部，连续勾出该流域的分水线，直到工程的另一端而形成的一条闭合曲线，即汇水周界，进而可求出汇水面积和水流量。

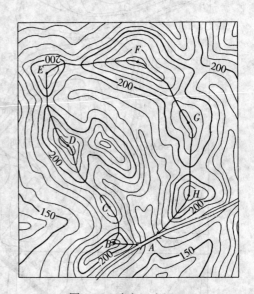

图 8-9 确定汇水周界

8.4.8 绘制纵断面图

无论是在长度较短的公园景观道路还是在跨度很大的高速公路排水边沟等线路工程设计时，都需要了解线路两端点间地面起伏情况，此时可以根据地形图上的等高线绘出该断面图。如图 8-10（a）所示，在地形图上连接 A、B 两点成直线，与各等高线相交，各交点的高程即为该交点所在等高线的高程，而各交点的平距可在地形图上用比例尺量得。作断面图［图 8-10（b）］时，先在毫米方格纸上绘出两条相互垂直的轴线，以横轴 AD 表示平距，以纵轴 AH 表示高程。然后在地形图上量取 A 点至各交点及地形特征点 a，b 的平距，并把它们分别转绘在横轴上，以相应的高程作为纵坐标，得到各交点在断面上的位置，连接这些点，即得到 AB 方向上的断面图。为了能较明显地表示出地貌的起伏变化，断面图的高程比例尺往往比水平距离比例尺大 5～10 倍。

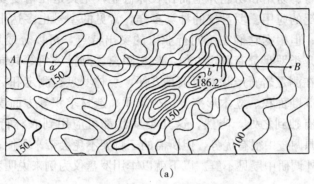

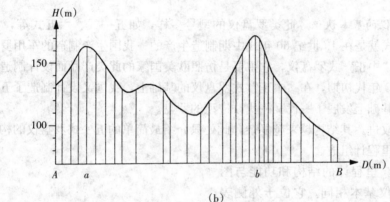

图 8-10　绘制纵断面图
(a) 地形图　(b) 纵断面图

8.5　地形图的野外应用

8.5.1　准备工作

1. **器材准备**　调查工作所需的仪器、工具和材料，一般包括测绘器具（如罗盘仪、量距尺、三角板、三棱尺、量角器、GPS 接收机等），量算工具（如求积仪、透明方格片、计算器、计算机等）等。

2. **资料准备**　根据调查地区的位置范围与调查的目的和任务，确定所需地形图的比例尺和图号，准备近期地形图以及与之匹配的最新航片或遥感像片。

3. **技术准备**　对收集的各种资料进行系统的整理分析，供调查使用。在室内阅读地形图和有关资料，了解调查区域概况，明确野外调查的重点地区和内容，确定野外工作的技术路线、主要站点和调研对象。

8.5.2 罗盘仪的野外应用

罗盘仪由于其小巧、易用和功能齐全而在农林行业，尤其是在精度要求不高的资源调查和野外勘探中得到了广泛的应用。罗盘仪的种类多样，常见的型号也多达十几种，各个型号的功能、精度也不尽相同；但根据它们在不同行业上的突出特点，可以分成地质罗盘、森林罗盘、军用罗盘等几类。这几类罗盘都有测定方位、概量距离、测量坡角等共同的功能；但又各有侧重，例如，地质罗盘在测量岩石产状方面很是方便，森林罗盘在测定和标定树干任意部位的高度和直径，每公顷胸高断面积、立木形率、区分求积、造材求积等方面表现突出，而军用罗盘测里程、速度方面更有独到之处。当然，这几类罗盘都可应用到农林行业上，其中森林罗盘（图4-24）在林业资源调查中很有优势，但所需的三脚架不免会带来不便；而军用罗盘因其功能齐全、携带方便在野外调研中屡见不鲜。以下就以军用罗盘仪为例来说明罗盘仪的结构及其主要用途。

1. **军用罗盘仪的基本认识** 此类罗盘仪的型号多样，如五一式、六五式等，它主要依据年代而定，如六五式就是在19世纪60年代中期制造生产的。我国生产制造的军用罗盘仪最早可追溯到民国时期的"中正"式罗盘仪，它主要是仿照欧美国家的此类产品而设计制造的。新中国成立后的20世纪50年代初期，在"中正"式罗盘仪的基础上，我国又设计制造了五一式罗盘，此后又在五一式的基础上发展了一代又一代改进型的罗盘。

随着不断地改进，其结构越来越复杂，此处只介绍最简单的五一式罗盘仪的构造。此类罗盘仪主要由罗盘和里程计组成。

（1）里程计。里程计的结构和功能与图8-4所示的曲线仪基本相同。它位于外侧表面，在地形图上可利用它方便地量测出某段路径（无论是否直线）所对应的实地距离，如图8-11所示。其由三部分构成：里程表、测轮和指针。

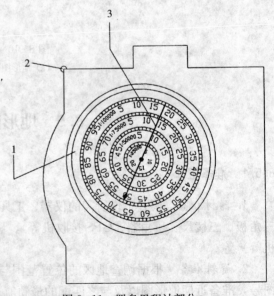

图8-11 罗盘里程计部分
1. 里程表 2. 测轮 3. 指针

（2）罗盘部分。打开罗盘仪后，呈现出最主要的部分即为罗盘部分，其组成如图8-12所示。

①磁针：磁针分为南北两端，为便于区分，北端往往做上特殊标记（打孔或漆黑等）又或者缠有铜丝的一端为南端。从南端到北端的连线方向即为磁子午线方向，所以某直线的磁方位角可以看成是以南北磁针间的连线为起始方向顺时针转到该直线所旋转的角度。

②方位指标：方位指标"△"所指的方向与照准和准星的连线方向一致，在读取角度之前，必须保证"△"对准0（北）刻度线。

第8章 地形图应用

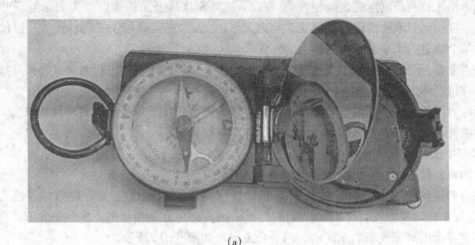

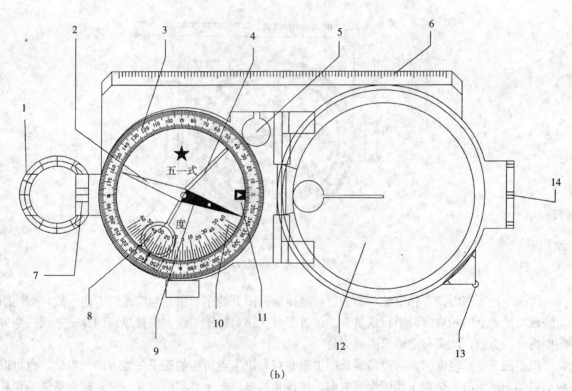

图 8-12 罗盘仪的罗盘部分
(a) 罗盘仪实物照片 (b) 罗盘仪示意图
1. 提环 2. 磁针南端 3. 可转动水平度盘 4. 磁针托板 5. 压板 6. 测绘尺 7. 照准
8. 测角器 9. 磁针北端 10. 竖直度盘 11. 方位指标 12. 反光镜 13. 测轮 14. 准星

③可转动水平度盘：水平度盘上标有角度刻度线，外圈以度为单位，相邻刻度线之间相差1度，从0刻度线开始按逆时针方向每隔10度作数字标注，逆时针刻画。内圈刻度线的单位为密位，军用的"五一式"罗盘仪按照欧美国家的习惯采用了6 000密位。水平度盘上共有300条密

位刻画线，相邻的两条刻度线之间相差20密位，从0刻度线开始按逆时针方向每隔500密位作数字标记，且标记只取前两位，如标注5实为5-00。该水平度盘可人工进行转动，以便使方位指标指向某个特定的水平度盘数值。

④竖直度盘：竖直度盘用于指示竖直角度，为能够对俯仰角都能进行测量，其刻度线以0刻度线为对称轴沿环形对称分布，范围各自从0~60度，相邻刻度线间的间隔为1度。

⑤压板：压板为一圆形按钮，使用过程中可人为地将它按下或关闭时它将自动被按下，这样便能通过磁针托板实现对磁针的制动，易于读数和仪器保养。

2. 军用罗盘仪的基本功能

（1）测定方位

①测定调研现场的东南西北方向：打开罗盘仪，转动水平度盘使方位指标"△"对准0（北）刻度线；转动罗盘仪，待磁北针对准"△"；此时磁针北端所指的方向就是北方，在方位度盘上就可直接读出调研现场的东、南、西、北方向，如图8-13所示。

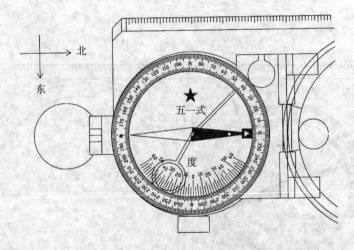

图8-13 罗盘仪测定调研现场的方向

②标定地形图方向：标定地形图方位就是使地形图上的东西南北与实地的方向一致，即使图上线段与地面上的相应线段平行或重合。通过罗盘仪比对磁子午线、坐标纵线和真子午线三个方向中的任一方向，均可标定地形图的方位。

根据磁子午线定向时，首先需确认图上磁北点和磁南点所连的磁子午线方向（当然，也可以根据磁偏角的角值，依据东西图廓线方向，用量角器画出图上真实的磁北方向；或根据磁偏角和子午线收敛角角值，依据坐标格网的竖线方向，用量角器画出磁北方向）。然后将罗盘仪的度盘零分划线朝向北图廓，并使罗盘仪测绘尺的外边缘与所画的磁子午线重合。最后转动地形图使磁针北端对准零分划线［图8-14（a）］；这时地形图的方向便与实地的方向一致了。

根据坐标纵线或真子午线定向时，也要将罗盘仪的度盘零分划线朝向北图廓，并使罗盘仪测绘尺的外边缘与坐标纵线［图8-14（b）］或真子午线（内图廓的纵线）［图8-14（c）］平行，然后转动地形图使磁针北端对准相应的磁偏角与子午线收敛角之和的角值或磁偏角值；则地形图的方向即与实地的方向一致了。偏角有东偏和西偏之分，为了不被其混淆，只需把握住这个要旨：静止时磁针南端到北端连线的方向总为磁子午线方向，且此时瞄准到准星连线方向与坐标纵线或真子午线方向平行，这两个方向间的夹角以及相对关系（东、西偏）与图上三北方向线表示一致即可，如图8-14所示。

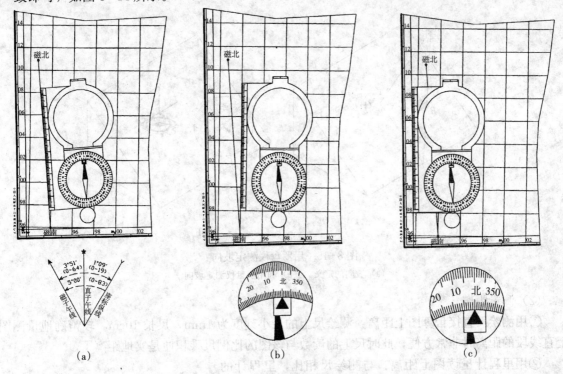

图8-14　用罗盘仪标定地形图方向
(a) 依磁子午线定向　(b) 依坐标纵线定向　(c) 依真子午线定向

③测定磁方位角：测定图上源点至目标点连线的磁方位角时，将测绘尺与源点至目标点的连线相切，调整度盘座，使方位指标"△"对准0刻度线；最后，待磁针静止后，读出其北端所指度盘座上的刻度即为源点至目标点的磁方位角数值。或者，若使用的为中小比例地形图则可作其上带有的或利用三北方向线绘出磁子午线的平行线并与待测方向线相交，然后使用量角器直接量出夹角并根据相对关系最终得出磁方位角。

野外现场测定当前点至目标点的磁方位角时，首先，打开仪器，使方位指标"△"对准0刻度线，并使反光镜与度盘略成45°；然后，用大拇指穿入提环，平持仪器，由照准经准星向目标点瞄准；最后，从反光镜中读取磁针北端所对准度盘座上的刻度即为当前点至目标点的磁方位角数值。

④测定坡向：坡向是指坡面向外延伸的垂线在水平面上投影的方向，为便于理解，此处以图8-15（a）为例加以说明。如图，S为边坡面，OA垂直于该面并朝向外侧，OB为垂线OA在水平面上的投影，则OB的磁方位角即为该边坡的坡向。测定坡向时，首先打开仪器，调整度盘使方位指标"△"与0刻度线对齐，且罗盘仪上下两个折叠部分夹角在45°至90°之间；然后，平持

并转动仪器使两个折叠部分间的轴线与坡面平行；最后，读取磁针北端的读数。此时读出的方位角所代表的方向正好与待测的坡向相反，所以坡向的磁方位角为：度盘读数±180°又或者直接读取磁针南端的读数即可。如图 8-15（b）所示，此时指针北端的读数为 312°，则该坡的坡向为 132°。

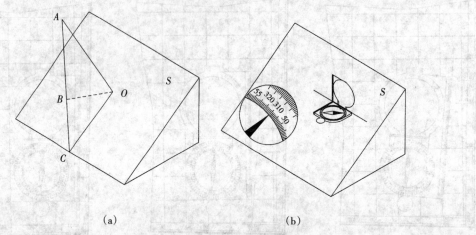

图 8-15 用罗盘仪测定坡向
(a) 坡向的定义　(b) 利用罗盘仪测定坡向

（2）测量距离

①用测绘尺直接量算图上距离：测绘尺上的最小刻度为 1mm，尺长 10cm，较精确地量测图上直线段的距离时非常方便，此时尺上的读数与该图的比例尺乘积便是实地距离了。

②用里程计量读图上距离：与测绘尺相比，里程计的精度偏低，但在中小比例尺的地形图上量测长距离或曲线的距离方面表现的非常优越。在量取距离时，首先将红色指针归 0；然后，侧持仪器，把里程计测轮轻放在起点上，沿所需量取的路线向前缓慢滚动直至终点；最后，根据指针在与地图对应的比例尺上所指的刻线，即可直接读出相应的实地距离。里程计度盘从外向内共有四圈比例尺的里程刻度，分别为 1∶100 000、1∶75 000、1∶50 000、1∶25 000，且每圈的最小刻度为 1km。如图 8-16 所示。

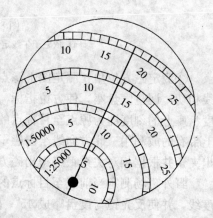

图 8-16 用里程计量读图上距离

在 1∶100 000 的地形图上，图上路线对应的实地距离为 18km；若为其他三种比例尺地形图，则实地距离分别为：13.5km、9km 和 4.5km。另外，若地形图的比例尺不在已有的比例尺之列，则可通过两种比例尺相比换算量读之。如，在 1∶10 000 的地形图上，该例的实地距离应为 1.8km；1∶200 000 的为 36km。

（3）测定斜面的坡度角（俯仰角度）。打开并侧持仪器，沿照准、准星向斜面边瞄准，使瞄准线与斜面梯度最大方向（即坡降或坡升最大方向）平行且保证测角器能自由摆动，读取测角器中央缺口所指示竖直度盘上的刻度分划［图 8-17（a）］，即为所求的俯仰角度（坡度角）［图 8-17（b）］，图上坡度角约为 30.5°。

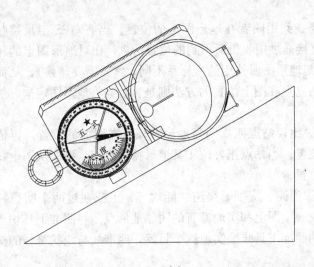
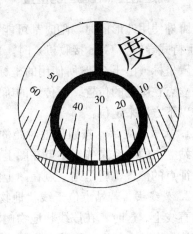

(a)　　　　　　　　　　　　　　　(b)

图 8-17　测定斜面的坡度角
(a) 测定斜面的坡度角　(b) 竖直度盘的读数

（4）测量目标概略高度。已知目标（物体）与所在点之间的水平距离，先测定目标的俯仰角，再查高度表（罗盘仪包装袋内附有）即可得知目标的高度。首先，由地图上求得所在地与欲测目标（如山顶、烟囱、塔尖等）的水平距离；然后，侧持仪器，沿照准、准星向目标顶端瞄准，让测角器自由摆动，读取测角器刻线所指示的俯仰角度值；再后，查看高度表或三角公式中的正切公式计算即可得知高度。例：已知测点至被测物水平距离为 100 米，用仪器测得俯仰角度为 30°然后查高度表得被测物高度为 57.74 米。

（5）其他用途。在角度度盘和磁针上涂上荧光粉，便于夜间作业。在野外受困时，还可利用反光镜反射强烈太阳光，以发射求救信号等。

当然，罗盘仪的使用不仅限于此，但只要领会它的测磁方位角、测倾角和测里程这些最根本的功能，我们就能举一反三，更大程度地发挥出其效能。

8.5.3　地形图的定向

在野外使用地形图，首先要进行地形图定向。常用方法有如下：

1. 用直长地物定向　当用图者的站点位于直线状地物（如道路、渠道等）上时，先将照准仪（或三棱尺、铅笔）的边缘，置于图上线状符号的直线部分上，然后转动地形图，用视线瞄准使得该直线部分与地面上相应的线状物体走向一致，这时地形图即已定向。

2. 按方位物定向　当用图者能够确定站立点在图上的位置时，可根据远处的三角点、独立树、水塔、烟囱、道路交点、桥涵等明显物作地形图定向：先将照准仪（或三棱尺、铅笔）置于图上的站点和地形图上对应该地物的点的连线上，然后转动地形图，当照准线通过地面上那个明显地物的中心时，地形图即已定好方向。

8.5.4 确定站立点在图上的位置

野外使用地形图时，随时都可能需要找到用图者在地形图上的位置。当有 GPS 卫星接收机（如手持式导航型 GPS 接收机）时，可直接通过接收机所得到的位置信息，比对地形图上的相应的位置坐标（由于 GPS 所使用的坐标系与地形图所使用的坐标系不同，常常需要转换），从而确定站立点在图上的位置。而传统的确定站立点在图上位置的方法则是：首先将地形图定向，然后可按以下方法来定位：

1. 比较判定法 按照现地对照的方法比较站点四周明显地形特征点在图上的位置，再依它们与站立点的关系来确定站点在图上的位置。当站点正好位于某地形特征点上，那么从图上找到该特征点的位置，就是站立点在图上的位置。

2. 截线法 若站点位于线状地物（如道路、堤坝、渠道、陡坎等）上或在过两个明显特征点的直线上。这时，在该线状地物侧翼找一个图上和实地都有的明显地形点，将照准工具切于图上该地形点的点位上，以该点为圆心转动照准工具瞄准实地这个目标，照准线与线状符号的交点即为站点在图上的位置。

3. 后方交会法 选择图上和实地都有的两个或三个明显地形目标，将照准工具置于图上一个目标的点位上，以该点位为圆心转动照准工具，瞄准实地这个目标，沿照准工具向后绘出方向线；用同样方法照准其他目标，绘出方向线，则方向线的交点就是站点在图上的位置。

8.5.5 地形图与实地对照

在使用地形图做设计规划时，往往因测图和用图存在时间上的差异，地形图上所反映的地物地貌可能和实地有出入，故需要野外进行地形图与实地对照。对照时可遵循这样的原则：由左向右，由近及远，由点而线，由线到面；先对照主要明显的地物地貌，再以它为基础依相关位置对照其他一般的地物地貌。

如作地物对照时，可由近而远，先对照主要道路、河流、居民地和突出建筑物等，再按这些地物的分布情况和相关位置逐点逐片的对照其他地物。

而作地貌对照时，可根据地貌形态，山脊走向，先对照明显的山顶、鞍部，然后从山顶顺山脊向山麓、山谷方向进行对照。若因地形复杂某些要素不能确定时，可根据这些要素点相对于站立点的方位和距离来判断。

最后，根据实地已做改动的地物和地貌的重要性及范围大小，可以采用目估法或专业的测量仪器来更新地形图上相应的部分。

8.5.6 调绘填图

调绘填图就是将调查对象用规定的符号和注记填绘在地形图上，也常常是野外资源调查时一项基本的工作。例如森林资源清查中的区划线、土地利用调查中的地类线、造林规划设计中的林班线或新建的电站、公路、水库等点、线、面状地物填绘到地形图上去。将地面上各种形状的物体填绘到图上，就是确定这些物体图形特征点的图上位置，这些特征点统称为碎部点。直接利用地形图来调绘,确定碎部点的图上平面位置应尽量采用比较判定法,当用该法不能定位时,可视具体情况用极坐标法、直角坐标法、距离交会法、前方交会法等方法进行调绘填图。

8.6 面积量算

面积的量算在农林专业中有着广泛的应用,小到只有十几个平方厘米的叶子面积,大到有几千万平方公顷的进行调查监测的沙漠化荒地面积。在图纸上量算面积的方法很多,但常用的主要有解析法、图解法、控制法和求积仪法等几种。下面就以一片鹅掌楸(马褂木)树叶面积(图 8-18)的量算为例,分别说明各方法的步骤和特点。

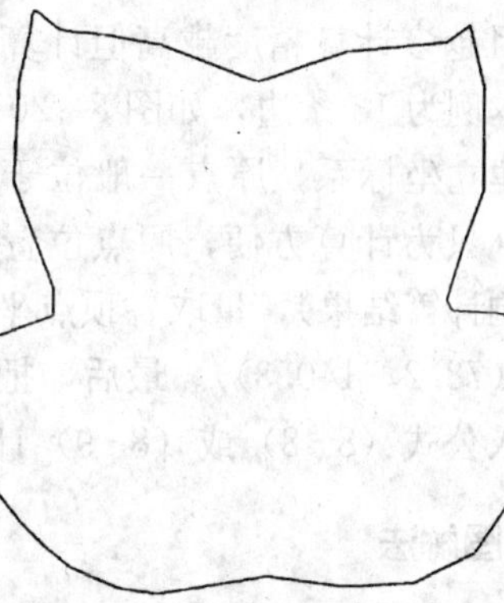

8.6.1 解析法

利用任意多边形顶点坐标计算面积的方法,称为解析法。为了得出该方法的计算公式,先从计算一个简单的四边形面积开始。设四边形 ABCD 各顶点坐标分别为:$A(X_1, Y_1)$,$B(X_2, Y_2)$,$C(X_3, Y_3)$,$D(X_4, Y_4)$。如果自多边形的各边分别向 x 轴投影线,则每一条边及其向 x 轴的坐标投影线和 x 轴都可以组成一个梯形(图 8-19)。又因为相邻点 X 坐标之差是相应梯形的高,相邻点 Y 坐标之和的一半是相应梯形的中位线。故四边形 ABCD 的面积 S 等于四个梯形的面积代数和:

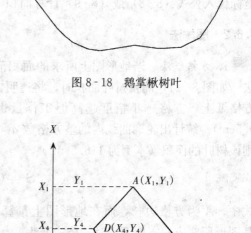

图 8-18 鹅掌楸树叶

$$S = \frac{1}{2}[(X_1 - X_2)(Y_1 + Y_2)$$
$$+ (X_2 - X_3)(Y_2 + Y_3)$$
$$- (X_1 - X_4)(Y_1 + Y_4)$$
$$- (X_4 - X_3)(Y_4 + Y_3)]$$

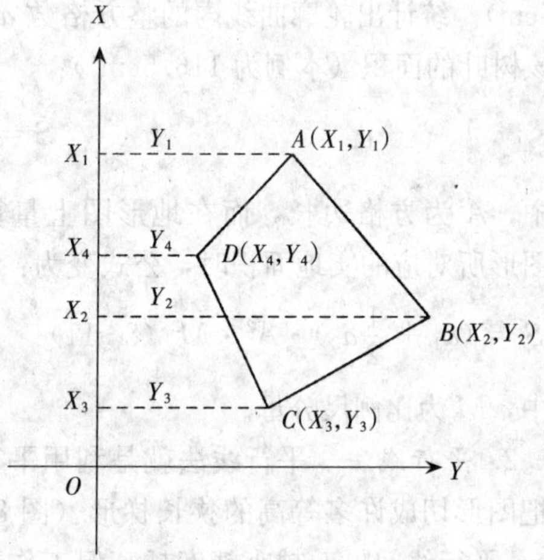

将上式化简并将图形扩充至 n 个顶点的多边形,可写成如下一般式:

$$S = \frac{1}{2}\sum_{i=1}^{n} X_i(Y_{i+1} - Y_{i-1}) \quad (8-8)$$

式中,当 $i=1$ 时,y_{i-1} 为 y_n,当 $i=n$ 时,y_{i+1} 为 y_1。

或推导出另一种形式

$$S = \frac{1}{2}\sum_{i=1}^{n} Y_i(X_{i-1} - X_{i+1}) \quad (8-9)$$

图 8-19 解析法面积量算

式中，当 $i=1$ 时，x_{i-1} 为 x_n，当 $i=n$ 时，x_{i+1} 为 x_1。

用解析法计算树叶的面积时，首先要勾绘出树叶的边界轮廓，比例尺可为 1:1，但因树叶的边界是由连续的光滑曲线所构成，而该法却要求各边为直线段，故需做一处理：用一连串直线段来模拟曲线且直线段数目越多计算精度越高但计算量也会越大（本例为 13 条边，如图 8-20 所示）。然后，建立坐标系，原点一般位于图形的左下角（只为计算方便，原点位置可任意并不影响计算结果），量取各顶点坐标（如顶点 V (78.2, 140.3)）。最后，把各顶点坐标代入公式（8-8）或（8-9）计算面积（本例为 115.8 cm²）。

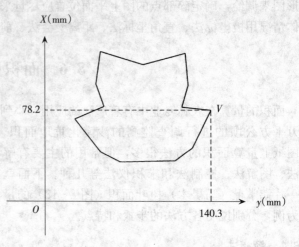

图 8-20 顶点坐标的求算

8.6.2 图解法

1. 方格纸法 若地形图上所求的面积范围很小，其边线是不规则的曲线，可采用透明方格法。如图 8-21，测量树叶面积时，将透明方格纸覆盖在树叶上并固定，或把树叶的轮廓勾绘在方格纸上，方格越小精度越高但工作量也越大（一般采用毫米方格纸，但本例方格边长为 0.5cm）。统计出轮廓曲线内的整方格数 a_1（本例为 415）和不完整的方格数 a_2（本例为 102），则该树叶的面积（本例为 116.5 cm²）：

$$S = \left(a_1 + \frac{1}{2}a_2\right) \cdot A^2 \qquad (8-10)$$

式中，A 为方格边长，而在地形图上量算某图形所对应的实地面积时，公式变为：

$$S = \left(a_1 + \frac{1}{2}a_2\right) \cdot A^2 \cdot M^2 \qquad (8-11)$$

式中，M 为比例尺分母。

2. 平行线法 平行线法就是利用平行线把图形切成许多等高的狭长梯形（图 8-22），平行线间隔 h 越小精度越高但工作量也会越大（本例为 0.5cm）。量测树叶时，把绘有平行线的透明纸放在树叶上或把树叶的轮廓勾绘在绘有平行线的纸上，整个图形被平行线切成许多等高的梯形，图形上下两端位于两平行线之间的部分看成是与梯形等高的小三角形。设图形切割各平

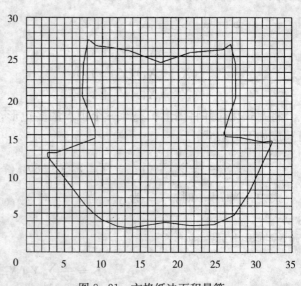

图 8-21 方格纸法面积量算

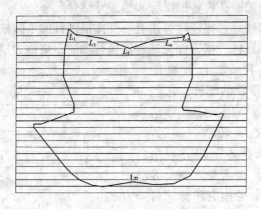

图 8-22 平行线法面积量算

行线的长度分别为 L_1，L_2，…，L_n，则可求得各小梯形的面积和上下两端各小三角形的面积，并累加得图形总面积 S 为：

$$S = S_1 + S_2 + \cdots + S_n = h\sum_{i=1}^{n}L_i \tag{8-12}$$

最后，量取各段平行线的长度，代入公式 8-12 得到树叶总面积（本例为 113.5cm^2）。

8.6.3 求积仪法

求积仪是一种专门供图上量算面积的仪器，其优点是操作简便、速度快，适用于任意曲线图形的面积量算，并能保证一定的精度。求积仪有机械求积仪和电子求积仪两种。

1. 机械求积仪

（1）仪器构造。求积仪主要分为三部分（图 8-23）：极臂、描迹臂和一套计数机件。

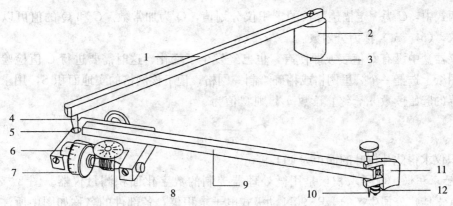

图 8-23 机械求积仪构造
1. 极臂 2. 重锤 3. 短针 4. 短柄 5. 结合套 6. 游标
7. 计数轮 8. 计数盘 9. 描迹臂 10. 描迹针 11. 手柄
12. 小圆柱

极臂的一端有一个重锤，锤下有一支小针，借以固定在图纸上，称为"极点"。极臂的另一端有球头短柄,插入描迹臂的圆孔内,把极臂和描迹臂结合起来。

描迹臂的一端有一个描迹针,描迹针旁边有一支撑描迹针的小圆柱和一手柄(有的求积仪用描迹放大镜代替描迹针和小圆柱)。描迹针尖端至短柄转轴的距离称为描迹臂的臂长,它可以调节。

在描迹臂的另一端装有一套计数机件(图8-24),它是求积仪最重要的部件。它包括计数轮、游标和计数圆盘。当描迹臂移动时,测轮随着转动。当计数轮转动一周时,计数圆盘转动一格。计数圆盘共分10格,由0~9注有数字。计数轮分成10等份,每一等份又分成10小格。在计数轮旁附有游标,可直接读出计数轮上一小格的1/10。因此,可读出四位数字。首先从计数圆盘上读得千位数,然后在计数轮上读取百位数和十位数,最后按游标读取个位数,图中读数为5 415。

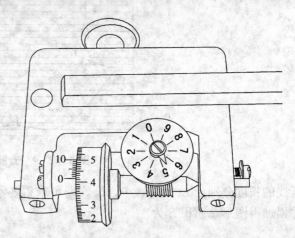

图8-24 读数设备

(2) 使用方法。如果图形面积不大,可将极点放在图形外,定好描迹臂长度和极点位置。把描迹针放在图形轮廓线上的某点 P 上,作一记号,在计数器上读取起始读数 n_1。然后,使描迹针以顺时针方向平稳而准确地沿着图形的轮廓线绕行,最后回到起点 P,读取终止读数 n_2,则面积可按下式计算:

$$S = C \cdot (n_2 - n_1) \tag{8-13}$$

若待测的面积很大,可以把图形分成若干小块,分别测定,再求得总面积,也可以将极点放在图形内,操作方法与前述相同。当极点在图形内时,图形面积按下式计算:

$$S = C \cdot (n_2 - n_1) + Q \tag{8-14}$$

以上两式中,C 为一定描迹臂长的求积仪分划值,Q 为加常数。C 和 Q 的值可以在仪器说明书中查取,$(n_2 - n_1)$ 称为分划数。

如果仪器盒中没有 C 值表或即使有,也已经发生了变化,这时需要进行 C 值检验。检验方法是,在图纸上选择一个公里网格或精确绘制一网格,记下该网格的实地面积 S,用求积仪测定该网格边界的起始读数 n_1,终止读数 n_2,则 C 值为

$$C = \frac{S}{n_2 - n_1} \tag{8-15}$$

由机械求积仪求得此片树叶的面积为111.9cm²。

2. 电子求积仪 电子求积仪是用微处理器控制的数字化面积测量仪器。图8-25是日本SOKKIA(索佳)公司生产的KP-90N动极式电子求积仪,各部件的名称如图中所注。仪器是在机械装置动极、动极轴、跟踪臂等的基础上,增加了电子脉冲记数设备和微处理器,能自动显示面积值,具有面积分块测定后相加、相减和多次测定取平均值,面积单位换算,比例尺设定等功能。面积测量的相对误差为2‰。此外,仪器的分辨能力为10mm²。

(1) 面积量算前的准备工作。将图纸固定在平整的图板上。安置求积仪时,使垂直于动极轴

的中线通过图形中心,然后用跟踪放大镜的中心沿图形的轮廓线转一周,以检查动极是否能平滑移动,必要时重新安装动极轴位置。

(2) 面积量算的方法。KP-90N电子求积仪量算面积的步骤为:

①打开电源。按 ON 键。

②选择面积显示单位。可供选择的有:公制(km^2、m^2、cm^2)、英制(acre、ft^2、in^2)和日本制(町、反、坪)。每按一次 UNIT-1 键,可以按公制→英制→日本制的顺序循环选择。决定了单位制式后,每按一次 UNIT-2 键,则在已选定的单位制式内循环,如选择的是公制,则在 km^2→m^2→cm^2 内循环。

③设定比例尺。需分别设置纵横两个方向的比例尺,可以相同也可以不同,这对测量纵断面图的面积非常有用。在非测量状态下,按一次 SCALE 键,用户输入纵向比例尺的分母值;再按一次 SCALE 键,输入横向比例尺的分母值;最后再按一次 SCALE 键确认输入。

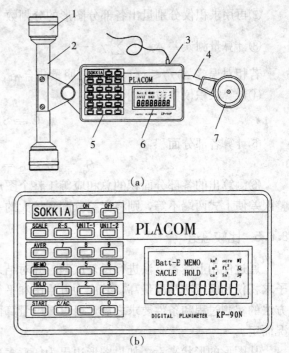

图 8-25 电子求积仪
(a) 求积仪正面 (b) 求积仪面板
1. 动极轮 2. 动极轴 3. 交流转换器插座
4. 跟踪臂 5. 功能键 6. 显示屏
7. 跟踪放大镜

④简单测量(一次测量)。在大致垂直于动极轴的图形轮廓线上选取一点作为量测起点,将跟踪放大镜的中心对准起点,按 START 键,蜂鸣器发出音响,跟踪放大镜沿轮廓线按顺时针方向移动,直至回到起点,按 MEMO 键结束,此时屏幕上显示的数字即是实地面积值。

⑤若对某一图形重复量测,在每次量测终了按 MEMO 键,进行存储,最后按 AVER 键,显示面积平均值。

使用此仪器测得树叶的面积为 $114.6cm^2$,关于KP-90N电子求积仪的详细的说明,请参见手册。

8.6.4 控制法

当整个图形面积为已知或已用高精度的方法求得后,欲量测图形内各局部图形面积时,可用控制法。即用整体的已知面积去控制各局部面积的量测(图8-26),图形 ABCD 的面积 S 是已知的,欲量测图形内各部分的面积 S_1、S_2、S_3,具体步骤如下:

①用求积仪先量测出整个图形的分划数 γ;

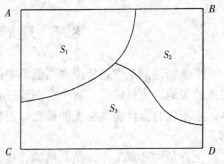

图 8-26 控制法

②再用求积仪分别量出各部分图形的分划数 γ_1、γ_2、γ_3；

③计算量测误差 $\Delta\gamma = \sum_{i=1}^{n}\gamma_i - \gamma$ (8-16)

若相对误差 $\Delta\gamma/\gamma \leqslant 1/1\,000$，说明量测合格，否则重新量测。

④计算求积仪单位分划值：

$$C = S/\sum\gamma \tag{8-17}$$

⑤计算各部分面积：

$$S_1 = C\gamma_1, S_2 = C\gamma_2, S_3 = C\gamma_3 \tag{8-18}$$

⑥测算出的各部分面积的总和应等于整个图形的已知面积 $S_1+S_2+S_3=S$，若因计算中的凑整误差使上式两端不等，则将误差分配到较大的一块图形之中。

8.6.5 比较总结

通过使用上述各方法进行反复试验，并对结果进行误差分析可把各方法的精度概括如下：电子求积仪和解析法精度最高，其次为方格法和平行线法，最低为机械求积仪法。但是综合考虑各方法的实测过程和条件要求之后，可以看出量算面积的方法各有优劣，采用哪种方法应视具体情况而定。

从图形的形状来看，如果图形边界为任意多边形，且各顶点的平面坐标已经在图上量出或已经在实地测定，可以利用解析法计算面积；方格法简单易行，适用范围广，特别适合量测形状非常复杂的图形面积；当图形轮廓主要由光滑曲线构成时，采用平行线法是不错的选择，但量测图形切割的各小段平行线的长度将是件非常费时的工作；求积仪法可量测任意曲线图形的面积，简便省时，但必须要有求积仪。

从图形的面积角度来讲，量测特小面积（$\leqslant 1\text{cm}^2$）应首选方格法，其次是平行线法；量测小面积（$1\sim 10\text{cm}^2$）宜用平行线法或求积仪复测法；量测大面积（$10\sim 100\text{cm}^2$）宜用求积仪法；量测多边形图形（$1\sim 5$ 边形）面积最好采用解析法；若有求积仪，量测较大面积时应为首选。

最后，在地图上量算面积，为了取得比较可靠的结果，采用一种或两种以上的方法对所量算的面积至少应重复 3 次。每一次量算同一面积时，必须在图上变换量算起始点，最终取各次所得数据的平均值，作为最后结果。注意，每种方法所求得的面积误差必须在实际工作所允许的范围之内。

8.7 地形图在平整场地中的应用

平整场地的工作是将原来高低不平的、比较破碎的地形按设计要求整理成平坦的或具有一定坡度的场地。农林建设工程中常需要进行场地平整。在平整场地的过程中，主要的工作是土方计算。它不仅为设计提供必要的信息，而且也是进行工程投资预算和施工组织设计等项目的重要依据。

土方量的计算工作，按其精确程度，可分为估算和精算。在规划阶段，土方量的计算不需过分精确，只需要毛估即可。而在设计施工图时，土方量的计算则要求比较精确。

在进行土方量估算时,常常用一些规则的几何形体(如圆锥、圆台、棱锥、棱台、球冠等)来近似地代替一些地形单体(如山丘、池塘等)的实际形状,从而简化土方量的计算。而常用的土方精确计算的方法主要有两种:①方格法;②断面法。其中断面法可以分为垂直断面法、水平断面法(等高线法)及成角断面法。以下就以某公园拟将某块地面平整成 T 字形广场的工程为例,来说明各计算土方量的方法。

8.7.1 方格法

方格法适用于地形起伏不大或地形变化比较规律的地区。该方法不仅适用于把地形整理成平坦的场地还适用于把场地整理成具有一定坡度的场地时土方量的计算。

(1) 在填挖土方平衡的条件下,把地形整理成平坦的场地时,土方量计算的具体步骤:

①绘制方格网:在附有等高线的地形图上作方格网控制施工场地,方格的边长取决于所要求的计算精度、地形图比例尺和地形变化的复杂程度,一般可取图上 2cm。在地形图上用内插法求出各方格顶点的高程(或把方格网各顶点测设到地面上,用水准测量的方法测出各顶点的高程)标注于相应顶点的右上方(图 8-27)。

②计算挖填平衡下的设计高程:先将每一方格顶点的高程相加除以 4,得到各

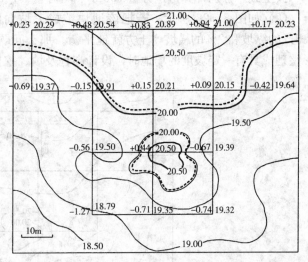

图 8-27 平整为水平场地方格法土方计算

方格的平均高程 H_i,然后再将每个方格的平均高程相加除以方格总数 n,即得到填挖平衡的设计高程 H_0,其计算公式为:

$$H_0 = \frac{\sum_{i=1}^{n} H_i}{n} \tag{8-19}$$

也可按照使用的方格网的角点(1 个方格的顶点),边点(两个方格的共用顶点),拐点(3 个方格的共用顶点)和中点(4 个方格的共用顶点)高程的使用次数展开为:

$$H_0 = \frac{1}{4n}(\sum H_角 + 2\sum H_边 + 3\sum H_拐 + 4\sum H_中) \tag{8-20}$$

如图 8-27,将各顶点的高程代入式(8-19)或(公式 8-20),求得 H_0 为 20.06m。在地形图上内插等高线 20.06(两条虚线)即为不挖不填线。

③计算挖、填高度:将各方格顶点的地面高程减去设计高程即得其填、挖高度,其值(正数表挖土高度、负数表填土高度)标注于各方格顶点的左上方,如图 8-27 所示。当地面高程大于设计高程时,为挖,反之为填。

④土方计算：挖、填土方量要分别计算，不得正负抵消。计算公式是

$$\left.\begin{array}{l}\text{角点:挖(填)高} \times \dfrac{1}{4} \text{方格面积} \\ \text{边点:挖(填)高} \times \dfrac{2}{4} \text{方格面积} \\ \text{拐点:挖(填)高} \times \dfrac{3}{4} \text{方格面积} \\ \text{中点:挖(填)高} \times \dfrac{4}{4} \text{方格面积}\end{array}\right\} \quad (8-21)$$

按上式，分别计算得挖方量753m³、填方量—745m³。

(2) 如图8-28所示，若把该地块整成三坡向两面坡的"T"字形广场，要求广场具有1.5%的纵坡和2%的横坡，土方就地平衡。那么问题就转化为在填挖土方平衡的条件下，把地形整理成具有一定坡度的场地时，设计高程及填、挖土方量的计算，方法如下：

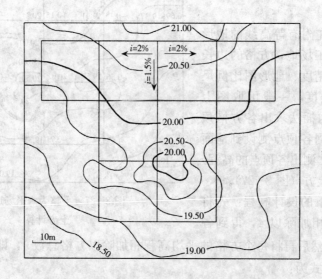

图 8-28 平整为有坡度场地的土方量计算

①确定方格网并计算各方格顶点地面高程：根据场地具体情况（如本例中按正南正北方向）以实地长度20m为方格的边长作方格控制网。如有较精确的地形图，可用内插法直接求得各顶点的地面高程，若没有较精确的地形图，则将各方格顶点测设到地面上，同时用仪高法水准测量的方法测出各顶点的高程并将其标注于图纸上。标注的方法见图8-29。

②确定填挖平衡设计下的平整标高：平整标高又称为计划标高。平整在土方工程的含意就是把一块高低不平的地面在保证土方平衡的前提下，挖高垫低使地面成为水平面。这个水平地面的高程就是平整标高，如上例中的设计高程即为平整标高。

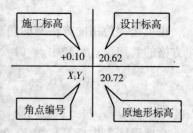

图 8-29 方格网标注位置图

应用公式（8-19）或公式（8-20）可求出平整标高，如本例中，可求出平整标高 H_0 为 20.06m。

③求定设计标高：由于地面需要平整成三坡向两面坡的场地，所以各方格顶点的设计高程都不相同，但其高差与平距之比等于所设计的坡度。为便于理解，将图 8-28 按所给的条件画成立体图，见图 8-30。

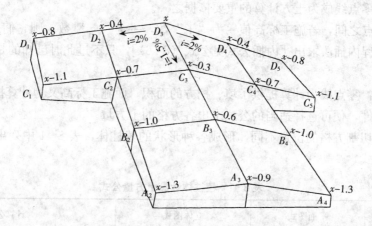

图 8-30 数学代入法求 H_0 示例

为了求定各方格顶点的设计标高，可采用数学代入法和几何等高线法。下面，就用数学代入法求各方格顶点的设计标高。

上图中 D_3 点最高，假设其设计标高为 x，则依据给定的坡向、坡度和方格边长，可以立即算出其他各方格顶点的假设设计标高。以点 D_2 为例，点 D_2 在 D_3 的下坡，距离 $L=20\text{m}$，设计坡度 $i=2\%$，则点 D_2 和点 D_3 之间的高差为：

$$h = i \cdot L = 0.02 \times 20 = 0.4\text{m}$$

所以点 D_2 的假设设计标高为 $x-0.4\text{m}$。同法计算出所有方法顶点的假设设计标高，并将其标注于图 8-30 上。

应用公式（8-19）或公式（8-20），可求出用假设设计标高算出的场地平均高程 $H'_0 = x - 0.675\text{m}$。

在土方填挖平衡的条件下，H'_0 应等于用实地方格顶点高程计算出的场地平均高程相同，也就是：$H'_0 = H_0$。根据②中计算出的 H_0，可得：

$$x = H_0 + 0.675 = 20.735 \approx 20.74\text{m}$$

求出 D_3 点的设计标高后，就可以依次求出其他方格顶点的设计标高，如图 8-31

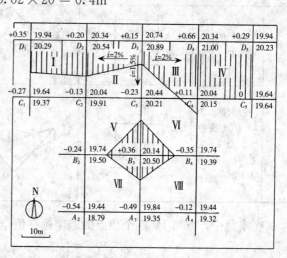

图 8-31 填挖方区域图

所示。根据这些设计标高计算出的填方量和挖方量将保持平衡(在实际计算中,由于数据保留位数及计算公式的近似性,往往会造成填、挖方量有较小的不符)。

④求施工标高:施工标高=原地形标高-设计标高,施工标高数值"+"号表示挖,"-"号表示填。计算出的施工标高见图 8-31。

⑤求零点线:所谓零点是指不填不挖的点,相邻零点的连线就是零点线,它是填方和挖方区的分界线,因而零点线成为土方计算的重要依据之一。

在相邻两顶点之间,若施工标高值一为"+"数,一为"-"数,则它们之间有零点存在。其位置可通过高程内插法求出 [内插公式见公式 (8-6)],只不过此时已知的是高程,而欲求的是平距。

⑥土方计算:零点线为计算提供了填、挖方的面积。而施工标高又为计算提供了填挖方的高度。依据这些条件,便可选择适当的公式求出各方格的土方量。

由于零点线切割方格的位置不同,形成各种形状的棱柱体,表 8-1 中列出了各种常见的棱柱体及其计算公式。

表 8-1 棱柱体计算土方量公式

序号	填挖情况	平面图式	立体图式	计算公式	
1	四点全为填方(或挖方)时			$\pm V = \dfrac{a^2 \times \sum h}{4}$	(8-22)
2	二点填方二点挖方时			$\pm V = \dfrac{a(b+c) \times \sum h}{8}$	(8-23)
3	三点填方(或挖方)一点挖方(或填方)时			$\mp V = \dfrac{b \times c \times \sum h}{6}$	(8-24)
				$\pm V = \dfrac{(2a^2 - b \times c) \times \sum h}{10}$	(8-25)
4	相对两点为填方(或挖方)余二点为挖方(或填方)时			$\mp V = \dfrac{b \times c \times \sum h}{6}$	(8-26)
				$\mp V = \dfrac{d \times e \times \sum h}{6}$	(8-27)
				$\pm V = \dfrac{(2a^2 - b \times c - d \times e) \times \sum h}{12}$	(8-28)

在本题中,方格 Ⅳ 四个顶点的施工标高值全为"+"号,是挖方,用公式 (8-22) 计算:

$$V_{\text{Ⅳ}} = \frac{a^2 \times \sum h}{4} = \frac{400}{4} \times (0.66 + 0.29 + 0.11 + 0) = 106 \text{m}^3$$

方格Ⅰ中二点为挖方，二点为填方，用公式（8-23）计算：

$$\pm V_{\mathrm{I}} = \frac{a(b+c) \times \sum h}{8}$$

$$a = 20\mathrm{m}, b = 11.25\mathrm{m}, c = 12.25\mathrm{m}; \Delta h = \frac{\sum h}{4} = \frac{0.55}{4}$$

$$+V_{\mathrm{I}} = \frac{20(11.25 + 12.25) \times 0.55}{8} = 32.3\mathrm{m}^3$$

$$-V_{\mathrm{I}} = \frac{20(8.75 + 7.75) \times 0.4}{8} = 16.5\mathrm{m}^3$$

同样的方法可求出各个方格的土方量，并将计算结果逐项填入土方量计算表（表8-2）。

表8-2 土方计算表

方格编号	挖方（m³）	填方（m³）	备注
V_{I}	32.3	16.5	
V_{II}	17.6	17.9	
V_{III}	58.5	6.3	
V_{IV}	106.0	/	
V_{V}	8.8	39.2	
V_{VI}	8.2	31.2	
V_{VII}	6.1	88.5	
V_{VIII}	5.2	60.5	
Σ	242.7	260.1	缺土17.4m³

土方量计算的方法除应用上述公式计算外，还可使用"土方工程量计算表"或"土方量计算图表"（也称为诺莫图），具体的计算过程可参见相关的书籍。

8.7.2 断面法

断面法是以一组等距（或不等距）的相互平行的截面将拟计算的地块、地形单体（如山、池、岛等）和土方工程（如堤、沟渠、路堑、路槽等）分截成"段"，分别计算这些"段"的体积，再将各段的体积累加，从而求得总的土方量。显然，截取断面的数量决定了土方计算的精度，多则精，少则粗。

现假设工程中截取的断面数量为n，则两相邻断面间填（挖）土方量的计算公式如下：

$$\left. \begin{array}{l} V_{1-2} = \dfrac{S_1 + S_2}{2} \times L \\ V_{2-3} = \dfrac{S_2 + S_3}{2} \times L \\ \cdots \\ V_{n-1-n} = \dfrac{S_{n-1} + S_n}{2} \times L \end{array} \right\} \quad (8-29)$$

式中：S_{i-1}、S_i——两相邻断面上的填土面积（或挖土面积）；
L——两相邻断面的间距；

最后，把各相邻断面间的填（挖）土方量累加，即得到总的填（挖）土方量，如下式：
$$V = V_{1-2} + V_{2-3} + \cdots + V_{n-1-n} \tag{8-30}$$

断面法根据其取断面的方向不同可分为垂直断面法、水平断面法（等高线法）及与水平面成一定角度的成角断面法。本书介绍前两种方法。

1. 垂直断面法 在地形起伏较大，场地狭窄的带状地区，可选择使用垂直断面法。如图8-32所示1∶1000地形图局部，$ABCD$是计划在山梁上拟平整场地的边线。设计要求：平整后场地的高程为67m，AB边线以北的山梁要削成1∶1的斜坡。分别估算挖方和填方的土方量。

根据上述的情况，将场地分为两部分来讨论。

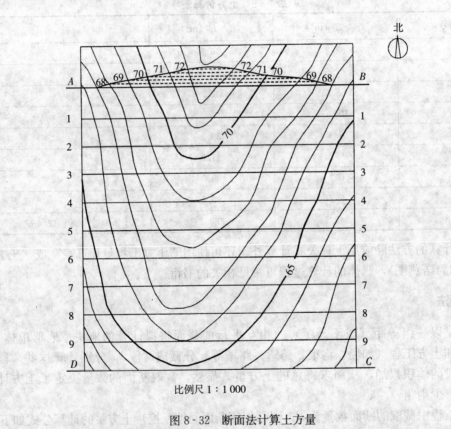

比例尺 1∶1000

图8-32 断面法计算土方量

（1）$ABCD$场地部分。根据$ABCD$场地边线内的地形图，每隔一定间距（本例采用的是图上10mm）画一垂直于左、右边线的断面图，图8-33即为A-B、1-1和8-8的断面图（其他断面省略）。断面图的起算高程定为67m，这样一来，在每个断面图上，凡是高于67m的地面和67m高程起算线所围成的面积即为该断面处的挖土面积，凡由低于67m的地面和67m高程起算线所围成的面积即为该断面处的填土面积。

分别求出每一断面处的挖方面积和填方面积后，根据公式（8-29）即可计算出两相邻断面间的填方量和挖方量。例如：A-B 断面和 1-1 断面间的填、挖方为：

$$V_{填} = V'_{填} + V''_{填} = \frac{S'_{A-B} + S'_{1-1}}{2}$$
$$\times L + \frac{S''_{A-B} + S''_{1-1}}{2} \times L \quad (8-31)$$

$$V_{挖} = \frac{S_{A-B} + S_{1-1}}{2} \times L \quad (8-32)$$

式中：S'、S''——断面处的填方面积；
　　　S——断面处的挖方面积；
　　　L——A-B 断面和 1-1 断面间的间距。

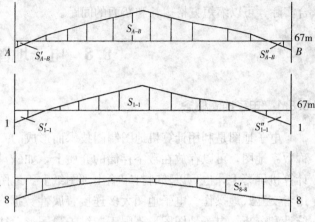

图 8-33　断面图

同法可计算出其他相邻断面间的土方量。最后求出 $ABCD$ 场地部分的总填方量和总挖方量。

（2）AB 线以北的山梁部分。首先按与地形图基本等高距相同的高差和设计坡度，算出所设计斜坡的等高线间的水平距离。在本例中，基本等高距为 1m，所设计斜坡的坡度为 1∶1，所以设计等高线间的水平距离为 1m，按照地形图的比例尺，在边线 AB 以北画出这些彼此平行且等高距为 1m 的设计等高线，如图 8-32 中 AB 边线以北的虚线所示。每一条斜坡设计等高线与同高的地面等高线相交的点，即为零点。把这些零点用光滑的曲线连接起来，即为不填不挖的零线。

为了计算土方，需画出每一条设计等高线处的断面图，如图 8-34 所示，画出了 68-68 和 69-69 两条设计等高线处的断面图。在画设计等高线处的断面图时，其起算高程要等于该设计等高线的高程。有了每一设计等高线处的断面图后，即可根据公式（8-29）计算出相邻两断面的挖方。最后，第一部分和第二部分的挖方总和即为总的挖方。

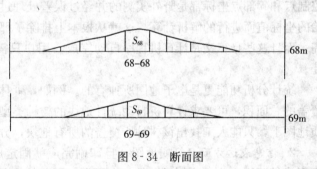

图 8-34　断面图

2. 等高线法（水平断面法）　当地面高低起伏较大，坡度变化较多时，可以采用等高线法；尤其是地形图精度较高时更为适合。此法是先在地形图上求出各条等高线所包围的面积，应用一个类似于"梯形"面积的公式，得各等高线间的土方量，再求总和，即为场地内最低等高线 H_0 以上的总土方量 $V_{总}$。如要平整为一水平面的场地，其设计高程 $H_{设}$ 可按下式计算：

$$H_{设} = H_0 + \frac{V_{总}}{S} \quad (8-33)$$

式中：H_0——场地内的最低高程，一般不在某一条等高线上，需根据相邻等高线内插求出；
　　　$V_{总}$——场地内最低高程 H_0 以上的总土方量；
　　　S——场地总面积，由场地外轮廓线决定。

当设计高程求出以后,后续的计算工作可按方格法或断面法进行。为使计算得的土方量更符合实际,可以缩短方格边长和断面的间距。

8.8 电子地图及应用

8.8.1 电子地图概念

电子地图是利用计算机地图制图技术而形成的一种地图形式。电子地图是数字化的地图,也称数字地图,可以存放在数字存储的介质上,如磁盘、CD-ROM、DVD-ROM等,主要显示在计算机屏幕上,也可以随时打印输出到图纸上。地图显示出来的内容是动态、可调整的,能由使用者交互式地操作。电子地图大多连接着属性数据库,或者连接多媒体信息,能作查询、计算、统计和分析。电子地图图形不限于二维矢量图形,往往是将矢量和栅格联合使用,用先进的计算机图形技术和计算机动画技术反映多维地图信息。

8.8.2 电子地图的优点

与纸质介质的地图相比,电子地图除了在测图和成图输出方面具有明显的优势外,在实际使用时也有许多纸质介质的地图无法比拟的优点,主要表现在以下几个方面。

1. **计算统计分析功能** 在纸质介质的地图上进行量算时(如点坐标、距离等),其结果都无法避免因展点、图纸的伸缩、量尺的精度以及人为因素所带来的误差。然而,因电子地图存储的控制点和碎部点坐标都是野外实测的并经过误差处理过的坐标值,且图上的量算都是基于这些原始的坐标值而进行的解析计算,这就从根本上排除了那些纸质地图上误差的产生,精度上有了提高;而且这些量算又是计算机程序自动完成,用户只需给出明确的需求即可,因此非常方便快捷。

统计分析功能更是电子地图所独有的。例如,森林资源清查时,若想得到调查区域内某树种覆盖的总面积,可要求计算机自动统计地块的树种类型为所需树种的面积,并输出结果;而在纸质地图上,只能人工找出该树种所覆盖的所有地块,分别求出面积,最后再汇总。

2. **信息表达方面** 纸质地图一旦印刷完成就固定成型,其上的地物种类、个数、密度和表现形式都不再变化,比例尺也是一成不变,所以其信息表达能力受到了很大的限制。而电子地图往往对不同的地形类别(如等高线、河流、农田、森林等)进行分类管理,且任一类别都可独立显示,这就使得使用者可以自由组织地图上出现的地物要素种类、个数等。例如,设定地图上只显示某动物种群分布图和数字高程图,就能很直观的看出该动物种群沿垂直带的分布情况。

与纸质地图不同,电子地图在一定限度内可以任意缩放,同时系统还会依据设定自动对图上地物的种类进行取舍,使得图上保持合适的地物密度,保证了地图的易读性。这样,使用者既可以把某个地区的整体情况缩至在一个屏幕内显示,并且系统自动会隐藏一些不突出的、细小的居民点、河流、林地等地物,以便对该地区地形有一总体认识;也可把某局部多倍放大,此时图上一些细小的地物也自动显示出来,以便对该局部特征的把握。最后,放大与缩小可交互进行,极大地方便了使用。

纸质地图受纸张幅面大小的限制，一个地区可能需要多张图幅才能容纳。计算机屏幕虽然一般比地图纸张要小，但是电子地图却能"漫游"和"平移"。能一次性容纳一个地区的所有地图内容，不需要地图分幅，所以是无缝的，这样能避免由地图分幅和接边引起的误差，又避免了因所查看的对象不在同一图幅内而反复查阅不同的图幅所引起的不便。

与纸质地图相比，电子地图不仅仅局限于二维表达，还能够三维显示地形。利用数字地面模型，电子地图可直接生成三维立体影像，很逼真地再现或者模拟真实的地面情况，如地面的起伏、坡度、坡向等。此外，运用计算机动画技术，还产生以下两种新的地图形式：

(1) 飞行地图。能模拟乘坐在飞行器上，按一定高度和路线所观测到的三维图像，高度和飞行路线可以自行设定。例如，沿样带设定飞行路线，并以三维地面模型和土地利用类型为数据源产生飞行地图，这样就非常直观地看到不同的海拔、坡度、坡向上土地类型的分布情况。

(2) 演进地图。能够连续显示地物的演变过程，非常直观，如显示洪水淹没区域演化图。

另外，纸质地图由于受到比例尺、图幅范围和表现地物密度的限制，能反映的信息量有限，只能利用地图符号的结构、色彩和大小来反映地物的属性。但是，实际的调查应用中，用图者经常了解某一地物的多个属性，除其位置信息外还要种类数量等。如在进行土地资源评价时，除了需要各不同类型土地的分布界限外，还需要土壤类型、坡度、侵蚀类型、侵蚀强度等多个属性信息。这些属性在纸质地图上很难全部表达出来，而电子地图不仅可以用各种地图符号来表达信息，还可以附加地物的属性记录并把图上的地物与其属性联系在一起。通过这种联系，用图者可以很方便地查询某地物的所有属性，从而大大丰富了地图所表现的内容。

3. 地图的修改、复制方面　　在农林专业中，往往由于工程建设的原因使得该区域地形发生部分变化，如新建水库引起水位上涨，新建道路引起山体变化，此时为保证地形图的现势性需要对原地形图进行修改更新。对于纸质地图而言，虽然只是局部的修改但需要把整个图幅重新整饰、清绘，工作量巨大；而在电子地图上，只需修改局部地区的变化地形要素即可，简单方便。

纸质地图的复制工序复杂、技术要求高、其精度也常常会因复制次数的增多而降低，而电子地图同其他的计算机文件一样，存放在数字存储的介质上，其复制也就相当的简单且数据也不因多次复制而发生损坏。

8.8.3　电子地图的应用举例

作为信息时代的新型地图产品，电子地图不仅具备了地图的基本功能，在应用方面还有其独到之处。它可以科学而形象地表示和传递地理环境信息，作为人们快速了解、认识和研究客观世界的重要工具，因而广泛地应用于经济建设、教学、科研、军事指挥等领域；电子地图是和计算机系统融为一体的，因此可使其充分利用计算机信息处理功能，挖掘地图信息分析的应用潜力，进行空间信息的定量分析；它可以利用计算机的图形处理功能，制作一些新的地图图形，例如地图动画、电子沙盘等；电子地图是在计算机环境中制作的，可以随时修改变化的信息、更改内容，缩短制作地图的周期，为用户分析地图内容和利用地图表达信息提供了方便。

1. 查询计算　　在地形图上查询坐标、角度、距离、面积、体积、坡度等是地形图应用中常遇到的问题，也是电子地图最基本的计算功能。虽然，不同的电子地图系统处理这类问题的要求、步骤和结果显示有所不同，但计算原理在本质上几乎都是一样的；并且普遍具有精度高、速度快和操作简便的特点。这里只讨论它们计算的原理，实际操作时，具体的步骤可参阅相关说明书。

（1）查询指定点的坐标。一般的电子地图系统都具有实时显示光标所在位置的实地坐标值，查询点的坐标时，可用光标指向该点，然后读出坐标即可；也可向系统发出"查询点坐标"这样的指令，然后选取要查询的点，此时系统就会给出该点坐标值。在选取该点时，很难保证用户正好把光标移到所需点上，于是系统就设置了捕捉的功能，即：只要光标位于某点周围的某个小区域内，就认为是对该点的选取。考虑到尽可能多的情况，捕捉功能往往都可自由打开或关闭，捕捉点的类型也可按用户需求而设置，如圆心、端点、拐点等。

（2）查询两点间的距离和方位角。此时，系统首先会获取用户指定的两点的坐标，然后利用解析法计算出它们之间的直线距离。方位角也是系统根据坐标反算公式利用解析法计算得出的，但是因系统计算模式的问题得出的方位角可能和实际的值有一系统偏差。如因用户选取两点的顺序不同而使得方位角相差180°，也可能因为系统计算方位角时的起算方向是横坐标轴方向（测量上是纵坐标轴方向）而得出的方位角与预期的不同；这些情况在实际操作时应予以注意。

（3）查询线长。这里讲到的线与仅有两个端点组成的直线不同，它可能是平滑的也可能是弯曲的，多数是由多段直线段依次连接而成，但在电子地图上是以一个实体而存在的，被称为线实体。于是该线实体的长度也就可以通过累加各组成线段的长度而得到。通过系统的自动累加功能，使用者就会很方便的查询到某线状地物的长度。但是，由于绘图时的原因，某线状地物可能被分成了几条线实体来表示或某条线实体代表了两个或两个以上的线状地物，此时线实体的长度就不能正确反映某一线状地物的长度；这种情况在实际操作时应予以注意。

（4）查询封闭区域面积。电子地图系统中，封闭区域边界的各顶点坐标往往都被存储下来，当用图者查询面积时，系统就会根据各顶点坐标采用解析法计算得出。更为方便的是，用图者不仅一次可以查询单个实体的面积，还往往可以对具有某类属性的实体的面积进行统计。

（5）查询点的高程和地面坡度。与传统的纸质地图上用等高线来表示地面的起伏状态不同，电子地图一般都建立了数字高程模型来模拟地面起伏。这样，任意点的高程，就可以根据该点的平面坐标用内插的方法直接得到。然后，再对两点求高差并与它们之间的水平距离相比就得到了地面上该两点间的坡度。

2. 绘制断面图　与手工绘制断面图的方法一样，电子地图系统首先也要确定需绘制断面的线路的中线，其次还要求用户输入该线需确定高程处的位置，再次根据数字高程模型（或野外采集的离散点数据或等高线）采用内插的方法求得断面数据，最后以该线为横轴以断面的高程数据为纵轴并依合适的比例绘出断面图。

3. 土方量的计算　电子地图系统的土方计算程序依然遵循传统的土方计算流程，不同之处在于它帮助作业人员摆脱了繁杂的绘图和计算工作，大大提高了工作效率和成果质量。电子地图系统中计算土方量的方法有多种，如DTM法、方格法、断面法等，但几乎每种系统都可以用方格法来计算，本文也主要介绍方格法。传统的方格法计算土方时，需要在附有等高线的地形图上绘制方格网；而在电子地图计算土方时，不仅可以依据等高线还可以依据原始的野外采集得到的高程数据文件，这就增加了程序的灵活性。计算土方的大致过程为：用图者勾绘出土方计算的区域，输入必需的参数如方格宽度、平场标高、纵向坡度、横向坡度、填挖方是否平衡等，系统依相关公式计算土方并显示结果。

复习思考题

1. 在教学用中小比例尺地形图上做以下题：
(1) 求任意一个地形特征点的地理坐标、高斯直角坐标值。
(2) 以图上某一条路线为运动路线，分析在运动中所看到的山体特征、地理景观、地域文化、建筑等的特征。
(3) 以某山顶为站立点，试述所观察到的周围山顶、鞍部、山脊、沟谷、河流、山坡、山脚、植被。
2. 地形图的应用包括哪些基本内容？
3. 简述地形图野外应用的方法及其特点，地形图野外应用应当注意什么？
4. 试说明手持罗盘在野外有哪些主要的应用方面？
5. 何谓三北方向图？图中哪一条方向线应画成南北方向线？试绘图说明三北方向线之间夹角的名称。
6. 在地形图上量测面积的方法有哪些？有什么优缺点？
7. 平整土地时，有时需要将地面平整为具有一定坡度的斜面，试说明设计的步骤。
8. 已知某四边形 $ABCD$ 的四个角点的坐标分别为：A (355.15，220.51)、B (480.63，257.45)、C (250.78，425.92)、D (175.72，210.83)，单位：米。试用解析法求四边形 $ABCD$ 的面积，并进行校核计算。
9. 电子地图优点有哪些？

第 9 章 测设的基本工作

【重点提示】 本章从测设工作的基本概念出发,介绍了最基本的测设工作:已知距离、已知水平角度和已知高程的放样;重点介绍了平面位置的测设方法和适用情况,对直线、坡度线和圆曲线的测设也作了简要的介绍。

9.1 测设工作概述

测设(又称放样、放线)工作是根据工程设计图纸上待建的建筑物、构筑物的轴线位置、尺寸及其高程,算出待建的建筑物、构筑物各特征点(或轴线交点)与控制点(或已建成建筑物特征点)之间的距离、角度、高差等关系数据,然后以地面控制点为依据,将待建的建、构筑物的特征点在实地标定出来,以指导施工。在施工过程中,测设工作也应遵循"由整体到局部,先控制后碎部"的原则。

在测设之前,首先要确定这些特征点与控制点或地物点之间的角度、距离和高程之间的关系,这些位置关系数据称为测设数据。然后利用测量仪器和工具,根据测设数据,利用各种测设方法将这些特征点在地面上标定出来。

不论测设对象是建筑物还是构筑物,测设的基本工作是:已知水平距离、已知水平角度和已知高程的测设。

9.2 水平距离、水平角度和高程的测设

9.2.1 测设已知的水平距离

9.2.1.1 基本概念

测设已知水平距离就是从地面上的某点(如导线点)出发,在指定的直线方向上标定出另一个点的位置,使该两点间的水平距离等于已知水平距离的测量工作。

9.2.1.2 测设方法

测设水平距离的工作,按使用仪器工具不同,有使用钢尺测设和使用光电测距仪测设两种。按测设精度划分,分为一般方法和精确方法两种。

1. **钢尺测设的一般方法** 如图 9-1,设 A 为地面上已知点,$D_{设}$ 为设计的水平距离,要在地面的 AB 方向上测设出水平距离 $D_{设}$ 以定出 B 点。可将钢尺的零点对准 A 点,沿 AB 方向拉平钢尺,往测初定出 B' 点,然后从 B' 点返测回 A 点,取往返结果的平均值 $D_{平均}$。$D_{平均}$ 就是初定的 AB' 线段的准确距离,其差值为 $\Delta D = D_{设} - D_{平均}$。

如果设计距离 $D_{设}>D_{平均}$，则向外延长量 ΔD，打木桩并在其上钉以小铁钉 B，即为所求的点。如果 $D_{设}<D_{平均}$，则应向内量 ΔD。

在精度要求较低时，也可直接从 A 点沿给定方向测设两次，当两次的较差在规定范围时，取其平均值作为测设点 B。

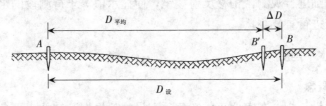

图 9-1　一般方法测设已知距离

2. 钢尺测设的精确方法　当测设精度要求较高时，应按钢尺量距的精密方法进行测设。

（1）当所测设的距离小于一整尺段长度时，应根据已知水平距离 $D_{设}$，结合尺长改正数、温度变化和地面高低，进行尺长、温度和倾斜改正。算出在地面上应量出的实际距离 D。其计算公式为：

$$D=D_{设}-\Delta D_d-\Delta D_t-\Delta D_h \tag{9-1}$$

式中：ΔD_d——尺长改正数；

ΔD_t——温度改正数；

ΔD_h——倾斜改正数。

此三项改正可参见第四章中相应的内容。

（2）当所测设的距离大于一整尺段时，具体作业步骤如下：

①将经纬仪安置在起点 A 上（图 9-2），并标定给定的直线方向，沿该方向概量并在地面上打下带有铁皮顶面的尺段桩和终点桩，桩顶刻十字标志；

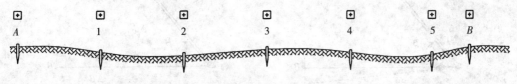

图 9-2　精确方法测设已知距离

②用水准仪测定各相邻桩桩顶之间的高差；

③按精密距离丈量的方法先量出整尺段的距离，并加尺长改正、温度改正和高差改正，计算每尺段的长度及各尺段长度之和，得最后结果为 D'。

④用已知应测设的水平距离 D 减去 D'。得余长 q，然后计算余长段应测设的距离 q'。

$$q'=q-\Delta l_d-\Delta l_t-\Delta l_h \tag{9-2}$$

式中，Δl_d、Δl_t、Δl_h 为距离的三项改正。

⑤根据地面上测设余长段，并在终点桩上作出标志，即为所测设的终点 B。如终点超过了原打的终点桩时，应另打终点桩。

(3) 用红外测距仪或全站仪测设水平距离。测设时，将全站仪安置在已知点上，瞄准给定方向，测出气象要素（如气温和气压），输入仪器，仪器将自动进行各项气象改正。启动仪器的水平距离测量和自动跟踪键，一人手持反射棱镜杆，只要观测者指挥手持反射棱镜杆者沿已知方向线前后移动棱镜，观测者即能从显示屏上看到瞬时水平距离。当显示值达到待测设的水平距离时，以桩定之。再仔细进行观测，稍移反射棱镜，使显示值等于待测设的水平距离，在木桩上标定即可，为了检核应进行重复测量。

9.2.2 测设已知的水平角度

9.2.2.1 基本概念

已知水平角的测设是指，在实地于已知角顶点设站，根据已知的水平角值，依据一个实地已知方向标定出该角的另一个方向上的某点的测量工作。

9.2.2.2 测设方法

1. 一般方法（盘左盘右分中法） 如图 9-3 (a)，设 OA 为地面上的已知方向，β 为设计的角度，现在要在地面上确定另一设计方向 OB。

放样时，经纬仪安置 O 点，对中、整平。在盘左位置，瞄准 A 点，并置水平度盘读数为 $0°00'00''$。然后转动照准部，使水平度盘读数为 β，在视线方向上指挥另一手执标杆（或测钎）者左右移动，当标志恰好在十字丝的竖丝上时，在地面上标定出 B' 点；然后纵转望远镜，用盘右位置重新瞄准 A 点，读出水平度盘读数，在读数值上再加上 β，转动照准部，当水平度盘指标指在该数值时，再在视线方向上标定出 B'' 点。由于存在视准轴误差与观测误差，B' 与 B'' 点往往不重合，取其中点 B。则 $\angle AOB$ 即为 β，方向 OB 就是要求标定于地面上的设计方向。

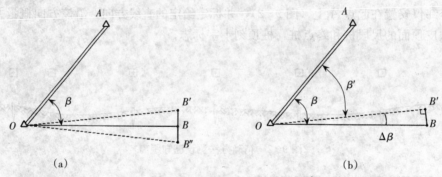

图 9-3 测设已知水平角度
(a) 一般方法 (b) 精确方法

2. 精确方法 当测设水平角度的精度要求较高时，可用此法。如图 9-3 (b) 所示，可先用一般方法按角值 β 用盘左和盘右测设出 OB' 方向的 B' 点。然后用测回法（测回数根据测设精度要求而定）测量出 $\angle AOB'$ 的角值 β'。用钢尺量出 OB' 之长度，从图 9-3 (b) 可知：

$$BB' = OB' \times \tan\Delta\beta \approx OB' \cdot \Delta\beta/\rho'' \qquad (9-3)$$

其中，$\Delta\beta = \beta - \beta'$。

以 BB' 为依据改正点位 B'，即得所需方向 OB。

改正时，若 $\beta>\beta'$，$\Delta\beta$ 为正值时，作 OB' 的垂线，从 B' 起向外量取支距 $B'B$，以标定 B 点；反之，向内量取 $B'B$ 以定 B 点。则角 $\angle AOB$ 即为所要测设的 β 角。

9.2.3 测设已知设计高程

1. **基本概念**　测设已知高程的工作，就是根据已知水准点的实地位置及其高程值以及设计点的高程值，在地面上标定出设计点的高程位置，并作出标记。

测设已知高程是根据现场已有的水准点引测的。它与水准测量不同之处在于：不是测定两固定点之间的高差，而是根据一个已知高程的水准点，测设所给定点的高程。在建筑设计和施工的过程中，为了计算方便，一般把建筑物首层的室内地坪用 ± 0.000 标高表示，基础、门窗等的标高都是以 ± 0.000 为依据，相对于 ± 0.000 测设的。

2. **一般方法**　假设在设计图纸上查得建筑物的室内地坪高程为 $H=48.500\text{m}$，而附近有一个水准点 A，其高程为 48.350m，现要求把建筑物的室内地坪标高测设到木桩 B 上。在 A 和 B 之间安置水准仪，先在水准点 A 上立尺，若尺上读数为 $a=1.050\text{m}$，则视线高程 $H_i=48.350+1.050=49.400\text{m}$。根据视线高程和室内地坪高程即可算出桩点尺上的应有读数为 $49.400-48.500=0.900\text{m}$，如图 9-4，然后在 B 点上立尺，使尺根紧贴木桩一侧上下移动，直至水准仪水平视线在尺上的读数为 0.900m 时，紧靠尺底在木桩上划一道红线，再在横线下用红油漆画一"▼"，并在横线上注明"± 0 标高"，此线就是室内地坪 ± 0.000 标高的位置。

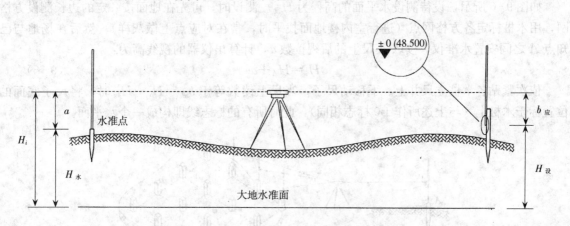

图 9-4　高程测设的一般方法

3. **高程传递方法**　如果要在一深坑内测设一点的高程，则可按下面的方法进行：

如图 9-5 所示，欲在深基坑内测设一点 B，其高程 H 为已知。可先在基坑一侧的地面上打入两个大木桩，架设一吊杆，并将钢尺的末端固定在吊杆上，零端向下吊一 10kg 的重锤，将钢尺拉直（为防钢尺摆动，可将重锤放于盛废机油或水的桶中），以代替水准尺，在地面和基坑下面各安置一台水准仪。设地面上的水准仪在 R 点上立尺的读数为 a_1，在钢尺上读数为 b_1，基坑水准仪在钢尺上读数为 a_2，则 B 尺上应读前视数为：

$$b_{应}=(H_R+a_1)-(b_1-a_2)-H_{设} \tag{9-4}$$

用同样的方法，也可以从低处向高处测设已知高程点。如利用地面水准仪向楼层上面测设高

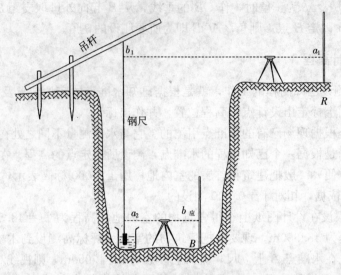

图 9-5 高程传递方法示意

程时，一般是在楼梯间或在窗户的横档上支木杆，悬吊、固定钢尺。

4. 测设水平面 测设水平面的工作又称为抄平。

如图 9-6 所示，设待测设水平面的高程为 $H_设$。测设时，可先在地面按一定的边长测设方格网，用木桩标定各方格网点（进行室内楼地面找平时，常在对应点上做灰样）。然后在场地与已知点 A 之间安置水准仪，读取 A 尺上的后视读数 a，计算出仪器的视线高为：

$$H_i = H_A + a \tag{9-5}$$

依次紧贴各木桩立尺并上、下移动尺子，当尺上读数等于 $b_应 = H_i - H_设$ 时，将尺子底面的位置标于木桩上（与上述所作±0 标志相同），此时所有的标志线即构成一个水平面。

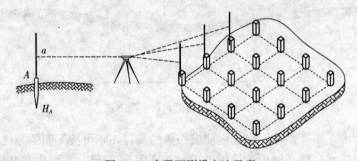

图 9-6 水平面测设方法示意

9.3 直线的测设

1. 直线的延长 在扩建或改建工程的施工场地上，常常需要延长建筑基线至要求的位置。延长直线时，根据有无障碍物，具体操作不一样。

（1）无障碍物延长直线。测设时，在 B 点安置经纬仪，对中，整平，如图 9-7；先用盘左

位置瞄准 A，纵转望远镜，在 AB 延长线上做点 C'；再用盘右位置瞄准 A，纵转望远镜，在 AB 延长线上作点 C''，最后取 $C'C''$ 连线的中点 C 作为 AB 直线延长线上的点。

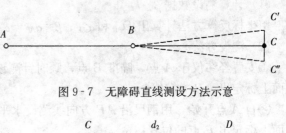

图 9-7 无障碍直线测设方法示意

(2) 有障碍物延长直线。如图 9-8 中有一矩形障碍物，首先在 B 点安置经纬仪，后视 A，顺时针测设一 90°的水平角，得 BC 方向线，并用钢尺从 B 开始测设水平距离 d_1，得 C 点。又将经纬仪安置于 C 点，后视 B，顺时针测设 270°的水平角，得 CD 方向，用钢尺从 C 开始测设水平距离 d_2，得 D 点，然后在 D 点安置经纬仪，后视 C，顺时针测

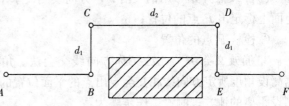

图 9-8 有障碍直线测设方法示意

设 270°的水平角，得 DE 方向，并用钢尺从 D 开始，测设水平距离 d_1，得 E 点，E 点即为 AB 直线延长线上的点。若在 E 点安置经纬仪，后视 D，顺时针测设 90°的水平角，得 EF 方向线，EF 为 AB 直线的延长直线。

2. 确定两点之间直线上的点　该工作与第四章中所述的直线定线内容相同，此处不再赘述。

9.4 点的平面位置测设

9.4.1 用一般仪器测设

测设点的平面位置的方法主要有下列几种，可根据施工控制网的形式，控制点的分布情况、地形情况、现场条件及待建建筑物的测设精度要求等进行选择。

1. 直角坐标法　直角坐标法是按直角坐标原理确定某点的平面位置的一种方法。当建筑场地已有相互垂直的主轴线或矩形方格网时，常采用直角坐标法测设点的平面位置。这种方法计算简单，施测方便、精度较高，是应用较广泛的一种方法。测设工作步骤如下（图 9-9）。

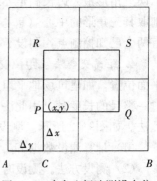

图 9-9 直角坐标法测设点位

(1) 计算测设数据 Δx、Δy；
(2) 具体测设方法
①安置经纬仪于 A 点，瞄准 B 点，沿视线方向用钢尺测设横距 Δy，在地面上定出 C 点；
②安置经纬仪于 C 点，瞄准 A 点，顺时针测设 90°水平角，沿直角方向用钢尺测设纵距 Δx，即获得 P 点在地面上的位置；
③重复操作或利用 P 点与其他点之间的关系检核 P 点的位置。

2. 极坐标法　极坐标法是根据极坐标原理确定某点平面位置的方法。当已知点与待测设点之间的距离较近时常采用极坐标法，如图 9-10 所示。工作步骤为：

(1) 计算测设数据 β、D

用坐标反算方法计算出 D_{AP} 和 α_{AP}；$\beta=\alpha_{AP}-\alpha_{AB}$

(2) 测设方法

①安置经纬仪于 A 点，瞄准 B 点，顺时针测设水平角 β，在地面上标定出 AP 方向线；

②自 A 点开始，用钢尺沿 AP 方向线测设水平距离 D_{AP}，在地面上标定出 P 点的位置；

③检核 P 点的位置。

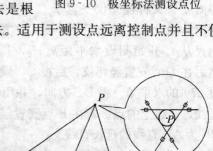

图 9-10　极坐标法测设点位

3. **角度交会法**　此法又称方向线交会法。角度交会法是根据测设角度所定方向线相交会定出点的平面位置的一种方法。适用于测设点远离控制点并且不便测设距离的地方。测设工作步骤为：

(1) 计算测设数据 β_1、β_2、β_3；

根据坐标反算公式先反算出相应边的坐标方位角，然后计算水平角 β_1、β_2、β_3；

(2) 测设方法

分别安置经纬仪于 A、B、C 三个控制点上，如图 9-11，测设水平角，在地面上定出三条方向线。其交点就是 P 点的位置。如果三个方向不交于一点，则每个方向可用两个小木桩临时固定在地面上，形成一个示误三角形。若示误三角形最大边长满足要求（未超出规定的限差范围），则取其三角形的中心（重心）作为测设点 P 的最终位置。如果只有两个已知控制点，测设 P 点后应进行检核。

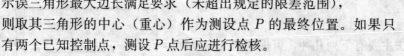

图 9-11　角度交会法测设点位

4. **距离交会法**　距离交会法是根据两段已知距离交会出点的平面位置。如建筑场地平坦，量距方便，且控制点离测设点又不超过一整尺的长度时，用此法比较适宜。在施工中细部位置测设常用此法。如图 9-12 所示。测设步骤：

(1) 计算测设数据 D_1、D_2；

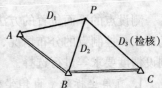

图 9-12　距离交会法测设点位

(2) 测设方法。测设时，使用两把钢尺，分别使两钢尺的零刻线对准 A、B 两点，同时拉紧并移动钢尺（以 A、B 为圆心划弧），两尺上读数 D_1、D_2 的交点就是 P 点的位置。测设后，应对 P 点进行检核。

9.4.2　用全站仪测设

1. **点的极坐标法测设**　如图 9-13 所示，欲测设的 M 点距测站 G 的距离 D_{GM} 为已知，GM 与已知边 GF 的夹角为 β，在应用程序模式下，选择点放样，测设方法如下：

(1) 在测站点 G 安置全站仪，开机、自检后，照准已知点 F，使水平度盘置零。

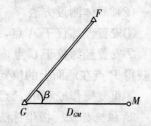

图 9-13　极坐标法测设点位

(2) 输入距离 D_{GM} 和水平角 β。

(3) 转动照准部，使仪器屏幕上所显示的当前所测水平角与所欲测设的水平角之差值 $\Delta\beta$ 为 $0°00'00''$，这时望远镜的方向应是 GM 方向。

(4) 指挥棱镜在此方向移动，当仪器屏幕上所显示的当前所测水平距离与所欲测设的水平距离之差值 ΔD 为 0 时，说明 M 点的平面位置已正确。

(5) 此点高程测设的方法是：测定该点的实际高程，通过实际高程与欲测设高程之差，确定出测设点 M 的高程位置。

上述做法也可以 $0°00'00''$ 读数照准 F，再旋转照准部使读数为 β，这方向即为 GM 方向，指挥棱镜在这方向上移动，当水平距离读数为 D_{GM}，此时 M 点的平面位置已正确。

2. 点的三维坐标法放样　全站仪按三维坐标测设点位，测设步骤如下：

(1) 安置仪器后，将仪器置于测设模式，输入测站点的坐标、仪器高、后视点的坐标或后视边的方位角，再输入待测设点的三维坐标。

(2) 使望远镜照准棱镜，按坐标测设功能键，则可显示当前棱镜位置与设计测设点的位置的坐标差值。

(3) 根据坐标差值，逐渐多次移动棱镜位置，直至使坐标 x、y 的差值为零时，说明测设点的平面位置已正确，上下移动棱镜使高程之差也为零，测设点 M 的位置即确定了。

9.5　已知坡度的测设

测设方法主要有水平视线法和倾斜视线法两种。

1. 水平视线法

(1) 按照公式：$H_设 = H_起 + i \times d$ 分别计算各桩点的设计高程（图 9-14），其中 i 为坡度。

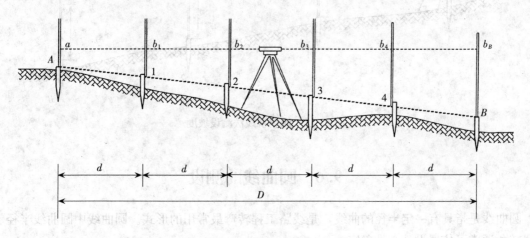

图 9-14　水平视线法测设坡度

第 1 点的设计高程：$H_1 = H_A + i \times d$

第 2 点的设计高程：$H_2 = H_A + i \times 2d$

第 n 点的设计高程：$H_n = H_A + i \times n \times d$

B 点的设计高程（用于计算检核）：$H_B = H_A + i \times D$；

（2）沿 AB 方向，按规定间距 d 标定出中间 1、2、3、……、n 各点；

（3）安置水准仪于水准点 A 附近，读后视读数 a，并计算视线高程 $H_i = H_A + a$；

（4）根据各桩的设计高程，计算各桩点上水准尺的应读前视数 $b_i = H_i - H_设$；

（5）在各桩处立水准尺，上下移动水准尺，当水准仪对准应读前视数时，水准尺零端对应位置即为测设出的高程标志线。

测设指定的坡度线，在道路建筑、敷设上、下水管道及排水沟等工程上应用较广泛。

2. 倾斜视线法　这根据视线与设计坡度相同时，其竖直距离相等的原理，确定设计坡度线上各点高程位置的一种方法。当地面坡度较大，且设计坡度与地面自然坡度较一致时，适宜采用这种方法。

（1）先用高程放样的方法，将坡度线两端点的设计高程标志标定在地面木桩上；

（2）将水准仪安置在 A 点上，并量取仪器高 i。安置时，使一对脚螺旋位于 AB 方向上，另一个脚螺旋连线大致与 AB 方向垂直；

（3）旋转 AB 方向上的一个脚螺旋或微倾螺旋，使视线在 B 尺上的读数为仪器高 i。此时，视线与设计坡度线平行；

（4）指挥测设中间 1、2、3、……、各桩的高程标志线。当中间各桩读数均为 i 时，各桩顶连线就是设计坡度线。

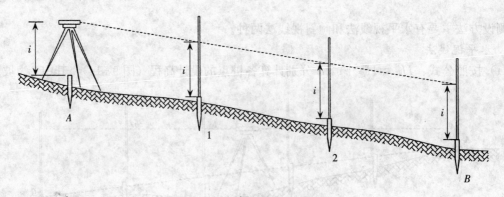

图 9-15　倾斜视线法测设坡度

9.6　圆曲线的测设

圆曲线是指具有一定半径的曲线，是线路工程转弯最常用的形式。圆曲线中圆曲线半径、圆曲线转角通常可依据设计文件确定。

圆曲线的测设通常分两步进行。先测设曲线上起控制作用的主点（曲线起点、曲线中点和曲线终点）；依据主点再测设曲线上每隔一定距离的加密细部点，用以详细标定圆曲线的形状和位置。

曲线要素有：圆曲线半径 R、圆曲线转角 Δ、切线长 T、曲线长 L、外矢距 E、切曲差 J 等，如图 9-16 所示。

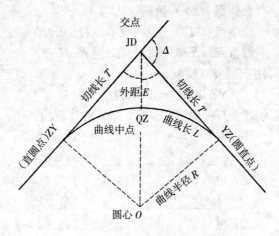

图 9-16 圆曲线要素示意

9.6.1 圆曲线主点的测设

1. 主点测设元素的计算 在进行曲线主点的测设之前，应根据实测的路线偏角 Δ 和设计半径 R（根据公路的等级和地形状况确定）计算出圆曲线的主要素，即切线长 T、曲线长 L、外矢距 E 和切曲差 J。

$$\begin{cases} 切线长 \quad T = R \cdot \tan\dfrac{\Delta}{2} \\ 曲线长 \quad L = R \cdot \dfrac{\Delta}{\rho} \\ 外矢距 \quad E = \dfrac{R}{\cos\dfrac{\Delta}{2}} - R = R\left(\sec\dfrac{\Delta}{2} - 1\right) \\ 切曲差 \quad D = 2T - L \end{cases} \tag{9-6}$$

【例 9-1】 已知 JD_6 的桩号为 k5+178.64，偏角为 $\Delta = 39°27'$（右偏），设计圆曲线半径为 $R = 120\text{m}$，求各测设元素。

解： 按公式（9-6）可以求得：

$$T = 120 \cdot \tan\dfrac{39°27'}{2} = 43.025\text{m} \approx 43.03\text{m}$$

$$L = 120 \times \dfrac{2367'}{3437.75'} = 82.624\text{m} \approx 82.63\text{m}$$

$$E = 120\left(\sec\dfrac{39°27'}{2} - 1\right) = 7.480\text{m} \approx 7.48\text{m}$$

$$D = 2 \times 43.025 - 82.624 = 3.426 \approx 3.43\text{m}$$

也可以采用按照上述函数关系式编制的"圆曲线函数表"查得。

2. 圆曲线主点里程的计算　一般情况下，交点的里程由中线丈量求得，由此可以根据交点的里程桩号及圆曲线测设元素推求出圆曲线各主点的里程桩号。其计算公式为：

$$\left.\begin{array}{l}直圆点（ZY）里程 = JD 里程 - T \\ 曲中点（QZ）里程 = ZY 里程 + L/2 \\ 圆直点（YZ）里程 = QZ 里程 + L/2\end{array}\right\} \quad (9-7)$$

为了避免计算错误，可用下列公式检验：

$$YZ 里程 = JD 里程 + T - D \quad (9-8)$$

在上例中，JD_6 的桩号为 k5+178.64，按式（9-7）可计算出：

```
JD₆ 桩号      k5+178.64
  -T               43.03
ZY 桩号       k5+135.61
  +L/2             41.31
QZ 桩号       k5+176.92
  +L/2             41.31
YZ 桩号       k5+218.23
```

按公式（9-8）进行检核计算：

$$YZ 桩号 = k5+178.64+43.03-3.44 = k5+218.23$$

两次计算 YZ 桩号的数值相同，证明计算结果无误。

3. 圆曲线主点的测设

(1) 测设曲线的起点（ZY）与终点（YZ）

将经纬仪安置于交点 JD 桩上，分别以路线方向定向，自 JD 点起分别向后、向前沿切线方向量出切线长 T，即得曲线的起点 ZY 和终点 YZ。

(2) 测设曲线的中点（QZ）

后视曲线的终点，测设角度 $\frac{180°-\Delta}{2}$ 得角平分线方向，沿此方向从交点 JD 桩开始，量取外矢距 E，即得曲线的中点 QZ。

9.6.2　圆曲线细部测设

在一般情况下，当地形条件较好、曲线长度不超过 40m 时，只要测设出曲线的三个主点即能满足工程施工的要求。但当地形变化复杂、曲线较长或半径较小时，就要在曲线上每隔一定的距离测设一个加桩，以便把曲线的形状和位置详细地表示出来，这个过程称为曲线的细部测设。

曲线的细部测设中加桩一般采用整桩号法，即将曲线上靠近曲线起点（ZY）的第一告桩的桩号凑成整数桩号，然后按整桩距 l_0 向曲线的终点（YZ）连续设桩。由于地形条件、精度要求和使用仪器的不同，细部点的测设主要有以下几种方法。

1. 切线支距法（直角坐标法）　切线支距法是以曲线的起点（ZY）或终点（YZ）为坐标原点，通过曲线上该点的切线为 X 轴，以过原点的半径方向为 Y 轴，建立直角坐标系，从而测定各加桩点的方法。如图 9-17 所示。

第9章 测设的基本工作

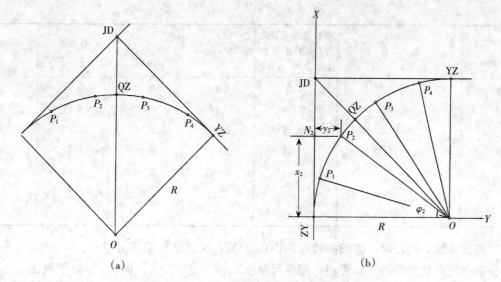

图 9-17 切线支距法

(1) 计算公式。通常情况下，采用整桩号测设曲线的加桩，曲线上某点 P_i 的坐标可依据曲线起点至该点的弧长 l_i 计算。设曲线的半径为 R，l_i 所对的圆心角为 φ_i，则计算公式为：

$$\begin{cases} \varphi_i = \dfrac{l_i}{R} \cdot \left(\dfrac{180°}{\pi}\right) \\ x_i = R \cdot \sin\varphi_i \\ y_i = R \cdot (1 - \cos\varphi_i) \end{cases} \qquad (9-9)$$

在实际工作中，P_i 点的坐标也可以通过 R 和 l_i 为引数，查"曲线测设表"而得。

【例 9-2】 已知 JD 的桩号为 k8+745.72，偏角为 $\Delta = 53°25'20''$（右偏），设计圆曲线半径为 $R = 50$m，取整桩距为 10m。根据公式计算或查"圆曲线函数表"可知主点测设元素为：$T = 25.16$m，$L = 46.62$m，$E = 5.97$m，$D = 3.70$m。

按公式（9-9）计算可得表（9-1）。

为了保证测设的精度，避免 y 值（垂线）过长，一般应自曲线的起点和终点向中点各测设曲线的一半。表 9-1 中就是由 ZY 点和 YZ 点分别向 QZ 点计算的。

表 9-1 圆曲线直角坐标法详细测设参数计算表

已知参数	转角：$\Delta = 53°25'20''$（右偏）	设计半径：$R = 50$
	交点里程：JD 里程=k8+745.72	整桩间距：$L_0 = 10$
曲线元素	切线长：$T = 25.16$ m	曲线长：$L = 46.62$ m
	外矢距：$E = 5.97$ m	切曲差：$D = 3.70$ m
主点里程	ZY 点里程：ZY 里程=k8+720.56	YZ 点里程：YZ 里程=k8+767.18
	QZ 点里程：QZ 里程=k8+743.87	JD 点里程：JD 里程=k8+745.72

(续)

主点名称	桩号	各桩点至 ZY 或 YZ 点的曲线长 (m)	X (m)	Y (m)	各点间弦长 (m)	备注
ZY	k8+720.56	0.00	0.00	0.00	9.43	
	↓ +730	9.44	9.38	0.89	9.98	
	+740	19.44	18.95	3.73	3.87	
QZ	k8+743.87	23.31	22.47	5.34	6.13	
	↑ +750	17.18	16.84	2.92	9.98	
	+760	7.18	7.16	0.51	7.17	
YZ	k8+767.18	0.00	0.00	0.00		

(2) 测设步骤。测设时，将圆曲线以曲中点（QZ）为界分成两部分进行。

①根据曲线加桩的详细计算资料，用钢尺从 ZY 点（或 YZ 点）向 JD 方向量取 x_1、x_2…横距，得垂足 N_1、N_2…点，用测钎作标记。

②在各垂足点 N_1、N_2…处，依次用方向架（或经纬仪）定出 ZY 点（或 YZ 点）切线的垂线，分别沿垂线方向量取 y_1、y_2…纵距，即得曲线上各加桩点 P_i。

③检验方法：用上述方法测定各桩后，丈量各桩之间的弦长进行校核。如不符或超过容许范围，应查明原因，予以纠正。

此法适合于地势比较平坦开阔的地区。使用的仪器工具简单，而且它所测定的各点位是相互独立的，测量误差不会积累，是一种较精密的方法。测设时要注意垂线 y 不宜过长，垂线越长，测设垂线的误差就越大。

2. 偏角法　偏角法是一种类似于极坐标的角度距离交会放样方法。它是利用曲线起点（或终点）的切线与某一段弦之间的弦切角 Δ_i（称为偏角）以及弦长 C_i 来确定 P_i 点的位置的一种方法。如图 9-18 所示。

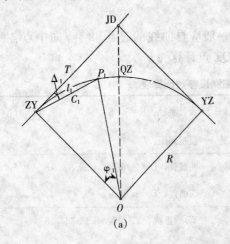
(a)

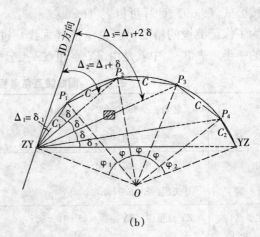
(b)

图 9-18　偏角法

（1）计算公式。偏角法计算的公式依据是弦切角等于该弦所对圆心角的一半以及圆周角等于同弧所对圆心角的一半。

一般偏角法也是采用整桩号测设曲线的加桩。曲线上里程桩的间距一般较直线段密，按规定为 5m、10m、20m 等，在实际工作中，由于排桩号的需要，圆曲线首尾两段弧不是整数，分别称为首段分弧 l_1 和尾段分弧 l_2，所对应的弦长分别为 C_1 和 C_2。中间为整弧 l_0，所对应的弦长均为 C。

图 9-18 中，ZY 点至 P_1 点为首段分弧，测设 P_1 点的数据可从图 9-18（a）得出。弧长 l_1 所对的圆心角 φ_1 可由下面的公式计算。

故首段分弧圆周角为：
$$\varphi_1 = \frac{l_1}{R} \cdot \left(\frac{180°}{\pi}\right) \tag{9-10}$$

圆周角：
$$\delta_1 = \frac{\varphi_1}{2} = \frac{l_1}{R} \cdot \left(\frac{90°}{\pi}\right) \tag{9-11}$$

弦长：
$$C_1 = 2R \cdot \sin\delta_1 \tag{9-12}$$

P_4 点至 YZ 点为尾段分弧，弧长为 l_2，圆心角为 φ_2，圆周角为 δ_2。同理可知：

圆周角：
$$\delta_2 = \frac{\varphi_2}{2} = \frac{l_2}{R} \cdot \left(\frac{90°}{\pi}\right) \tag{9-13}$$

弦长：
$$C_2 = 2R \cdot \sin\delta_2 \tag{9-14}$$

圆曲线中间部分，相邻两点间为整弧 l_0，整弧 l_0 所对的圆心角均为 φ，相应的圆周角均为 δ，即

圆周角：
$$\delta = \frac{\varphi}{2} = \frac{l_0}{R} \cdot \left(\frac{90°}{\pi}\right) \tag{9-15}$$

弦长：
$$C = 2R \cdot \sin\delta \tag{9-16}$$

故各细部点的偏角：

$$P_1 \text{ 点}: \Delta_1 = \frac{\varphi_1}{2} = \delta_1$$

$$P_2 \text{ 点}: \Delta_2 = \frac{\varphi_1 + \varphi}{2} = \delta_1 + \delta$$

$$P_3 \text{ 点}: \Delta_3 = \frac{\varphi_1 + 2\varphi}{2} = \delta_1 + 2\delta$$

……

$$\text{YZ 点}: \Delta_{YZ} = \frac{\varphi_1 + n \cdot \varphi + \varphi_2}{2} = \delta_1 + n \cdot \delta + \delta_2 = \frac{\Delta}{2}（\text{用于检核}） \tag{9-17}$$

偏角法测设圆曲线是连续进行，其测设的偏角是通过累计而得，称为各测设点之"累计偏角"，又称为"总偏角"。作为计算的检验，累计偏角应为 $\Delta/2$。

偏角法测设数据除可按以上公式计算外还可在测设曲线用表中查到。

【例 9-3】 已知 JD 的桩号为 k5+135.22，偏角为 $D=40°21'10''$（右偏），设计圆曲线半径为 $R=100$m，取整桩距为 20m。根据公式计算或查"圆曲线函数表"可知主点测设元素为：$T=36.75$m，$L=70.43$m，$E=6.54$m，$D=3.07$m。

采用偏角法由曲线起点（ZY）向终点（YZ）测设，根据以上公式，可得数据计算表 9-2。

表 9-2 圆曲线偏角法详细测设参数计算表

已知参数	转角：$\Delta=40°21'10''$（右偏）		设计半径：$R=100$m		
	交点里程：JD 里程=k5+135.22		整桩间距：$L_0=20$m		
曲线元素	切线长：$T=36.75$ m		曲线长：$L=70.43$ m		
	外矢距：$E=6.54$ m		切曲差：$D=3.07$ m		
主点里程	ZY 点里程：ZY 里程=k5+098.47		YZ 点里程：YZ 里程=k5+168.90		
	QZ 点里程：QZ 里程=k5+133.68		JD 点里程：JD 里程=k5+135.22		

主点名称	桩号	相邻桩间曲线长（m）	相邻桩间对应的圆周角 δ ° ′ ″	由 ZY 点切线方向至各桩的累计偏角 Δ ° ′ ″	相邻桩间弦长（m）	备注
ZY	k5+098.47			0 00 00		
	+100	1.53	0 26 18	0 26 18	1.53	
	+120	20.00	5 43 46	6 10 04	19.97	检核：20°10′36″≈$\Delta/2$
QZ	k5+133.68	13.68	3 55 08	10 05 12	13.67	
	+140	6.32	1 48 38	11 53 50	6.32	
	+160	20.00	5 43 46	17 37 36	19.97	
YZ	k5+168.90	8.90	2 32 59	20 10 35	8.90	

(2) 测设步骤

①将经纬仪安置于曲线起点 ZY（或终点 YZ）上，以度盘 $0°00'00''$ 照准路线的交点 JD。

②转动照准部，正拨（按顺时针方法）测设 Δ_1 角（$0°26'18''$），由测站点沿视线方向量弦长 C_1（1.53m）钉桩，则得曲线上第一点 P_1（k5+100）的位置。

③然后测设 P_2（k5+120）点之累计偏角 Δ_2（$6°10'04''$），将钢尺端零点对准 P_1 点，以钢尺读数为 C（19.97m）处交于视线方向，即距离与方向相交，则定出曲线上第二点 P_2 点。依此类推，定出其他中间各点，并钉以木桩。

④最后，测设至曲线终点，视线应恰好通过曲线终点 YZ。P_{n-1} 点至曲线终点的弦长应为 C_2（8.90m），测设得出的曲线终点点位与原定终点点位之差，其纵向闭合差不应超过 $\pm L/1\,000$（L 为曲线长），横向误差不应超过 ± 10cm，否则应进行检查，改正或重测。

偏角法是一种测设精度高、实用性强、灵活性大的常用方法，它可在曲线上的任意一点或交点 JD 处设站。但由于距离是逐点连续丈量的，前面点的点位误差必然会影响后面测点的精度，点位误差是逐渐累积的。如果曲线较大，为了有效地防止误差积累过大，可在曲线中点 QZ 处进行校核，或分别从曲线起点、终点进行测设，在中点处进行校核。

在测设过程中如果遇到障碍阻挡视线，如图 9-17 (b) 中，测设 P_3 点时，视线被房屋挡住，则可将仪器搬至 P_2 点，水平度盘置 $0°00'00''$，照准 ZY 点，倒转望远镜，转动照准部使度盘读数为 P_3 点的偏角值，此时视线处于 P_2P_3 的方向线上，由 P_2 点在此方向上量弦长 C 即得 P_3 点。

3. 光电测距仪极坐标法 当用光电测距仪或全站仪测设圆曲线时，由于其测设距离受地形条件限制较小，精度高、速度快，可以采用极坐标法直接、独立地测设各点，因此，正在逐渐地被广泛使用。

和偏角法一样，极坐标法也可以采用整桩号测设曲线的加桩。利用公式（9-11）和（9-12）等分别求出各加桩点的偏角 Δ_1、Δ_2、……、Δ_n 以及测站点至各加桩点的弦长 C_1、C_2、……、C_n。

测设时，如图 9-19 所示，将仪器安置在 ZY 点，以度盘 $0°00'00''$ 照准路线的交点 JD。转动照准部，依次测设 Δ_i 角和相应的弦长 C_i，钉桩，即可分别得到曲线上各点。

极坐标法既发挥了偏角法测设曲线精度高、实用性强、灵活性大，可在曲线上的任意一点或交点 JD 处设站的优点，同时，点位误差又不会逐渐积累，极大地提高了工作效率和测设速度。

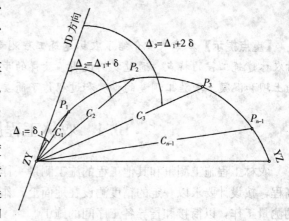

图 9-19 极坐标法

复习思考题

1. 何谓测设？它与测定有何区别？
2. 测设的基本工作有哪些？基本要素的常用的测设方法有哪些？
3. 点的平面位置测设有哪几种方法？各适合于什么情况？各需计算哪些测设数据？如何计算？
4. 直线如何测设？坡度线如何测设？水平面如何测设？
5. 已知 $a_{AB}=275°35'48''$，A 点坐标 $X=120.345$m、$Y=176.237$m，若要测设坐标为 $X_P=140.56$m、$Y_P=89.35$m 的 P 点，试计算在 A 点用极坐标法测设 P 点所需的测设数据，并说明测设步骤。
6. 什么是圆曲线的主点？曲线元素如何计算？
7. 已知偏角 $\Delta=10°25'$，圆曲线的设计半径 $R=800$m，转折点 JD 的里程为 11km$+295$m，试求圆曲线元素及各主点的里程。

第10章 农林建筑工程测量

【重点提示】 本章着重介绍了农林建筑工程测量的一般过程、主要内容和常用方法。同时针对农林建筑工程的特点，通过实例说明了放样的步骤及实施的灵活性。最后，对农业水利工程中的土坝和混凝土坝施工测量的步骤和过程作了简要的叙述。

10.1 农林工程施工测量概述

农林工程施工测量和其他工程的施工测量一样，也是把设计的建筑物、构筑物的平面位置和高程，按设计要求以一定的精度测设在地面上，作为施工的依据；同时在施工过程中进行一系列的测量工作，以衔接和指导各工序间的施工。

施工测量贯穿于整个施工过程中。从场地平整、建筑物定位、基础施工，到建筑物构件的安装等，都需要进行施工测量，才能使建筑物、构筑物各部分的尺寸、位置符合设计要求。有些工程竣工后，为了便于维修和扩建，还必须绘出竣工图。有些高大或特殊的建筑物建成后，还要定期进行变形观测，以便积累资料，掌握变形的规律，为今后建筑物的设计、维护和使用提供资料。

施工测量具有如下特点：①施工测量是直接为工程施工服务的，它必须与施工组织计划相协调。测量人员应与设计、施工部门密切联系，了解设计内容、性质及对测量的精度要求，熟悉图纸上的尺寸和高程数据，了解施工的全过程，随时掌握工程进度及现场的变动，使测设精度与速度满足施工的需要。②测设的精度主要取决于建筑物或构筑物的大小、性质、用途、建材和施工方法等因素。一般高层建筑物的测设精度应高于低层建筑物；自动化和连续性厂房的测设精度应高于一般厂房；钢结构建筑物的测设精度应高于钢筋混凝土结构、砖石结构的建筑物；装配式建筑物的测设精度应高于非装配式建筑。③施工现场各工序交叉作业，运输频繁，地面情况变动大，受各种施工机械震动影响，因此测量标志从形式、选点到埋设均应考虑便于使用、保管和检查，如标志在施工中被破坏，应及时恢复。

现代建筑工程规模大，施工进度快，精度要求高，所以施工测量前应做好一系列准备工作，认真核算图纸上的尺寸，数据；检校好仪器、工具；编制详尽的施工测量计划和测设数据表。放样过程中，应采用不同方法加强外业、内业的校核工作，以确保施工测量质量。

施工测量工作作为服务于整体工程中的一项专业工作，其实施是在工程的"施工组织计划"下进行的，因此，它不可能独立于其他的专业工作，而必须随着农林工程的建设程序开展，并注意与其他专业工作的配合。就测量放线工作自身而言，在实施前，应做好以下的准备工作：①建立健全的测量组织和检查制度，并熟悉设计图纸。在熟悉、核对设计图纸时，应检查总尺寸和分尺寸是否一致，总平面图和大样详图尺寸是否一致，不符之处向设计单位提出，进行修正，不得擅自修改设计方案和数据。②现场交底。在工程现场接受设计人员的设计交底,落实定位条件及用地的基本情况。③制定施工测量方案。在对施工现场进行实地踏勘后,根据设计要求、定位条件、现场地形和施工方案等因素制定施工测量方案,编制测设详图,计算测设数据。同时在工程"施工组织计划"下确定方案的实施进度。④检验仪器工具。对施工测量所使用的仪器、工具应进行检验、校正,否则不能使用。工作中必须注意人身和仪器的安全,特别是在高空和危险地区进行测量时,必须采取防护措施。

施工现场上有各种建筑物、构筑物,且分布较广,往往又不是同时开工兴建。为了保证各个建筑物、构筑物在平面和高程位置都符合设计要求,互相连成统一的整体,施工测量和测绘地形图一样,也要遵循"从整体到局部,先控制后碎部"的原则。即先在施工现场建立统一的平面控制网和高程控制网,以此为基础,进行建(构)筑物定位及细部测设。

10.2 控制测量

农林建筑工程施工测量的基本任务是按设计要求把设计图纸上设计的建(构)筑物的平面位置和高程在实地测设出来。施工测量必须遵循"从整体到局部"、"先控制后碎部"的原则,这不仅是因为定位精确度的要求,同时也因为在实际工程中,各单项工程常常由不同的建设单位组织实施,因此统一的控制就显得非常重要。在统一的控制下进行放线,不仅可以保证放线的质量,而且各单位可以同时展开工作,若不在统一的控制下各单位各自为阵进行放线,则会给工程带来非常大的质量隐患,因此施工以前在建筑场地要建立统一的施工控制网。

在勘测阶段所建立的测图控制网,由于它是为测图而建立的,未考虑施工的要求,控制点的分布、密度和精度都难以满足施工测量要求。此外,由于平整场地时控制点大多被破坏,因此在施工以前,在建筑场地还必须重新建立专门的施工控制网。施工控制网分为平面控制网和高程控制网。

平面控制网的布设形式,应根据建筑总平面图、建筑场地的大小和地形、施工方案等因素来确定。对于地形起伏较大的山区或丘陵地区,常用三角网或测边网;对于地形平坦而通视比较困难的地区或建筑物布置不很规则时,可采用导线网;对于地势平坦、建筑物众多且布置比较规则和密集的工业场地,施工控制网多用正方形或矩形格网组成,称为建筑方格网(或矩形网);对于地面平坦且面积不大的施工场地,常布置一条或几条基线,组成简单的图形,作为施工测量的平面控制,称为建筑基线。总之,施工控制网的布网形式应与设计总平面图的布局相一致。

建筑场地高程控制网应布设成闭合环线、附合路线或结点网,其高程用水准测量方法测定。

10.2.1 建筑基线

10.2.1.1 建筑基线的布设形式与要求

建筑基线应靠近主要建筑物,并与其轴线平行或垂直,以便采用直角坐标法进行测设。基线点位应选在通视良好且不易破坏的地方。建筑基线常用的形式有"一"字形、"L"形、"十"字形和"T"形(图10-1)。为了便于检查建筑基线点有无变动,基线点数不应少于三个。

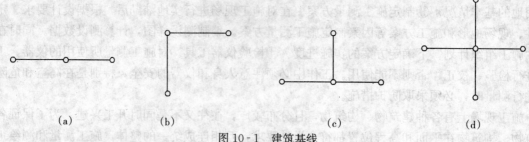

图 10-1 建筑基线
(a) 三点直线形 (b) 三点直角形 (c) 四点丁字形 (d) 五点十字形

10.2.1.2 建筑基线的测设

1. 根据建筑红线放样 在老建筑区，建筑用地的建筑红线（又称建筑线，是由城市建设规划主管部门根据城市控制点或原有的建筑物在地面上划定的建筑用地和道路用地的边界线）可作为建筑基线测设的依据。如图 10-2 所示，AB、BC 是建筑红线，一般他们是互相垂直的，1、2、3 是建筑基线点，从 B 点沿 BA 方向量取 d_2 定 $2'$ 点，沿 BC 方向量取 d_1，定 $2''$ 点。通过 A、C 作红线的垂线，并沿垂线量取 d_1、d_2 得 1、3 点，则 1、$2''$ 与 3、$2'$ 相交于 2 点。1、2、3 点即为建筑基线点。

当建筑基线在地面标定后，还应在 2 点安置经纬仪，检验 $\angle 123$ 是否等于 $90°$，其差值一般不应超过 $±20''$，否则应进行调整。

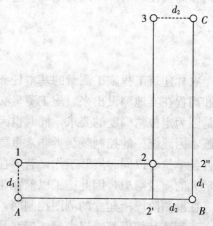

图 10-2 依建筑红线测设建筑基线

2. 根据原有的控制点测设 对于新建筑区，在建筑场地中没有建筑红线作为依据时，可根据建筑基线点的设计坐标和附近已有控制点的关系用坐标法先计算出放样数据，然后放样。如图 10-3 所示，A、B 为附近已有的控制点，1、2、3 为选定的建筑基线点。首先根据已知控制点和待测设点的坐标关系反算出测设数据 β_1、d_1、β_2、d_2、β_3、d_3，然后用经纬仪和钢尺按极坐标法，测设 1、2、3 点。由于存在测量误差，测设的基线点往往不在同一直线上，精确检验 $\angle 123$ 的角值，若此角值与 $180°$ 之差超过限差 $±20''$，则应对点位进行调整。

调直的方法如图 10-4 所示，当 $1'$、$2'$、$3'$ 不在一条直线上，应将该三点沿与基

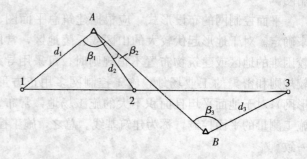

图 10-3 依原有控制点测设建筑基线

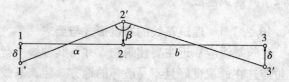

图 10-4 建筑基线的调整

线相垂直的方向各移动相等的调整量 δ，其值按下式计算：

$$\delta = \frac{a \cdot b}{2(a+b)} \cdot \frac{180°-\beta}{\rho''} \tag{10-1}$$

式中：δ——各点的调整量，单位：m；
a——1、2点间的距离；
b——2、3点间的距离；
β——$\angle 1'2'3'$的角度值；
ρ''——206265″。

计算得调整量 δ 后，用钢尺在实地丈量 δ 值要注意丈量的方向。得到改正后的1、2、3 三个点，用经纬仪再作检查，直至达到精度要求。

10.2.2 建筑方格网

10.2.2.1 建筑方格网的布设

由正方形或矩形格网组成的施工控制网称为建筑方格网，或称矩形网。它是建筑场地常用的控制网形式之一，适用于按正方形或矩形布置的建筑群或大型、高层建筑的场地。建筑方格网的布设，应根据建筑设计总平面图上各建筑物、构筑物、道路及各种管线的布设情况，结合现场的地形情况拟定。布设时应先选定建筑方格网的主轴线（图 10-5 中 A、O、B、C、D 为主轴线点），然后再布置方格网。方格网的形式可布置成正方形或矩形。当场区面积较大时，常分两级。首级可采用"十"字形、"口"

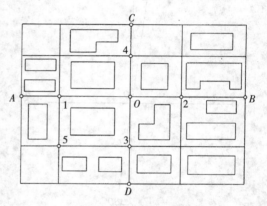

图 10-5 建筑方格网

字形或"田"字形，然后再加密方格网。当场区面积不大时，尽量布置成全面方格网。

方格网布设的要求与建筑基线基本相同，另需考虑下列几点：

（1）方格网的主轴线应选在建筑区的中央，并与总平面图上所设计的主要建筑物轴线平行。

（2）方格网的折角应严格成 90°，测设误差应在 90°±5″。

（3）方格网的边长一般为 100~300m，为了便于使用，边长尽可能为 50m 或它的整倍数。边长的相对精度视工程要求而定，一般为 1/10 000~1/20 000。

（4）相邻方格网点之间应保证通视；便于量距和测角，点位应选在不受施工影响并能长期保存的地方。

在设计方格网时，可将方格网绘在透明纸上，再覆盖到总平面图上移动，以求得一个合适的布网方案，最后再转绘到总平面图上。

10.2.2.2 主轴线的测设

首先根据原有控制点坐标与主轴线点坐标计算出测设数据，然后测设主轴线点。如图 10-6 先测设长主轴线 AOB，其方法与建筑基线测设相同。再测设与长主轴线相垂直的另一主轴线

COD，此时安置经纬仪于 O 点，瞄准 A 点，依次旋转 $90°$ 和 $270°$，以精密量距初步定出 C'、D' 点，然后，精确测定 $\angle AOC'$、$\angle AOD'$，如果角值与 $90°$ 之差 ε_1 和 ε_2，再按下式计算 C' 点与 D' 点的改正数 l_1 和 l_2。

$$l_i = L_i \frac{\varepsilon_i}{\rho''} \tag{10-2}$$

式中，L_i 表示 OC' 的距离 L_1 或 OD' 的距离 L_2。由 C' 和 D' 分别沿 OC' 和 OD' 的垂直方向改正 l_1 和 l_2 得调整后的主点 C 和 D。精密丈量 OC、OD 的距离，精度应达 $1/10\,000$。各轴线点应埋设混凝土桩，桩顶设置一块 $10cm \times 10cm$ 的铁板，供调整点位用。

10.2.2.3 建筑方格网点测设

测设出主轴线后，如图 10-6 所示，从 O 点沿主轴线方向进行精密丈量，定出 1、2、3、4 等点，定 5 点的方法是：经纬仪分别安置在 1、3 两点，以 O 点为起始方向精密测设 $90°$ 角，用角度交会法定出 5 点。同法测设其余网点位置。所有方格网点均应埋设永久性标志。

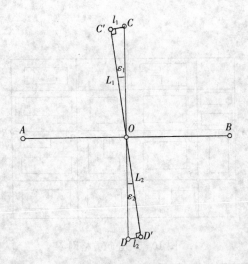

图 10-6 主轴线的测设

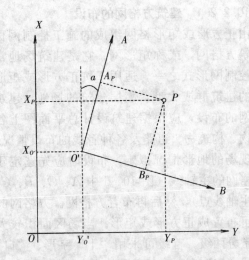

图 10-7 施工坐标系与测量坐标系

10.2.3 施工坐标系及其与测量坐标系的换算

10.2.3.1 施工坐标系

在设计和施工部门，为了工作上的方便，设计总平面图上的建（构）筑物的平面位置常采用一种独立坐标系统，称为施工坐标系或建筑坐标系。施工坐标系的纵轴通常用 A 表示，横轴用 B 表示，施工坐标也用 A、B 坐标。

施工坐标系的原点设置于总平面图的西南角上，以便使所有建（构）筑物的设计坐标均为正值。设计人员在设计总平面图上给出的建筑物的设计坐标，均为施工坐标。设计施工坐标的 A 轴和 B 轴，应与厂区主要建筑物或主要道路、管线方向平行。

当施工坐标系与测量坐标系不一致时，如图 10-7 所示，两者之间的关系可由施工坐标系原点 O' 的测量坐标 $x_{O'}$、$y_{O'}$ 及 $O'A$ 轴的坐标方位角 α 来确定。在进行施工测量时，上述数据由勘测设计单位给出。

10.2.3.2 施工坐标系与测量坐标系的换算

在建立施工控制网和进行建筑物定位时,如果给定的施工坐标系与测量坐标系不一致,则需进行施工坐标与测量坐标的互相换算。

如图10-7,在测量坐标系 XOY 中,P 点的坐标为 x_p、y_p;在施工坐标系中,P 点的坐标为 A_P、B_P;x_0'、y_0' 为施工坐标系原点在测量坐标系内的坐标,α 为施工坐标系 $O'A$ 轴与测量坐标系 OX 轴之间的夹角(即 $O'A$ 轴在测量坐标系的坐标方位角)。

将施工坐标换算为测量坐标的计算公式为:

$$\begin{cases} x = x_0' + A\cos\alpha - B\sin\alpha \\ y = y_0' + A\sin\alpha + B\cos\alpha \end{cases} \quad (10-3)$$

在同一施工坐标系中,x_0'、y_0' 和 α 的数值均为常数。

若将测量坐标换算为施工坐标时,计算公式为:

$$\begin{cases} A = (x - x_0')\cos\alpha + (y - y_0')\sin\alpha \\ B = -(x - x_0')\sin\alpha + (y - y_0')\cos\alpha \end{cases} \quad (10-4)$$

10.2.4 建筑场地的高程控制测量

建筑场地高程控制点的密度,应尽可能满足在施工放样时安置一次仪器即可测设出所需的高程点。

对于小型施工场地,高程控制网可一次性布设,当场地面积较大时,高程控制网可分为首级网和加密网两级布设,相应的水准点称为基本水准点和施工水准点。

10.2.4.1 基本水准点

基本水准点是施工场地高程首级控制点,用来检核其他水准点高程是否有变动,其位置应设在不受施工影响、无震动、便于施测和能永久保存的地方,并埋设永久性标志。在一般建筑场地上,通常埋设三个基本水准点,布设成闭合水准路线,并按四等水准测量的要求进行施测。对于为连续性生产车间,地下管道放样所设立的基本水准点,则需要采用三等水准测量方法进行施测。

10.2.4.2 施工水准点

施工水准点用来直接测设建(构)筑物的高程。为了测设方便和减少误差,水准点应靠近建筑物。在一般情况下,建筑方格网点也可兼作高程控制点,只要在方格网点桩面中心点旁边,设置一个突出的半球状标志即可。对于中、小型建筑场地,施工水准点应布设成闭合水准路线或附合水准路线,并根据基本水准点按四等水准点或图根水准测量的要求进行施测。

为了施工放样的方便,在每栋较大的建筑物附近,还要测设±0.000水准点,其位置多选在较稳定的建筑物墙、柱的侧面,用红漆绘成上顶为水平线的"▼"形。

由于施工场地环境杂乱,情况变化大,因此必须经常检查施工水准点的高程有无变动。

10.3 农林建筑物定位

农林建筑指的是与农林有关的住宅、办公楼、食堂、俱乐部、医院和学校等小型建筑物。施工测量的任务是按照设计的要求,把建筑物的位置测设到地面上,并配合施工以保证工程质量。对于农林建筑中的大型建筑物如度假酒店等不属于农林建筑物的范围,其设计和施工往往由专业的建筑设计单位和施工单位实施,而不是由农林工程设计和施工单位实施。

农林建筑物的平面测设工作一般分为以下的三个步骤:①建筑物定位;②建筑物基础测设;③建筑物测设。

把设计图上农林建筑物外轮廓轴线的交点(又称为角桩,如图10-8所示)或建筑物的主轴线标定在实地上的工作,称为建筑物定位。外轮廓轴线的交点,不仅是确定建筑物形状、位置和朝向的关键点,也常常是进行建筑物细部放样的基准控制点。因此,确定外轮廓轴线交点的定位工作非常重要。

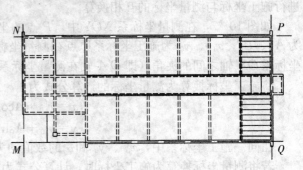

图10-8 建筑物外轮廓轴线的交点

农林建筑物主要是根据施工平面控制点(或红线桩点)进行定位,当在原建筑区内扩建建筑物时,常根据施工图上给出的设计建筑物与周围原有建筑物之间的位置关系尺寸,利用原有的地物进行定位。

10.3.1 根据控制点进行定位

如前所述,施工平面控制网可以是三角网、导线网、施工方格网或施工基线,这几种形式各有其相应的应用场合。但不论是哪一种控制形式,它们有一个共同点,即在实地都已存在确定的控制点点位。因此,利用控制点进行定位的实质是:根据现有控制点点位及其相互之间的位置关系,选择相应的测设方法来进行建筑物的定位。

1. **直角坐标法** 当建筑物的外轮廓轴线平行或垂直于施工基线、施工方格网或相邻的导线边时,常采用直角坐标法定位。该法测设数据计算简便,测设之角度均为90°,施测方便,精度亦高,是农林建筑物定位常用的方法。

【例10-1】 如图10-9所示,点 O、A、B、C 为施工方格网的四个平面控制点,E、F、G、H 为建筑物的四个角点,其坐标值见表10-1。

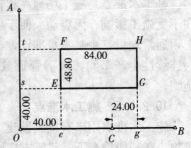

图10-9 直角坐标法测设点位

表10-1 点位坐标

控制点号	纵坐标 x (m)	横坐标 y (m)	角点点号	纵坐标 x (m)	横坐标 y (m)
O	400.000	600.000	E	440.00	640.00
A	600.000	600.000	F	488.80	640.00
B	400.000	950.000	G	440.00	724.00
C	400.000	700.000	H	488.80	724.00

(1) 计算测设数据

$$EG=FH=724.00-640.00=84.00 \text{ (m)}$$
$$EF=GH=488.80-440.00=48.80 \text{ (m)}$$
$$Oe=640.00-600.00=40.00 \text{ (m)}$$
$$Cg=724.00-700.00=24.00 \text{ (m)}$$
$$eE=gG=440.00-400.00=40.00 \text{ (m)}$$

(2) 绘制测设详图。将测设数据注于图中的相应位置，形成测设详图，如图 10-8。

(3) 测设步骤

①设置辅助点 e、g：在 O 点安置经纬仪，以 B 点定向，沿经纬仪视准轴方向先测设水平距离 $Oe=40.00$m，标定 e 点；再测设水平距离 $Cg=24.00$m，标定 g 点。

②桩钉角桩 E、F：在 e 点安置经纬仪，以 B 点定向，逆时针转动（反拨）经纬仪 90°，沿视准轴方向先测设水平距离 $eE=40.00$m，桩钉 E 点（在 E 点打上木桩，并在桩面上钉一小钉表示 E 点的点位）；再测设水平距离 $EF=48.80$，桩钉 F 点。

③桩钉角桩 G、H：在 g 点安置经纬仪，以 B 点定向，反拨经纬仪 90°，沿视准轴方向先测设水平距离 $gG=40.00$m，桩钉 G 点；再测设水平距离 $GH=48.80$，桩钉 H 点。

④检测：一般是先检测最弱角，再检测最弱边。本例最弱角为 $\angle F$、$\angle H$，最弱边为 FH。分别实测最弱角，其值与设计值 90°的较差应小于限差。实测最弱边 FH，其值与设计值之相对误差应符合要求。同时，也应按相同的方法检测边长 EG。

对于农林建筑，角度检测不符值一般不大于 $\pm 60''$，边长检测值与设计值的相对精度一般不应低于 1/2 000。

(4) 注意事项

①绘制测设详图时，应使其与实地方位基本一致。

②选用长边定向，提高角度测设的精度。如在设置辅助垂足点 e、g 点时，应用 B 点定向而非采用 A、C 点。

③尽量利用控制成果，丈量距离时就较近的控制点进行丈量。如设置 g 点时，测设水平距离 Cg，而非测设 eg。

④选择最佳测设方案。如图 10-9 所示，设置辅助点 e、g 点，而非 s、t 点。这样，可以减弱测设误差的影响，有利于保证测设精度。

2. 极坐标法　极坐标法是一种通用的测设点位的方法。极坐标法测设适应性强，适合于待定点离控制点较近，且便于量距的场合。

【例 10-2】　如图 10-10 所示，A、B 为已知坐标导线点，E、F、G、H 为建筑物的四个角点，其坐标值见表 10-2。

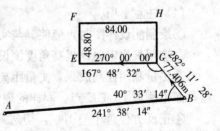

图 10-10　极坐标法测设点位

表 10-2 点位坐标

控制点号	纵坐标 x (m)	横坐标 y (m)	角点点号	纵坐标 x (m)	横坐标 y (m)
A	324.678	616.323	E	440.00	640.00
B	423.654	799.660	F	488.80	640.00
			G	440.00	724.00
			H	488.80	724.00

（1）计算测设数据。由表10-2的角点点位坐标可知，待建建筑物的轴线呈矩形，其边长为：
$$EG=FH=724.00-640.00=84.00 \text{（m）}$$
$$EF=HG=488.80-440.00=48.80 \text{（m）}$$

G 点到 E 点的方位角为：$\alpha_{GE}=270°00'00''$

由 A、B、G 的坐标，采用坐标反算公式，可以计算出 B 点到 A 点的坐标方位角 α_{BA} 及 B 点到 G 点的坐标方位角 α_{BG} 和水平距离 D_{BA} 分别为：

$$\alpha_{BA}=241°38'14''$$
$$\alpha_{BG}=282°11'28''$$
$$D_{BG}=77.406 \text{（m）}$$

根据计算出的坐标方位角，可以计算出测设 G、E 点的测设角度分别为：

$$\beta_{ABG}=\alpha_{BG}-\alpha_{BA}=40°33'14''$$
$$\beta_{BGE}=\alpha_{GE}-\alpha_{GB}=167°48'32''$$

（2）绘制测设详图。将测设数据注于图中相应位置，以便于进行测设，如图 10-10 所示。

（3）测设步骤

①桩钉角桩 G：在 B 点安置经纬仪，以 A 点作为后视定向点，顺时针拨动（正拨）经纬仪 $40°33'14''$，并沿经纬仪视准轴方向测设水平距离 77.406m，桩钉角桩 G。

②桩钉角桩 E、H：在 G 点安置经纬仪，以 B 点作为后视定向点，正拨 $167°48'32''$，并沿经纬仪视准轴方向测设水平距离 84.00m，桩钉角桩 E。然后，以 E 点定向，正拨 $90°$，并沿经纬仪视准轴方向测设水平距离 48.80m，桩钉角桩 H。

③桩钉角桩 F：在 E 点安置经纬仪，以 G 点作为后视定向点，反拨 $90°$，并沿经纬仪视准轴方向测设水平距离 48.80m，桩钉角桩 F。

④检测：对最弱角、最弱边进行检测。检测的方法和过程与上述"直角坐标法"相类似。

（4）注意事项

①绘制测设详图时，应使其与实地方位基本一致。

②选用长边定向，提高角度测设的精度。

③尽量利用控制成果，丈量距离时就较近的控制点进行丈量。如本例中，使用 B 点测设 G 点，而不测设 H 或 E 点。同样的理由，也不采用 A 点测设 E 点。

④正反方位角相差 $180°$，切勿搞错方向。同样，也不要搞错正拨反拨的方向。

⑤当采用钢尺测设距离时，最好不要测设长距离（如超过两个尺段）。但若采用测距仪测设距离，则距离可以不受限制。

3. **角度交会法** 角度交会法又称为方向线交会法，当测设点离控制点距离较远，地形复杂测设距离不便时，可采用角度交会法。如有条件，宜采用两台仪器交会。

如图 10-11，A、B 为控制点，其坐标为已知，P 为待放样点，其设计坐标亦为已知。先用坐标反算公式求出 $α_{AP}$、$α_{BP}$ 和 $α_{AB}$ 及 $α_{BA}$，然后由相应坐标方位角之差，求出放样数据 $β_1$、$β_2$，并按下述步骤放样。

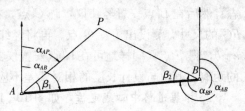

图 10-11 角度交会法测设点位

用经纬仪先定出 P 点的概略位置，在概略置处打一个顶面积约为 10cm×10cm 的大木桩。然后在大木桩的顶面上精确放样。由仪器指挥，用铅笔在顶面上分别在 AP、BP 方向上各标定两点，将各方向上的两点联起来，就得两个方向线，两个方向线交于一点，即得 P 点位置。实际工作中，为防止错误、减少误差，可由三个已知点放样，这样，就有三条方向线，他们形成一个示误三角形。一般规定，若示误三角形的最大边长不超过 3～4cm 时，则取示误三角形内切圆的圆心，或示误三角形角平分线的交点，作为 P 点的最后位置（可参见图 9-11）。

4. **距离交会法** 在便于量距的平坦场地，当测设的距离较短时（如交会距离不应超过钢尺的一个尺段），可以采用距离交会法，如图 10-12。已知控制点 A、B、C 测设房角点 E、G，根据控制点的已知坐标及 E、G 点的设计坐标，反算出放样数据：D_1、D_2、D_3 和 D_4。分别从 A、B、C 点，用钢尺测设已知距离 D_1、D_2、D_3 和 D_4。D_1 和 D_2 的交点即为点 E，D_3 和 D_4 的交点即为点 G。

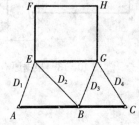

图 10-12 距离交会法测设点位

最后量点 E 至点 G 的长度，与设计长度比较作为校核。

5. **方向角极坐标法** 方向角极坐标法是特殊的极坐标法。在测设时，设置经纬仪度盘 0°方向与施工平面坐标系的纵轴 X 轴平行，这样，只要计算出相应于测设点的测设边的方位角而无需计算水平角度即可进行测设。在已知测站点上，通过对已知后视点的定向，即可对经纬仪的水平度盘进行配置，从而使度盘的方向读数等于该方向的方位角，实现方向角极坐标法测设。如以"极坐标法"测设中的图 10-10 为例，在 B 点设站，以 A 点为后视定向点，配置水平度盘读数为 241°38′14″（$α_{BA}$ = 241°38′14″），即可实现方向角极坐标法测设。在同一个测站需要测设若干待定点时，采用方向角极坐标法既简单易行又准确可靠。

10.3.2 根据已有建筑物或道路中心线进行定位

如果作业区内有一些建筑物，则应以规整的永久性建筑物、规划或已建成的道路主干线的中心线为准，直接进行定位。

1. **根据已有建筑物定位** 如图 10-13 所示，$ABCD$ 为原有建筑物，$EFGH$ 为拟建建筑物。设计确定 FG 与 BC 平行且两线之间的距离为 b，EF 与 CD 平行且两线之间的距离为 c。$EFGH$ 图形的设计尺寸已知，则测设方法如下。因原有建筑物的墙角不能安置经纬仪，故用小线分别贴着 AB 边和 DC 边所在的外墙皮，将原有建筑物外墙面边线 AB、DC 向外延长一段距离 e（2~4m），得 B'、C'，使 BB'=CC'，且 B' 与 C' 通视，该方法称为顺小线法。点 B'、C' 均用木桩标志。然后在 B' 点安置经纬仪，瞄 C' 点，在 B'C' 的延长线上根据总平面图给定的建筑物间距 c 及 FG 的尺寸，测设出 F'、G' 点。再将经纬仪安置于 F' 点，瞄准 B' 点测设 90°角，沿此方向量距离 e+b，得 F 点。同样地可在 G' 点安置仪器测设出 G 点。F、G 点均用桩点标志。最后，检测 FG 的距离，其值与设计长度的相对误差不应超过 1/5 000。

2. 根据道路中心线定位　　如图 10-14 所示，拟建建筑物的轴线平行于道路中心线，测设时应先定出道路中线，然后根据拟建建筑物与道路中心线之间的关系确定出建筑物主轴线。

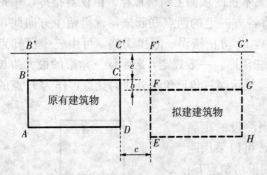

图 10-13　根据原有建筑物定位

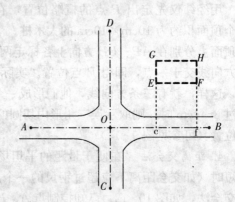

图 10-14　根据道路中心线定位

10.4　农林建筑物的测设

建筑物的测设是根据测设建筑物时标定的角桩（建筑物外墙主轴线交点桩）及建筑物平面图，详细测设建筑物各轴线交点的位置，并根据轴线的交点桩（用木桩在桩顶钉小钉，又称为中心桩）按基础宽和放坡宽撒出基槽开挖边界线，因通常用白灰撒线，所以常称撒灰线。

10.4.1　测设建筑物轴线交点桩

如图 10-15 所示，M、N、P 为放样建筑物时标定的角桩。将经纬仪安置于 M 点，瞄准 N 点，按顺时针方向测设 90°角，沿此方向量取房宽，就能定出 R 点。同样地可测出其余外墙轴线交点，如 Q 点。R、Q 各点也均用桩点标志，木桩应打入地下 40~80cm，桩顶露出地面 5cm 左右。定出各角点后，要通过钢尺丈量、复核各轴线交点间的距离，与设计长度比较，其误差不得超过 1/2 000。

然后再根据建筑平面图上各轴线之间的尺寸，测设建筑物其他各轴线的交点，（如图 10-15 中 1、2、3…各点），并用桩点标志。

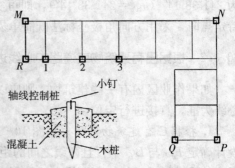

图 10-15　建筑物的放线

10.4.2 轴线控制桩和龙门板的测设

由于基槽开挖后,边桩和中心桩都将被挖掉,为了便于施工中恢复各轴线位置,施工前应把各轴线延长到槽外安全地点,并作好标志。延长轴线的方法有两种:轴线控制桩法和龙门板法。

1. 轴线控制桩的测设（引桩） 轴线控制桩又称为引桩或保险桩,一般设置在轴线方向上、距基槽边线外 2～3m,不受施工干扰而又便于引测的地方。如附近有固定建筑物,最好把轴线投测到建筑物上并作为标志。

为了保证轴线控制桩的精度,最好在轴线测设的同时标定轴线控制桩。若单独进行轴线控制桩的测设,可采用经纬仪定线法或者顺小线法。

如图 10-16 所示,将经纬仪安置在已测设的角桩上、瞄准另一角桩,沿视线方向用钢尺向基槽外侧量取 2～4m,打下木桩,桩顶钉上小钉,准确标志出轴线位置,并用混凝土包裹木桩。

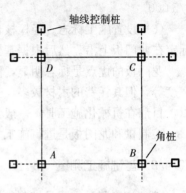

图 10-16 轴线控制桩

对于多、高层建筑物,为了便于向上引测轴线,可将轴线控制桩设在离建筑物稍远的地方。

2. 龙门板的测设 如图 10-17 所示,在农林建筑的施工测量中,为了便于恢复轴线和抄平(即确定某一标高的平面),可在基槽外一定距离处钉设龙门板。

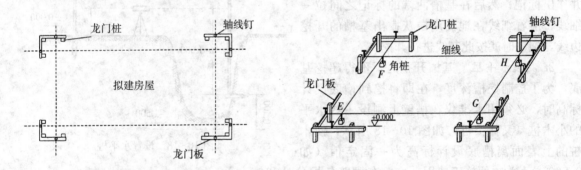

图 10-17 龙门桩与龙门板

钉设龙门板的步骤如下：

(1) 钉龙门桩。在建筑物四角和中间定位轴线的基槽开挖线外 1.5～3m 处(根据土质和槽深而定)设置龙门桩,桩要钉得竖直、牢固,桩外侧面应与基槽平行。

(2) 测设±0 标高线。根据场地内的水准点,用水准仪将±0 的标高测设在每个龙门桩上,用红铅笔划一横线。若现场条件不允许,也可测设比±0 稍高或稍低的某一整分米数的标高线,并标明之。龙门桩标高测设的误差一般应不超过±5mm。

(3) 钉龙门板。沿龙门桩上测设的±0 标高线钉设龙门板,使龙门板的顶面在一个水平面上,且与±0 标高对齐。这样,龙门板可同时作为±0 以下施工中的轴线和高程的控制。

(4) 设置轴线钉。采用经纬仪定线法或顺小线法,将轴线投测到龙门板上沿,并用小钉标定，该小钉称为轴线钉。投测点的容许误差为±5mm。

如果建筑物较小，则可用锤球对准桩点，然后沿两锤球线拉紧线绳，把轴线延长并标定在龙门板上。

(5) 检测。用钢卷尺沿龙门板顶面检查轴线钉之间的距离，其精度应达到 1/2 000～1/5 000。

(6) 设置施工标志。经检核合格后，以轴线钉为准，将墙边线、基础边线、基槽开挖边线等标定在龙门板上沿。然后根据基槽开挖边线拉线，用石灰在地面上撒出开挖边线。

龙门板的优点是标志明显，使用方便，可以控制±0标高，控制轴线以及墙、基础与基槽的宽度等，但其耗费的木材较多，占用场地且易被碰动，尤其是采用机械挖槽时常常遭到破坏，所以，目前在机械化施工时，一般仅测设控制桩而不设龙门板和龙门桩。

控制桩和龙门板是进行施工放样的控制基础，施工过程中必须进行验桩。

10.4.3 基础施工测量

基础施工测量主要是控制基坑（槽）宽度、坑（槽）底和垫层的高程、基础位置及高程等。

10.4.3.1 基槽开挖边线的放线与水平桩的测设

1. 基槽开挖边线放线　在基础开挖之前应按照基础详图上的基槽宽度再加基础挖深应放坡的尺寸，由中心桩向两边各量出相应尺寸，并作出标记；然后在基槽两端的标记之间拉一细线，沿着细线在地面用白灰撒出基槽的开挖边线，施工时就按此灰线进行开挖。

2. 测设水平桩　基槽开挖时，不得超挖基底，为了控制挖槽深度，在即将挖到槽底设计标高时，必须用水准仪在槽壁上测设一些水平的小木桩（又称腰桩）如图 10-18 所示，使木桩的上表面离槽底设计标高为一固定值（如 0.500m）。为方便施工使用，一般在槽壁各拐角处和槽壁每隔 3～4m 处均测设一水平桩，作为清理槽底和打基础垫层时掌握标高的依据。水平桩高程测设允许误差为 ±10mm。如图 10-18，槽底设计标高为 −1.500m，按图中所列数据，在槽壁测设出的水平桩标高为 −1.000m，自水平桩面向下量取 0.500m 即为槽底的设计位置。

当基槽挖到设计高度后，应检核槽底宽度。如图 10-19 所示，根据轴线钉，采用顺小线悬挂垂球的方法将轴线引测至槽底，按轴线检查两侧挖方宽度是否符合槽底设计宽度 a、b。当挖方尺寸小于 a 或 b 时，应予以

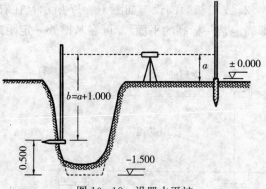

图 10-18　设置水平桩

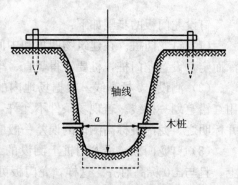

图 10-19　检核槽底宽度

修整。此时可在槽壁钉木桩，使桩顶对齐槽底应挖边线，然后再按桩顶进行修边清底。

10.4.3.2 基础施工的测量工作

基础施工包括垫层和基础墙的施工。

1. **垫层面标高的测设**　基槽挖土完成后，应在槽底敷设垫层。垫层标高的控制可以采用水平线控制法，即沿基槽水平桩上表面，在槽壁弹出一条水平墨线，该线既用作清理槽底也作为控制垫层标高的依据；也可以采用槽底桩顶控制法，即采用测设已知高程方法，用水准仪抄平，在槽底设置小木桩，使桩顶高程等于垫层顶面的设计标高，通常小木桩间距为 3m 左右。此外，还可根据±0 水准点，如龙门板上沿标高，直接控制基础垫层标高。若垫层需要支模，则可采用测设已知高程的方法，直接在模板上标定标高控制线。

2. **基础放线**

(1) 在垫层上投测外部轮廓轴线。基础垫层浇注后，根据龙门板上的轴线钉或轴线控制桩，用经纬仪或用拉线挂垂球的方法（如图 10-20）把轴线投测到垫层面上，并用墨线弹出墙中心线和基础边线，以便砌筑基础。由于整个墙身砌筑均以此线为准，所以要进行严格校核。

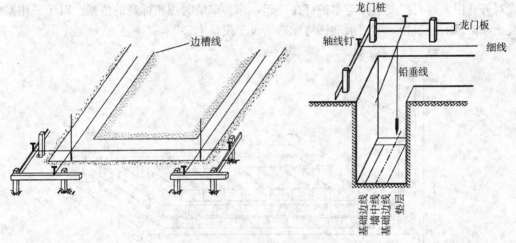

图 10-20　基础轮廓轴线放线

(2) 测设内部轴线。按设计图纸上所标注的尺寸，沿已弹出的外部轮廓轴线测设水平距离，标定各轴线的交点，再沿内部轴线的两个端点在垫层上弹出墨线，标定各内部轴线。

(3) 测设基础边线。按设计图纸中基础边线的宽度，由内部轴线向两侧按测设设计距离标定基础边界点，并沿相应边界点弹墨线，从而在垫层上标定基础边线。若采用龙门板，也可以直接按龙门板上的基础边线标志弹线。在弹基础边线时，同时也把墙砖垛、管道穿墙孔洞位置弹出，以便施工。基础砌砖线的一角如图 10-21 所示。

因为基础放线是整个墙体施工的基础，所以保证基础放线的正确性非常重要，要认真检核，杜绝差错。

3. **基础墙标高控制**　在垫层上弹出轴线和基础边线，用水准仪检测各墙角垫层面标高后，即可开始基础墙（±0 以下的墙）的砌筑。基础墙的高度是利用基础皮数杆来控制的。基础皮数杆是用一根木杆制成的，其上标明了±0 的高度，并按设计尺寸，将砖和灰缝的厚度，分皮——

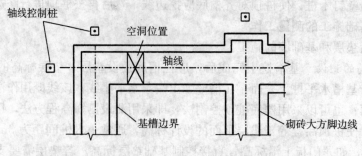

图 10-21 基础砌砖线一角

画出，每五皮砖注上皮数（基础皮数杆的层数从±0向下注记），以及防潮层和需要预留洞口的标高位置等。

立皮数杆时，如图 10-22 所示，先在立杆处打一木桩，用水准仪在木桩侧面定出一条高于垫层标高某一数值（如 10cm）的水平线。然后，将皮数杆上高度与其相同的一条线与木桩上的水平线对齐并用大铁钉把皮数杆与木桩钉在一起，作为砌墙时控制标高的依据。对于采用整体钢筋混凝土基础墙的建筑物，可用水准仪将标高测设于模板上。

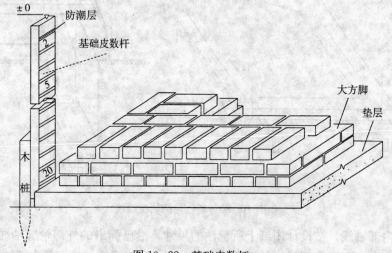

图 10-22 基础皮数杆

当基础墙砌到±0标高下一皮砖时，要测设防潮层标高，容许误差为≤±5mm。有的防潮层是在基础墙上抹一层防水砂浆，也作为墙身砌筑前的抹平层。为使防潮层顶面高程与设计标高一致，可以在基础墙上相间 10m 左右及拐角处做防水砂浆灰墩，按测设已知高程方法用水准仪抄平灰墩表面，使灰墩上表面标高与防潮层设计高程相等，然后，再由施工人员根据灰墩的标高进行防潮层的抹灰找平。

10.4.4 墙体施工测量

10.4.4.1 墙体定位

基础墙砌筑到防潮层以后，要进行±0以上的施工抄平放线工作，方法与基础施工时类似。

利用轴线控制桩或龙门板上的轴线和墙边线标志，用经纬仪定线法或顺小线悬挂垂球的方法将轴线投测到基础面防潮层上，投点容许误差为±5mm。然后用墨线弹出墙中线和墙边线。检查外墙轴线交角是否等于90°，符合要求后，把墙轴线延伸并画在基础墙的立面上，同时用红三角形将其标定，如图10-23所示，作为向上投测轴线的依据。此外，也把门、窗和其他洞口的边线在外墙基础立面上画出。

10.4.4.2 墙体标高控制

墙体砌筑时，其标高也常用皮数杆控制。在墙身皮数杆上根据设计尺寸，按砖和灰缝的厚度画线，并标明门、窗、过梁、楼板等的标高位置。杆上注记从±0向上增加。墙身皮数杆的设立方法与基础皮数杆相同。一般在建筑物的转角和隔墙处树立墙身皮数杆（图10-24）。

每层墙体砌筑到一定高度后，常在各层墙面上测设出+0.50m的标高线，这条标高线是既可作为层高及过梁标高的依据，也是室内装饰施工，做地坪、剔脚线、窗台等的标高依据。

10.4.4.3 轴线投测与标高传递

多层建筑的墙体砌筑过程中，测量的主要工作是进行建筑物轴线的投测和检查，同时要从±0起向上层传递高程，使楼板、门窗口及室内装饰工程的标高符合设计要求。

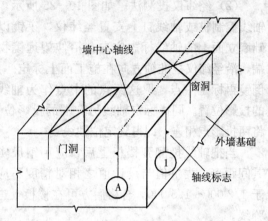

图10-23 砌筑过程中轮廓轴线放线

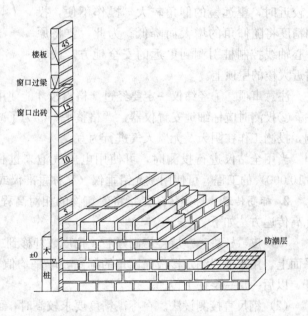

图10-24 墙身皮数杆

1. **轴线投测** 轴线投测是指将首层轴线沿竖直方向投影到二层及二层以上楼层的地坪上，从而建立该层面轴线控制的测设工作。通常，用吊锤法和经纬仪正倒镜取中法投测轴线。

（1）吊锤法。吊锤法是用悬挂锤球的铅垂线传递轴线。用较重的垂球悬吊在楼板或柱顶边缘，当锤球尖对准基础墙立面上的红色三角形轴线标志（图10-23）时，垂球线在楼板或柱边缘的位置即为楼层轴线位置，按铅垂线在施工面标定轴线端的投影位置。同样地可投测出其余各轴线，将对应的投影点相连，即得定位轴线。在一些高层建筑中，则应预留竖向传递孔以便投测。

经检测，各轴线间距符合要求即可继续施工。但当测量时风力较大或楼层建筑物较高时，投测误差较大，此时应采用经纬仪投测法。

(2) 经纬仪投测法。如图 10-25 所示，在轴线控制桩或轴线钉上安置经纬仪，正镜以基础墙立面上的轴线标志定向，抬伸望远镜物镜端，沿经纬仪视准轴方向在施工面上标定一点；倒镜再标定一点，取这两点的中点作为轴线端的投影位置。同样标定轴线另一端的投影位置，将两投影点相连，即得到定位轴线。

当把轴线投测到楼板上后，应用钢尺实测其间距离，丈量值与设计值之相对精度不应低于 1/2 000～1/5 000，合格后方可在楼板上进行弹线。

当楼房逐渐增高，而轴线控制桩距建筑物又较近时，望远镜的仰角较大，操作不便，投测精度将随仰角的增大而降低。为此，要将原中心轴线控制桩引测到更远的安全地方，或者附近大楼的屋顶上。

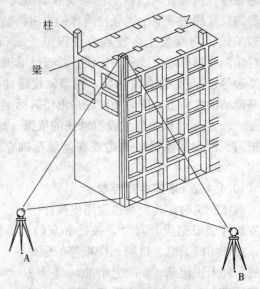

图 10-25　经纬仪正倒镜取中法

注意事项：①经纬仪一定要经过严格检校才能使用，尤其是照准部水准管轴应严格垂直于竖轴。②投测时应仔细地安置仪器，严格整平。③为了减小外界条件（如日照和大风等）的不利影响，投测工作在阴天及无风天气进行为宜。

当用全站仪进行投测时，可使用电子气泡来进行整平，对于要求垂直精度特别高（如≤1/10 000）的工程，可使用激光铅垂仪（又称垂准仪或天顶天底仪）来进行轴线投测。

2. 标高传递　标高传递是指将建筑物的相对高程系统传递到不同的工作面上。常用的楼层标高传递方法如下。

(1) 皮数杆法。一层楼房砌好后，把皮数杆移到二层楼继续使用，为了使皮数杆立在同一水平面上，用水准仪测定楼板面四角的标高，取平均值作为二楼的地坪标高，并竖立二层的皮数杆，以后一层一层往上传递。

(2) 钢尺直接测设法。在标高精度要求较高时，可用经鉴定过的钢尺从墙脚±0 标高线沿墙面向上直接丈量，把高程传递上去。然后钉立皮数杆，作为该层墙身砌筑和安装门窗、过梁及室内装修，地坪抹灰时控制标高的依据。

(3) 悬吊钢尺法。如图 10-26 所示，在外墙或楼梯间悬吊钢尺，钢尺下端挂一重锤，然后使用水准仪把高程传递上去。一般需 3 个底层标高点向上传递，最后用水准仪检查传递的高程点是否在同一水平面上，误差

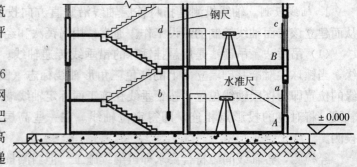

图 10-26　悬吊钢尺法传递高程

不超过±3mm。

此外，也可使用水准仪和水准尺按水准测量方法沿楼梯将高程传递到各层楼面。

10.4.5 农林建筑测设的特点

与通常的工业与民用建筑相比，农林建筑的结构与构造比较简单，测设和施工都较为简便。过去通常以砖、木结构为主，现在多用钢筋混凝土结构，或用预制的构件及石、竹等材料。因此，在测设过程中，应根据材料和结构形式的不同，选择相应的测设方法和步骤。

10.4.6 任意形状农林建筑物测设

随着国民经济水平的提高，在农林建筑中，一些亭、台、阁、水榭等的平面形状为了表现某种艺术性或为了适应周围的环境，往往设计一些复杂的几何图形，例如圆弧形、椭圆形、双曲线、抛物线、螺旋线、正多边形、反向曲线等。有时，受地形的限制，建筑物的平面形状也可能设计为不规则的图形。这些建筑物的定位往往要根据几何曲线的数学表达式或点位的坐标，以及施工现场的放线条件及给定的定位条件，选择适当的测设方法，先测设出建筑物的主要轴线，根据主要轴线再进行细部测设。

10.4.6.1 圆弧形建筑物的测设

圆弧形建筑物的定位除可采用前面讲述的切线支距法和偏角法外，还可以采用如下的一些方法。

1. **画弧拨角法** 当圆弧的半径较小时，可采用简单易行的画弧拨角法。

【**例 10-3**】 某建筑平面呈四分之一圆形，其定位条件如图 10-27 所示，半径 $R=12.60$m，进深 $L=5.60$m，$l=18.60$m。

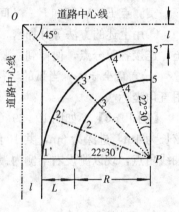

图 10-27 画弧拨角法

测设步骤：

①按定位方法，确定道路中心线交点 O。

②标定建筑物圆心 P：按设计条件，采用极坐标法，将圆心 P 标定于实地。

③桩钉内圆轴线角点：以 P 点为圆心，按设计半径 12.60m 画弧。同时，在 P 点安置经纬仪，以 O 点定向，按设计水平角 22°30′拨角，测设各开间的辐射形轴线，依次桩钉特征点 1、2、3、4、5。

④桩钉外圆轴线角点：与桩钉内轴线角点方法相同，依次桩钉特征点 1′、2′、3′、4′和 5′。

⑤对同一个圆弧上相邻角点的距离进行检查，看是否超限。

2. **拱高等分法** 当弧的半径较大，画弧不便时，可采用拱高等分法。

【**例 10-4**】 如图 10-28(a)所示，某建筑弧形轴线 EDF 的弦长 $D_{EF}=2d_0$，拱高 $D_{AD}=h_0$。

测设步骤：

①桩钉弧的二等分点：由于已知测设数据弦长 $D_{EF}=2d_0$，弧的拱高 $D_{AD}=h_0$，所以在 EF 弦的中点 A 测设垂距 h_0，桩钉弧的中点 D。由于 E、D 点间的距离：

$$D_{ED}=\sqrt{d_0^2+h_0^2} \quad (10-5)$$

所以，可通过实测 E、D 间的距离，求其与设计值之间的相对误差来检验测设的精度。

②桩钉弧的四等分点：如图10-28 (b) 所示，令弧的半径为 R，由相似三角形 $\triangle EDA$ 和 $\triangle TED$ 对应边成比例可得：

$$\frac{D_{ED}}{2R}=\frac{h_0}{D_{ED}} \qquad R=\frac{D_{ED}^2}{2h_0}$$

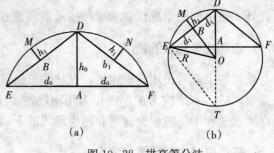

图 10-28 拱高等分法

顾及公式 (10-5)，得：

$$R=\frac{d_0^2+h_0^2}{2h_0}$$

设 $D_{ED}=2d$，则 ED 弦的拱高 h_1 为：

$$h_1=R-D_{OB}=R-\sqrt{R^2-d_1^2} \quad (10-6)$$

因此，在弦 ED 和弦 FD 的中点 B、C 测设垂距 h_1，桩钉弧的四等分点 M、N。

实测点 E、M 间和 F、N 间的水平距离，求其值与设计值的相对误差，以检核测设的精度。

③用上述的方法等分加密，测设八等分、十六等分点⋯，直至加密点的间距满足施工要求为止。连接各等分点，便得到所要求的弧形轴线。

3. 直角坐标法 当弧的半径较大，圆心在建筑区外较远难以标定时，可以计算特征点，采用直角坐标法。

【例 10-5】 如图 10-29 (a) 所示，所设计的圆弧形兽舍，内弧半径 R 为 100m，每间的内弦长为 4m，进深为 6m，共 10 间。在建筑物定位时，需要桩钉 1、2、⋯、11、1'、2'⋯、11'等轴线角点，现以测设右半侧内弧轴线角点为例，说明直角坐标法测设的方法。

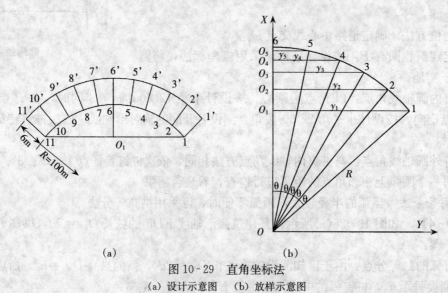

(a)   (b)

图 10-29 直角坐标法

(a) 设计示意图　(b) 放样示意图

因每间的弦长为4m,圆弧半径为100m,所以每间弦长所对的圆心角[图10-29(b)]为:

$$\theta = 2 \cdot \arcsin \frac{4/2}{100} = 2°17'31''$$

若取$O6$方向为X轴,则点5的坐标为:

$$\begin{cases} x_5 = R \cdot \cos\theta = 99.920 \text{ (m)} \\ y_5 = R \cdot \sin\theta = 3.999 \text{ (m)} \end{cases}$$

而点1的坐标为:

$$\begin{cases} x_1 = R \cdot \cos5\theta = 98.006 \text{ (m)} \\ y_1 = R \cdot \sin5\theta = 19.868 \text{ (m)} \end{cases}$$

同理,可依次计算出其他各角点的坐标。

测设步骤:

①桩钉轴线端点:按设计条件测设圆弧两端点1与11,并桩钉之。

②桩钉弦的中点并检核:桩钉轴线端点1和11连线的中点O_1,实测点1和O_1间的距离,其值与设计值的相对误差应符合精度要求。

③标定轴线中点和测站点:在O_1点安置经纬仪,以端点1或11定向,测设90°;沿经纬仪视准轴方向依次测设水平距离$O_1 6 = R - x_1$、$O_1 5 = x_5 - x_1$、$O_1 4 = x_4 - x_1$、$O_1 3 = x_3 - x_1$、…,逐个标定中点6与O_5、O_4、O_3、…各测站点。

④桩钉细部特征点:依次在O_5、O_4、O_3、…各测站点安置经纬仪,分别测设垂距y_5、y_4、y_3、…,逐个桩钉5、4、3、…各角点并检核其间的距离是否超过限差。

⑤依次连接轴线角点,便得到所要求的弧形轴线。

10.4.6.2 椭圆形建筑物的测设

1. 直接拉线法 从几何学可知,椭圆的特性是曲线上任一点到两定点的距离之和等于一常数,该两点为椭圆的焦点。依据该特点,可以采用现场直接拉线的方法。如图10-30所示,先在实地由已知点O定出椭圆的两焦点位置F_1、F_2,然后用一长为$2a$(a为椭圆的长半径)的细钢丝,钢丝两端固定在F_1、F_2点,用记号笔套在钢丝上拉紧慢慢移动,并在地面上划线,依此线在地面按一定密度设置标志。

此法适合于场地平整、规模较小的椭圆放线。

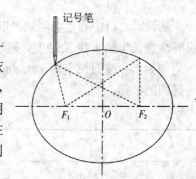

图10-30 直接拉线法测设椭圆

2. 直角坐标法 在地面起伏不平,或椭圆所占面积较大时,用直接拉线法有一定的困难,此时可用解析法,求出曲线上所需测设点的坐标值,再利用直角坐标法或极坐标法测设曲线的实地位置。

采用直角坐标法时,先通过椭圆的中心建立直角坐标系,椭圆的长、短轴即为该坐标系的X、Y轴。根据椭圆的方程式:

$$\frac{X^2}{a^2} + \frac{Y^2}{b^2} = 1 \tag{10-7}$$

依据所设计椭圆曲线的要求,定出X值的间距,如设$X = 0, 1, 2, \cdots, a$,将其代入公式10-7

中，求出对应的 Y 值，将结果列表。当然，X 轴上的取值越多，椭圆曲线就越光滑精确。

测设时，如图 10-31 所示，由 X 轴方向分别向左右量取 $X=0,1,2,\cdots,a$ 各点，并通过上述各点作垂线，量取对应的 Y 值，即得曲线上各点。

3. **中心极坐标法** 如图 10-32 所示，以 X 轴为起始方向，每隔一定的角度 θ，计算椭圆上测设点到椭圆中心的距离 D 为：

$$D=\sqrt{\frac{1}{(\frac{\cos\alpha}{a})^2+(\frac{\sin\alpha}{b})^2}} \tag{10-8}$$

式中：α——起始方向 X 轴至被测设边的夹角，$\alpha=k\theta$ ($k=0,1,2,\cdots$)。

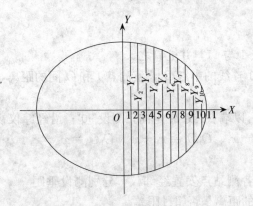

图 10-31 直角坐标法测设椭圆

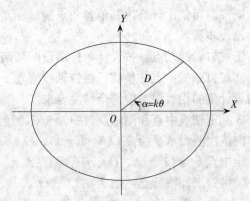

图 10-32 极坐标法测设椭圆

测设时，以中心点为测站，以距离 D 为极距，每隔 θ 角测设一点，直至整个椭圆曲线。测设时注意长半轴 a 在 X 轴上，短半轴 b 在 Y 轴上。

例如，一椭圆长半轴 $a=18\text{m}$，短半轴 $b=12\text{m}$，试计算以中心极坐标法每隔 $10°$ 测设四分之一椭圆的数据。

表 10-3 极坐标法测设椭圆的数据 ($\theta=10°$)

k	0	1	2	3	4	5	6	7	8	9
α	0°	10°	20°	30°	40°	50°	60°	70°	80°	90°
D (m)	18.000	17.670	16.813	15.712	14.617	13.671	12.932	12.410	12.102	12.000

10.4.6.3 任意形状的农林建筑测设

对于具有规则几何形状的农林建筑物，可以根据该几何图形的特点（如上面提及的【例 10-3】和【例 10-4】），进行测设数据的计算，此时测设数据不涉及平面坐标，而是纯粹的几何量（距离和角度）；也可以将图形纳入到某一个平面直角坐标系中，通过计算特征点的坐标，进而进行测设（如上面提及的【例 10-5】）。比较地说来，前一种方法的计算相对简单，数据直观，为农林施工放线人员所常用，而后一种方法则可以较方便地解决各种复杂几何图形（如双曲线、抛物线等）的测设工作。因此，用解析的手段解决任意形状建筑物的测设问题是一个通用的方法。

目前，农林工程设计图一般都是在 AutoCAD 环境下进行设计，因此施工放线人员在计算机中量取坐标和距离、角度等数值就非常方便。这样不仅可以简化测设数据的计算，而且为我们选择不同的测设方法提供了可能。事实上，农林建筑物测设的方法是多样的，应根据现场条件、所使用的仪器条件及测设的精度要求选择适当的方法。

下面，列举几种测设一个正六角亭角点的方法，并通过比较，说明园林建筑测设的灵活性。

【例 10-6】 如图 10-33 所示，荷花亭是设计在湖边，半靠水面，半靠岸边的正六角亭。亭子附近有导线点 C、D，现欲测设亭子的六个特征点 T_1、T_2、T_3、T_4、T_5、T_6。

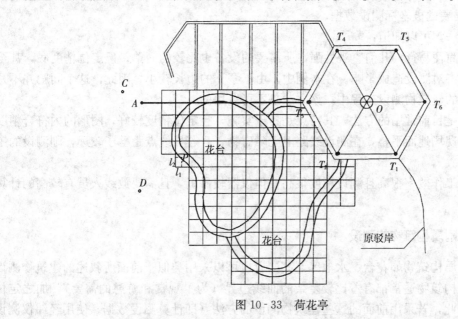

图 10-33 荷花亭

1. **传统小平板测设方法** 根据总平面图，先由附近控制点 C、D 或明显地物点在实地初步定出亭子的中心点 O 和一主轴线 OA，然后把平面图固定在小平板仪的图板上，安置在 O 点，用 O 点对中，以 OA 定向，然后把测斜照准仪直尺一端对准图上 O 点，移动另一端对准亭子轮廓点 T_1，沿瞄准方向在地面量取从 O 点到 T_1 点的相应实地距离定出特征点在实地的点位。用同样的方法定出亭子的其他 5 个特征点，特别是靠近岸边的几个点（如 T_1、T_4），然后观察一下，亭子的位置是否合适，有无偏于水面或地面，如认为不合适，则重新调整 O 点和 OA 轴线，重新测设一下亭子的特征点。

2. **普通经纬仪+钢尺（皮尺）测设方法** 根据总平面图，先由附近控制点 C、D 在实地采用直角坐标法或极坐标法定出亭子的中心点 O 及亭子的一个角点（如 T_3），然后丈量点 O 与角点之间的距离，与设计值比较，看其相对误差是否小于限差的要求。合格后，用皮尺拉出一个正三角形（如此时 O 与角点之间的距离为 2.25m，则一人手持尺子 0 刻划和 6.75m 处，一人手持 2.25m 处，一人手持 4.50m 处，绷直，形成一正三角形），将该正三角形的一角与 O 点对齐，一角与已定位出的角点对齐，则剩下的一个角所对应的即为亭子的一个角点。用该方法可以将亭子的所有角点（特征点）定位出来。

3. **全站仪测设方法** 根据亭子中心 O 点的坐标、亭子边长及 T_3、O、T_6 的连线垂直于纵轴 x 可求得角点 T_3、T_6 的坐标，应用三角公式计算出其他角点的坐标。再根据已知导线点的坐标，计算出各角点的极坐标测设数据。在导线点 D 安置全站仪，以另一导线点 C 定向，根据角度值和距离测设出各角点的坐标。并对相邻角点距离值进行检核。

当然，施工放线人员也可以将导线点的坐标输入到设计图中（注意，由于 AutoCAD 图形坐标系是右旋坐标系，所以输入导线点坐标时，应将 x、y 的值对调）并将导线点连接成线段，然后将拟作为测站的导线点与亭子的角点分别连成线段，通过 AutoCAD 中的标注功能（或查询功能），即可得到所需要的极坐标测设数据。

比较这三种方法，可以知道：

(1) 传统方法简便易行，几何直观性强，所需要的设备也比较的简单；但定位精度底，甚至测图绘图的误差都将对测设造成影响。在本例中，由于亭子的边长较小，因此，这个问题并不是致命性的。在较大的建筑物测设过程中，该方法是不可以用的。

(2) 普通方法是目前常用的方法，其特点是易于实施，且定位精度较好，图形的内符合精度较高；但要求施工现场地面平整，在测设线路上无障碍物，且若导线点距亭子较远，则测设的工作效率将大大降低。

(3) 全站仪法工作效率很高且测设精度很高；但仪器较昂贵，且需要放线人员有较高的计算能力。

10.4.7 农林建筑附属构筑物的测设

农林建筑的附属构筑物如花台、水池等，其测设也可以采用类似于前面所叙述的建筑物测设方法。但由于附属构筑物通常都有着比较复杂的曲线边界（为了观赏和游憩的需要），加之定位精度要求不高，因此，若采用前面的这些建筑物测设的方法（即计算测设数据，使用经纬仪测设定位），势必造成测设工作量较大，工作效率较低。历史地看来，测设方法主要有三种：①传统的小平板测设方法；②地面格网法；③计算测设数据，使用经纬仪测设定位。尤其对于简单形状的构筑物（如矩形的水池，圆形的花台等），采用第三种方法不仅可以保证定位精度，而且也比较的简明。

传统的小平板测设方法在上一节中已有叙述。在测设时，由于地形绘图和图上量距的误差都会对测设造成影响（以 1:500 的设计图为例，图上 0.2mm 的误差就会造成实地 10cm 的偏差），因此，现在的测设工作中，已很少采用这一方法了。而更多的是采用地面格网法。

所谓地面格网法是指先在设计图纸上打好方格，然后将图纸上的方格按比例（设计图的比例）在实地打出相应的方格，以方格线为控制格网，将图上量得的点的数据按比例在实地标定出来。如图 10-33 所示，设花台上一点 p 距离左边的格网线的距离为 l_1、距离下边的格网线的距离为 l_2，则在实地测设时，只要从相应的格网线分别量取 $k \cdot l_1$、$k \cdot l_2$ 的距离即可。其中 k 为比例尺分母。实际上，地面格网法也是一种直角坐标法，只不过距离控制得更细了。

需要特别说明的是，在大型农林工程中，对这些附属构筑物的定位精度要求往往会比中小型的工程高（如定位误差不超过 3～5cm），因此，此时还是有必要采用类似与建筑物测设的方法进行定位。

10.5 农业水利测量

在农业水利工程中，拦河大坝是重要的水工建筑物，按功能可将大坝分为以农田灌溉、防洪蓄洪为主的土石大坝和以水力发电为主的混凝土重力坝。修建大坝需按施工顺序进行下列测量工作：布置平面和高程基本控制网，控制整个工程的施工放样；确定坝轴线和布设控制坝体细部的定线控制网；清基开挖的放样；坝体细部的放样等。对于不同的筑坝材料及不同坝型，施工放样的精度和要求各有不同，内容也略有差异，但施工放样的基本方法大同小异。在本节将简单介绍土坝及混凝土重力坝放样的主要内容和基本方法。

10.5.1 土坝施工测量

图 10-34 是某一黏土心墙土坝的示意图。土坝施工时首先要测设坝轴线的位置，然后进行清基开挖线放样、坡脚线放样和坝面放样。

10.5.1.1 坝轴线的定位

坝轴线即坝顶中心线，它是大坝及其附属物放样的依据，其位置测设至关重要。一般先由设计图纸量得轴线两端点的坐标值，反算出它们与附近施工控制网中的已知点的方位角，用角度（方向）交会法，测设其地面位置。

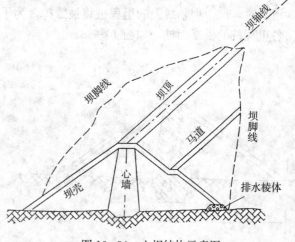

图 10-34 土坝结构示意图

对于中、小型土坝的坝轴线，一般由工程设计人员根据地形和地质情况，经过方案比较，直接在现场选定轴线两端点的位置。

轴线两端点在现场标定后，应用永久性标志标明。为防止轴线两端点点位在施工过程中遭到破坏，一般还需沿轴线方向在山坡上设立埋石点（轴线控制桩），以便随时检查坝轴线的位置。

为了施工放样的方便，在清理基础前（如修筑围堰，在合拢后将水排尽，才能进行），应测设若干垂直（或平行）于坝轴线的坝身控制线。平行于坝轴线的控制线可布设在坝顶上下游线、上下游坡面变化处、下游马道中线，也可按一定间隔布设（如10m、20m、30m 等），以便控制坝体的填筑和进行收方。垂直于坝轴线的控制线，一般按50m、30m 或 20m 的间距以里程来测设。

用于土坝施工放样的高程控制，可由若干永久性水准点组成基本网和临时作业水准点两级布设。基本网布设在施工范围以外，用三等或四等水准施测方法，以闭合或附合水准路线形式测设，这些点必须和国家水准点连测。为了便于施工，还需在坝体工作面附近不同高程的位置测设临时性的水准点，并做到安置一两次仪器就可放样高程。

10.5.1.2 清基开挖线放样

为使坝体与岩基很好结合，在坝体施工前，必须对基础进行清理。为此，应放出清基开挖线，即坝体与原地面的交线。

清基开挖线的放样精度要求不高，可用图解法求得放样数据在现场放样。为此，先沿坝轴线测量纵断面。即测定轴线上各里程桩的高程，绘出纵断面图，求出各里程桩的中心填土高度，再在每一里程桩进行横断面测量，绘出横断面图，最后根据里程桩的高程、中心填土高度与坝面坡度，在横断面图上套绘大坝的设计断面。

根据横断面图上套绘的大坝设计断面，可量出清基开挖点至里程桩的距离 d_1、d_2、d_3、d_4，如图 10-35 为某一横断面处的情况，A、B 为清基开挖点，C、D 为心墙开挖点。根据图上交点的位置，在该断面处由坝轴线分别向上、下游量取 d_1、d_2、d_3、d_4，相应的位置即为清基开挖点。因清基有一定的深度，开挖时要有一定的边坡，故实际开挖线应根据地面情况和深度向外适当放宽 1～2m，用白灰连接相邻的开挖点，即为清基开挖线。

清基时，位于坝轴线上的里程桩将被毁掉，为了以后放样工作的需要，应在清基开挖线以外放出各里程桩的横断面桩，如图 10-36。

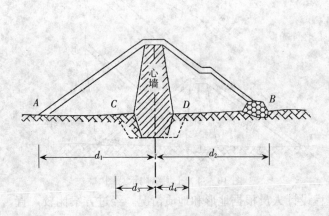

图 10-35 土坝清基放样数据　　　　　图 10-36 土坝清基开挖线及断面桩

10.5.1.3 坡脚线的放样

清基工作结束后，应标出填土范围，即找出坝体和清基后地面的交线——坡脚线。坡脚线的放样一般按下述方法进行。

首先做两个与上、下游坝脚坡度一致的三角形坡度放样板（图 10-37）。然后在上、下游清基开挖点上各钉一木桩，用水准仪测量其高程，使桩顶高程等于清基开挖前地面高程。将坡度放样板的斜边放在桩顶，左右移动，使圆水准气泡居中，则斜边延长线与地面的交点即为土坝坡脚点，相邻坡脚点的连线，即为坡脚线。

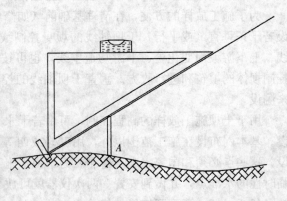

图 10-37 坡脚线的放样

10.5.1.4 坝坡面的放样

填土筑坝开始后,为了使坝坡符合设计要求,应随时控制坝坡位置,以确保土坝按设计坡度填筑。坝坡控制一般采用上料桩将坝坡位置标定出来,如图 10-38 所示。

上料桩的轴距是根据上料层的高程计算出来的。例如,某土坝的高程为 102.5m,顶宽为 8m,上游边坡为 1∶3.0,上料层的高程为 80.0m,则上料桩的轴距为:

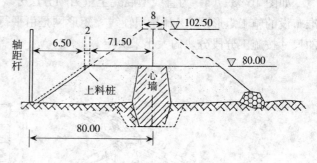

图 10-38 土坝边坡放样示意图

$$d_A = \frac{8}{2} + (102.5 - 80.0) \times 3 = 71.5 \text{m}$$

由于坡面需要压实,所以应根据不同的土质,在填土时将计算的轴距外加 1~2m,即为上料桩位置(图 10-38 中的虚线处)。随着土坝筑高,应随时修定上料桩。

放样时,一般在填土处以外预先埋设轴距杆,如图 10-38 所示。轴距杆距坝轴线的距离主要考虑便于量距、放样,如图中为 80m。此时,从坝轴杆向坝轴线方向量取 80-(71.50+2)=6.50(m),即为上料桩的位置。当坝体逐渐升高,轴距杆的位置不便应用时,可将其向里移动,以方便放样。

大坝填筑至一定高度且坡面压实后,还要进行坡面的修整,使其符合设计要求。此时可用水准仪或经纬仪按测设坡度线的方法求得修坡量(削坡或回填度)。

10.5.2 混凝土重力坝施工测量

用混凝土浇筑的,主要依靠坝体自重来抵抗上游水压力及其他外荷载并保持稳定的坝,叫做混凝土重力坝。我国的三峡工程混凝土重力坝,坝顶高程 185m,最大坝高 181m(坝基开挖最低高程为 4m);坝顶宽度(亦称坝顶厚度)15m,底部宽度(亦称底部厚度)一般为 124m;从右岸非溢流坝段起点至左岸非溢流坝段终点,大坝轴线全长 2 310m。

混凝土重力坝的结构和建筑材料相对土坝来说较为复杂,其放样精度比土坝要求高。一般在浇筑混凝土坝时,整个坝体是沿轴线方向划分成许多坝段的,而每一段在横向上又分成若干个坝块。浇筑时按高程分层进行,每一层的厚度一般为 1.5~3m。和土坝一样,混凝土坝施工放样的工作包括:坝轴线的测设、坝体控制测量、清基开挖放样和坝体立模等。

混凝土重力坝坝轴线的定位方法和土坝的定位方法基本相同。

10.5.2.1 坝体控制测量

混凝土坝采用分层施工,每层中还分跨分仓(或分段分块)进行浇筑,因此每层每块都必须进行放样,建立施工控制网,作为坝体放样的定线依据是十分必要的。

混凝土重力坝施工平面控制网一般按两级布设,首级基本控制多布置成三角网,且按三等以上三角测量的要求施测。坝体放样控制网——定线网一般有矩形和三角网两种,其精度要求点位中误差不超过 ±10mm。坝体细部常用方向线交会法和前方交会法放样。

如图 10-39（a）为直线型混凝土重力坝分层分块的示意图，图 10-39（b）为以坝轴线为基准布设的施工矩形网。AB 是坝轴线，矩形网是由平行和垂直于坝轴线的控制线组成，矩形网格的尺寸按施工分段分块的大小来决定。

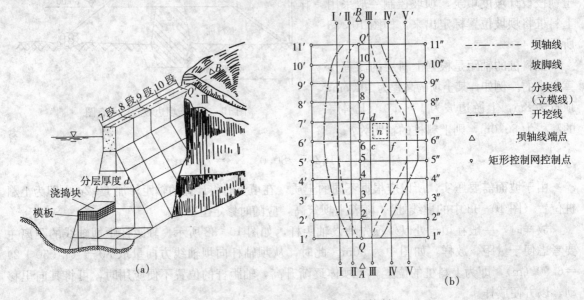

图 10-39 混凝土重力坝的剖面及控制

测设矩形网时，首先将经纬仪安置在 A 点，照准 B 点，根据坝顶设计高程，在坝轴线上找出坝顶与地面的交点 Q、Q'。自 Q 点起，根据分段长度在坝轴线上定出 2、3、4、…各点。将经纬仪旋转 90°，在与坝轴线垂直方向上，以分块宽度定出Ⅰ、Ⅱ、Ⅲ、…放样控制点。然后将经纬仪拿到 B 点，以同样的方法定出Ⅰ′、Ⅱ′、Ⅲ′、…放样控制点。再通过 2、3、…点测设出与坝轴线相垂直的方向线，并延长到上、下游围堰上或开挖线以外，设置 1′、2′、3′、…和 1″、2″、3″、…放样控制点。

在矩形网测设过程中，方向线测设必须采用盘左、盘右两个盘位测设，取其平均值作为最后结果。距离丈量也应往返丈量，以免发生差错。

混凝土重力坝的高程控制也分两级布设，基本网是整个水利枢纽的高程控制。视工程的不同要求按二等或三等水准测量施测，并考虑以后可用作监测垂直位移的高程控制。作业水准点或施工水准点，随施工进程布设，尽可能布设成闭合或附合水准路线。作业水准点多布设在施工区内，应经常由基本水准点检测其高程，如有变化应及时改正。

10.5.2.2 清基开挖线放样

清基开挖线是大坝基础进行清除基岩表层松散物的范围，它的位置根据坝两侧坡脚线、开挖深度和坡度决定。清基工作是在围堰修好、坝体控制测量结束后进行。分别在 1′、2′、3′、…放样控制点上安置经纬仪，瞄准对应的控制点 1″、2″、3″、…点，在方向线上定出该断面的基坑开挖点。将这些点连接起来就是基坑开挖线。

开挖点的位置在设计图上用图解的方法求得，实际测定时采用逐渐接近法。图 10-40 是某一坝基点的设计断面图,由图上可求得坝轴线到坡脚点 A' 的距离 S_0。在地面由坝轴线量出 S_0 得地面点 A,测得 A 点的高程后,就可求得 AA' 的高差 h_1。如果基坑开挖设计坡度为 $1:m$,则 $S_1=m \cdot h_1$,自 A 点沿横断面方向线量出 S_1 得 B 点,实测 B 点高程,得 $h_2=H_B-H_A'$,同样可以计算出 $S_2=m \cdot h_2$。若 S_2 与 S_1 相接近,则该点即为基坑开挖点;若 S_1 与 S_2 相差较大,则按上述方法继续进行。直到量出的距离与计算值相接近为止。开挖点定出后,还应在开挖范围外的该断面上设立两个以上的保护桩,以备校核。用同样的方法可以定出各断面上的开挖点,将这些开挖点连接起来即为清基开挖线。

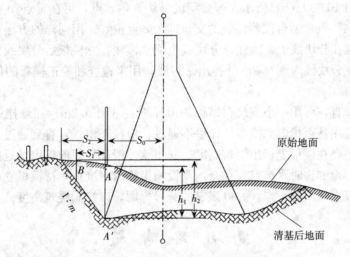

图 10-40 清基开挖线放样

在清基开挖过程中,还应控制开挖深度,在每次爆破后及时在基坑内选择较低的岩面测定高程(精确到厘米即可),并用红漆标明,以便施工人员和地质人员掌握开挖情况。

10.5.2.3 坝体立模放样

基础清理完毕,可以开始坝体的立模浇筑,立模前首先找出上、下游坝坡面与岩基的接触点,即分跨线上下游坡脚点,然后按设计坝坡面立模。

坡脚点的放样,可同清基开挖线放样一样,采用逐步趋近的方法。图 10-41 是大坝横断面图,欲放出坡脚点 A,可先从设计图上查得坡顶 B 的高程 H_B,坡顶距坝轴线的距离为 D,设计的上游坡度为 $1:n$,为了在基础面上标出 A 点,可依据坡面上某一点 C 的设计高程为 H_C,计算距离 S_1:

$$S_1=D+(H_B-H_C) \cdot n \quad (10-9)$$

求得距离 S_1 后,可由坝轴线沿该断面量一段距离 S_1 得 C_1 点,用水准仪实测 C_1 点的高程

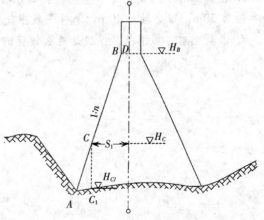

图 10-41 坝坡脚放样示意图

H_{C1}，若 H_{C1} 与设计高程 H_C 相等，则 C_1 点即为坡脚点 A。否则应根据实测的 C_1 点的高程，再求距离得：

$$S_2 = D + (H_B - H_{c1}) \cdot n \qquad (10-10)$$

再从坝轴线起沿该断面量出 S_2 得 C_2 点，并实测 C_2 点的高程，按上述方法继续进行，逐次接近，精确定出 A 点的位置。同法可放出其他各坡脚点，连接上游（或下游）各相邻坡脚点，即得上游（或下游）坡面的坡脚线，据此即可按 $1:n$ 的坡度竖立坡面模板。

坝体中间部分分块立模时，可根据与坝轴线平行和垂直的分块线控制点，将分块线投影到已浇好的坝体上。如图 10-39（b）所示，若要测设分块 n 的 c 点，可在Ⅲ点和 $6'$ 点同时安置经纬仪，分别照准Ⅲ′和 $6''$ 点，两台仪器视线的交点即为 c 点位置。用同样的方法可以测出分块的其余三点位置。模板立在分块线上，因此，分块线也称立模线，立模板后分块线被覆盖，所以在分块线确定后，还要在分块线内侧 0.2m 处弹出平行线，用来检查和校正模板的位置（图中虚线），称为放样线。

模板立的是否垂直，可用一小钢尺在模板的顶部垂直量出 0.2m，并悬挂一垂球，待垂球自由静止后，检查其尖端是否指向立模线，如果不通过，应校正模板，直到通过立模线为止。

模板立好后，还要在模板上标出浇筑高度。其步骤一般在立模前先由最近的作业水准点（或邻近已浇好坝块上所设的临时水准点）在仓内测设两个临时水准点，待模板立好后，由临时水准点按设计高度在模板上标出若干点，并以规定的符号标明，以控制浇筑高度。

复 习 思 考 题

1. 常见的农林工程施工控制网有哪几种形式？各是怎样建立的？适合于什么情况？
2. 建筑场地一般都有测量坐标系，为什么还要重新建立施工坐标系？
3. 农林建筑物的测设方法有哪些？简述各方法的作业步骤。
4. 农林建筑物基础施工测量包括哪些内容？如何进行基础施工测量？
5. 建筑施工场地为什么要测设轴线控制桩或龙门板？各是怎样设置的？
6. 在施工场地测设椭圆形建筑物有哪几种方法？现有一建筑物，周围中心线为椭圆形，其长半轴为 50m，短半轴为 40m，怎样测设出此椭圆线？
7. 混凝土重力坝清基开挖线是怎么放样的？它和土坝清基开挖线放样有哪些区别？

第 11 章 线路测量

【重点提示】本章着重讲述道路测量、渠道测量和地下管道测量等线路测量工程中，线路的踏勘选线、中线测量、曲线测设、纵横断面测量、土石方量计算和施工放样等工作。

11.1 概　述

道路、渠道、管线等工程都属于线路工程。线路工程测量的主要工作包括：踏勘选线、中线测量、曲线测设、纵横断面测量、土石方量计算和施工放样等。测量工作贯穿于整个线路工程建设的各个阶段。

11.2 道路测量

11.2.1 踏勘选线

踏勘选线的目的是在地面上确定道路的起点、转折点（交点）和终点位置，拟定曲线半径。为了选定合理的道路中线位置，必须收集、查阅与研究相关资料，包括地形图、地质图、航摄像片、气象、水文等资料。当线路较长并且拟建地区有大、小比例尺地形图时，应先在图上选线，可选出几种方案进行比较和优化，在图上拟定中心线位置后，再到实地踏勘，结合现场实际情况最后确定起点，转折点和终点，并用木桩在地面上标定出来。

选线时一般要注意以下几个方面：
(1) 路线应选在地质稳定地区，避免穿过地质条件严重不良地段。
(2) 力求线路短捷、顺势、纵坡平缓。正确运用技术标准，不轻易采用极限指标，保证行车安全。
(3) 线路走向和位置能吸引更多资源，少占耕地，少拆迁。

11.2.2 中线测量

道路中线是用于标志道路的平面位置。道路中线测量是将道路中心线具体测到地面上。道路中线的平面线形由直线和曲线组成，如图 11-1 所示。中线测量包括：测设中线各交点（JD）和转点（ZD）、量距和钉桩、测量交点上的偏角（Δ）、测设曲线等。

11.2.2.1 路线交点和转点的测设

路线的起点、交点和终点是详细测设中线的控制点。对于等级较低的公路，在踏勘选线时已在实地标定。对于高等级公路或地形复杂、现场标定困难的地段，一般先在初测的带状地形图上

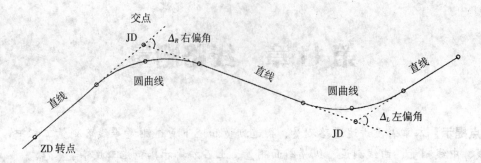

图 11-1 道路中线测量

进行纸上定线,然后将图上确定的路线交点位置标定到实地。定线测量中,当相邻两交点互不通视或直线较长时,需要在其连线上测定一个或几个转点,以便在交点测量转角和直线量距时作为照准和定线的目标。直线上一般每隔 200～300m 设一转点,另外在路线与其他道路交叉处,以及路线上需设置桥、涵等构筑物处,也要设置转点。

1. **交点的测设** 由于定位条件和现场情况不同,交点测设方法也需要灵活多样,工作中应根据实际情况合理选择测设方法。

(1) 根据与地物的关系测设交点。如图 11-2 (a) 所示,JD_{23} 的位置已经在地形图上选定,可事先在图上量出 JD_{23} 到两房角和电线杆的距离,在现场根据相应的地物,用距离交会法测设出 JD_{23}。

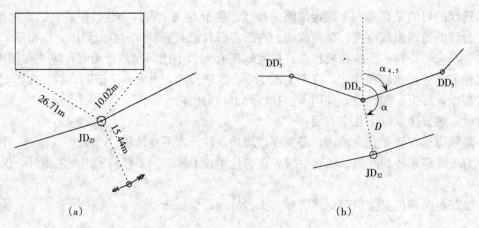

图 11-2 测设交点
(a) 根据地物测设交点 (b) 根据导线点测设交点

(2) 根据导线点和交点的设计坐标测设交点。按导线和交点的设计坐标,计算出有关测设数据,按极坐标法、角度交会法或距离交会法测设交点。如图 11-2 (b) 所示,根据导线点 DD_4、DD_5 和交点 JD_{12} 的坐标,计算出 DD_4 到 DD_5 导线边的坐标方位角 $\alpha_{4,5}$ 和 DD_4 到 JD_{12} 的平距 D 和方位角 α,按极坐标法测设 JD_{12}。

2. **转点的测设** 当两交点间距离较远但尚能通视或已有转点需要加密时,可采用经纬仪直接定线或经纬仪正倒镜分中法测设转点。当相邻两交点互不通视时，可用下述方法测设转点。

(1) 在两交点间设转点。如图 11-3 (a)，设 JD_5、JD_6 为相邻两交点，互不通视，ZD' 为粗略定出的转点位置。将经纬仪置于 ZD'，用正倒镜分中法延长直线 $JD_5—ZD'$ 于 JD_6'。如 JD_6' 与 JD_6 重合或偏差 f 在路线容许移动的范围内，则转点位置即为 ZD'，这时应将 JD_6 移至 JD_6'，并在桩顶上钉上小钉表示交点位置。

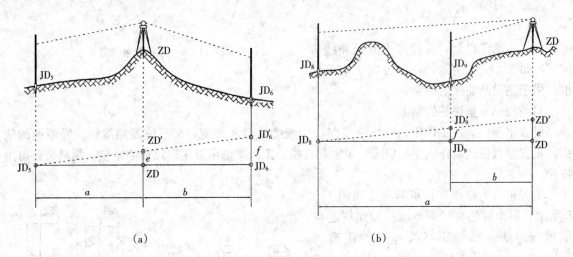

图 11-3 不通视点间测设转点
(a) 两交点间设转点 (b) 延长线上设转点

当偏差 f 超过容许范围或 JD_6 不许移动时，则需重新设置转点。设 e 为 ZD' 应横向移动的距离，仪器在 ZD' 用视距测量方法测出 a、b 距离，则：

$$e = \frac{a}{a+b} f \tag{11-1}$$

将 ZD' 沿偏差 f 的相反方向横移 e 至 ZD。将仪器移至 ZD，延长直线 $JD_5—ZD$ 看是否通过 JD_6，或偏差 f 是否小于容许值。否则应再次设置转点，直至符合要求为止。

(2) 在两交点延长线上设转点。如图 11-3 (b)，设 JD_8、JD_9 互不通视，ZD' 为其延长线上转点的概略位置。仪器置于 ZD'，盘左瞄准 JD_8，在 JD_9 处标出一点；盘右再瞄准 JD_8，在 JD_9 处也标出一点，取两点的中点得 JD_9'。若 JD_9' 与 JD_9 重合或偏差 f 在容许范围内，即 JD_9' 代替 JD_9 作为交点，ZD' 即作为转点。否则应调整 ZD' 的位置。设 e 为 ZD' 应横向移动的距离，用视距测量方法测出 a、b 距离，则：

$$e = \frac{a}{a-b} f \tag{11-2}$$

将 ZD' 沿与 f 相反方向移动 e，即得新转点 ZD。置仪器于 ZD，重复上述方法，直至 f 小于容许值为止。最后将转点和交点 JD_9 用木桩标定在地上。

11.2.2.2 路线转角的测定

在路线的交点处应根据交点前、后的转点或交点，测定路线的转角，通常测定路线前进方向

的右角 β 来计算路线的转角，如图 11-4 所示。

当 $\beta<180°$ 时为右偏角，表示线路向右偏转；当 $\beta>180°$ 时为左偏角，表示线路向左偏转。转角的计算公式为：

$$\begin{cases} \Delta_R = 180° - \beta \\ \Delta_L = \beta - 180° \end{cases} \quad (11-3)$$

在 β 角测定以后，直接定出其分角线方向 C，如图 11-4 所示，在此方向上钉临时桩，用于测设圆曲线的中点。

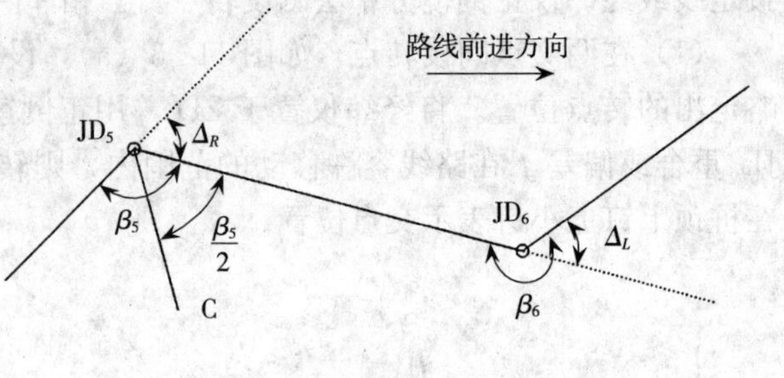

11.2.2.3 里程桩的测设

设置里程桩有双重作用，既标定了路线中线的位置和长度，又是施测路线纵、横断面的依据。设置里程桩的工作主要是定线、量距和打桩。距离测量可以用钢尺或测距仪，简易公路可用皮尺。

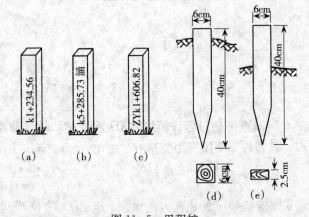

图 11-4 路线转角的定义

里程桩分为整桩和加桩两种。如图 11-5 所示，每个桩的桩号表示该桩距路线起点的里程。如某加桩距路线起点的距离为 1 234.56m，则其桩号记为 k1+234.56，如图 11-5（a）所示。

整桩是由路线起点开始，每隔 10m、20m 或 50m 的整倍数桩号而设置的里程桩。加桩分为地形加桩、地物加桩、曲线加桩和关系加桩，如图 11-5（b）、（c）所示。

地形加桩是指沿中线地面起伏突变处、横向坡度变化处以及天然河沟处等所设置的里程桩。地物加桩是指沿中线有人工构筑物的地方（如桥梁、涵洞处，路线与其他公路、铁路、渠道、高压线等交叉处，拆迁建筑物处，土壤地质变化处）加设的里程桩。曲线加桩是指曲线上设置的主点桩，如圆曲线起点（ZY）、中点（QZ）、终点（YZ）。关系加桩是指路线上的转点（ZD）桩和交点（JD）桩。

图 11-5 里程桩
(a)、(b)、(c) 里程桩号标注　(d) 里程桩　(e) 指示桩

钉桩时，对于交点桩、转点桩、距路线起点每隔 500m 处的整桩、重要地物加桩（如桥、隧位置桩）以及曲线主点桩，均应打下断面为 6cm×6cm 的方桩 [图 11-5（d）]，桩顶钉上中心钉，桩顶露出地面约 2cm，并在其旁边钉一指示桩 [图 11-5（e）为指示交点桩的板桩]。交点桩的指示桩应钉在圆心和交点连线外离交点约 20cm 处，字面朝向交点。曲线主点的指示桩字面朝向圆心。其余里程桩一般使用板桩，一半露出地面，以便书写桩号，字面一律背向路线前进方向。

测设中线时，应绘制道路里程桩草图。如图 11-6 所示，图中直线表示线路的中心线，直线

上的黑点表示里程桩的位置,箭头表明线路中线从 0+340m 以后的走向,30°是偏角,简头画在直线左侧称为左偏,右侧称为右偏。目估勾绘线路两侧地形、地物等内容,以供线路设计和施工时参考。

11.2.2.4 圆曲线的测设

当路线由一个方向转到另一方向时,必须用曲线来连接。曲线的形式较多,其中圆曲线(又称单曲线)是最常用的一种平面曲线。圆曲线的测设分两步进行,先测设曲线的主点(ZY、QZ、YZ),再依据主点测设曲线上每隔一定距离的里程桩,详细标定曲线位置。圆曲线主点测设和细部点测设,详见 9.6。

11.2.2.5 用全站仪测设道路中线

用全站仪测设道路中线,速度快、精度高,目前在道路工程中已广泛采用。在测设时一般应沿路线方向布设导线控制,然后依据导线进行中线测设。

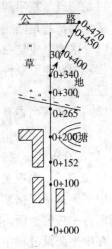

图 11-6 道路里程桩草图

布设导线时,尽量与附近的高级控制点联测,构成附合导线。导线测量时,用全站仪测导线点的三维坐标。导线平差时,将坐标作为观测值。将高程的观测结果作为路线高程的控制,以代替路线纵断面测量中的基平测量(见 11.2.3.1)。

在用全站仪进行道路中线测量时,通常是按中桩的坐标测设。中桩坐标一般是在测设时现场用计算机程序计算,并将其打印出来。

如图 11-7,测设时将仪器置于导线点 D_i 上,按中桩坐标进行测设。在中桩位置定出后,随即测出该桩的地面高程(Z 坐标)。这样纵断面测量中的中平测量(见 11.2.3.2)就无需单独进行,大大简化了测量工作。

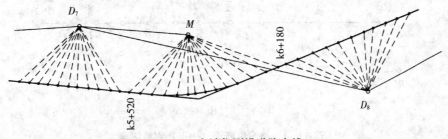

图 11-7 全站仪测设道路中线

在测设过程中,往往需要在导线的基础上加密一些测站点,以便把中桩逐个定出。如图 11-7,k5+520 至 k6+180 之间的中桩,在导线点 D_7 和 D_8 上均难以测设,可在 D_7 测设结束后,于适当位置选一 M 点,钉桩后,测出 M 点的三维坐标。仪器迁至 M 点上即可继续测设。

11.2.3 路线纵断面测量

路线纵断面测量,即路线水准测量,其任务是测定中线上各里程桩(中桩)的地面高程,绘制路线纵断面图,以便于进行路线的纵坡设计和土方量计算等。路线水准测量分基平测量和中平测量两步进行。

11.2.3.1 基平测量

基平测量就是路线的高程控制测量,即沿线布设水准点,并测定其高程。具体技术要求:

(1) 水准点应选在离线路中心线 20m 以外,便于保存、引测方便、不受施工影响的地方。

(2) 根据地形条件和工程需要,每隔 0.5～1.0km 设置一个临时水准点,在重要工程地段适当增设水准点。

(3) 水准点高程有条件可从国家水准点引测,也可采用假定高程系统。

(4) 水准点间采用往返观测,高差闭合差为 $f_{h容} \leqslant 30\sqrt{L}$mm,($L$ 为路线长度,以 km 为单位),如符合限差要求计算其平均值,取往测高差符号。

11.2.3.2 中平测量

中平测量是根据基平测量布设的水准点,测定路线中桩的地面高程,即从某一水准点开始逐点测定各中桩的地面高程,然后附合到另一个水准点。

在中平测量过程中,可选中桩作为转点(TP)。每两个水准点或转点之间的中桩统称中间点,其水准尺读数称为中间视读数,观测时一般采用仪高法。视线长度不应超过 150m,先观测水准点和转点标尺读数,后观测中桩点读数,水准点和转点读数读至毫米,中桩读至厘米,测中桩时标尺要紧靠桩边立在地面上。

如图11-8所示,水准仪置于 1 站,后视水准点 BM.1,前视转点 TP.1,将观测结果分别记入表 11-1 "后视"和"前视"栏内,然后观测 BM.1 与 TP.1 间的各个中桩,将后视点 BM.1 上的水准尺依次立于 0+000、0+050、…、0+120 等各中桩地面上,将读数分别记入"中视"栏。

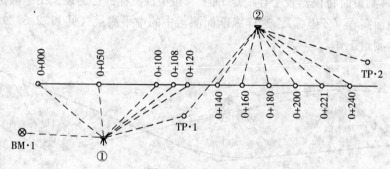

图 11-8 中平测量

表 11-1 路线纵断面(中平)测量记录 (单位:m)

测站	点号	水准尺读数			仪器视线高程	高程	备注
		后视	中视	前视			
1	BM.1	2.191			14.505	12.314	
	0+000		1.62			12.89	
	+050		1.90			12.61	
	+100		0.62			13.89	
	+108		1.03			13.48	ZY.1
	+120		0.91			13.60	
	TP.1			1.006		13.499	

(续)

测站	点号	水准尺读数			仪器视线高程	高程	备注
		后视	中视	前视			
2	TP.1	2.162			15.661	13.499	
	+140		0.50			15.16	
	+160		0.52			15.14	
	+180		0.82			14.84	
	+200		1.20			14.46	
	+221		1.01			14.65	QZ.1
	+240		1.06			14.60	
	TP.2			1.521		14.140	
3	TP.2	1.421			15.561	14.140	
	+260		1.48			14.08	
	+280		1.55			14.01	
	+300		1.56			14.00	
	+320		1.57			13.99	
	+335		1.77			13.79	YZ.1
	+350		1.97			13.59	
	TP.3			1.388		14.173	
4	TP.3	1.724			15.897	14.173	
	+384		1.58			14.32	
	+391		1.53			14.37	JD.2
	+400		1.57			14.33	
	BM.2			1.281		14.616	(14.618)

仪器搬至 2 站，后视转点 TP.1，前视转点 TP.2，然后观测各中桩地面点。用同法继续向前观测，直至附合到水准点 BM.2，完成一测段的观测工作。

每一站的各项计算依次按下列公式进行。

(1) 视线高程＝后视点高程＋后视读数；
(2) 转点高程＝视线高程－前视读数；
(3) 中桩高程＝视线高程－中视读数。

各站记录后应立即计算各点高程，直至下一个水准点为止，并立即计算高差闭合差 f_h，若：

$$f_h \leqslant f_{h容} = \pm 50\sqrt{L}(\text{mm})$$

则符合要求，但不进行闭合差的调整，而以原计算的各中桩点高程作为绘制纵断面图的数据。

11.2.3.3 纵断面图的绘制

纵断面图是线路设计和施工中的重要资料。他是以中桩的里程为横坐标，中桩的高程为纵坐标绘制而成的。由于纵断面图表示了中线方向地面的起伏，因此可在其上进行纵坡设计。

在纵断面图中，常用的里程比例尺有 1∶5 000、1∶2 000、1∶1 000 几种。为了明显地表示地面的起伏，一般将高程比例尺放大 10 倍或 20 倍，即如果里程比例尺用 1∶1 000，则高程比例尺取 1∶100 或 1∶50。手工绘图时，纵断面图一般自左至右绘制在透明毫米方格纸的背面，以防修改时将方格擦掉。

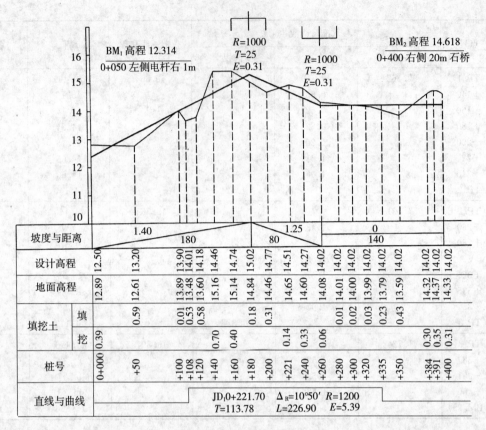

图 11-9 路线纵断面图

图 11-9 为道路纵断面图，图的上半部，自左至右绘有贯穿全图的两条线。细折线表示地面线，是根据中平测量的中桩地面高程绘制的；粗折线表示纵坡的设计线。此外，上部还注有水准点的编号、高程和位置；竖曲线示意图及其曲线元素；桥梁的类型、孔径、跨度、长度、里程桩号和设计水位；涵洞的类型、孔径和里程桩号等。图的下部几栏表格，则注记了有关测量及纵坡设计的资料。

(1) 在图纸左面自下而上依次填写直线与曲线、桩号、填挖土、地面高程、设计高程、坡度与距离等栏。上部纵断面图上的高程按规定的比例尺注记，但首先要确定起始高程（如图中 0+000 桩号的地面高程）在图上的位置，并参考其他中桩的地面高程，使绘出的地面线处在图上的适当位置。

(2) 在桩号一栏中，自左至右按规定的里程比例尺注上各中桩的桩号。

(3) 在地面高程一栏中，注上对应于各中桩桩号的地面高程，并在纵断面图上按各中桩的地面高程依次点出其相应的位置，用细直线连接各相邻点位，即得中线方向的地面线。

(4) 在直线与曲线一栏中，应按里程桩号标明路线的直线部分和曲线部分。曲线部分用直角折线表示，上凸表示路线右偏，下凹表示路线左偏，并注明交点编号及其桩号，注明 α、R、T、L、E 等曲线元素。

(5) 在上部地面线部分进行纵坡设计。设计时应考虑使施工时土石方工程量最小、填挖方尽量平衡及小于限制坡度等道路有关技术规定。为此，必须等路线横断面图绘制完成后进行路线的纵坡设计。

(6) 在坡度及距离一栏内，分别用斜线或水平线表示设计坡度的方向，线上方注记坡度数值（以百分比表示），下方注记坡长，水平线表示平坡。不同的坡段以竖线分开。某段的设计坡度值按下式计算：

$$设计坡度=（终点设计高程-起点设计高程）÷平距$$

(7) 在设计高程一栏内，分别填写相应中桩的设计路基高程。某点的设计高程按下式计算：

$$设计高程=起点高程+设计坡度×起点至该点的平距$$

例如：0+000 桩号的设计高程为 12.50m，设计坡度为+1.4%（上坡），则桩号 0+100 的设计高程应为：

$$12.50+\frac{1.4}{100}\times 100=13.90\text{m}$$

(8) 在填挖土一栏内，按下式进行施工量的计算：

$$某点的施工量=该点地面高程-该点设计高程$$

式中求得的施工量，正号为挖土深度，负号为填土高度。地面线与设计线的交点为不填不挖的"零点"，零点也给以桩号，可由图上直接量得，以供施工放样时使用。

11.2.4 路线横断面测量

横断面测量的主要任务是在各中桩处测定垂直于道路中线方向的地面起伏，然后绘制成横断面图。横断面图是设计路基横断面、计算土石方和施工时确定路基填挖边界的依据。横断面测量的宽度，由路基宽度及地形情况确定，一般在中线两侧各测 15～50m。测量中距离和高差一般准确到 0.05～0.1m 即可满足工程要求。因此，横断面测量多采用简易的测量工具和方法，以提高工效。

11.2.4.1 横断面方向的测定

在施测前，首先要确定横断面的方向。直线上横断面方向是与路线中心线相垂直，可用十字架测定。曲线上中桩横断面的方向是指向曲线圆心的方向，可用弯道方向架来测定。

弯道方向架是在十字架上加装一支可旋转的定向杆，并安有固定螺旋，见图 11-10 所示。ab 与 cd 组成方向架，定向杆 ef 与其构成弯道方向架。

11.2.4.2 横断面测量

1. 水准仪皮尺法 此法适用于施测横断面较宽的平坦地区，如图 11-11（a）所示。水准仪安置后，则以中桩地面高程点为后视，以中桩两侧横断面Ы向地形特征点为前视，水准尺上读数至厘米。用皮尺分别量出各特征点到中桩的平距，量至分米。记录格式见表 11-2，表中按路线前进方向分左、右侧记录，以分式表示各测段的前视读数和平距。

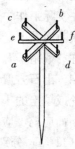

图 11-10 有活动定向杆的方向架

表 11-2 横断面测量记录 (单位：m)

前视读数 / 距离 (左侧)					后视读数 / 桩号	(右侧) 前视读数 / 距离	
2.35	1.84	0.81	1.09	1.53	1.68	0.44	0.14
20.0	12.7	11.2	9.1	6.8	0+050	12.2	20.0

2. **标杆皮尺法** 如图 11-11（b）所示。将标杆立于断面方向的某特征点 1 上，皮尺靠中桩地面拉平，量出至该点的平距，而皮尺截于标杆的红白格数（每格 0.2m）即为两点间的高差。同法连续测出相邻两点间的平距和高差，直至规定的横断面宽度为止。

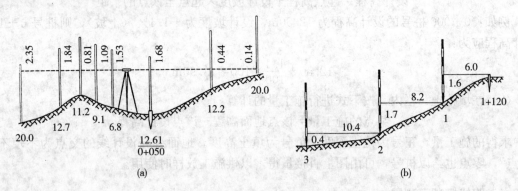

图 11-11 路线横断面测量
(a) 水准仪皮尺法测横断面 (b) 标杆皮尺法测横断面

3. **经纬仪视距法** 置经纬仪于中桩上，可直接用经纬仪定出横断面的方向，而后量出至中桩地面的仪器高，用视距法测出各特征点与中桩间的平距和高差。此法适用于地形复杂、山坡陡峻的路线横断面测量。

11.2.4.3 横断面图的绘制

一般采用 1：100 或 1：200 的比例尺绘制横断面图。

由横断面测量中得到的各点间的平距和高差，在毫米方格纸上绘出各中桩的横断面图。如图 11-12（a）所示，绘制时，先标定中桩位置，由中桩开始，逐一将特征点画在图上，再将相邻点用线段连接起来，即可得到横断面的地面线。

在横断面图中，除绘出地面线外，还要绘出线路的设计横断面，如图 11-12（b）所示。为绘制方便，在实际工作中，常用透明塑料片刻成设计断面模片来套绘。根据该中桩的设计高程将模片固定在横断面图上，再把设计断面的轮廓线用铅笔绘到图纸上，就得到该桩号的横断面图，这一工作俗称"戴帽子"。

11.2.4.4 土石方量计算

道路开挖或填土的土方量，是施工工程量大小的主要指标。土方量计算采用平均断面法，先算出相邻两断面应挖、应填的面积，取应挖积平均数、应填面积平均数，各乘以两断面间的距离，按公式（11-4）分别计算出某一段的挖方量及填方量，如图 11-13 所示。各段的挖方或填方求和即可得总挖方、总填方量。

第11章 线路测量

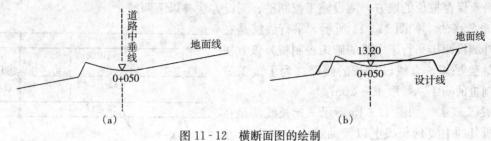

图 11-12 横断面图的绘制
(a) 绘制地面线 (b) 套绘设计路基横断面

$$\begin{cases} V_{挖} = \dfrac{s'_1 + s'_2}{2}d \\ V_{填} = \dfrac{(s_1+s_2)+(s_3+s_4)}{2}d \end{cases} \quad (11\text{-}4)$$

通常，土方计算在表上进行，见表 11-3

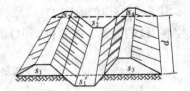

图 11-13 土方量计算

表 11-3 土石方数量计算表

桩号	横断面积 (m²)		平均横断面面积 (m²)		距离 (m)	土石方数量 (m³)				合计
						填方		挖方		
	填	挖	填	挖		土方	石方	土方	石方	
2+020	4.2		3.7	0.7	20	74		14		88
+040	3.2	1.3	2.6	1.2	20	52		24		76
+060	2.0	1.0	1.0	2.6	20	20		52		72
+080		4.2		4.6	20			92		92
+100		5.0								
合计						146		182		328

11.2.5 道路施工测量

道路施工测量的主要工作有：恢复中线，测设施工控制桩、路基边桩、路基边坡及竖曲线等。

道路中线在道路勘测设计的定测阶段已经以中线桩（里程桩）的形式标定在线路上，此阶段的中线测量配合道路的纵、横断面测量，用来为设计提供详细的地形资料，并可以根据设计好的道路，来计算施工过程中需要填挖土方的数量。设计阶段完成后，在进行施工放线时，由于勘测与施工有一定的时间间隔，定测时所设中线桩点可能丢失、损坏或移位，所以这时的中线测量主要是对原有中线进行复测、检查和恢复，以保证道路按原设计施工。由于道路中线复测的内容与中线测量的内容基本一致，所以，在下面的叙述中，不再对中线复测进行专门的说明。

11.2.5.1 施工控制桩的测设

由于中桩在施工中要被挖掉，为了在施工中控制中线位置，就需要在不易受施工破坏、便于引用、易于保存桩位的地方，测设施工控制桩。测设方法有以下两浦。

1. 平行线法　如图11-14所示，平行线法是在路基以外测设两排平行于中线的施工控制桩。该方法多用于地势平坦、直线段较长的线路。为了施工方便，控制桩的间距一般取10~20m。

2. 延长线法　如图11-15所示，延长线法是在道路转折处的中线延长线上以及曲线中点（QZ）至交点（JD）的延长线上打下施工控制桩。延长线法多用于地势起伏较大、直线段较短的山地公路。主要控制JD的位置，控制桩到JD的距离应量出。

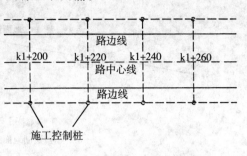

图11-14　平行线法定施工控制桩

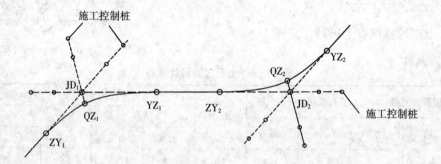

图11-15　延长线法定施工控制桩

11.2.5.2　路基边桩的测设

路基施工前，应把路基两侧边坡与原地面相交坡脚点或坡顶点的位置找出来，即确定路基边桩以便施工。路基边桩的位置按填土高度或挖土深度及断面的地形情况而定，常用的路基边桩放样方法如下。

1. 平坦地面路基边桩的测设

（1）路堤。如图11-16（a）所示，坡脚桩至中桩的距离为：

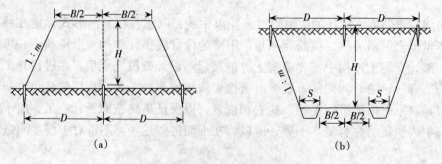

(a)　　　　　　　　　　(b)

图11-16　平坦地段路基边桩测设
(a) 路堤　(b) 路堑

$$D=\frac{B}{2}+mH \tag{11-5}$$

式中，B 为路基设计宽度，m 为边坡设计坡率，H 为填土高度。

（2）路堑。如图 11-16（b）所示，坡顶桩至中桩的距离为：

$$D=\frac{B}{2}+S+mH \tag{11-6}$$

式中，B 为路基宽度，S 为边沟宽度，H 为挖土深度。

根据以上二式计算出 D 后，从中心桩向两侧量出 D 距离，并用木桩标定其位置。

2. 倾斜地面路基边桩的测设

（1）路堤。如图 11-17（a）所示，坡脚桩至中桩的距离为：

$$\begin{cases} D_1 = \dfrac{B}{2}+m(H-h_1) \\ D_2 = \dfrac{B}{2}+m(H+h_2) \end{cases} \tag{11-7}$$

式中，h_1、h_2 分别为上、下侧坡脚至中桩的高差。

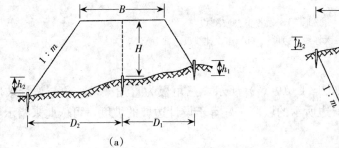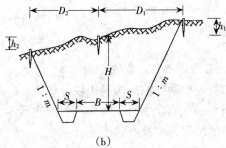

图 11-17　倾斜地段路基边桩测设
(a) 路堤　(b) 路堑

（2）路堑。如图 11-17（b）所示，坡顶桩至中桩的距离为：

$$\begin{cases} D_1 = \dfrac{B}{2}+S+m(H+h_1) \\ D_2 = \dfrac{B}{2}+S+m(H-h_2) \end{cases} \tag{11-8}$$

式中，h_1、h_2 分别为上、下侧坡顶至中桩的高差。

倾斜地面的路基边桩放样，无论是路堤或路堑，由于 h_1 和 h_2 是未知数，所以，D_1、D_2 不能直接一次求出，而是采用逐渐趋近的方法来实现，其步骤为：

① 根据 H 和地面横坡大小，假定 D'_i，计算 h'_i，并初步定边桩；

② 实测此桩与中桩的高差 h''_i；

③ 如果 $h''_i=h'_i$ 即边桩正确，否则要进行调整，用实测 h''_i 再计算 D''_i，一般用 2~3 次趋近，使计算高差等于实测高差，即边桩为正确位置，并用木桩标定。如与图解法结合起来则更为方便。

11.2.5.3 路基边坡的测设

有了边桩，还要按照设计的路基横断面，进行边坡的测设。

1. 竹竿、绳索测设边坡

(1) 一次挂线。当填土不高时，可按图 11-18（a）的方法一次把线挂好。

(2) 分层挂线。当路堤填土较高时，采用此法较好。在每层挂线前应当标定中线，并抄平，如图 11-18（b）所示。

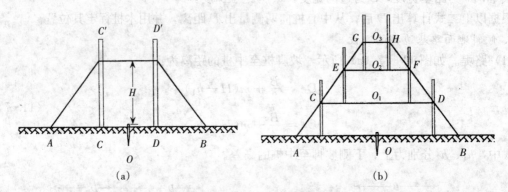

图 11-18 路基边坡测设
(a) 一次挂线放边坡 (b) 多次挂线放边坡

2. 用边坡尺测设边坡

(1) 用活动边坡尺测设边坡。如图 11-19（a）所示，三角板为直角架，一角与设计坡度相同，当水准气泡居中时，边坡尺的斜边所示的坡度正好等于设计边坡的坡度，可依此来指示与检核路堤的填筑，或检查路堑的开挖。

(2) 用固定边坡样板测设边坡。如图 11-19（b）所示，在开挖路堑时，于顶外侧按设计坡度设定固定样板，施工时可随时指示并检核开挖和修整情况。

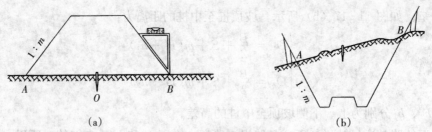

图 11-19 边坡尺测设边坡
(a) 活动边坡尺 (b) 固定边坡样板

11.2.5.4 竖曲线的测设

在线路纵坡变更处，考虑视距要求和行车的平稳，在竖直面内用圆曲线连接起来，这种曲线称为竖曲线。从本质上来说，竖曲线测设与平面曲线的测设相似，相应于平面曲线的 X、Y 轴，竖曲线的两个轴向为中线方向和铅垂方向。

11.3 渠道测量

渠道测量与道路测量一样，都属线路测量，测量内容和步骤与道路测量基本相同。由于前面已重点讲述了道路测量的内容，渠道测量可参考道路测量的方法进行，现将不同的内容做补充说明。

渠道按作用可分为灌溉渠和排水渠两种。灌溉渠的作用是把水源（水库、河水、井水）的水输送到灌区。排水渠是把田里多余的水排到江河中去。

灌溉渠按其大小可分为五级：干渠、支渠、斗渠、农渠和毛渠。直接从水源引水的渠道叫干渠，以下支渠、斗渠、农渠逐级相接，这四级是永久性的。毛渠是田间灌水的沟渠，在灌水入田时根据情况临时挖出。

11.3.1 渠道选线的原则

对于灌溉渠道，踏勘选线的任务是选定一条由水源贯穿灌区的合理路线，在地面上标定渠道中心线位置。

选线要注意以下几点：

（1）灌溉渠尽量沿地势较高的地方通过，以扩大自流灌溉面积。排水渠尽量走低处和利用天然排水沟。

（2）尽量少占农田。填挖的土石方量要少。尽可能不建或少建渡槽、倒虹吸管等水工建筑物。

（3）为了减少输水损失和建筑工程量，渠道宜顺直。环山渠道可大弯就势，小弯取直。

（4）渠道尽量避免通过沙滩地、砾石碎岩等易漏水地段。治山开渠时要考虑到防砂、防塌、防洪等措施。

（5）尽可能避免穿越村庄、河谷、公路、铁路、山脊、洼地等，防止有过大的填挖方，减少和构筑物的交叉。

11.3.2 渠道施工放样

渠道施工之前，必须把设计渠道断面在实地用木桩标出来，这项工作叫渠道放样。放样有如下三个方面：

1. **标定各中心桩的填挖高度** 在纵断面图上查得各中心桩的填挖高度，分别用红油漆写在各中心桩上。

2. **标出边桩位置** 为了标明开挖范围，便于施工，需要把设计横断面的边坡线（内坡和外坡）与地面线的交点在实地标出，称为边桩。图 11-20 表示当横断面方向地势较平坦时，按设计尺寸自中心桩直接量出内边坡点 e、f 和外边坡点 g、k，并打下木桩。然后将两旁相应的内边桩撒石灰依次连接起来，就得到渠道的开挖线。同样将相应的外边桩依次连接起来，得到渠道堤的坡脚线。

3. **架设边坡样板和施工坡架** 边桩标定后，为了指导渠道边坡的开挖和填土，还要架设边

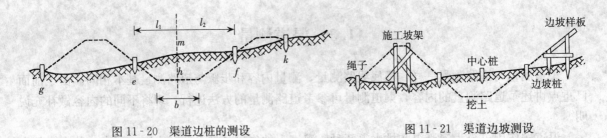

图 11-20 渠道边桩的测设　　　图 11-21 渠道边坡测设

坡样板和施工坡架,如图 11-21 所示。

11.4 管道测量

随着生产的发展和人民生活水平的不断提高,在城镇和工矿企业中敷设给水、排水、热力、输电和输油等各种管道愈来愈多。管道工程测量是为各种管道的设计和施工服务的,它的任务有两方面:一是为管道工程设计提供地形图和断面图;二是按设计要求将管道位置敷于实地。其工作内容包括:收集规划区域地形图以及原有管道的平面图和断面图等资料;结合现场勘察,进行规划和纸上定线;实测管线附近的带状地形图或修测原有的地形图;管道中线测量;纵横断面图测量;管道施工测量;竣工测量。由于管道工程测量内容和方法与道路测量基本相同,以下重点讲述地下管道施工测量。

11.4.1 地下管道施工测量

管道施工测量的主要任务是,根据工程进度的要求向施工人员随时提供中线方向和标高位置。管道施工测量前,应首先熟悉并认真分析管线平面图、断面图及施工图等有关资料,核对有关测设数据,做好管线施工测量的准备工作。

1. 测设施工控制桩　在施工时,中线上的各桩将被挖掉,应在不受施工干扰、便于引测和保存点位处测设施工控制桩,用以恢复中线;测设地物位置控制桩,用以恢复管道附属构筑物的位置,如图 11-22 所示。中线控制桩的位置,一般是测设在管道起止点及各转点处中心线的延长线上,附属构筑物控制桩则测设在管道中线的垂直线上。

2. 加密水准点　为了在施工过程中便于引测高程,应根据设计阶段布设的水准点,于沿线附近每隔约 150m 增设临时水准点。

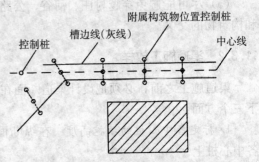

图 11-22 测设施工控制桩

3. 槽口放线　管道中线控制桩定出后,就可根据管径大小、埋设深度以及土质情况,决定开槽宽度,并在地面上钉上边桩,然后沿开挖边线撒出灰线,作为开挖的界限。

4. 管道中线及高程施工控制　管道的埋设要按照设计的管道中线和坡度进行,因此施工中应设置施工测量标志,以使管道埋设符合设计要求。

(1) 龙门板法。龙门板由坡度板和高程板组成,如图 11 - 23 所示。沿中线每隔 10～20m 以及检查井处应设置龙门板。中线测设时,根据中线控制桩,用经纬仪将管道中线投测到坡度板上,并钉小钉标定其位置,此钉叫中线钉。各龙门板中线钉的连线标明了管道的中线方向,在连线上挂垂球,可将中线投测到管槽内,以控制管道中线。

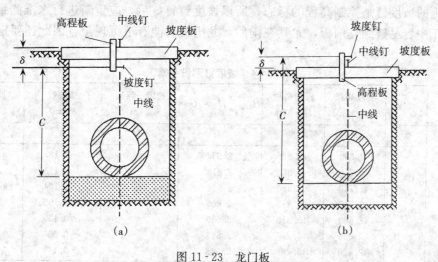

图 11 - 23 龙门板
(a) 调整数为负　(b) 调整数为正

为了控制管槽开挖深度,应根据附近的水准点,用水准仪测出各坡度板顶的高程。根据管道设计坡度,计算出该处管道的设计高程,则坡度板顶与管道设计高程之差,就是从坡度板顶向下开挖的深度,通称下反数。下反数往往不是一个整数,并且各坡度板的下反数都不一致,施工、检查都很不方便,因此,为使下反数成为一个整数 C,必须计算出每一坡度板顶向上或向下量的调整数 δ,如图 11 - 23 所示,计算公式为:

$$\delta = C - (H_{顶} - H_{底}) \tag{11-9}$$

式中:$H_{顶}$——坡度板顶的高程;

　　　$H_{底}$——龙门板处管底或垫层底高程;

　　　C——坡度钉至管底或垫层底的距离,即下反数;

　　　δ——调整数。

根据式(11-9)计算出各龙门板的调整数,进而确定坡度钉在高程板上的位置。若调整数为负,表示自坡度板顶往下量 δ 值,并在高程板上钉上坡度钉,如图 11 - 23 (a) 所示;若调整数为正,表示自坡度板顶往上量 δ 值,并在高程板上钉上坡度钉,如图 11 - 23 (b) 所示。

坡度钉定位之后,根据下反数及时测出开挖深度是否满足设计要求,是检查欠挖或避免超挖的最简便方法。

现举例说明坡度钉设置的方法。如表 11 - 4 所示,先将水准仪测出的各坡度板顶高程列入第 5 栏内。根据第 2 栏、第 3 栏计算出各坡度板处的管底设计高程,列入第 4 栏内。如 0+000 高程为 42.800m,坡度 $i = -0.3\%$,0+000～0+010 之间距离为 10m,则 0+010 的管底设计高程为:$42.800 + 10i = 42.800 - 0.030 = 42.770$m。同法可以计算出其他各处管底设计高程。第 6 栏为坡度板顶高程减去管底设计高程，如 0+000：$H_{板顶}-H_{管底}=45.437-42.800=2.637\text{m}$，其余类推。为了施工检查方便，选定下反数 C 为 2.500m，列在第 7 栏内。第 8 栏是每个坡度板顶向下量（负数）或向上量（正数）的调整数：$\delta=2.500-2.637=-0.137\text{m}$。图 11-23（a）就是 0+000 处管道高程施工测量的示意图。

高程板上的坡度钉是控制高程的标志，所以坡度钉钉好后，应重新进行水准测量，检查是否有误。施工中容易碰到龙门板，尤其在雨后，龙门板可能有下沉现象，因此还要定期进行检查。

表 11-4 坡度钉测设手簿

板号	距离 (m)	坡度	管底高程 $H_{管底}$ (m)	板顶高程 $H_{板顶}$ (m)	$H_{板顶}-H_{管底}$ (m)	选定下反数 C (m)	调整数 δ (m)	坡度钉高程 (m)
1	2	3	4	5	6	7	8	9
0+000			42.800	45.437	2.637		−0.137	45.300
0+010	10		42.770	45.383	2.613		−0.113	45.270
0+020	10		42.740	45.364	2.624		−0.124	45.240
0+030	10	−0.3%	42.710	45.315	2.605	2.500	−0.105	45.210
0+040	10		42.680	45.310	2.630		−0.130	45.180
0+050	10		42.650	45.246	2.596		−0.096	45.150
0+060	10		42.620	45.268	2.648		−0.148	45.120

（2）平行轴腰桩法。当现场条件不便采用龙门板法时，对精度要求较低的管道，可用本法测设施工控制标志。

开工之前，在管道中线一侧或两侧设置一排平行于管道中线的轴线桩，桩位应落在开挖槽边线以外，如图 11-24 所示。平行轴线离管道中线为 a，各桩间距离以 10~20m 为宜，各检查井位也相应地在平行轴线上设桩。

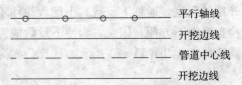

图 11-24 轴线桩

为了控制管底高程和中线，在槽沟坡上（距槽底约 1m 左右）打一排与平行轴线桩相对应的桩，这排桩称为腰桩，如图 11-25 所示。在腰桩上钉一小钉，并用水准仪测出各腰桩上小钉的高程，小钉高程与该处管底设计高程之差 h，即为下反数。施工时只需用水准尺量取小钉到槽底的距离，与下反数比较，便可检查是否挖到管底设计高程。

腰桩法施工和测量都比较麻烦，并且各腰桩的下反数不一，容易出错。为此，先选定到管底的下反数为某一整数，并计算出各腰桩的高程。然后再测设出各腰桩。并用小钉标明其位置，此时各桩小钉的连线与设计坡度平行，并且小钉的高程与管底设计高程之差为一常数。

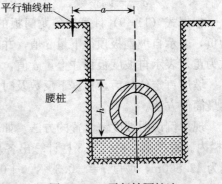

图 11-25 平行轴腰桩法

复习思考题

1. 线路工程测量包括哪些主要测量工作？
2. 道路中线测量的内容是什么？
3. 已知路线中线的右角 β：①$\beta=210°42′$；②$\beta=162°06′$。试计算路线转角值，并说明是左转角还是右转角。
4. 里程桩应设置在中线的哪些地方？
5. 纵、横断面测量的作用是什么？如何开展纵、横断面的测量工作？
6. 说明用逐渐趋近法测设路基边桩的步骤。
7. 渠道选线有哪些原则？
8. 设渠道上某横断面的中桩地面高程为 30.00m，两侧地面平坦，若设计渠底高程为 29.50m，渠底宽 2m，水深 1.2m，超高 0.3m，内外边坡均为 1∶1.5，堤顶宽 1m，试绘图表示该断面图，并计算放样数据。
9. 简述地下管道施工测量的过程。
10. 如表 11-5 所示，已知管道起点 0+000 的管底高程为 41.28m，管道坡度为 1‰ 的下坡，在表中计算出各坡度板处的管底设计高程，并按实测的板顶高程选定下反数 C，再根据选定的下反数计算出各坡度板顶高程的调整数 δ 和坡度钉的高程。

表 11-5　坡度钉测设手簿

桩号	距离 (m)	坡度	管底设计高程 $H_底$ (m)	板顶高程 $H_顶$ (m)	$H_{板顶}-H_{管底}$ (m)	选定下反数 C (m)	调整数 δ (m)	坡度钉高程 (m)
1	2	3	4	5	6	7	8	9
0+000			41.28	43.870				
0+020				43.660				
0+040				43.385				
0+060				43.294				
0+080				42.952				
0+100				42.843				
0+120				42.611				

11. 管道施工测量中的腰桩起什么作用？

第 12 章 种植与土方工程测量

【重点提示】本章介绍了种植工程（如农业果树种植、园林种植等）及人工地形塑造土方工程（如园林堆山挖湖造景、农业梯田建造、高尔夫球场微地形建造等）测量的一般方法和过程。本章的重点在于根据种植和土方施工的具体要求，如何灵活地运用各种仪器和测设方法。

12.1 树木种植定点放线

树木种植是农林工程中经常需要进行的专项工程，如农业规模化生产中经济树种（果树、桑树、橡胶树等）的种植，园林绿化工程中行道树、规则防护林的种植，林木培育工程中速生用材林的种植等。

一般说来，种植放线不必像农林建筑或道路施工那样准确。但是，当种植设计要满足一些活动空间尺寸、控制或引导视线的需求；或者要充分满足树木对阳光和土壤养分平衡吸收的要求；又或者所种植的树木作为独立景观时，以及树木为规则式种植时，树木的间距、平面位置以及树木间的相互位置关系都应尽可能准确地标定。放线时首先应选定一些点或线作为依据，例如现状图上的建筑、构筑物、道路或地面上的导线点等，然后将种植平面上的网格或偏距放样到地面上，并依次确定种树坑中心位置、坑径以及草木、地被物的种植范围线。

就树木的种植方式而言，有两种：①单株（如孤植树、大灌木与乔木配植的树丛），它们每株树的中心位置在图纸上都有明确的表示。这其中，一定范围的单株树木可以组成有规律的分布方式（如行道数，或有固定行距和株距的树木），也可以是有一定错落的自然式分布。②只在图上标明范围而无固定单株位置的树木（如灌木丛、成片树林、树群）。由于树木种植方式各不相同，因此定点放线的方法也有多种。

当完成种植的定点工作后，应对现场标定位置的木桩或白灰线进行目视检查（必要时用皮尺进行距离丈量校核），以确保实地定位与设计图的一致性。

12.1.1 自然式配置乔、灌木放线

12.1.1.1 网格法（直角坐标定点法）

适用于范围大，地势平坦的绿地。其做法是根据植物配置的疏密度先按一定比例（如按 10m 或 20m 的方格边长）相应地在设计图及现场画出方格，定点时先在设计图上量好树木对方格的坐标距离，在现场按相应的方格找出定植点或树木范围线的位置，钉上木桩或撒上白灰线标明。如图 12-1 所示，在一个正六角亭子边要放样出曲线状的灌木带，则可在设计图上画好方格，并在实地用白灰线或红土线标出相应的方格；然后，通过灌木中心点 P 相对于方格的距离（l_1，l_2），在实地定出点 P。

第 12 章 种植与土方工程测量

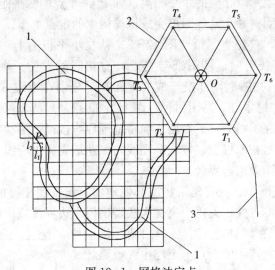

图 12-1 网格法定点
1. 灌木带 2. 六角亭 3. 原驳岸

12.1.1.2 仪器测设

1. 经纬仪、全站仪或平板仪极坐标定点 范围较大,控制点明确的种植定点可用此法。如图 12-2 所示,A、B、K 等点为已知平面位置点,现欲对 A 点附近的树木进行定点。

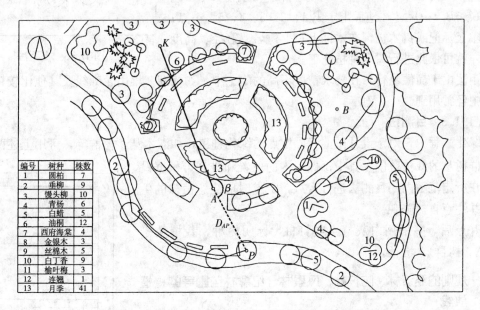

图 12-2 经纬仪、全站仪或平板仪极坐标定点示意图

(1) 采用经纬仪或全站仪定点。①将仪器安置于点 A,对中整平,然后在仪器盘左位置以 K 点为后视点进行定向并归零;②从图上量出某树木中心位置(如 P 点)到 A 点的距离及与后视方向的夹角(如平面角 β);③将仪器正拨某角度(如 β),即使仪器的水平度盘读数即为上步量

得的角度，同时在该方向上量取相应的水平距离（如 P 到 A 点的水平距离 D_{AP}），确定出 P 点的平面位置，并钉木桩，写明树种。这样即可完成该株树木的定点工作。

（2）采用平板仪定点。首先将图纸（图 12-2）粘在小平板边上，在地面上 A 点安置小平板，对中整平，用 AK 直线定向，使图纸与实地具有相同的方位。将照准仪直尺边紧贴 $A1$、$A2$、$A3$、$A4$、…等直线，按图上尺寸换算成实地距离，分别在视线方向上用皮尺量距定出 1、2、3、4、…等点位置，并钉木桩，写明树种。图上第 13 点是树丛，可在范围的边界上找出一些拐弯点，分别按上法测设在地面上，然后用长绳将范围界线按设计形状在地面上标出并撒上白灰线，并将树种名称、株数写在木桩上，钉在范围线内。花坛先放中心线，然后根据设计尺寸和形状在地面上用皮尺作几何图画出边界线。

2. 交会法 适用于范围小、现有建筑物或其他地物与设计图相符的绿地。其做法是，根据两个建筑物或固定地物与测点的距离用距离交会法定出树木边界线或单株位置。

3. 支距法 这种方法在园林施工中经常用到，是一种简便易行的方法。它是根据树木中心点至道路中线或路牙线的垂直距离，用皮尺进行放线。如图 12-3 所示。将树木中心点 1、2、3、4、5、…至路牙线的垂足 E、D、C、B、A、…点在图上找出，并根据 ED、DC、CB、BA、…距离在地面相应园路路牙线上用皮尺分段量出并用白灰撒上标记定出 E、D、C、B、A、…点，再分别作垂线按 $1E$、$2C$、$3D$、$4A$、$5B$、…尺寸在地面上定出 1、2、3、4、5、…点；用白灰撒上标记或钉木桩，在木桩上写上树名、冠径、高度等。这样就可依此进行树木种植施工。

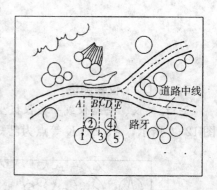

图 12-3 支距法

支距法由于简便易行，在要求精度不高的施工中，如挖湖、堆山轮廓线及其他比较粗放的园林施工中经常用到。

12.1.1.3 目测法

在绿化工程中，对于设计图上无固定点的绿化种植，如灌木丛、树群等，可用上述两种方法划出树群树丛的栽植范围，其中每株树木的位置和排列可根据设计要求在所定范围内用目测法进行定点，定点时应注意植株的生态要求并注意自然美观。

定好点后，多采用白灰打点或打桩，标明树种，栽植数量（灌木丛、树群）、坑径。

12.1.2 规则的经济林、防护林、风景林、纪念林苗圃等的种植放线

对于此类规则的种植，常用两种定植法：矩形和菱形。

12.1.2.1 矩形法

如图 12-4 所示。$ABCD$ 为一个作业区的边界，其放样步骤为：

（1）以 $A'B'$ 为基准线按半个株行距先量出 A 点（地边第一

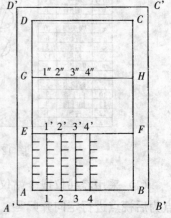

图 12-4 矩形法

个定植点）的位置，量 AB 使其平行于基线 A′B′，并且使 AB 的长为行距的整倍数，在 A 点上安置仪器或用皮卷尺作 AD⊥AB，且 AD 边长为株距的整倍数。

（2）在 B 点作 BC⊥AB，并使 BC=AD，定出 C 点。为了防止错误，可在实地量 CD 长度，看其是否等于 AB 的长度。

（3）在 AD、BC 线上量出等于若干倍于株距的尺段（一般以接近百米测绳长度为宜）得 E、F、G、H 诸点。

（4）在 AB、EF、GH 等线上按设计的行距量出 1、2、3、4、…和 1′、2′、3′、4′、…点。

（5）在 1—1′、2—2′、3—3′、…连线上按株距定出各种植点，撒上白灰为记号。为了提高工效，在测绳上可按株距扎上红布条，就能较快地定出种植点的位置。

12.1.2.2 菱形法

如图 12-5 所示，放线步骤：1～3 步同前。第（4）步是按半个行距定出 1、2、3、…和 1′、2′、3′、…点。第（5）步是连 1—1′、2—2′、3—3′、…。奇数行的第一点应从半个株距起，按株距定各种植点，偶数则从起始边 AB 起按株距定出各种植点。

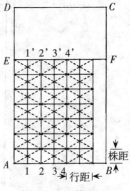

图 12-5 菱形法

12.1.3 行道树定植放线

道路两侧的行道树，要求栽植的位置准确、株距相等。一般是按道路设计断面定点。在有路牙道路上，以路牙为依据进行定植点放线。无路牙的则应找出道路中线，并以此为定点的依据用皮尺定出行距，大约每 10 株钉一木桩，作为控制标记，每 10 株与路另一边的 10 株一一对应（应校核），最后白灰标定出每个单株的位置。

若树木栽植为一弧线，如街道曲线转弯处的行道树，放线时可从弧的开始到末尾以路牙或中心线为准，每隔一定距离分别画出与路牙垂直的直线，在此直线上，按设计要求的树与路牙的距离定点，把这些点连接起来就成为近似道路弧度的弧线，于此线上再按株距要求定出各点来。

12.2 造园与高尔夫球场微地形土方工程测量

园林及高尔夫球场工程的实施，往往是从土方工程开始的，或场地平整，或挖沟埋管，或开槽铺路，或堆山挖湖。土方工程的设计包括平面设计和竖向设计两个方面，平面设计是指在一块场地上进行水平方向的布置和处理，竖向设计是指在场地上进行垂直于水平面方向的布置和处理，它创造园林地貌景观及球场高低起伏协调统一的地形。如图 12-6 所示，为某公园南部地形设计图。

在造园和高尔夫球场施工中，由于土方工程是一项比较艰巨的工作，所以准备工作和组织工作不仅应该先行，而且要做到周全仔细，否则因为场地大或施工点分散，容易造成窝工甚至返工。在放线前，应做好以下的两项工作：①清理场地。在施工地范围内，凡有碍工程的开展或影

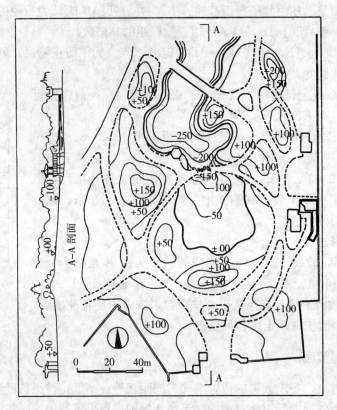

图 12-6 某公园南部地形设计

响工程稳定的地面物或地下物都应该清理，例如不需要保留的树木、废旧建筑物或地下构筑物等。②排水。场地积水不仅不便于施工，而且也影响工程质量，在施工之前，应该设法将施工场地范围内的积水或过高的地下水排除。

在清场之后，为了确定施工范围及挖土或填土的标高，应按设计图纸的要求，用测量仪器在施工现场进行定点放线工作。虽然普遍地来说，在园林景观和高尔夫球场土方工程中对点位高程的精度要求并不高，但在个别关键之处（如球场的球洞区，即果岭）则应保证点位及其高程的精确性，以便充分体现出设计意图。

下面，就造园及高尔夫球场土方工程中有代表性的三个方面：挖湖、堆山及场地平整进行叙述。

12.2.1 挖湖测设

挖湖的测设一般有下述两种方法：

12.2.1.1 用仪器（经纬仪、全站仪、罗盘仪、大平板仪或小平板仪）测设

如图 12-7 所示，根据湖泊的外形轮廓曲线上的拐点（如 1、2、3、4 等）与控制点 A 或 B 的相对关系，用仪器采用极坐标的方法将它们测设到地面上，并钉上木桩，如图 12-8 所示，然后用较长的绳索把这些点用圆滑的曲线连接起来，即得湖池的轮廓线，用白灰撒上标记。

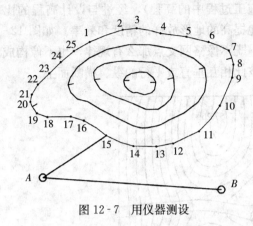
图 12-7 用仪器测设

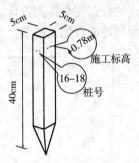
图 12-8 木 桩

湖中等高线的位置也可用上述方法测设，每隔 3～5m 钉一木桩，并用水准仪按测设设计高程的方法，将要挖深度标在木桩上，以作为掌握深度的依据。也可以在湖中适当位置打上几个木桩，标明挖深，便可施工。施工时木桩处暂时留一土墩，以便掌握挖深，待施工完毕，最后把土墩去掉。

岸线和岸坡的定点放线应该准确，这不仅因为它是水上部分，有关园林造景及球场水体障碍边界，而且和水体岸坡的稳定有很大关系，为了精确施工，可以用边坡样板来控制边坡坡度，如图12-9所示。

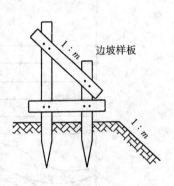
图 12-9 边坡样板

如果用推土机施工，定出湖边线和边坡样板就可动工，开挖快到设计深度时，用水准仪检查挖深，然后继续开挖，直至达到设计深度。

采用平板仪测设的方法与本章12.1.1.2相似，只不过当定好点后，需要用水准仪抄一遍高程，以确定该点的挖掘深度。

12.2.1.2 格网法测设

如图12-10所示，在图纸中欲放样的湖面上打方格网，将图上方格网按比例尺放大到实地上，根据图上湖泊外轮廓线各点在格网中的位置（或外轮廓线、等高线与格网的交点），在地面方格网中找出相应的点位，如1、2、3、4、…曲线转折点，再用长麻绳依图上形状将各相邻点连成圆滑的曲线，顺着曲线撒上白灰，做好标记，若湖面较大，可分成几段或十几段，用长 30～50m 的麻绳来分段连接曲线。等深线测设方法与上述相同。

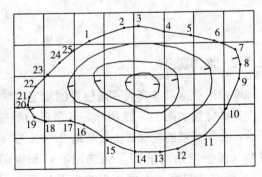
图 12-10 用格网法测设

12.2.1.3 断面法测设

在一些最近开发的全站仪（如 Leica TPS1200）中，可以将地形设计文件以纵、横断面的记录格式从计算机上载到全站仪中，放线人员根据文件中断面特征点的位置，现场实测出这些特征点的现状高程（可能是原地形高程也可能是施工过程中的高程），经过与设计高程的比对，从而得到施工标高，并进而实时指导施工。极大地提高的地形放样的精度和效率。如图12-11所示，这些特征点的分布完全是由设计地形所决定，既不像格网交点那么有规律，也不像构成三角形数字地面模型的特征点那么松散，它们分布在彼此相互垂直或平行的纵、横断面上。

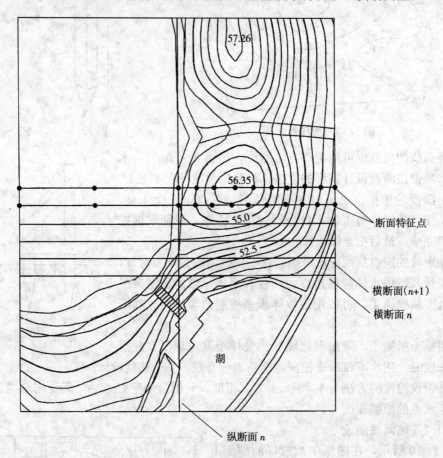

图 12-11 用断面法测设

12.2.2 堆山测设

堆山或微地形等高线平面位置的测定方法与湖泊的测设方法相同。等高线标高可用竹竿表示。具体做法如图12-12所示，从最低的等高线开始，在等高线的轮廓线上，每隔3～6m插一长竹竿（根据堆山高度而灵活选用不同长度的竹竿）。利用已知水准点的高程测出设计等高线的高度，标在竹竿上，作为堆山时掌握堆高的依据，然后进行填土堆山。在第一层的高度上继续又以同法测设第二层的高度，堆放第二层、第三层以至山顶。坡度可用坡度样板来控制。

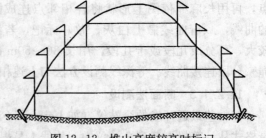

图 12-12 堆山高度较高时标记

当土山小于 5m 时，可把各层标高一次标在一根长竹竿上，不同层用不同颜色小旗表示，便可施工，如图 12-13 所示。

如果用机械（推土机）堆土，只要标出堆山的边界线，司机参考堆山设计模型，就可堆土，等堆到一定高度以后，用水准仪检查标高，不符合设计的地方，用人工加以修整，使之达到设计要求。

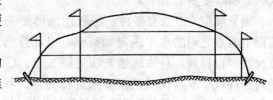

图 12-13 堆山高度较低时标记

当然，在堆山测设中，也可以使用断面法，以便实时监测并指导施工。

12.2.3 平整场地施工放样

在建园过程中，地形改造除挖湖堆山，还有许多大大小小的各种用途的地坪、缓坡地需要平整。平整场地的工作是将原来高低不平的、比较破碎的地形按设计要求整理成为平坦的或具有一定坡度的场地，如：停车场、草坪、休闲广场、露天表演场等。

平整场地常用格网法。用经纬仪将图纸上的方格测设到地面上，并在每个交点处打下木桩，边界上的木桩依图纸要求设置。

木桩的规格及标记方法如图 12-8 所示。侧面平滑，下端削尖，以便打入土中，桩上应表示出桩号（施工图上方格网的编号）和施工标高（挖土用"+"号，填土用"-"号）。

12.3 山地梯田测量

在山区农业生产中，常建造梯田来代替坡耕地以种植农作物、经济作物或果树等。梯田一般建造在 25°以下的坡地上，在规划时，应因地制宜地实行山、水、园、林、路、电等的统筹协调。

一般当地面坡度大于 3°时，梯田就应该按照原有地形的等高线布设，这样做可以节省土方工程量，从而极大地减小工程造价。

12.3.1 水平梯田的规划设计

水平梯田包括田面宽度、田坎高和田坎侧坡三个要素，如图 12-14 所示。田面宽度就是梯田内边缘至外边缘的宽度，也就是种植作物及人、畜、机械通行的有效宽度。田坎高又称梯壁高度，就是每一级水平梯田的高度。田坎侧坡就是梯田田坎的边坡，其又可分为外坡和内坡。水平梯田设计的目标，就是要确定梯田的田面宽度、田坎高度和田坎侧坡。

12.3.1.1 测量地面坡度

耕作区地面坡度的大小，是梯田设计的主要依据之一。因此，在进行具体设计前，应将耕作

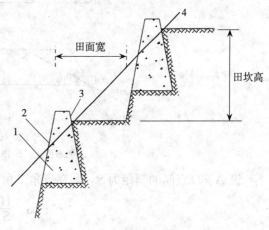

图 12-14 梯田结构
1. 田坎 2. 田坎外侧坡
3. 田坎内侧坡 4. 原地面线

区的地面坡度测量出来。

测量坡度的方法有多种：①利用地形图进行测量。可以通过量取坡面上两点之间的水平距离和高差，以计算出坡度；也可以通过与坡度尺比对以得到。具体测量方法见第 8 章。②通过仪器进行测定。如通过经纬仪、罗盘仪或测斜器来进行测量。罗盘仪测量坡度的方法已在第 8 章叙述，经纬仪和测斜器的测量方法与罗盘仪的相同。如图 12-15 所示之测斜器，其上部为一木制直尺 AB，尺上钉一个半圆仪，在半圆仪的圆心 O 处悬挂一垂球，直尺用螺旋 G 与竖杆连接，放松螺旋 G 直尺可灵活转动。当直尺水平时，悬挂垂球的细线则恰好与半圆仪的零分划线重合（此时半圆仪起着竖直度盘的作用）。

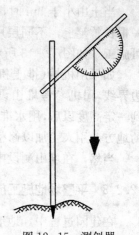

图 12-15　测斜器

12.3.1.2　确定水平梯田的规格

确定水平梯田的规格就是确定田面宽度、田坎高、田坎侧坡和斜坡长等参数。同样的地面坡度，田面愈宽则耕作愈方便，但这将造成田坎加高，梯田的稳固性下降，易崩塌，因此在确定梯田规格时，应根据具体情况，综合考虑。一般来说，原地面坡度较陡时，则田面窄些；坡度较缓，则田面宽些。土层薄，则田面窄些；土层厚，则田面宽些。梯田外侧坡坡度的大小与田坎处的土质、田坎的高低有直接的关系。土质黏着力愈小或田坎愈高，则侧坡的坡度应愈缓。

如图 12-16 所示，设地面坡角为 α，田坎外侧坡坡角为 β，田面宽为 W，田坎高为 H，A、D 两点为原地面坡度线上建造梯田时的不填不挖点（即两个田坎外侧坡的中点）。过 A 点作水平线，过 D 点作铅垂线，两线交于 C 点。则知 C、D 间的垂直距离（高差）等于 H。

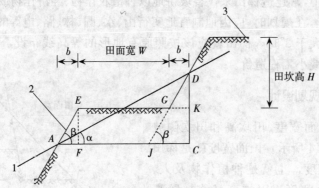

图 12-16　梯田横断面
1. 原地面线　2. 田坎外侧坡　3. 田坎表面线

设 A、D 点间的斜距为 S，则在直角三角形 ACD 中，有：

$$\sin\alpha = \frac{H}{S}, \text{ 或 } S = \frac{H}{\sin\alpha}$$

$$\cot\alpha = \frac{AC}{CD} = \frac{AC}{H} \tag{12-1}$$

延长 DG 线交 AC 线于 J 点，在直角三角形 CDJ 中，有：

$$JC = CD \cdot \cot\beta = H \cdot \cot\beta$$

又：
$$AJ = EG = W$$

将上述距离带入式 (12-1)，可得：
$$\cot\alpha = \frac{AC}{H} = \frac{AJ+JC}{H} = \frac{W+H \cdot \cot\beta}{H}$$

故有：
$$H = \frac{W}{\cot\alpha - \cot\beta} \tag{12-2}$$

为了掌握梯田的有效面积，还要计算田坎（梯壁）占地的比例，可用式 (12-3) 计算：

$$田坎占地 = \frac{田坎外侧坡度}{梯田田面宽+田坎外侧坡宽} \times 100\% = \frac{2b}{W+2b} \times 100\% \tag{12-3}$$

式中：b——田坎外侧宽的一半，$b = \frac{H}{2} \cdot \cot\beta$，如图 12-16。

根据公式 (12-1)、(12-2)，如已知原地面坡度 α，田坎外侧坡度 β，田面宽 W，即可计算田坎高 H 及斜坡长 S。同样已知 α、β、H 也可计算出 W、S。

12.3.2 梯田定线测量

梯田规格确定好后，即可进行梯田的定线测量工作。梯田的定线测量包括标定基线和等高线，其具体放线方法如下。

12.3.2.1 标定基线

在作业区范围内地面坡度比较一致均匀的地方，沿坡度方向自上而下通过基线点标定基线。基线可设在坡面的中部，以便向两侧测定等高线。若当地形复杂，坡度不一致，则基线应选在较陡的地方以保证最窄处田面不过窄。在坡度上下不均匀的直坡面上或鞍部等处，可根据实地情况选设折基线。折基线可以是同一坡向上不同坡度的转折，也可以是基线走向的转折。如图 12-17 所示，在图 12-17 (a) 中，基线的上端与防火道相连，下端则位于山脚处，基线以一个坡度在一个走向上延伸；而在图 12-17 (b) 中，基线则是分段设置的折基线。

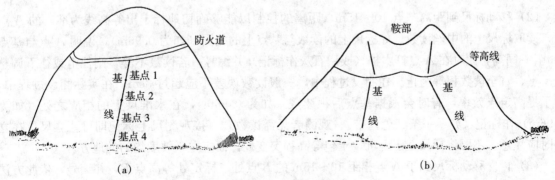

图 12-17　确定基线
(a) 标定基线　(b) 折基线

在基线的首末端插上标杆，根据设计的每级梯田宽度（包括坎宽），从基线上端开始向下端用水平丈量的方法丈量，定出每级梯田的总宽，或根据已定出的斜坡距离 S，用斜量法丈量梯田总宽，梯田面总宽的两端点就是基线点（简称"基点"）。一旦确定了基点，则应在基点打桩并编号。若在定点过程中，遇到突然高起的或突然低下的特殊地面，则基点可略微地向左右移动一下，使其地面能代表四周地面的搞成。若工作区面积大，坡度变化复杂，用梯田面总宽确定基线难以解决问题时，也可用梯田田坎高来确定基线，强调等高不等宽，则可以有效地解决问题。

12.3.2.2 测设等高线

测设等高线是指：在作业区中，标定出与基线上各基点的地面高程相同的地面点，并进而将其连接成一条等高线的过程。该等高线是梯田施工时不填不挖的分界点，也是田坎外侧坡的中线。测设等高线一般利用水准仪进行测量，也可选用经纬仪或全站仪，通过三角高程测量来标定等高线。在实际施工过程中，当缺乏水准仪或经纬仪时，也可使用手水准器或其他简易设备进行标定。

利用水准仪进行等高线测设的步骤如下：

（1）已标定出基线点 J_1、J_2、J_3…后，在某个基点附近适当的位置安置仪器，如图 12-18 所示。以某一基点（如 J_1）为后视点，读取标尺上中丝读数（如为 0.96m）。

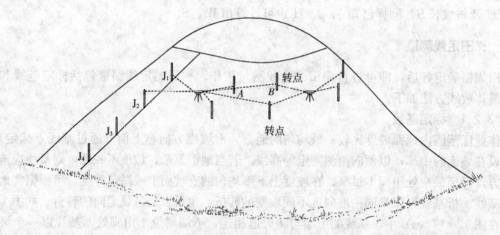

图 12-18 测设等高线

（2）移动标尺到距离基点 10~15m（距离的控制以能够确切地标定出等高线为准）的 A 点处，读取标尺上的中丝读数。如标尺上的读数与基点上的相同（如为 0.96m），说明 A 点与基点（如 J_1）同高，此时在 A 点打木桩（或用石灰作标记）并编号。若读数不等，则往上或往下调整立尺点，直至读数相等为止。在测设过程中，一般读数误差不应超过 3cm。在实际测设过程中，为了提高定点效率，有时会根据基点后视读数（如为 0.96m），在水准尺上的相应之处（如为 0.96m）作标记（如系一条红色丝带）。观测者无需读数，直接观测尺上标记即可。立尺员在立尺时应注意，不要将标尺立于土坑、土包等高程突变处，而应立于坡度均匀的地方。

（3）再次移动标尺到于 A 点相距 10~15m 的 B 点处，标定处等高点 B，并编号，依此方法测设出其他等高点。当标尺距离仪器较远时，可将最后观测的等高点用作转点，搬迁仪器到转点附近，以转点为后视点，重新开始等高点的测设。

（4）基于所有的基点，依上述方法进行等高点的测设，直至到达作业区的边界。

在测设过程中，可使用5m塔尺，这样可同时测设多条等高线上的点，从而提高工效。在测设时，对于转点上的前后视读数应仔细，因为它起着高程控制点的作用。此外，对于在标尺上所作的标记（如所系的红色丝带），应不时检查，以防移位（如下滑）。一个好的习惯是：在距离基点最远端的各转点间，观测一下其相对高差，以作为检核，一般说来，其高差与同高基点间的高差之差不应超过5～10cm。

12.3.2.3 调整和取舍等高线

按照上述方法测设的等高线，因有些等高点受局部地形的影响，使等高线过于弯曲而形成明显的折线短而非光滑的曲线。为了尽量使田面等宽，保证梯壁圆滑饱满，应调整等高点，调整等高点的原则是：大弯就势、小弯取直。通常是把局部凸出的等高点向上移，凹处的向下移，使梯田田坎不至出现突弯。但应特别注意：把等高线下移小弯取直的田坎施工时必须加固，否则容易在此处崩塌。根据等高线的性质，在陡坡处等高线可能会较密，使开垦的梯田田面过于狭窄，如田面宽度小于相邻两基点间平距的一半时，则可舍去该区段内中间的那条等高线，使两级梯田合并为一级，如图12-19（a）中的A处。如若在缓坡处，两相邻等高线间的平距大于两基点间平距的1.5倍时，可加插一条等高线，将一级梯田分成两级梯田，如图12-19（a）中的B处。当确定了等高线的取舍区域后，应对等高线进行调整，使梯田的修建符合要求。调整等高线的原则是：将中间的等高线（舍去的或加插的）在取舍处或加插处光滑连接到其上面的等高线上，如图12-19（b）所示。

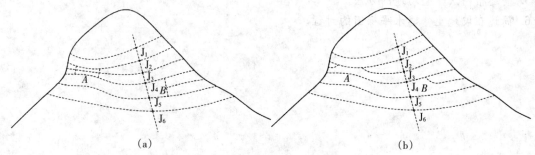

图12-19 取舍等高线
(a) 等高线的取舍区域　(b) 调整后的等高线

12.3.2.4 标定梯田开挖线

调整后的等高线点，可连成圆滑饱满的曲线。这些曲线就是梯田的开挖线。标定等高线的方法，常常是用绳线沿梯田开挖线拉成光滑的曲线，按绳线的位置撒上石灰或锄成一条小土沟。在该开挖线之上，是需要填土的区域，而在开挖线之下，则是要挖土的区域。相邻两条等高线的距离等分线，则也是填挖的分界线（即等分线到上端等高线间是挖方区域，而等分线到下端等高线间是填方区域），如图11-20所示。

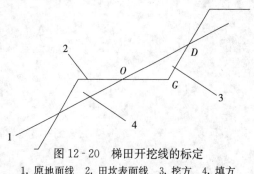

图12-20 梯田开挖线的标定
1. 原地面线　2. 田坎表面线　3. 挖方　4. 填方

12.3.2.5 梯田土方计算

修建梯田前,应计算土方量,以便制定施工组织计划。开垦梯田一般是半填半挖,填、挖方量基本相等。每级梯田的土方量就是这一级梯田的挖方(实方)量。如图12-20,也就是挖方断面三角形 GDO 的面积乘以这一级梯田的长度,可用式(12-4)表示:

$$V=\frac{1}{2}\left(\frac{1}{2}W\times\frac{1}{2}H\right)\times L=\frac{1}{8}W\times H\times L \quad (12-4)$$

式中：V——梯田挖方量,m^3;
W——梯田田面宽,m;
H——梯田田坎高,m;
L——每级梯田长度,m。

复习思考题

1. 自然式配置乔、灌木的定点放线方法有哪几种？
2. 规则的果园或防护林有哪几种放线方法？
3. 简述堆山测设的一般方法。
4. 在挖湖工程中,如何确定挖掘深度？又如何确定湖岸的开挖坡度？
5. 简述格网法平整场地的方法。
6. 简述在坡地上修建水平梯田的过程。

主要参考文献

1. 顾孝烈，鲍峰，程效军．测量学．第三版．上海：同济大学出版社，2006
2. 卞正富．测量学．北京：中国农业出版社，2002
3. 熊春宝，姬玉华．测量学．天津：天津大学出版社，2001
4. 徐忠阳．全站仪原理与应用．北京：解放军出版社，2003
5. 覃辉．土木工程测量．第二版．上海：同济大学出版社，2006
6. 张远智．园林工程测量．北京：中国建材工业出版社，2005
7. 吕亮卿，崔振洋．测量学．北京：中国农业科学技术出版社，2000
8. 李秀江．测量学．北京：中国林业出版社，2003
9. 王耀强．测量学．修订2版．北京：中国农业出版社，2004
10. 陈学平，周春发．实用工程测量．北京：中国建材工业出版社，2007
11. 纪明喜．工程测量．北京：中国农业出版社，2004
12. 谷达华．测量学．北京：中国林业出版社，2004
13. 徐行．园林工程测量．哈尔滨：哈尔滨地图出版社，1997
14. 钟孝顺，聂让．测量学．北京：人民交通出版社，1997
15. 程新文．测量与工程测量．武汉：中国地质大学出版社，2000
16. 罗聚胜，杨晓明．地形测量学．北京：测绘出版社，2001
17. 潘正风，杨正尧，程效军等．数字测图原理与方法．武汉：武汉大学出版社，2005
18. 邬伦，刘瑜，马修军等．地理信息系统原理、方法和应用．北京：科学出版社，2001
19. 华一新．地理信息系统原理与技术．郑州：中国人民解放军测绘学院出版社，1999
20. 蔡孟裔等．新编地图学教程．北京：高等教育出版社，2000
21. 汤浚淇．测量学．北京：中央广播电视大学出版社，1994
22. 焦作矿业学院等．测量学．北京：煤炭工业出版社，1983
23. 冯友蓉，郑炳礼．建筑工程测量．广州：华南理工大学出版社，1985
24. 武汉测绘学院大地测量系《测量平差基础》编写组．测量平差基础．北京：测绘出版社，1978
25. 中华人民共和国建设部．中华人民共和国行业标准（CJJ8—99），城市测量规范．北京：中国建筑工业出版社，1999
26. 国家技术监督局．中华人民共和国国家标准（GB/T 7929—1995），1∶500 1∶1 000 1∶2 000地形图图式．北京：中国标准出版社，1996
27. 国家技术监督局与中华人民共和国建设部．中华人民共和国国家标准（GB50026-93），工程测量规范．北京：中国计划出版社，1993
28. 中华人民共和国建设部．中华人民共和国行业标准（CJJ73—97），全球定位系统城市测量技术规程．北京：中国建设工业出版社，1997
29. 国家技术监督局．中华人民共和国国家标准（GB/T 19314—2001），全球定位系统（GPS）测量规范．北京：中国标准出版社，2001
30. 国家测绘局，国家测绘局测绘标准化研究所，中国标准出版社编．测绘标准汇编．地图制图及印刷卷．北京：中国标准出版社，2003年8月
31. 张东升．掌上电脑在二类调查中具体应用的探讨．林业勘察设计．2006年第一期
32. 李乐良．介绍数字水准仪．北京测绘．1997年第1期．42～42

图书在版编目（CIP）数据

测量学/张远智主编．—北京：中国农业出版社，2007.8
全国高等农林院校"十一五"规划教材
ISBN 978-7-109-11614-6

Ⅰ．测… Ⅱ．张… Ⅲ．测量学－高等学校－教材 Ⅳ．P2

中国版本图书馆 CIP 数据核字（2007）第 094430 号

中国农业出版社出版
（北京市朝阳区农展馆北路 2 号）
（邮政编码 100125）
责任编辑　夏之翠　郑剑玲

北京通州皇家印刷厂印刷　新华书店北京发行所发行
2007 年 8 月第 1 版　2012 年 8 月北京第 3 次印刷

开本：820mm×1080mm　1/16　印张：21.25
字数：502 千字
定价：34.50 元
（凡本版图书出现印刷、装订错误，请向出版社发行部调换）